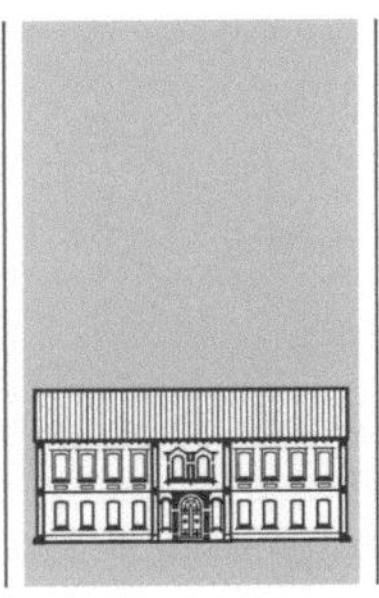

NORDFRIISK
INSTITUUT

Wegweiser zu den Quellen der Landwirtschaftsgeschichte Schleswig-Holsteins

Abschnitt IX: Kreis Herzogtum Lauenburg

Von
Harry Kunz

Herausgegeben vom Nordfriisk Instituut
in Zusammenarbeit mit dem Landesarchiv Schleswig-Holstein

Gedruckt im Rahmen der Förderung des Projekts „Wegweiser zu den Quellen der Landwirtschaftsgeschichte Schleswig-Holsteins“ durch die Stiftung Schleswig-Holsteinische Landschaft.

Umschlagbilder:
Vorne: Sophie Baudissin (?), „Goldensee“, Aquarell, um 1820 (?), 23 x 35 cm, gedruckt mit freundlicher Genehmigung des Kreismuseums Ratzeburg.
Hinten: Friedrich Stoffert (1817–1910), „Partie aus Escheburg“, Zeichnung, um 1895, gedruckt mir freundlicher Genehmigung des Museums für Bergedorf und die Vierlande

Bibliografische Information Der Deutschen Bibliothek

Die Deutsche Bibliothek verzeichnet diese Publikation in der Deutschen Nationalbibliografie;
detaillierte bibliografische Daten sind im Internet über http://dnb.ddb.de abrufbar.

Nr. 146i

Herstellung: BoD - Books on Demand, Norderstedt
ISBN 978-3-88007-395-1

Inhaltsverzeichnis

Vorbemerkungen

Die Landwirtschaft hat in Schleswig-Holstein nicht nur eine große ökonomische Bedeutung, sie darf, ja muss in einem agrarisch geprägten Land auch als besonderes Kulturgut betrachtet werden. Allerdings befindet sich dieses Gut in großer Gefahr, spätestens seit dem zügigen Voranschreiten der europäischen Vereinheitlichung und vermehrt im Zuge der aktuellen Globalisierungsbestrebungen. „Die Kenner der ländlichen Arbeits- und Lebensverhältnisse vor den großen Agrarstrukturreformen werden nicht jünger, bei den folgenden Generationen sind bereits erhebliche Wissenslücken über die früheren Zustände festzustellen“, betonte vor einigen Jahren Staatssekretär a. D. Brar C. Roeloffs (1928–2013). 1996 gab er am *Nordfriisk Instituut* in Bredstedt den Anstoß für ein Projekt zur Sicherung des landwirtschaftlichen Kulturgutes. Für die finanzielle Förderung konnte die Stiftung Schleswig-Holsteinische Landschaft gewonnen werden. Dankenswerterweise hält sie dem Vorhaben unentwegt die Treue!

Angestrebt wurden zunächst Höfe-Archive, doch erwiesen sich bald die „Wegweiser“ als der praktikablere Weg zu den reichlich vorhandenen Quellen im Lande, vorwiegend im Landesarchiv Schleswig-Holstein. Es galt vor allem, die historischen und oft nicht leicht durchschaubaren Jurisdiktionsverhältnisse, die sich zum Leidwesen vieler Interessierter in den Ordnungsprinzipien der Archive widerspiegeln, aufzuschlüsseln und so vor allem der Gruppe der Laienforscherinnen und -forscher einen Erfolg versprechenden Einstieg in ihr Quellenstudium zu ermöglichen.

Als Resultate wurden im Verlag *Nordfriisk Instituut* in Zusammenarbeit mit dem Landesarchiv Schleswig-Holstein zwischen 1998 und 2013 die „Wegweiser zu den Quellen der Landwirtschaftsgeschichte“ für die Kreise Nordfriesland (ISBN 3-88007-259-0, 20,35 Euro), Dithmarschen (ISBN 3-88007-276-0, 20,35 Euro), Schleswig-Flensburg (ISBN 3-88007-289-2, 20,35 Euro), Ostholstein (ISBN 3-88007-303-1, 19,90 Euro), Plön (ISBN 3-88007-321-X, 24,00 Euro), Steinburg (ISBN 978-3-88007-340-1, 29,80 Euro), Segeberg (ISBN 978-3-88007-354-8, 27,90 Euro), Stormarn (ISBN 978-3-88007-363-0, 27,90) und Pinneberg (ISBN 978-88007-378-4, 21,90 Euro) veröffentlicht.

Als zehntes Ergebnis des landesweiten Projektes liegt nun der Wegweiser für den Kreis Herzogtum Lauenburg vor. Aufbau und Gliederung entsprechen den bisher erschienenen Bänden:

Teil I führt in die Thematik ein, deutet Erfolg versprechende Vorgehensweisen bei der Haus- und Höfeforschung an und skizziert die wichtigsten Quellen zur Landwirtschaftsgeschichte.

Das Orts- und Jurisdiktionsverzeichnis in Teil II befasst sich mit jenen Eigenheiten der Archive, die durch die Aufteilung des Landes unter verschiedene Obrigkeiten in vorpreußischer Zeit entstanden sind. Um an die richtigen Aktenfundstellen zu gelangen, muss man die verschiedenen historischen Verwaltungs- und Gerichtszuständigkeiten im Forschungsgebiet kennen.

Teil III beinhaltet das umfangreiche Quellenverzeichnis. Es dient als Bestellkatalog für die der landwirtschaftlichen Geschichtsforschung zur Verfügung stehenden Archivalien.

Teil IV ist ein Literaturangebot. Auf den Abschnitt „Haus- und Familiengeschichte, Ortschroniken" sei besonders hingewiesen. Das Verzeichnis ist umfangreich, eine Garantie auf Vollständigkeit kann jedoch nicht gegeben werden.

Ein ganz besonderer Dank gilt erneut der Stiftung Schleswig-Holsteinische Landschaft für die finanzielle Förderung des Projekts. Dem Landesarchiv Schleswig-Holstein und seinen Mitarbeiterinnen und Mitarbeitern sei gedankt für die Bereitstellung der auszuwertenden Findmittel. Marion Dernehl und Hartmut Haase leisteten ausgezeichnete Betreuung im Lesesaal, Dr. Wulf Pingel wirkte beratend bei der Rekonstruktion der historischen Jurisdiktionsverhältnisse.

Zur Einführung in die Verwaltungsgeschichte des Kreises Herzogtum Lauenburg stellte dankenswerterweise der Historiker Dr. Heinz Bohlmann, Kulturpfleger des Amtes und der Gemeinde Büchen, seinen Beitrag zur Verfügung. Er wurde auch 2000 in dem Buch *„Die Ämter und ihre Geschichten im Kreis Herzogtum Lauenburg"* veröffentlicht. Wertvolle Anregungen insbesondere für das Literaturverzeichnis kamen wiederum von dem Familienforscher Prof. Dr.-Ing. Klaus Timm.

Besonders gedankt sei dem *Nordfriisk Instituut,* insbesondere Institutsdirektor Prof. Dr. Thomas Steensen und Geschäftsführerin Marlene Kunz für die logistische und verlagstechnische Betreuung des Projekts. Dank gilt darüber hinaus all jenen, die mit Gesprächen, Hinweisen und Ratschlägen die Sicherung des Kulturguts Landwirtschaft auf ihre Weise unterstützten.

Allen interessierten Forscherinnen und Forschern sei so viel Ausdauer und Energie gewünscht, wie sie für die Auswertung der für den Kreis Herzogtum Lauenburg reichlich vorhandenen Quellen benötigen. Bewahren Sie sich Geduld und Beharrlichkeit und lassen Sie nicht den Kopf hängen, wenn das erste Quellenstudium nicht gleich den erhofften Erfolg bringt! Versuch und Irrtum, das liegt in der Natur der Sache, werden auch künftig die Beschäftigung mit historischem Material begleiten. Mit Hilfe des Wegweisers allerdings sollten Sie zumeist die richtige Spur verfolgen – es gilt nur noch fündig zu werden.

Bredstedt im Januar 2015
Harry Kunz

Bemerkungen zur Verwaltungsgeschichte im Kreis Herzogtum Lauenburg seit dem 13. Jahrhundert

Von Dr. Heinz Bohlmann

Die Kolonisationszeit in der Sadelbande

Viele Dörfer im Kreis Herzogtum Lauenburg werden im Ratzeburger Zehntregister von 1230 erstmalig erwähnt. 1230 war die deutsche Besiedlung des von Polaben besetzten slawischen Siedlungsraumes abgeschlossen. Mit ihrem Anfang ist nach 1143 zu rechnen, als Graf Heinrich von Badewide von Heinrich dem Löwen mit dem Land Ratzeburg und dem übrigen Polabien belehnt wurde.

Die Ansetzung der Siedler erfolgte vornehmlich durch den Landesherrn, so auch in der Sadelbande im Land zwischen Elbe, Bille und Delvenau, das am Anfang des 13. Jahrhunderts mit dem Land Ratzeburg vereinigt wurde. Die planmäßige Organisation des Kolonisationsprozesses drückte sich nicht nur in der Heranführung der Siedler aus, auch Dorfanlagen wie z. B. das Angerdorf Siebeneichen, das Straßendorf Witzeeze und das Sackdorf Klein Pampau sind hierfür ein Beleg. Eine Unterscheidung von deutscher oder slawischer Besiedlung nur aufgrund der Ortsnamen ist nicht möglich. Die deutschen Ortsnamen belegen keinesfalls eine ausschließlich deutsche Besiedlung. Der Siedlungsgang geschah in Form eines Ausbaues des slawischen Siedlungsraumes. Slawen lebten zunächst noch nach slawischem Recht und mit slawischer Wirtschaftsweise neben Deutschen. Der innere Ausbau des Siedlungsraumes, der um 1330 abgeschlossen war, beinhaltete eine Assimilierung der slawischen Bevölkerung. Planmäßig geschah auch die Aufteilung der Fluren. Bis zu dieser Kolonisationszeit lässt sich in der Sadelbande die Vermessung der Ländereien zurückverfolgen. War die Hufenzahl hier in den einzelnen Dörfern unterschiedlich, so lässt sich die Hufengröße auf etwa 12 Hektar festlegen. Für das alte Ackerland des Dorfes Müssen kann man z. B. davon ausgehen, dass die Einteilung in 14 Hufen, wie sie im Zehntregister von 1230 verzeichnet ist, bei der Anlage des Dorfes vermessen wurde.

Auch die herausgehobene Stellung des Bauermeisters oder Bauernvogts geht zurück bis in die Kolonisationszeit. In der Sadelbande nahm er eine Sonderstellung ein durch die Übernahme gewisser landesherrlicher Aufgaben und die daraus resultierenden Entschädigungen.

Aus der Art des Kolonisationslandes ergab sich die besondere rechtliche Stellung der Bauern. Diese waren nicht an die Scholle gebunden und persönlich frei. Daraus folgte auch für das 16. und 17. Jahrhundert, dass die lauenburgischen Bauern nicht leibeigen waren wie ihre Nachbarn in Mecklenburg und Holstein.

Die Pfarrorganisation, die im Zusammenhang mit dem Siedlungsausbau stand, war um 1230 im Wesentlichen abgeschlossen.

Die Entstehung ständischer Institutionen unter der askanischen Landesherrschaft

Nach der Teilung Sachsens beim Sturz Heinrich des Löwen 1180 kamen die östlichen Gebiete an Bernhard von Askanien. Die Keimzelle des späteren Herzogtums Lauenburg, die Grafschaft Ratzeburg, wurde nach dem Aussterben des Grafengeschlechts der Badewiden vom Sachsenherzog nicht wieder als Lehen ausgegeben. Nach der dänischen Besetzung des Landes zwischen 1203 und 1227 und nach der Schlacht bei Bornhöved blieb das Land Lauenburg unter askanischer Herrschaft bis zum Aussterben des Geschlechts im Jahre 1689. Bei der Erbteilung 1295/96 entstanden zwei selbstständige herzogliche Territorien: Sachsen-Wittenberg und Sachsen-Lauenburg. Das Herzogtum Sachsen-Lauenburg umfasste die Restgrafschaft Ratzeburg, die Sadelbande, das spätere Amt Bergedorf, die südelbischen Marschvogteien, das spätere Amt Neuhaus und das Land Hadeln. Die durch die verkleinerte territoriale Basis gegebene Schwäche des Herzogtums wurde noch deutlicher durch die Erbstreitigkeiten der Askanier, die zur Teilung in eine Ratzeburg-Lauenburger- und eine Bergedorf-Möllner-Linie von 1305 bis 1401 führten. Die mangelnde wirtschaftliche und finanzielle Stärke der Landesherrschaft führte zu einem beträchtlichen Streubesitz der aufstrebenden Hansestädte Hamburg und Lübeck sowie benachbarter Fürsten in Lauenburg. Sie brachte den Fürsten in eine Abhängigkeit vom landsässigen Adel, der 1280 und 1288 die Bedefreiheit als Gegenleistung für die Übernahme einer herzoglichen Schuld erlangte. Bei Streitigkeiten mit Vasallen musste sich der Fürst einem Schiedsgericht von vier Mitgliedern der Stände unterwerfen. Besonders im 14. Jahrhundert gelangten die Stände zu einer relativ selbstständigen Politik. 1404 kam es zu einer Rittereinigung mit Schiedsmännern und Oberstem Rat. Diese Entwicklung fand letztendlich ihren organisatorischen Abschluss in der „Union der Ritter- und Landschaft“ von 1585. Sie bildete die Grundlage der landständischen Verfassung. Als eine Mischung aus ständischer Einigung und Herrschaftsvertrag führte sie zum einen zur Konsolidierung der Verhältnisse zu Beginn der Regierung Franz II.: Garantie der fürstlichen Erbfolge und Bestätigung der Unteilbarkeit des Landes. Auf der anderen Seite hatte der Fürst die Rechte der Stände zu garantieren: Die Huldigung der Stände vor einem neuen Landesherrn hatte nur zu erfolgen, wenn dieser „ihre Privilegien, Immunitäten, Siegel und Briefe aufs neue konfirmieret und sich hierüber ebenergestalt genugsambt reserviret habe“.

Den Ständen wurden weiterhin das Selbstversammlungs- und das Beschwerderecht zugebilligt. Als Organ der Ritter- und Landschaft fungierte ein Ausschuss aus vier Mitgliedern der Ritterschaft. Diese vier Ältesten konnten bei Rechtsverletzung des Landesherrn gegenüber Rittern oder deren Hintersassen angerufen werden und hatten die Möglichkeit, eine Petition beim Fürsten einzureichen, einen Landtag einzuberufen, das Hofgericht anzurufen oder gar das Reichskammergericht. Repräsentant der Ritter- und Landschaft war der Elblandmarschall, dessen Amt an den Besitz des Gutes Gudow gebunden war und dem das Kollegium der gewählten vier Ältesten, später Landräte genannt, zugeordnet war. Seit 1619 wurde es die Regel, dass diesem landschaftlichen Ausschuss ein Advokat zur Seite stand. Bei besonderen Anlässen, ohne Regelmäßigkeit, wurde der Landtag einberufen. Nachdem der Prälatenstand seit Mitte des 16. Jahrhunderts nicht mehr im Landtag repräsentiert war, setzte er sich in der Hauptsache aus Mitgliedern der Ritterschaft zusammen. Die Städte Ratzeburg und Lauenburg, später auch Mölln, waren jeweils durch einen Abgeordneten vertreten, hatten hier also kein besonderes Gewicht. Mitglieder waren auch einzelne Beamte und finanzkräftige Personen. 1577 z. B. wurden 42 Mitglieder gezählt. Der Landtag musste bei Abgaben und Steuergesetzen zustimmen und hatte die Aufgabe, neue Gesetze und Verordnungen anzuhören und zu beraten. Der Fürst hatte keinen Zugang zu den ständischen Beratungen.

Oft waren Ratzeburg und Lauenburg die Tagungsorte. Auf Wunsch der Stände aber wurde Büchen in der Mitte des 16. Jahrhunderts zum gewohnten Ort der Ständeversammlungen. Nachdem die Herzöge nicht mehr selbst im Herzogtum Lauenburg ansässig waren, wurden die Landtage generell in Büchen abgehalten. Eine persönliche Teilnahme des Fürsten wurde zur Ausnahme. Als Grund für die Wahl Büchens mag einerseits gelten, dass sich dieser Ort in der Mitte des Landes befand (die Unterkunft bei den mehrtägigen Versammlungen war hier weniger kostspielig als in den Städten), andererseits fürchtete man hier weniger, dass der Fürst Druck auf die Versammlung ausüben könne. Der Landtag versammelte sich in der Kirche. Die Beratungen fanden im Pfarrhaus statt, die Räte waren im fürstlichen Zollhaus untergebracht. Im späten 16. Jahrhundert setzte die Protokollführung ein. Es muss hervorgehoben werden, dass die landesherrlichen Untertanen von dieser ständischen Institution nicht repräsentiert wurden. Es ist also zwischen Amt, Gut und Stadt zu unterscheiden. Diese ständische Organisation war von der Behördenorganisation des Fürsten nicht strikt zu trennen. Einerseits sprach dafür die personelle Identität von fürstlichen Bediensteten und Mitgliedern der Ständeversammlung, andererseits war eine fürstliche Verwaltung ohne die Steuerbewilligung der Stände nicht denkbar. So hatte auch der Elblandmarschall eine Mittlerfunktion zwischen Fürst und Ständen inne und wurde nach 1689 deutlich zum Vertreter der Interessen des Fürstentums.

Die Administration auf Amts- und Dorfebene

Spät gelang es den askanischen Herzögen, eine klare Ämterorganisation aufzubauen. Im 16. und 17. Jahrhundert bildeten sich die vier Ämter Ratzeburg, Lauenburg, Schwarzenbek und Steinhorst aus. Das Amt Neuhaus lag als Exklave losgelöst vom Kreisgebiet. Das Land Hadeln führte ein eigenständiges Leben und hatte mit dem Herzogtum nur den Landesherrn gemein. Gegenstand der Amtsadministration waren: Gerichts-, Polizei-, Domänen-, Kirchen-, Forst-, Steuer- und bäuerliche Verwaltung. Zentrum eines Amtes war der jeweilige Sitz des Amtmannes. Die Amtmänner mit ihren Korn- und Amtsschreibern, auf einer unteren Ebene auch Holzvögte, Zöllner usw. waren einerseits durch Eid an die Herrschaft gebunden, zum anderen waren sie für die Fürsorge und das Wohl der Eingesessenen verantwortlich. Seit dem Ende des 16. Jahrhunderts sind Amtsordnungen überliefert, welche die Aufgaben der Beamten festlegen. Eine der wichtigsten war die Erhebung von landesherrlichen Steuern. Die territoriale Geschlossenheit der Ämter ist ein Kennzeichen für das Kolonisationsgebiet. So geht das Amt Lauenburg auf die Gebietseinheit der Sadelbande zurück. Der Amtmann des Amtes Lauenburg, der seinen Sitz in der Stadt Lauenburg hatte, benötigte zur Verwaltung sogenannte Amtsunterbediente, die Burg- und Bauernvögte. Während die Burgvögte am Amtssitz wohnten, waren die Bauernvögte in den Dörfern ansässig. Der Burgvogt war in erster Linie Gerichts- und Polizeidiener, der Bauernvogt stand gleichzeitig an der Spitze der Dorfgemeinschaft. Dieser wurde regelmäßig von der Herrschaft bestellt, sein Amt war allerdings erblich und haftete an einer bestimmten Hufe. Er hatte eine Doppelstellung inne, da er auch Ausführungsorgan der herrschaftlichen Anordnungen war, eine Art Dorfpolizei. Er sollte Vergehen im Dorfe anzeigen, die Aufsicht über Grenzen, Jagd, Fischerei, Äcker, Wiesen und Holzung führen, er sorgte für Bekanntmachungen im Dorf und trug die Abgaben der Bauernschaft in seinem Hause zusammen. So war er einerseits unterster lokaler Beamter der Herrschaft, zum anderen die Spitze der Bauernschaft des Dorfes. In dieser Funktion regelte er zusammen mit den hofbesitzenden Bauern innere Angelegenheiten in der Dorfschaft. Im Amte Lauenburg, wo er häufig auch „Bauermeister" genannt wurde, war er als Entschädigung von bestimmten Abgaben und gewöhnlichem Hofdienst befreit. Dem Bauernvogt oblag meist, einen Zuchtbullen für das Dorf zu halten, wofür er eine besondere Koppel erhielt. Diese sogenannte Bullenkoppel ist noch heute in Flurbezeichnungen wiederzufinden.

Während die Bauern in den Ämtern die Immediat-Untertanen des Landesherrn waren, waren sie in den Adligen Gerichten Untertanen des adligen Grundherrn. Parallel zum Amt ging hier die Verwaltung vom adligen Gut aus. Dazu gehörte auch die Patrimonialgerichtsbarkeit, die ähnlich wie das Justizwesen der Ämter zunehmend auf kleinere Fälle beschränkt wurde. Zu den Gerichtstagen wurden auswärtige Rechtsgelehrte zur Rechtsprechung bestellt.

Die Landesregierungs- und Verwaltungsinstitutionen im 16. und 17. Jahrhundert

Unter den Herzögen Franz I. (1543–1581) und Franz II. (1581–1619) kam es zu einem deutlicheren Ausbau von Regierung und Verwaltung. Die oberste Regierungsgewalt lag beim Landesherrn, dem Herzog von Lauenburg. Unter ihm hatten sich drei Kollegialorgane gebildet: Regierung, Hofgericht und Konsistorium. In der fürstlichen Regierung sind diese Institutionen zwischen dem Landesherrn und den Ämtern einzuordnen. Die Anforderungen an die Räte und Sekretäre in der Regierung stiegen, und häufig wurden gelehrte auswärtige Rechtsexperten in Dienst genommen. Das Hofgericht setzte sich aus Mitgliedern der Regierung und aus Vertretern der Ritter- und Landschaft zusammen. Es war Gericht für den Adel und zweite Gerichtsinstanz für deren Untertanen. Hier ist also eine Überschneidung von fürstlicher Verwaltung und ständischer Organisation bei der Landesverwaltung zu beobachten. Auch in der Kirchenverwaltungsbehörde, dem Konsistorium, waren sowohl Mitglieder der Regierung als auch eine ständische Vertretung repräsentiert.

Die Hannoversche Zeit

Nachdem sich die lauenburgischen Herzöge auf ihre nach dem Dreißigjährigen Krieg in Böhmen erworbenen Güter zurückzogen, wurde das Land Lauenburg zum „Nebenland". Nach dem Aussterben der Askanier im Jahre 1689 wurde dieser Status in der welfischen Zeit noch deutlicher. Georg Wilhelm von Celle setzte seine Erbansprüche durch Besetzung des Landes durch. 1706 kam das Herzogtum an die Kadelberger Linie in Hannover, und als der Kurfürst von Hannover 1714 englischer König wurde, geriet das abseits liegende Herzogtum Lauenburg eher unter die Verwaltung der obersten Behörde in Hannover, dem Geheimen Rat, als unter die Regierung des Landesherrn. Die Verhältnisse in Lauenburg wurden aber weitgehend unverändert belassen. Die Regierung, das Hofgericht und das Konsistorium sollten unter der Zentralbehörde in Hannover fortbestehen. 1702 wurden in einem Landesrezess mit den Landständen deren Rechte bestätigt. Lediglich dort, wo Unklarheiten in der Verwaltung bestanden, fand eine Übertragung hannoverscher Praktiken auf Lauenburg statt. Die Beamten in Lauenburg blieben im Amt und wurden auf den neuen Landesherrn vereidigt. Die herausragende Leistung in dieser Zeit war die Verkoppelung. Diese agrarwirtschaftliche Neuordnung wurde im Amt Lauenburg im Zeitraum 1782–1809 durchgeführt. Durch den Anstieg der Bevölkerungszahl zeigte sich die Rückständigkeit der Flurnutzung besonders gravierend. Zur Besserung der Lage ging man an die Aufhebung des hinderlichen Flurzwanges. Die verstreuten Ländereien wurden neu vermessen und zur individuellen Bewirtschaftung vergeben. Es folgten die Einfriedung mit Wall und Graben und die Bepathung, das Bepflanzen des Walls mit Heckensträuchern. Die Landschaft veränderte sich. Aber auch die Ablösung der Dienste gehörte zu dieser Reform. Die herrschaftlichen Holz- und Weiderechte auf dem Bauernland wurden abgeschafft. Auch die Herrschaft war an einer Besserung der Lage der Bauern interessiert. Die Aufteilung der Gemeinheit im Dorfe machte neue Anbauer möglich und damit auch höhere Einnahmen. Auf den Gütern war die Arbeit der Tagelöhner geschätzter als die unwillig verrichteten Dienste der Bauern, und vor allen Dingen brachte die bessere Raumausnutzung – die Arrondierung des Gutslandes – viele Vorteile bei der Bewirtschaftung. Nach den Bemühungen Georgs III. lag eine wesentliche Voraussetzung für das Gelingen der Reform in der Motivation der Beamten, die diese durchzuführen hatten. Sie hatten die Einigung mit den Bauern über die wesentlichsten Gesichtspunkte zu erreichen, Verkoppelungspläne zu erstellen und nach Verwirklichung dieser Pläne die rechtliche Sicherung in Form von Rezessen abzuschließen. Nacheinander wurden die einzelnen Dörfer verkoppelt.

Die französische Verwaltung im Herzogtum Lauenburg

Als die Franzosen unter napoleonischer Herrschaft 1803 Hannover besetzten, war auch Lauenburg betroffen. Das Herzogtum Lauenburg erlebte wechselnde Durchzüge und Besetzungen durch Franzosen, Dänen, Preußen, Russen und Schweden. Das unter den Kriegslasten leidende Land wurde in die französische Verwaltung eingegliedert. Am 10. Dezember 1810 wurde es französisches Staatsgebiet im „Departement Elbmündungen“.

Am Beispiel Büchen wird die neue französische Gliederung deutlich: Büchen erhielt in der französischen Verwaltung einen „Municipalrat“ als örtliche Polizei (dies war der Zolleinnehmer und Doppelhufner Berling in Büchen). Die „mairie“ befand sich mit dem neu eingeführten Standesamt in Gudow. Sie gehörte zum „canton“ Mölln im „arrondissement“ Lübeck. Die französischen Neuerungen, zu denen auch die Aufhebung des Lehnswesens, die öffentliche Gerichtsverfassung und die Abschaffung der Grundherrschaft gehörten, blieben jedoch nicht erhalten, sondern setzten sich erst in der preußischen Zeit durch.

Die dänische Zeit

Nach den Tauschverhandlungen auf dem Wiener Kongress kam Lauenburg schließlich 1816 ohne die südelbischen Gebiete an Dänemark. In dem halben Jahrhundert unter dänischer Herrschaft gab es kaum Veränderungen in Verfassung und Recht. Die Verwaltungsbeamten aus der hannoverschen Zeit blieben im Amt und wurden auf den neuen Herrscher vereidigt. Die oberste Behörde war nun allerdings die schleswig-holstein-lauenburgische Kanzlei in Kopenhagen. Lauenburg war zum ersten Mal mit Schleswig-Holstein unter einer Herrschaft vereinigt. Mit eigener Regierung war es ein selbstständiges Herzogtum innerhalb der dänischen Monarchie. Die alten lauenburgischen Rechte wurden vom dänischen König ausdrücklich anerkannt. Nach den revolutionären Ereignissen des Jahres 1848 bewahrte das Herzogtum Lauenburg Neutralität. Es erhielt aber – inzwischen Mitglied des Deutschen Bundes – nach Rücktritt der königlich lauenburgischen Regierung am 10. Juni 1848 eine Revolutionsregierung, die eine liberalere Landesverfassung ausarbeitete. Diese kam jedoch nicht zum Tragen. Am 6. März 1851 stellte der dänische König den alten Rechtszustand wieder her. Von der organischen Gesetzgebung der Revolutionszeit blieb nichts von Bedeutung in Kraft, lediglich die Konzession zum Bahnbau Lübeck-Büchen, welche um die Jahreswende 1849/50 erteilt worden war, blieb bestehen. Diese Strecke wurde im Oktober 1851 in Betrieb genommen. Dadurch wurde Büchen an der 1846 eröffneten Strecke Hamburg-Berlin zum Bahnknotenpunkt.

Immerhin sah sich der dänische König 1853 veranlasst, die Zusammensetzung des lauenburgischen Landtages zu verändern, indem er die Überlegenheit des Adels durch Aufnahme bürgerlicher und bäuerlicher Abgeordneter beseitigte. Die „Ritter- und Landschaft“ wurde repräsentativer für die Bevölkerung des Landes: fünf Vertreter der Ritterschaft, fünf Vertreter der Bürger, fünf Vertreter der Bauern.

Der Anschluss an Preußen

Nach dem deutsch-dänischen Krieg musste der dänische König 1864 auf die Herzogtümer Schleswig, Holstein und Lauenburg verzichten. Sie wurden zunächst preußisch-österreichischer Gemeinschaftsbesitz. Von preußischer Seite wurde Lauenburg bedeutet, von sich aus eine Anlehnung an Preußen anzustreben. Die geschaffenen Tatsachen ließen kaum eine andere Möglichkeit offen. Die Ritter- und Landschaft trug dem preußischen König Wilhelm I. die lauenburgische Herzogswürde an. Die preußische Verwaltung in Lauenburg sicherte sich Bismarck gegenüber Österreich in der Gasteiner Konvention vom 14. August 1865. Am 23. September 1865 erfolgte die offizielle Besitzergreifung Lauenburgs durch den preußischen König.

Drei Tage später huldigte ihm die Ritter- und Landschaft in Ratzeburg. Die Personalunion war vollzogen. In Berlin wurde ein Ministerium für Lauenburg eingerichtet, und Bismarck betrieb als Minister für Lauenburg – seit 1869 in Verhandlungen mit einer ständigen Kommission des lauenburgischen Landtages – die Erweiterung zur Realunion. „Lauenburg ist wenigstens 200 Jahre zurück“, bemerkte Bismarck, und in der Tat schienen die folgenden Neuerungen überfällig.

Auch entstanden neue Belastungen für das Land. So durch die 1866 eingeführte Wehrpflicht, den 1867 erfolgten Beitritt zum Zollverein (womit ein Viertel der lauenburgischen Einkünfte aus Transit- und Elbzöllen wegfiel) sowie durch die spätere Einführung der Grund- und Einkommensteuer. Münze, Maße und Gewichte wurden angepasst, das Postwesen ging an die Monarchie über. Wichtig waren die Trennung der Rechtspflege von der Verwaltung und die Aufhebung der Privatgerichtsbarkeit und des eximierten Gerichtsstandes im Jahre 1870/71. Die Gerichtsbarkeit wurde ausschließlich durch die Amtsgerichte und andere staatliche Gerichtsbehörden ausgeübt. Nun gab es keine Patrimonialgerichtsbarkeit und keinen privilegierten Gerichtsstand mehr.

Auf der untersten Verwaltungsebene wurde mit der Übertragung der Landgemeindeverfassung von 1867 auf Lauenburg im Jahre 1874 eine einheitlich organisatorische Basis für die Landgemeinden geschaffen, die sich an dem Prinzip der Selbstverwaltung orientierte. Die Grundlage für das eindringende preußische Prinzip der Selbstverwaltung bildete die Stein'sche Städteordnung, in der die Überzeugung zum Ausdruck kam: „Das zudringliche Eingreifen der Staatsbehörden in Privat- und Gemeindeangelegenheiten muß aufhören, und dessen Stelle nimmt die Tätigkeit des Bürgers ein.“ Die Landgemeinde wurden als Kooperation und Gebietskörperschaft charakterisiert. Die Verwaltungsgeschäfte der Gemeinde hatte der ehrenamtliche Gemeindevorsteher zu führen. Neben ihm stand die Gemeindeversammlung bzw. Gemeindevertretung als willensbildendes Organ. Die Gemeindeversammlung bestand aus allen stimmberechtigten Gemeindeangehörigen, den Gemeindemitgliedern. Diese mussten mit eigenem Hausstand in der Gemeinde ansässig sein bzw. größeren Grundbesitz im Gemeindebezirk haben. Ein von der Gemeindeversammlung in Zusammenarbeit mit dem Landrat ausgearbeitetes Ortsstatut konnte örtliche Besonderheiten, z. B. nach Besitz gestaffeltes Stimmrecht, regeln. Die Gemeindeversammlung war mit der Hälfte der Mitglieder beschlussfähig. Die Beschlüsse über Gemeindeangelegenheiten erfolgten in der Regel durch die Gemeindeversammlung. Der Gemeindevorsteher hatte sie auszuführen. Dieser fungierte außerdem als Ortsobrigkeit, war also auch neben seiner stimmberechtigten Zugehörigkeit zur Gemeindeversammlung in einer staatlichen Funktion tätig. Die Verwaltung war somit vom Amtmann an die Gemeinde übergegangen.

Auf der gleichen Verwaltungsebene sind die selbstständigen Gutsbezirke einzuordnen. Die Funktionen des Gemeindevorstehers und der Gemeindeversammlung der Landgemeinde wurden hier in der Person des Gutsbesitzers vereinigt. Dies änderte sich erst 1928 mit der Auflösung der Gutsbezirke.

Neben dieser Neuordnung der Verwaltung war für die Landgemeinden die Aufhebung der Grundherrschaft von Bedeutung, die 1872 erfolgte.

Als mit dem Vereinigungsgesetz, das am 1. Juli 1876 in Kraft trat, die Realunion vollzogen war, existierte das alte Herzogtum Lauenburg als preußischer Landkreis mit dem Namen „Kreis Herzogtum Lauenburg“ in der preußischen Provinz Schleswig-Holstein weiter. Das Ministerium für Lauenburg wurde aufgelöst, desgleichen Hofgericht, Konsistorium und Regierung in Lauenburg. Künftig war der Kreis mit einem Sitz im preußischen

Abgeordnetenhaus vertreten. Im Vereinigungsgesetz waren lauenburgische Sonderrechte verbrieft, zu denen das Recht auf einen eigenen Landeskommunalverband gehörte. Außerdem erfolgte die „vertragsmäßige Anerkennung des Domanialvermögens als Landeseigentum des Kreises".

Nach einer Übergangsphase ständischer Verwaltung seit 1865 wurde am 26. August 1882 die Verordnung herausgegeben, welche den Kern der preußischen Kreisordnung für die sechs östlichen Provinzen auf Lauenburg übertrug. Die Ritter- und Landschaft wurde durch eine Kreisversammlung (Kreistag) abgelöst, der Landrat wurde bestellt und ein Kreisausschuss gebildet. Der Kreistag – als Versammlung der Kreisstände noch kein echtes Kollegialorgan – hatte die Aufgabe der Vertretung und Verwaltung der Selbstverwaltungsangelegenheiten des Kreises unter der Leitung des Landrates. In Anlehnung an alte ständische Strukturen wurden die Kreisstände der Großgrundbesitzer, der Städte und der Landgemeinden gebildet. Die Kreistagswahl geschah durch Wahlmänner. Landgemeinden bis 400 Einwohner beispielsweise wurden durch einen Wahlmann repräsentiert. Dieser musste ein stimmberechtigtes Gemeindeglied sein und wurde von der Gemeindeversammlung gewählt.

Die erneuerte Kreisordnung vom 26. Mai 1888 drängte die Vorrechte des adligen Großgrundbesitzes weiter zurück. Sie stellte durch die enge Zusammenfassung der Städte und Landgemeinden und vor allem durch die Veränderung des Kreises als eines kreisständischen Verbandes zu einem Kreiskommunalverband mit größeren Kompetenzen und stärkerer Ausprägung als Gebietskörperschaft einen beachtlichen Fortschritt dar. Bis zur schleswig-holsteinischen Kreisverfassung vom 27. Februar 1950 bleib sie, von wenigen Ergänzungen und Veränderungen abgesehen, in Kraft. In der erneuerten Fassung von 1888 war nun auch für Lauenburg die Bildung von Amtsbezirken vorgesehen. So wurden ab 1. Oktober 1889 u. a. die Amtsbezirke Pötrau mit den acht Gemeinden Pötrau, Büchen, Bröthen, Fitzen, Franzhagen, Schulendorf, Bartelsdorf und Witzeeze sowie das Amt Wotersen mit den 14 Gemeinden bzw. Gutsbezirken Wotersen, Roseburg, Siebeneichen, Klein Pampau, Güster, Kankelau, Groß Pampau, Sahms, Lanken, Elmenhorst, Fuhlenhagen, Talkau, Müssen (Gut, Gemeinde) und Nüssau gebildet. Nach der vorübergehenden Einrichtung der Landvogteibezirke, die nach der Auflösung der alten lauenburgischen Ämter 1873 eingeführt wurden, wurde nun ein Amt geschaffen mit der Funktion eines polizeilichen Verwaltungsbezirkes. Die Organe der Amtsverwaltung waren der Amtsvorsteher und der Amtsausschuss. Der Amtsvorsteher wurde vom Oberpräsidenten in Schleswig aufgrund von Vorschlägen des Kreistages in Ratzeburg auf sechs Jahre ernannt (dies entspricht der Amtsdauer der Gemeindevorsteher). Den Anweisungen des Amtsvorstehers gemäß seinen Obliegenheiten, die in den §§ 51–55 festgelegt waren, hatten die Gemeinden und Gutsvorsteher nachzukommen. Der Amtsausschuss, der sich aus den Gemeindevorstehern der amtsangehörigen Gemeinden zusammensetzte, war das beschlussfassende Organ, dem der Amtsvorsteher mit vollem Stimmrecht vorsaß. Die Gemeindevorsteher wurden als Obrigkeit des Gemeindebezirks benannt. Sie fungierten als Organ des Amtsvorstehers für die Polizeiverwaltung. Im Vordergrund stand die Erhaltung der öffentlichen Ruhe, Ordnung und Sicherheit. Die Gutsvorsteher wurden in ihrer Funktion den Gemeindevorstehern gleichgestellt. Sie hatten allerdings die Möglichkeit, ihre Gutsbezirke ohne Gemeindevertretung zu verwalten. Die gutsherrliche Polizeigewalt wurde aufgehoben.

Diese Kreisordnung, die am 1. April 1889 in Kraft trat, ist als ein Abschluss der preußischen Reformen zu sehen, die zu einer verbesserten Selbstverwaltung auf kommunaler Ebene führten. Mit der Übertragung von Verwaltungsaufgaben an Amt und Gemeinde wurde ein bedeutender Schritt hin zu Dezentralisierung getan. Die Nähe zu den örtlichen Gegebenheiten, die bessere Sachkenntnis und das lebendige Interesse der Gemeindevertreter und der Mitglieder des Amtsausschusses wurden in der kommunalen Verwaltung nutzbar gemacht. Die Wahlen in den Gemeinden, wenn auch noch in beschränkten demokratischen Verhältnissen, stellten die Bindung dieser Organe an die Basis der Bevölkerung her. Der Anschluss an Preußen, mit dem große Veränderungen in der Verwaltungsgeschichte im Lande verbunden waren und mit dem viele spätmittelalterliche Relikte beseitigt waren, war für Lauenburg nicht leicht zu verkraften. Nicht nur der Wegfall der Zolleinnahmen und die Abtrennung der Bismarck'schen Dotation im Amt Schwarzenbek brachten Einbußen, auch die Ablösungssumme aus dem österreichischen Mitbesitz an Lauenburg in Höhe von 2,5 Millionen dänischer Taler wurde Lauenburg aufgebürdet. Nicht zuletzt war die Übertragung der preußischen Steuergesetze auf Lauenburg für die hohe finanzielle Belastung des Landes verantwortlich.

Die Landgemeindeordnung für die Provinz Schleswig-Holstein vom 4. Juli 1892 brachte keine gravierenden Neuerungen. Sie führte jedoch zur Stärkung der Selbstverwaltung durch Einführung folgender Veränderungen: das 3-Klassen-Wahlrecht wurde obligatorisch. An die Stelle der Gemeindeversammlung trat nun die Gemeindevertretung. Die Zahl der Wahlberechtigten wurde erhöht, und man änderte das Prinzip der Grundbesitzergemeinde in das Prinzip der Einwohnergemeinde. Nach § 49 der Landgemeindeordnung bestand diese aus dem Gemeindevorsteher, seinem Stellvertreter und mindestens sechs Gemeindeverordneten. Die selbstständigen Gutsbezirke blieben ausdrücklich bestehen. Erst 1919 wurde das 3-Klassen-Wahlrecht zum allgemeinen Wahlrecht erweitert. Im selben Jahr wurde die Wahl des ehrenamtlichen Amtsvorstehers durch den Kreistag eingeführt. 1927/28 wurden die Gutsbezirke im Kreis Herzogtum Lauenburg aufgelöst.

Die nationalsozialistische Zeit

In der nationalsozialistischen Zeit war es das kommunalpolitische Ziel, die kollegialen Selbstverwaltungsorgane auszuschalten. Während man auf der Kreisebene die Zuständigkeiten des Kreistages mehr an den Kreisausschuss übertrug und die Stellung des Landrates wesentlich stärkte, stand in der deutschen Gemeindeordnung vom 30. Januar 1935 der Grundsatz der „unbeschränkten Führerverantwortlichkeit“ im Vordergrund. Zwar wurde in § 1 der deutschen Gemeindeordnung von Selbstverwaltung in Eigenverantwortlichkeit gesprochen, dieses Prinzip jedoch in den folgenden Ausführungen ausgehöhlt. Der Bürgermeister leitete die Gemeinde und wurde von Beigeordneten vertreten. Bürgermeister und Beigeordnete wurden von Staat und Partei berufen. Bei „bestimmten Angelegenheiten“ wirkte ein Beauftragter der NSDAP in der Gemeindeverwaltung mit. So musste der Erlass der Hauptsatzung der Gemeinde von der NSDAP genehmigt werden. Die

Gemeinderäte hatten lediglich eine beratende Funktion. Alle Entscheidungsbefugnis lag beim Bürgermeister, der häufig gleichzeitig das Amt des Ortsgruppenleiters in der Partei bekleidete. Mit dem Kriegsbeginn 1939 wurden Gemeinden und Gemeindeverbände dem vollen Weisungsrecht der jeweiligen Aufsichtsbehörde unterstellt. Entsprechend wurde die Beschlusszuständigkeit des Kreisausschusses endgültig beseitigt und ging auf den Landrat über. Im Jahr 1937 wurde das lauenburgische Sonderrecht auf einen eigenen Landesprovinzialverband beseitigt. Der Kreis wurde in den Landesprovinzialverband Schleswig-Holstein eingegliedert. Unter anderem gingen folgende Aufgabenbereiche vom Kreis an den Provinzialverband über: Landesstraßen 1. Ordnung, Landesfürsorgeverband, Kunstdenkmäler usw. Das „Groß-Hamburg-Gesetz", das am 1. April 1937 in Kraft trat, stellte eine umfassende Gebietsreform dar. Der Kreis Herzogtum Lauenburg gehörte zu den Gewinnern dieser Reform. Seine Fläche vergrößerte sich durch die Einverleibung der Enklaven um 105,5 Quadratkilometer.

Britische Besatzung und Bundesrepublik Deutschland

Nach dem Bruch mit der deutschen Selbstverwaltungstradition in der Zeit der nationalsozialistischen Herrschaft ging die englische Besatzungsmacht an die Neuordnung der kommunalen Organisation. Die englische Militärregierung suchte folgende Grundsätze auf die Gemeinden und Gemeindeverbände zu übertragen:
1. Gleichschaltung der Organisationsformen der gesamten örtlichen Verwaltung, d. h. der Gemeinden, Ämter, Kreise und höheren Gebietsverbände;
2. Beseitigung der traditionellen Doppelorganisation von Kommunalverwaltung und Staatsverwaltung innerhalb der örtlichen Verwaltung;
3. Einführung gewählter Räte auf allen Stufen, deren ehrenamtliche Vorsitzende als „Bürgermeister" und „Landrat" die Gebietskörperschaften repräsentieren sollten, während ein „besoldeter Sekretär als Diener des Rates" die Verwaltungsexekutive zu besorgen hatte,
4. Verbot parteipolitischer Betätigung aller kommunalen besoldeten Beamten.
Die Reorganisation war verbunden mit der Ausschaltung aller Überreste des Nationalsozialismus und Militarismus sowie der Neuzulassung demokratischer politischer Parteien.

1945 wurden neun Bezirksbürgermeistereien im Kreis eingerichtet, die allerdings nur bis 1947 bestanden. Entscheidend war die „Revidierte Deutsche Gemeindeordnung" (Verordnung Nr. 21) vom 1. April 1946, die nach dem uneingeschränkten Ratsprinzip wieder demokratische Verhältnisse auf der Gemeindeebene herstellte. Die von der englischen Militärregierung überprüften Gemeindeverfassungen traten 1946 in Kraft. In diesem Jahr fanden auch die ersten Gemeindewahlen und die erste Kreistagswahl statt. Ein Jahr später wurde in dem Gesetz über die Bildung von Ämtern im Lande Schleswig-Holstein die Auflösung der bestehenden Amtsbezirke angeordnet. Die Neuformierung der Ämter wurde dem Kreistag übertragen. Amtsorgane sollten künftig „Amtsausschuss" und „Amtmann" sein. 1948 wurde auch das heutige Amt Büchen mit seinen zehn Gemeinden gebildet. Die erste Sitzung des Amtsausschusses Büchen fand am 17. Juni 1948 in Büchen statt. Der Amtmann leitete die Verwaltung ehrenamtlich gemäß den Beschlüssen des Amtsausschusses, der sich aus den Bürgermeistern der amtsangehörigen Gemeinden zusammensetzte. Außerdem wurden der Stellvertreter des Amtmannes, der Kassenleiter und der Amtsschreiber gewählt. Nachdem die Länder aufgrund des Besatzungsstatuts vom 12. Mai 1949 die Gesetzgebungshoheit auf dem Gebiet des Kommunalrechts innehatten, konnten in Schleswig-Holstein die Gemeindeordnung vom 24. Januar 1950 und die Kreisordnung vom 27. Februar 1950 erlassen werden. Diese beiden Gesetze sind in ihrem Kern bis heute gültig. In § 1 der Gemeindeordnung heißt es zur Selbstverwaltung: „Den Gemeinden wird das Recht der freien Selbstverwaltung in eigenen Angelegenheiten als eines der Grundrechte demokratischer Staatsgestaltung gewährleistet.“ Der ehrenamtliche Bürgermeister der Landgemeinde leitet die Gemeindeverwaltung und führt die Beschlüsse der Gemeindevertretung aus. Er ist der gesetzliche Vertreter der Gemeinde. Auch in der Kreisverfassung wird das Prinzip der Selbstverwaltung wieder aufgenommen. Beide Gesetze orientieren sich nicht am Ratsverfassungsprinzip der Verordnung Nr. 21 der englischen Militärregierung, sondern am dualistischen Verfassungssystem. Gemeindevertretung, Stadtvertretung und Kreistag bekamen Verwaltungsorgane zur Seite: Bürgermeister, Hauptausschuss und Kreisausschuss.

Die bis heute grundlegende Amtsordnung für Schleswig-Holstein erschien am 17. Juni 1952. Das Amt hatte nun gemeindliche Aufgaben in eigener Verantwortung nach den Gemeindebeschlüssen zu erfüllen, die ihm von den amtsangehörigen Gemeinden übertragen wurden. Die wesentlichste Änderung des bisherigen Rechtszustandes bestand in der Beseitigung der Möglichkeit, dass die amtsangehörigen Gemeinden den Ämtern Aufgaben der gestaltenden Verwaltung zu voller Selbstverwaltung übertrugen. Der ehrenamtliche Amtmann wurde nun vom Amtsausschuss gewählt, dessen Mitglied und Vorsitzender er war. Die in den folgenden Jahren erschienenen Ausführungsanweisungen und Neufassungen der Amtsordnung brachten im Kern des Gesetzes keine gravierenden Veränderungen. Die Bestimmungen der Amtsordnung von 1966 über die Regelgröße von Amtsbezirken (5 000 Einwohner) brachten neue Formen in einigen Ämtern hervor. Diese Änderung der Amtsordnung brachte auch die Umwandlung der Bezeichnung „Amtmann“ in „Amtsvorsteher“. Die dritte und vierte Novellierung der Amtsordnung von 1977 und 1993 brachten vor allem eine Stärkung der Ämter durch die weitere Übertragung von Selbstverwaltungsangelegenheiten, die Zulassung von Fachausschüssen, die Öffentlichkeit der Sitzungen des Amtsausschusses sowie ein Eilentscheidungsrecht des Amtsvorstehers.

Wurde unmittelbar nach dem Krieg das Amt noch als „Schreibstube“ der Gemeinden aufgefasst, hatte es sich inzwischen zu einer komplexen eigenverantwortlichen Verwaltungsinstitution entwickelt. Von der Institution der fürstlichen Landesverwaltung, in der die Beamten gleich dem verlängerten Arm des Fürsten agierten, über die preußische Ordnungsbehörde, die auf der Basis der preußischen Prinzipien Ehrenbeamte kannte, wuchs das Amt zu einer Verwaltungsinstitution mit der heutigen Vielfalt an kommunalen Aufgaben. Das Selbstverwaltungsrecht in Eigenverantwortung ist nur durch das Verwaltungsrecht eingegrenzt. Die Delegierung von gemeindlichen Aufgaben an die Amtsverwaltung, welche die erforderlichen Verwaltungseinrichtungen unterhält, ließ ein breites Spektrum der Verwaltungsgeschäfte nach dem Willen der Gemeinden entstehen und rückt das Amt in die Nähe einer Großgemeinde oder Samtgemeinde. Damit ist zunächst ein Endpunkt in der geschichtlich gewachsenen Verwaltungsdezentralisierung erreicht.

Durch diese Aufgabenfülle entwickeln sich die Ämter in Schleswig-Holstein immer mehr zu Dienstleistungseinrichtungen für die Bürger. Allerdings sind auch neue Probleme hinzugekommen: knapper werdende Finanzmittel der öffentlichen Haushalte und eine wachsende Bürokratie, die Handlungs- und Entscheidungsspielräume in der Kommunalpolitik einengen.

Doch das Prinzip der Ämter hat sich auf jeden Fall als erfolgreich erwiesen: Über 50 Jahre Ämter in Schleswig-Holstein bedeutet über ein halbes Jahrhundert demokratische Selbstverwaltung. Nicht ohne Grund haben sich nach der Wiedervereinigung die neuen Bundesländer Mecklenburg-Vorpommern und Brandenburg dafür entschieden, die schleswigholsteinische Amtsverfassung in ihren Grundsätzen zu übernehmen.

Teil I: Methodischer Leitfaden und kleine Quellenkunde

Auch dieser zehnte „Wegweiser zu den Quellen der Landwirtschaftsgeschichte Schleswig-Holsteins“ wendet sich in erster Linie, doch nicht ausschließlich, an die wachsende Schar engagierter Hobbyforscherinnen und -forscher im Lande. Er befasst sich mit dem Kreis Herzogtum Lauenburg, enthält die im Landesarchiv Schleswig-Holstein, im Kreisarchiv Ratzeburg sowie in anderen Archiven reichlich vorhandenen Akten und Unterlagen zu den Themen „Haus- und Höfeforschung“ bzw. „Landwirtschaftliche Geschichtsschreibung“ und gibt Tipps und Ratschläge im Umgang mit der Fülle des historischen Materials.

Wir unterstellen dabei, dass das Beschaffen von Unterlagen ab dem 20. Jahrhundert keine großen Schwierigkeiten bereiten wird, da z. B. sämtliche Veränderungen am Grundeigentum in den Grundbüchern festgehalten werden. Deshalb konnte auf die nach 1900 entstandenen Quellen in dem Wegweiser weitgehend verzichtet werden. Für die Zeit davor jedoch sind die Dokumentations- und Überlieferungsverhältnisse wesentlich undurchsichtiger, was die Arbeit an Ortschroniken oder bei der Höfeforschung auf vielfältige Weise erschwert. Mittels einer ausführlichen Dokumentation der für die landwirtschaftliche Geschichtsforschung in Frage kommenden Quellen und dem Angebot weiterer Hilfsmittel will Sie der „Wegweiser“ bei Ihrer Arbeit mit dem Archivmaterial unterstützen.

Bevor Sie mit der Erforschung historischer landwirtschaftlicher Verhältnisse beginnen, sollten Sie sich unbedingt nach bereits geleisteten Vorarbeiten zum Thema umsehen. Das *Literaturverzeichnis* (Teil IV) hält hierzu u. a. eine große Auswahl von Chronikarbeiten zu vielen Ortschaften des Kreisgebietes parat. Ein Studium der für Sie interessanten Werke bringt Sie vielleicht schon auf eine erste heiße Spur zu Ihrem Forschungsobjekt, zumindest jedoch werden Sie interessante Einblicke in die methodische Arbeitsweise Ihrer Vorgänger erhalten. Den aktuellsten Überblick zum Thema verschaffen Sie sich am besten bei einem Besuch im Kreisarchiv in Ratzeburg[1], wo man Sie auch auf Neuerscheinungen aufmerksam machen kann.

Bei der Haus- und Höfeforschung ist es wohl am sinnvollsten, wenn Sie mit Ihrer Arbeit von der Gegenwart ausgehen und mit der *Recherche vor Ort* beginnen. Das gilt auch für den Fall, dass Sie nicht Besitzer des Forschungsobjektes sind. Bevor Sie Ämter oder Archive um Akteneinsicht bitten, fragen Sie auf dem Hof nach alten Dokumenten nach und versuchen Sie, damit die Geschichte des Hauses so weit wie möglich zurückzuverfolgen.[2] Eine gewisse Hartnäckigkeit bei der Suche nach alten Unterlagen könnte sich dabei durchaus lohnen, weshalb man seiner Phantasie beim Aufspüren von Aktenverstecken keine Grenzen setzen sollte. Es ist zu empfehlen, Dachböden, Keller, Schuppen, Abstellräume, Kammern,

[1] Adressen von Ämtern und Institutionen finden Sie ab Seite 340.

[2] Vgl. Ute Neuhaus-Schröder (Hrsg.): Heimatforschung in Schleswig-Holstein. Handbuch für Chronisten, Regionalforscher und Historiker, Husum 2001; Peter Ingwersen (Hrsg.): Methodisches Handbuch für Heimatforschung, Schleswig 1954.

Schränke und Truhen genauestens zu inspizieren, denn das amtliche „Ersatz"material wird sehr wahrscheinlich viel nüchterner ausfallen als private Dokumente. Tagebucheintragungen z. B. könnten einen schlichten Kaufvertrag um allerhand Interessantes über die Umstände seines Zustandekommens bereichern und amtliche oder juristische Fakten zu einem lebendigen Stück Vergangenheit werden lassen.

Wenn alle Möglichkeiten vor Ort ausgeschöpft sind, ziehen Sie eine erste Bilanz und versuchen dann, die sich abzeichnenden Dokumentationslücken mit Hilfe der Archive zu schließen. Stellen sich zur Hofgeschichte für das 20./21. Jahrhundert noch Fragen bezüglich der Besitzerfolge oder zeigen sich Unklarheiten bei der Hofgröße oder bei der Lage der dazugehörigen Ländereien, so lassen sich diese Mängel am ehesten mit einem Blick in die entsprechenden *Grundbuch- und Katasterunterlagen* beseitigen. Die für Ihre Forschungsvorhaben zuständigen Grundbuchämter finden Sie bei den Amtsgerichten Ratzeburg, Reinbek und Schwarzenbek (siehe Teil II. a).

In ein Grundbuch können Sie problemlos Einsicht nehmen, wenn Sie ein „berechtigtes Interesse" nachweisen. Dies ist selbstverständlich dann der Fall, wenn Sie als Eigentümer einer Immobilie Ihre eigenen Unterlagen einsehen möchten. Berechtigten Zugriff können aber auch Personen erhalten, die juristisch oder geschäftlich mit dem fraglichen Objekt betraut sind, oder jemand, der Rechte aus der zweiten oder dritten Abteilung (siehe unten) des Grundbuchblatts ableiten kann. Will man sich als Forscher mit anderen als seinen eigenen Grundakten beschäftigen, so empfiehlt es sich, Vollmachten zur Akteneinsicht von den betroffenen Eigentümern einzuholen. Wer z. B. aus wissenschaftlichen Gründen generellen Zugang zu den Grund- und Liegenschaftsbüchern erhalten will, muss eine Genehmigung des zuständigen Gerichts einholen. In unserem Fall ist dazu ein formloser Antrag an den Präsidenten des Landgerichts Lübeck zu stellen.

Grundstücke sind laut Bürgerlichem Gesetzbuch (§ 905) ein abgegrenzter Teil der Erdoberfläche und müssen in einem Grundbuch registriert werden, um Klarheit über die Rechtsverhältnisse zu schaffen.[3] Die Grundbücher werden von Grundbuchämtern geführt. Sie sind alphabetisch geordnet nach Gemarkungen, die aber nicht immer identisch sind mit den Namen der heutigen politischen Gemeinden. Genaue Auskunft darüber erteilt das Katasteramt, wie weiter unten gezeigt wird.

Jedes Grundstück erhält im Grundbuch ein Grundbuchblatt mit der Grundbuchnummer. Kennt man diese Nummer und die Gemarkung, auf der das Grundstück liegt, dann findet man das gewünschte Grundbuch am schnellsten. Eine zweite Zugriffsmöglichkeit ist die, mit Namen und Geburtsdatum des Besitzers über den Bestandskatalog zu der jeweiligen Grundbuchnummer zu gelangen.

Ein Grundbuch besteht aus dem Deckblatt, dem Bestandsverzeichnis und drei Abteilungen.

---

[3] Zum Grundbuch und zur Grundbuchordnung (GBO) vgl. Manfred Bengel und Franz Simmerding: Grundbuch, Grundstücke, Grenze, 3. Aufl., Neuwied/Frankfurt a. M. 1989 sowie im Internet: www.Grundbuch.de.

Das Deckblatt ist der Ort für besondere Vermerke über das Grundeigentum (z. B. über Denkmalschutz). Interessant könnte dabei die Eintragung „Hof gemäß der Höfeordnung" sein. In einem solchen Fall haben wir es mit einem auf besondere Weise geschützten landwirtschaftlichen Objekt zu tun. So ist beim Ableben des Hofbesitzers nicht etwa dessen Testament ausschlaggebend für die Erbfolge, sondern ein vom Landwirtschaftsgericht auszustellendes Hoffolgezeugnis. Dieses attestiert, dass der Hof in wirtschaftlich relevanter Größe erhalten bleibt und auf einen geeigneten Nachfolger übergeht. Zu Lebzeiten des Hofbesitzers kann dies mit Hilfe eines Überlassungsvertrages geregelt werden. Entschließt sich ein Landwirt zur Auflösung seines Hofes, wird die Eintragung auf dem Deckblatt des Grundbuchblattes gelöscht.

Das Bestandsverzeichnis enthält die Daten aus dem Katasteramt. Sie betreffen die vermessungstechnische Größe und Lage des Grundeigentums. Wir werden später darauf zurückkommen.

In der ersten Abteilung des Grundbuches stehen Angaben über die Eigentumsverhältnisse und die Erwerbsgründe wie z. B. Kauf, Erbe, Flurbereinigung, freiwilliger Tausch usw.

Die zweite Abteilung führt Belastungen und Verfügungsbeschränkungen auf, soweit diese keine Grundpfandrechte betreffen. Hier sind etwa Abmachungen zum Altenteil, über persönliche Dienstbarkeiten, Nießbrauch usw. festgehalten – auch und gerade für den Sozialforscher ein geeignetes Betätigungsfeld.

Die dritte Abteilung dokumentiert die Grundschulden und Hypotheken, mit denen das Grundeigentum belastet ist.

Parallel zum Grundbuchblatt wird die Grundakte geführt. Sie ist eine Art Protokollbuch und enthält alle Originalurkunden und Anträge, die zu einem Eintrag in das Grundbuchblatt geführt haben. Diese Grundakte ist für Forschungszwecke das weitaus interessantere Dokument, und in der chronologischen Ordnung rückwärts gehend stößt man dort schließlich auf das Eröffnungsdatum des Grundbuches. Die wichtigste Eintragung für uns ist dabei der Verweis auf die Folio-Nummer in einem der Schuld- und Pfandprotokolle der Vorgrundbuchzeit. Wir befinden uns hier an der Schnittstelle zwischen der Einführung der Grundbücher durch die preußischen Amtsgerichte und den vielfältigen Jurisdiktionen unter königlicher, herzoglicher, bischöflicher und anderer Obrigkeit in der Zeit davor.

Bevor Sie nun Ihren Forschungsschwerpunkt z. B. ins Landesarchiv und damit zu den älteren Quellen verlagern, sollten Sie eventuell noch einen Blick in das *Katasteramt* in Lübeck[4] werfen. Es ist neben dem Grundbuchamt eine weitere wichtige Institution zur Verwaltung von Liegenschaften.

---

[4] Landesamt für Vermessung und Geoinformation Schleswig-Holstein, Abteilung 4 – Standort Lübeck – Liegenschaftskataster.

Das Katasteramt führt „das amtliche Verzeichnis aller Grundflächen eines Landes, das als Grundlage für das Grundbuch und für die Bemessung der Grundsteuer dient“.[5] Dazu gehören die Flurkarte und das Liegenschaftsbuch.

Etwa zur Zeit der Einführung des Grundbuches wurde auch das Land neu vermessen. Diese sogenannte Stückvermessung lieferte die Daten für die – natürlich laufend fortgeschriebenen – Flurkarten. Sie enthalten in Maßstäben von 1:500 bis 1:5000 Angaben über Grenzen, Abmarkungen und Nummern von Flurstücken sowie über Gebäude, Nutzungsarten und Bodenschätzungsmerkmale. Diese Daten gehen, wie oben bereits angedeutet, in das Bestandsverzeichnis des Grundbuchblattes ein und bilden somit den beschreibenden Teil des Grundbuches.

Aus der Flurkarte erfährt man z. B. auch den Namen der Gemarkung, unter welcher ein bestimmtes Grundbuch eingeordnet ist. Auf diese Weise lassen sich Probleme bei der Bezeichnung von ehemaligen Gemarkungen und heutigen politischen Gemeinden zweifelsfrei aufklären. Die Flurkarten dienen dem Nachweis von Liegenschaften und bilden die Grundlage für den zweiten Teil des katasteramtlichen Verzeichnisses, das Liegenschaftsbuch.

Im Liegenschaftsbuch finden Sie die personenbezogenen Angaben zum Eigentümer des betreffenden Grundstücks. Der Eigentumsnachweis gründet sich auf eine entsprechende Eintragung in einem der sogenannten Flurbücher, auch Grundsteuermutterrollen genannt, aus der Zeit vor Einführung des Grundbuchs.

Um diese alten Listen der Gebäude- und Grundsteuerpflichtigen und die oben bereits erwähnten Schuld- und Pfandprotokolle einsehen zu können, wenden wir uns nun den verschiedenen historischen Archiven zu. Den Weg zu den benötigten Unterlagen zeigt Ihnen das *Orts- und Jurisdiktionsverzeichnis* (Teil II. a). Zur Benutzung des Verzeichnisses müssen Sie nur wissen, in welchem Ort Ihr Forschungsobjekt liegt oder lag.

In der ersten Spalte des Verzeichnisses finden Sie in alphabetischer Reihenfolge die Ortschaften der früheren Ämter Lauenburg, Ratzeburg, Schwarzenbek und Steinhorst sowie der adeligen Güter und weiterer historischer Jurisdiktionsbezirke. Als Unterlagen für die Erstellung des Orts- und Jurisdiktionsverzeichnisses dienten die Topografien von Johannes v. Schröder/Hermann Biernatzki und Henning Oldekop[6] sowie Angaben des Statistischen Landesamtes[7]. Sollten Sie hier eine Angabe vermissen, so handelt es sich dabei sehr wahrscheinlich um eine kleinere Siedlungseinheit, einen Wohnplatz, eine Streusiedlung, einen einzelnen Hof usw. Zur Abklärung solcher Fragen wurde ein *Wohnplatzverzeichnis*[8]

---

[5] Brockhaus-Enzyklopädie, 21. Aufl., Band 14, Mannheim 2006.

[6] Johannes v. Schröder und Hermann Biernatzki: Topographie der Herzogthümer Holstein und Lauenburg, des Fürstenthums Lübeck und des Gebiets der freien und Hanse-Städte Hamburg und Lübeck, Oldenburg (Holstein) 1855; Henning Oldekop: Topographie des Herzogtums Holstein, 2 Bände, Kiel 1908.

[7] Statistisches Landesamt Schleswig-Holstein (Hrsg.): Die schleswig-holsteinischen Kreise und Verzeichnis der Gemeinden nach der Gebietsreform vom 26.4.1970, Kiel 1970; dass. (Hrsg.): Die Bevölkerung der Gemeinden in Schleswig-Holstein 1867–1970 (Historisches Gemeindeverzeichnis), Kiel 1972.

[8] Das Wohnplatzverzeichnis finden Sie auf Seite 50 f. Es wurde mit den gleichen Hilfsmitteln erstellt wie das Orts- und Jurisdiktionsverzeichnis.

entwickelt, das die kleineren Wohnplätze jeweils einem Ort aus Spalte 1 zuordnet. Allerdings kann hier keine Vollständigkeit garantiert werden.

Spalte 2 enthält die oben angesprochenen Grundbuchämter.

In der dritten Spalte finden sich schließlich die verschiedenen Verwaltungs- und Jurisdiktionsverhältnisse, die in den einzelnen Ortschaften im Laufe der Jahrhunderte herrschten. Diese zu kennen ist wichtig, weil die historischen Archive nicht „nach topographischen Gesichtspunkten, nach Landesteilen, Landschaften oder Orten, auch nicht nach einzelnen Personen, Familien oder Geschlechtern gegliedert“[9] sind, sondern nach dem Provenienz- oder Herkunftsprinzip. Das bedeutet, dass die Archive nach den alten Behörden (Ämter, Landschaften, Kirchspiele, adelige und kirchliche Güterdistrikte etc.) geordnet sind und es zum Auffinden der Akten unerlässlich ist, über die ehemaligen Verwaltungseinheiten genaue Kenntnis zu haben. Die weltlichen Kirchspiele bildeten die untersten Verwaltungs- und Gerichtsinstanzen, in denen u. a. auch Akten entstanden, die landwirtschaftliche Verhältnisse betrafen. Ein weltliches Kirchspiel konnte, musste aber nicht identisch sein mit dem geistlichen Kirchspiel, das all jene Orte und Wohnplätze umfasste, die einem bestimmten Pastorat zugeordnet waren.

Die Seitenzahlen zeigen Ihnen, wo überall im *Quellenverzeichnis* (Teil III) Sie nachschlagen müssen, um keine der in den Archiven vorhandenen Unterlagen bei Ihren Nachforschungen zu vergessen.

Zur Erstellung des Quellenverzeichnisses wurden die für das Gebiet des heutigen Kreises Herzogtum Lauenburg zuständigen Archive – allen voran das Landesarchiv Schleswig-Holstein in Schleswig (LAS) – nach relevanten Unterlagen zur Erforschung der Landwirtschaftsgeschichte untersucht. Auch verschiedene Gutsarchive wurden im Landesarchiv in Schleswig verzeichnet bzw. mikroverfilmt und als „LAS, Andere Archive“ in den Wegweiser aufgenommen. Falls Sie Kontakt mit den genannten Archiven aufnehmen wollen, finden Sie die nötigen Angaben im Adressenverzeichnis im Anhang des Wegweisers. Weitere Hilfe und Anleitung geben Ihnen gerne die jeweils zuständigen Archivpfleger. Auch der schleswig-holsteinische Archivführer kann weiterhelfen.[10] Damit sollten alle zugänglichen Archivalien zum Thema erfasst worden sein.

Das Quellenverzeichnis wurde systematisch gegliedert nach den früheren politischen und juristischen Verwaltungseinheiten im Herzogtum Lauenburg. Den genauen Aufbau entnehmen Sie bitte dem Inhaltsverzeichnis des Wegweisers.

Beim Umgang mit dem Quellenverzeichnis sollten Sie unbedingt darauf achten, mit welchem Archiv Sie es zu tun haben. Damit es nicht zu Verwechslungen kommt, wurden

---

[9] Gottfried Ernst Hoffmann: Der Weg zu den archivalischen Quellen der Heimat- und Landesforschung. In: Peter Ingwersen (Hrsg.): Methodisches Handbuch für Heimatforschung, Schleswig 1954, S. 26.

[10] Veronika Eisermann und Hans Wilhelm Schwarz (Bearb.): Archive in Schleswig-Holstein, Schleswig 1996 (= Veröffentlichungen des Schleswig-Holsteinischen Landesarchivs, Band 43); fortgeschrieben im Internet unter www.archive.schleswig-holstein.de.

die Akten archivweise gebündelt, obwohl sie thematisch sehr gut zu Akten eines anderen Archivs passen oder diese ergänzen. So finden sich z. B. Kaufkontrakte sowohl im Landesarchiv Schleswig (LAS) als auch in Gutsarchiven. *„Andere Archive"* wurden im Wegweiser kursiv gesetzt. Im Anschluss an die Archivbezeichnung sehen Sie eine Abteilungsnummer oder eine Abteilungsbezeichnung und schließlich die Bestellnummer(n) der Akte(n). Es folgen weiter die Bezeichnung der Akte und der Zeitraum, in den die Vorgänge in der Akte fallen. Wenn Sie die Angaben aus dem Quellenverzeichnis exakt übernehmen, sollten Sie bei der Aktenbestellung in den Archiven keine Probleme bekommen.

Schnell werden Sie feststellen, dass der Umfang an interessanten Akten in einigen Verwaltungseinheiten so groß ist, dass eine thematische Untergliederung nötig und sinnvoll erschien. Aus gleich noch näher zu erläuternden Gründen bilden die Schuld- und Pfandprotokolle (SchuPfPr) diejenige Quellengruppe, mit der Sie sich zuerst beschäftigen sollten. Weitere Themenbereiche sind die Amtsrechnungen, das Steuerwesen, das Landwesen einschließlich der Akten über Pachtverhältnisse sowie die Durchführung der Verkoppelung, Erb-, Testaments- und Vormundschaftssachen, die Brandkataster und schließlich statistische Erhebungen wie Volks- und Viehzählungen. Innerhalb der einzelnen Themenblöcke wurden die Akten chronologisch geordnet.

Wie bereits angedeutet, liefern die Grundakten mit Angabe einer Folio-Nummer den Anschluss an die *Schuld- und Pfandprotokolle*, die man als deren Vorläufer ansehen kann. Sie liegen in umfangreichen Bändereihen im Landesarchiv und können in der Regel bis etwa 1700 zurückverfolgt werden. Seitdem besteht ein Eintragungszwang für alle Schulden und Verträge. Je nach Anlageform hat jeder Hof (Realfolium) oder jeder Besitzer (Personalfolium) sein Folium (Blatt), auf welchem alle Veränderungen des unbeweglichen Vermögens festgehalten werden mussten.

Protokolliert wurde z. B. der Kauf einer Immobilie und die dafür eventuell benötigten Kredite, die eingegangenen Bürgschaften oder sämtliche vermögensrechtlichen Verträge, die nötig waren, wenn ein Grundstück seinen Besitzer wechselte. Bei Besitzvererbung war fast immer ein Abnahmevertrag zu schließen und zu dokumentieren, beim vorzeitigen Tode eines Ehepartners und vor dessen zweiter Heirat wurde das Erbe der Kinder aus erster Ehe in einem Aussagebrief oder Setzungskontrakt festgehalten und gesichert.

Die gehaltvollere Geschichtsquelle stellen aber die parallel zum Protokollbuch geführten Neben- oder Kontraktenbücher – verschiedentlich auch als Zerten-, Obligations- oder Expeditionsprotokolle bezeichnet – dar, die die Urkunden und Verträge über die Besitzverhältnisse im vollen Wortlaut enthalten und viele Details beispielsweise über Hofinventare oder Hinterlassenschaften bereit halten.[11] Hier ist die Fülle des bevölkerungs-, familien-, kultur- und (land)wirtschaftsgeschichtlichen Geschehens festgehalten, und es lassen sich interessante Einblicke in die jeweiligen Verhältnisse der Familien, aber auch allgemein des Dorfes und der Zeit gewinnen.

---

[11] Otto Thiesen: Das Schuld- und Pfandprotokoll als Quelle der Familienforschung. In: Jahrbuch des Heimatvereins der Landschaft Angeln, Band 3, Kappeln 1932, S. 48–54.

Der Umgang mit Protokoll und Nebenbuch wird durch Querverweise erleichtert. Eine Notiz am Ende der Eintragung im Schuld- und Pfandprotokoll verweist auf die entsprechende Stelle im dazu gehörenden Nebenbuch. Das bedeutet, dass Sie im Nebenbuch den Vorgang im vollen Wortlaut aufgeschrieben finden. Umgekehrt steht auch hinter der Abschrift im Nebenbuch ein Verweis auf das zum Vorgang gehörende Protokoll. Auf dieser Seite findet man auch den Hinweis auf eine vorangegangene Eintragung zu dieser Immobilie in einem früheren Schuld- und Pfandprotokoll und kann sich so zielstrebig in die Vergangenheit zurückarbeiten.

Eine manchmal ärgerliche Eigenheit der Schuld- und Pfandprotokolle besteht in der Tatsache, dass das Nebenprotokoll und das entsprechende Folium im Schuld- und Pfandprotokoll nicht vom gleichen Schreiber und auch nicht immer zur gleichen Zeit verfasst wurden. Es ist deshalb möglich, dass Sie auf unterschiedliche Angaben stoßen. In solchen Fällen ist es gut zu wissen, dass die verbindliche Aussage im Nebenbuch steht, von dem der Grundbesitzer auch immer eine Abschrift erhalten hat.[12]

Nach der Auswertung der Schuld- und Pfandprotokolle wird die Forschung schwieriger und vielfach auch unsicherer.[13] Hauptsächlich gilt es nun, den im ältesten vorhandenen Schuld- und Pfandprotokoll ermittelten Besitzer in einer der *Amtsrechnungen*, einem der *Geld-, Korn- und Dienstregister* oder einer der *Gutsrechnungen* wiederzufinden.

Die Amts- und Gutsrechnungen sowie die verschiedenen Register sind aus zwei Gründen für den Forscher besonders wertvoll: Zum einen setzen sie meist schon im 16. Jahrhundert ein und reichen bis zur Einführung der preußischen Landgemeindeordnung 1867. Vor allem für die Zeit des 16. und 17. Jahrhunderts, in der in Schleswig-Holstein die sonstige Überlieferung vielfach lückenhaft ist, bilden sie eine wichtige und sozialgeschichtlich aufschlussreiche Quelle. Zum anderen wurden sie regelmäßig und jährlich geführt, was bedeutet, dass hier ein dichter Quellenbestand überliefert ist, dessen Wahrheitsgehalt kaum angezweifelt werden muss.[14]

„Die Amtsrechnungen sind die jährlichen Rechnungslegungen der Amtsverwalter über ihre Einnahmen und Ausgaben.“[15] Sie bestehen aus einem Rechnungsband und einem mehr oder minder umfangreichen Stapel von Beilagen, die oftmals detaillierte Ausführungen zu den im Rechnungsbuch aufgeführten Posten enthalten. „Jeder Rechnungsband enthält einen Einnahme- und einen Ausgabeteil. Die Einnahmen bestehen aus den Landsteuern der Bauern, den Verbittelsgeldern der landlos ansäßigen Bevölkerung, den Pachten aus herrschaftlichen Besitzungen wie Mühlen, Vorwerken, Schäfereien, den Abgaben an herrschaftliche Zollstellen, der Brüchdingung, also den Strafgeldern aus der niederen Ge-

[12] Otto Clausen: Die Bedeutung der Schuld- und Pfandprotokolle für die Hof- und Familienforschung. In: Busdorfer Hefte 1 (1988), S. 42–48.

[13] Gottfried Ernst Hoffmann: Der Weg zu den archivalischen Quellen ..., S. 29.

[14] Silke Göttsch: Möglichkeiten der Erfassung und Auswertung von Amtsrechnungen. In: KBlV XV (1983), S. 163–172.

[15] Kurt Hector: Zur Verwaltung und Rechtspflege in Schleswig-Holstein vor 1864. In: Peter Ingwersen (Hrsg.): Methodisches Handbuch für Heimatforschung, Schleswig 1954, S. 119–135; Zitat S. 128.

richtsbarkeit, und den sogenannten zufälligen, also nicht regelmäßigen Einnahmen, wie z. B. aus Verkäufen von Holz oder Strandgut."[16]

Eine Amtsrechnung gibt Aufschluss über die Anzahl der Hufner, Kätner bzw. Büdner und Insten im Dorf, die Namen derselben, ihre Abgaben und Leistungen und vieles mehr. Sie verzeichnet namentlich die Steuerzahler für die einzelnen Abgaben, und die Einhaltung der Reihenfolge der Namen durch Jahrzehnte hindurch macht es möglich, Personenwechsel oder Veränderungen in deren steuerlichen Leistungen abzulesen, was gute Rückschlüsse auf Hofbesitz oder -größe zulässt. So besagt z. B. ein Wechsel in der Namenfolge, dass der Hof einen neuen Besitzer erhalten hat. Eine Vermehrung der Namen in den Rechnungslisten lässt auf Teilung von Höfen schließen, die Verminderung kann bedeuten, dass Stellen verlassen wurden oder durch Krieg und Seuchen „wüst" geworden sind.

Die Ausgaben umfassen in erster Linie die Besoldung der Amtsbediensteten sowie Arbeitslöhne für Handwerker und anderes Personal, das für die Unterhaltung des Amtes notwendig ist. Auf diese Weise erhält man Einsichten über die personelle Zusammensetzung eines Amtes vom Amtmann bis zum Knecht, über die Höhe der Entlohnung und die Art der Arbeiten, über die Ausstattung mit Geräten und Lebensmitteln sowie ihren damaligen Preis.

„Allgemein kann man sagen, daß die Amtsrechnungen in der älteren Zeit die Schuld- und Pfandprotokolle ersetzen, weil sie ermöglichen, die Besitzgeschichte der Höfe um viele Jahrzehnte weiter rückwärts zu verfolgen."[17] Ein weiteres Vordringen in die Zeit vor der Erstellung von Amtsrechnungen wird dann aber nur noch in Einzelfällen möglich sein. Zur Erweiterung einer Hofgeschichte über die bloße Auflistung der aufeinander folgenden Besitzer hinaus gibt es aber noch eine Reihe anderer geschichtlicher Quellen, denen wir uns im Folgenden zuwenden wollen.

Um sich über die Einnahmen und die Steuerkraft einen Überblick zu verschaffen, ließen staatliche und kirchliche Verwaltungen zu verschiedenen Zeiten für bestimmte Regionen *Erdbücher* anlegen. Sie enthalten Angaben über Ländereien (manchmal mit Nennung einzelner Flurnamen), Viehbestand, Aussaat, Abgaben und Steuerbelastung der Höfe.

Im Zusammenhang mit der Verkoppelung entstanden *Landaufteilungsakten*, die zusammen mit der *Flurkarte* sichere Auskünfte über die Besitzverhältnisse auf der Dorfgemarkung geben.

Neben den Pachtgeldern basierte auch das ältere *Steuerwesen* auf dem Besitz an Grund und Boden. Die älteste Steuer, das „Herrengeld" oder „Erdbuchgefälle"[18], war eine in Geld umgerechnete Abgabe für die landesherrschaftliche Hofhaltung an Stelle der früheren Na-

---

[16] Silke Göttsch: Möglichkeiten der Erfassung und Auswertung von Amtsrechnungen. In: KBlV XV (1983), S. 163–172.
[17] Kurt Hector: Zur Verwaltung und Rechtspflege ..., S. 128.
[18] Kurt Hector: Zur Verwaltung und Rechtspflege ..., S. 126 f.

turalleistungen wie etwa Schweine, Gänse, Hühner, Eier u. a. Wer kein eigenes Land besaß (z. B. Kätner, Kaufleute, Handwerker, Tagelöhner), zahlte das sogenannte Verbittelsgeld. Später kam die monatliche Kontribution (Kriegssteuer) dazu, die nach der Katastereinheit „Pflug" auch als Pflugsteuer bezeichnet wurde. 1802 trat noch eine dritte Grundsteuer hinzu, die als „Grund- und Benutzungssteuer" von allem urbaren Land ausgeschrieben war. Andere Einnahmequellen des Staates waren z. B. die Vierprozent- oder Kollateralsteuer und die Halbprozentsteuer (beides Erbschaftssteuern) sowie die außerordentliche Kopf- und Rangsteuer.

Dokumentiert wurden alle genannten Hebungen im Hauptbuch des jeweiligen Hebungsbeamten. Für den Untertan wurde ein Quittungsbuch angelegt, das alle persönlichen Daten (Namen, Wohnort, Pflugzahl) und Angaben über die zu entrichtenden Abgaben enthielt.[19] Dieses Buch hatte als Gegenstück zum Hauptbuch des Hebungsbeamten im Besitz des Steuerzahlers zu verbleiben und könnte deshalb auch heute noch irgendwo auf den Höfen „verwahrt" liegen.

Eine weitere lohnenswerte Quellengruppe stellen die *Brandkataster* dar. Sie beschreiben Größe und Zustand von Hof und Nebengebäuden und ermöglichen, wenn sie über längere Zeiträume erhalten sind, die Beobachtung der baulichen Veränderungen.

Personelle Veränderungen dokumentieren z. B. die amtlich protokollierten *Testamente* und *Erbschaftsverträge*. Letzte Unklarheiten lassen sich eventuell durch die Akten über *Vormundschaftsverhältnisse* beseitigen. Vielleicht stellt sich ja dabei heraus, dass der plötzlich in den Unterlagen auftauchende unbekannte Name der Vormund des noch unmündigen Erben ist.

Wer nach Namen sucht, sollte vor allem auch die Ergebnisse der amtlichen *Volkszählungen*[20] nicht außer Acht lassen. Probleme bezüglich der Familiennamen lassen sich meist am leichtesten mit Hilfe der Tauf-, Trau- und Sterberegister der Kirchengemeinden klären. Diese *Kirchenbücher* können Sie beim jeweiligen Kirchenbuchamt einsehen.

Viele Erbschaftsangelegenheiten wurden dokumentiert, weil ein Gericht eingeschaltet werden musste. Deshalb finden Sie diese Vorgänge heute in den Archiven oft unter der Rubrik *Justizwesen*. Natürlich waren nicht nur Testaments-, Erb- und Vormundschaftsauseinandersetzungen Thema vor Gericht, sondern es ging dabei auch oft um Landstreitigkeiten oder um die Feststellung der Landgröße wegen der fälligen Abgaben und Steuern. Für den Einzelfall können die Akten der „Lauenburgischen Gerichte" herangezogen werden. Das Findbuch dazu wurde gedruckt als Nummer 29 der Veröffentlichungen des Schleswig-Holsteinischen Landesarchivs. Es enthält ein Orts- und Namensverzeichnis.

---

[19] F. H. Albers: Allgemeine Darstellung des Hebungswesens in den Ämtern und Landschaften der Herzogthümer Schleswig und Holstein; mit besonderer Rücksicht auf die herrschaftlichen Gefälle und Abgaben, Kopenhagen 1840. C. Horst: Das Hebungs- und Steuerwesen, Kiel 1857.
[20] Vgl. dazu: Ingwer Ernst Momsen: Die allgemeinen Volkszählungen in Schleswig-Holstein in dänischer Zeit (1769–1860), Neumünster 1974.

sodass man davon ausgehen darf, dass jeder Interessierte mit diesem Findbuch problemlos zurechtkommen wird.

Bisher hatten wir es ganz überwiegend mit nüchternen Verwaltungsakten zu tun. „In ihnen tritt uns der Bauer als Subjekt, als Untertan entgegen, soweit er in seinen Lebensäußerungen für die jeweilige Obrigkeit relevant war. Er war dies in erster Linie als Steuerzahler, und deshalb finden wir vor allem in Steuerregistern Nachweise über Landbewohner, besonders Großgrundbesitzer.“[21] Wollen Sie aber den Bauernhof als Wirtschaftsbetrieb beschreiben und über eine reine Aufzählung der Hofbesitzer hinausgehen, dann sind Sie auch auf nicht-amtliche Dokumente angewiesen. Für Fragen nach der Wirtschaftsweise oder ob z. B. Ackerbau, Holz- oder Milchwirtschaft im Vordergrund standen, welche Vermarktungsmöglichkeiten es gab, wie auf konjunkturelle Schwankungen reagiert wurde, welcher Bedarf an Arbeitskräften und Energie bestand, nach der Art der Ertrags- und Vermögensbilanzierung, Abgabenbelastungen und Innovationen, stehen nur wenige statistische Erhebungen zur Auswertung zur Verfügung.

Eine äußerst ergiebige Quellengruppe zu diesen Fragestellungen bilden – sofern vorhanden und aufspürbar – die privaten bäuerlichen *Anschreibe- oder Rechnungsbücher*. Es handelte sich dabei zunächst um eine Mischform aus tagebuchähnlichen Aufzeichnungen und kleinen Buchführungen über ganz unterschiedliche Dinge wie Berichte über das Wetter und Naturereignisse, über Ernteerträge und Viehhaltung, über Arbeiten und Geldgeschäfte, über Rezepte, Testamente, Familienereignisse und auch allerhand Merkenswertes (z. B. Fürstenbesuche, Verbrechen, Himmelserscheinungen).[22]

Im 18. Jahrhundert änderte sich der Charakter der Bücher, die Aufzeichnung wichtiger Bereiche der Wirtschaftsführung trat nun in den Vordergrund. „Das Gros der Aufzeichnungen dient dem Zweck, die eigene Wirtschaft besser zu überblicken; vor allem sollte sie bilanzierbar werden, den Ertrag – am besten: den Gewinn – erkennbar machen und dem Landwirt ein planendes Verhalten ermöglichen.“[23]

Im 19. Jahrhundert nahmen chronikalische Notizen zu, und „allerhand Begebenheiten“ wurden zur Grundlage der bäuerlichen Aufzeichnungen. Mit etwas Glück kann ein privates Anschreibebuch auch eine ganze Familiengeschichte enthalten.

Mit Hilfe dieses autobiografischen Quellenmaterials können Sie Lebensbereiche beobachten, die mit anderen Unterlagen kaum fassbar sind. Die private Färbung der Aufzeichnungen erlaubt eventuell, Ihre Hofgeschichte mit Aussagen über die persönliche Einstellung der Hofbewohner, ihren Lebenszyklus und ihre Verhältnisse zu den Mitmenschen anzureichern. Auf diese Weise kann es gelingen, auch den bäuerlich-ländlichen Lebensstil vergangener Zeiten zu beleuchten.

---

[21] Klaus-Joachim Lorenzen-Schmidt: Anschreibebücher als Quellen zur Wirtschaftsgeschichte bäuerlicher Betriebe in Schleswig-Holstein. In: (ZSHG) 109 (1984), S. 151.

[22] Klaus-Joachim Lorenzen-Schmidt: Warum schrieben Bauern? In: KBlV 27 (1995), S. 109–126.

[23] Klaus-Joachim Lorenzen-Schmidt: Warum schrieben Bauern? S. 117.

Einiges von diesem Material fand als *Privatarchiv* oder *Nachlass* Eingang in die öffentlichen Archive und wurde dort zum größten Teil gesichtet und verzeichnet. Im Landesarchiv in Schleswig befinden sich solche Dokumente in der Abteilung 399 „Nachlässe und Privatarchive“.

Im Anhang des Wegweisers finden Sie eine Liste der für Ihre Vorhaben relevanten Ämter und Institutionen. Die meisten wurden im methodischen Leitfaden behandelt, einige andere kommen nur für ganz spezielle Aspekte in Frage. Überall aber werden Ihnen kundige und sehr hilfsbereite Fachkräfte bei allen auftauchenden Problemen gerne zur Seite stehen.

Teil II a: Orts- und Jurisdiktionsverzeichnis

Orte	Seite[1]	Grundbuchamt	Jurisdiktionsbereiche	Seite[1]
Albsfelde	220	Ratzeburg	Stadt Lübeck - Landamt -- Ksp. Sankt Georgsberg	205 205 220
Alt-Mölln	93	Ratzeburg	Herzogtum Lauenburg - Amt Ratzeburg -- Amtsvogtei Mölln --- Kirchspiel Breitenfelde	53 84 92 93
Anker	102	Ratzeburg	Herzogtum Lauenburg - Amt Ratzeburg -- Amtsvogtei Ratzeburg --- Kirchspiel Behlendorf	53 84 102 102
Aumühle	145	Reinbek	Herzogtum Lauenburg - Amt Schwarzenbek --- Kirchspiel Brunstorf	53 128 145
Bäk	299	Ratzeburg	Fürstentum Ratzeburg/ Amt Ratzeburg	 293
Bälau	94	Ratzeburg	Herzogtum Lauenburg - Amt Ratzeburg -- Amtsvogtei Mölln --- Kirchspiel Breitenfelde	53 84 92 93
Bartelsdorf	80	Schwarzenbek	Herzogtum Lauenburg - Amt Lauenburg -- Kirchspiel Pötrau	53 55 79
Basedow	75	Schwarzenbek	Herzogtum Lauenburg - Amt Lauenburg -- Kirchspiel Lütau	53 55 75
Basthorst	232	Schwarzenbek	Adelige Güter - Gut Basthorst	228 229

Orte	Seite[1]	Grundbuchamt	Jurisdiktionsbereiche	Seite[1]
Behlendorf	205	Ratzeburg	Stadt Lübeck - Landamt -- Kirchspiel Behlendorf	205 205 205
Bergrade	113	Ratzeburg	Herzogtum Lauenburg - Amt Ratzeburg -- Amtsvogtei Ratzeburg --- Kirchspiel Nusse	53 84 102 113
Berkenthin	siehe Groß Berkenthin und Klein Berkenthin			
Besenhorst	149	Schwarzenbek	Herzogtum Lauenburg - Amt Schwarzenbek -- Kirchspiel Hohenhorn	53 128 149
Besenthal	242	Ratzeburg	Adelige Güter - Gut Gudow	228 240
Bliestorf	235	Ratzeburg	Adelige Güter - Gut Bliestorf	228 234
Börnsen	150	Schwarzenbek	Herzogtum Lauenburg - Amt Schwarzenbek -- Kirchspiel Hohenhorn	53 128 149
Borstorf	94	Ratzeburg	Herzogtum Lauenburg - Amt Ratzeburg -- Amtsvogtei Mölln --- Kirchspiel Breitenfelde	53 84 92 93
Breitenfelde	95	Ratzeburg	Herzogtum Lauenburg - Amt Ratzeburg -- Amtsvogtei Mölln --- Kirchspiel Breitenfelde	53 84 92 93
Bröthen	67 243	Schwarzenbek	Herzogtum Lauenburg - Amt Lauenburg -- Kirchspiel Büchen Adelige Güter - Gut Gudow	53 55 67 228 240

Orte	Seite[1]	Grundbuchamt	Jurisdiktionsbereiche	Seite[1]
Brunsmark	125	Ratzeburg	Herzogtum Lauenburg - Amt Ratzeburg -- Amtsvogtei Ratzeburg --- Kirchspiel Sterley	53 84 102 125
Brunstorf	146	Schwarzenbek	Herzogtum Lauenburg - Amt Schwarzenbek -- Kirchspiel Brunstorf	53 128 145
Büchen	67	Schwarzenbek	Herzogtum Lauenburg - Amt Lauenburg -- Kirchspiel Büchen	53 55 67
Buchholz	114	Ratzeburg	Herzogtum Lauenburg - Amt Ratzeburg -- Amtsvogtei Ratzeburg --- Ksp. Sankt Georgsberg	53 84 102 114
Buchhorst	76	Schwarzenbek	Herzogtum Lauenburg - Amt Lauenburg -- Kirchspiel Lütau	53 55 75
Dahmker	233	Schwarzenbek	Adelige Güter - Gut Basthorst	228 229
Dalldorf	237	Schwarzenbek	Adelige Güter - Gut Dalldorf	228 236
Dargow	284	Ratzeburg	Adelige Güter - Gut Seedorf	228 282
Dassendorf	147	Schwarzenbek	Herzogtum Lauenburg - Amt Schwarzenbek -- Kirchspiel Brunstorf	53 128 145
Disnack	siehe Groß Disnack und Klein Disnack			
Düchelsdorf	209	Ratzeburg	Stadt Lübeck - Landamt -- Ksp. Groß Berkenthin	205 205 209

Orte	Seite[1]	Grundbuchamt	Jurisdiktionsbereiche	Seite[1]
Duvensee	174	Ratzeburg	Herzogtum Lauenburg - Amt Steinhorst --- Kirchspiel Nusse	53 163 174
Einhaus	115	Ratzeburg	Herzogtum Lauenburg - Amt Ratzeburg -- Amtsvogtei Ratzeburg --- Ksp. Sankt Georgsberg	53 84 102 114
Elmenhorst	268	Schwarzenbek	Adelige Güter - Gut Lanken	228 267
Escheburg	151	Schwarzenbek	Herzogtum Lauenburg - Amt Schwarzenbek -- Kirchspiel Hohenhorn	53 128 149
Fahrendorf	152	Schwarzenbek	Herzogtum Lauenburg - Amt Schwarzenbek -- Kirchspiel Hohenhorn	53 128 149
Fitzen	68	Schwarzenbek	Herzogtum Lauenburg - Amt Lauenburg -- Kirchspiel Büchen	53 55 67
Franzdorf	175	Ratzeburg	Herzogtum Lauenburg - Amt Steinhorst --- Kirchspiel Sandesneben	53 163 175
Franzhagen	81	Schwarzenbek	Herzogtum Lauenburg - Amt Lauenburg -- Kirchspiel Pötrau	53 55 79
Fredeburg	116	Ratzeburg	Herzogtum Lauenburg - Amt Ratzeburg -- Amtsvogtei Ratzeburg --- Ksp. Sankt Georgsberg	53 84 102 114
Fuhlenhagen	159	Schwarzenbek	Herzogtum Lauenburg - Amt Schwarzenbek -- Kirchspiel Sahms	53 128 159

Orte	**Seite**[1]	**Grundbuchamt**	**Jurisdiktionsbereiche**	**Seite**[1]
Geesthacht	223	Schwarzenbek	Beiderstädtisches Gebiet - Amt Bergedorf	222 222
Giesensdorf	221	Ratzeburg	Stadt Lübeck - Landamt -- Ksp. Sankt Georgsberg	205 205 220
Göldenitz	266	Ratzeburg	Adelige Güter - Gut Kulpin	228 265
Göttin	243	Ratzeburg	Adelige Güter - Gut Gudow	228 240
Grabau	159	Schwarzenbek	Herzogtum Lauenburg - Amt Schwarzenbek -- Kirchspiel Schwarzenbek	53 128 159
Grambek	244	Ratzeburg	Adelige Güter - Gut Gudow	228 240
Gretenberge	116	Ratzeburg	Herzogtum Lauenburg - Amt Ratzeburg -- Amtsvogtei Ratzeburg --- Ksp. Sankt Georgsberg	53 84 102 114
Grinau	237	Ratzeburg	Adelige Güter - Gut Grinau	228 237
Groß Berkenthin	103	Ratzeburg	Herzogtum Lauenburg - Amt Ratzeburg -- Amtsvogtei Ratzeburg --- Ksp. Groß Berkenthin	53 84 102 103
Groß Boden	190	Ratzeburg	Herzogtum Lauenburg - Amt Steinhorst --- Kirchspiel Siebenbäumen	53 163 190
Groß Disnack	117	Ratzeburg	Herzogtum Lauenburg - Amt Ratzeburg -- Amtsvogtei Ratzeburg --- Ksp. Sankt Georgsberg	53 84 102 114

Orte	Seite[1]	Grundbuchamt	Jurisdiktionsbereiche	Seite[1]
Groß Grönau	105	Ratzeburg	Herzogtum Lauenburg - Amt Ratzeburg -- Amtsvogtei Ratzeburg --- Kirchspiel Groß Grönau	53 84 102 105
Groß Klinkrade	176	Ratzeburg	Herzogtum Lauenburg - Amt Steinhorst --- Kirchspiel Sandesneben	53 163 175
Groß Pampau	268	Schwarzenbek	Adelige Güter - Gut Lanken	228 267
Groß Sarau	106 286	Ratzeburg	Herzogtum Lauenburg - Amt Ratzeburg -- Amtsvogtei Ratzeburg --- Kirchspiel Groß Grönau Adelige Güter - Gut Tüschenbek	53 84 102 105 228 286
Groß Schenkenberg	238	Ratzeburg	Adelige Güter - Gut Groß Schenkenberg	228 238
Groß Schretstaken	207	Schwarzenbek	Stadt Lübeck - Landamt -- Kirchspiel Breitenfelde	205 205 207
Groß Zecher	292	Ratzeburg	Adelige Güter - Gut Zecher	228 291
Grove	160	Schwarzenbek	Herzogtum Lauenburg - Amt Schwarzenbek -- Kirchspiel Schwarzenbek	53 128 159
Gudow	245	Ratzeburg	Adelige Güter - Gut Gudow	228 240
Gülzow	255	Schwarzenbek	Adelige Güter - Gut Gülzow	228 251
Grünhof	70	Schwarzenbek	Herzogtum Lauenburg - Amt Lauenburg -- Kirchspiel Hamwarde	53 55 70

Orte	Seite[1]	Grundbuchamt	Jurisdiktionsbereiche	Seite[1]
Güster	288	Ratzeburg	Adelige Güter - Gut Wotersen	228 287
Hamfelde	233	Schwarzenbek	Adelige Güter - Gut Basthorst	228 229
Hammer	300	Ratzeburg	Fürstentum Ratzeburg/ Amt Ratzeburg	 293
Hamwarde	72 256	Schwarzenbek	Herzogtum Lauenburg - Amt Lauenburg -- Kirchspiel Hamwarde Adelige Güter - Gut Gülzow	53 55 70 228 251
Harmsdorf	222	Ratzeburg	Stadt Lübeck - Landamt -- Ksp. Sankt Georgsberg	205 205 220
Havekost	148	Schwarzenbek	Herzogtum Lauenburg - Amt Schwarzenbek -- Kirchspiel Brunstorf	53 128 145
Hohenhorn	153	Schwarzenbek	Herzogtum Lauenburg - Amt Schwarzenbek -- Kirchspiel Hohenhorn	53 128 149
Hollenbek	126	Ratzeburg	Herzogtum Lauenburg - Amt Ratzeburg -- Amtsvogtei Ratzeburg --- Kirchspiel Sterley	53 84 102 125
Hollenbek	207	Ratzeburg	Stadt Lübeck - Landamt -- Kirchspiel Behlendorf	205 205 205
Holstendorf	118	Ratzeburg	Herzogtum Lauenburg - Amt Ratzeburg -- Amtsvogtei Ratzeburg --- Ksp. Sankt Georgsberg	53 84 102 114

Orte	Seite[1]	Grundbuchamt	Jurisdiktionsbereiche	Seite[1]
Hornbek	96	Ratzeburg	Herzogtum Lauenburg - Amt Ratzeburg -- Amtsvogtei Mölln -- Kirchspiel Breitenfelde	53 84 92 93
Hornstorf	287	Ratzeburg	Adelige Güter - Gut Tüschenbek	228 286
Horst	302	Ratzeburg	Fürstentum Ratzeburg/ Amt Ratzeburg	 293
Juliusburg	257	Schwarzenbek	Adelige Güter - Gut Gülzow	228 251
Kählstorf	104	Ratzeburg	Herzogtum Lauenburg - Amt Ratzeburg -- Amtsvogtei Ratzeburg --- Ksp. Groß Berkenthin	53 84 102 103
Kankelau	288	Schwarzenbek	Adelige Güter - Gut Wotersen	228 287
Kasseburg	156	Schwarzenbek	Herzogtum Lauenburg - Amt Schwarzenbek -- Kirchspiel Kuddewörde	53 128 156
Kastorf	262	Ratzeburg	Adelige Güter - Gut Kastorf	228 261
Kittlitz	110	Ratzeburg	Herzogtum Lauenburg - Amt Ratzeburg -- Amtsvogtei Ratzeburg --- Kirchspiel Mustin	53 84 102 110
Klein Berkenthin	99 263	Ratzeburg	Herzogtum Lauenburg - Amt Ratzeburg -- Amtsvogtei Mölln --- Ksp. Groß Berkenthin Adelige Güter - Gut Klein Berkenthin	53 84 92 99 228 263

Orte	Seite[1]	Grundbuchamt	Jurisdiktionsbereiche	Seite[1]
Klein Disnack	118	Ratzeburg	Herzogtum Lauenburg - Amt Ratzeburg -- Amtsvogtei Ratzeburg --- Ksp. Sankt Georgsberg	53 84 102 114
Klein Klinkrade	177	Ratzeburg	Herzogtum Lauenburg - Amt Steinhorst --- Kirchspiel Sandesneben	53 163 175
Klein Pampau	289	Schwarzenbek	Adelige Güter - Gut Wotersen	228 287
Klein Sarau	106	Ratzeburg	Herzogtum Lauenburg - Amt Ratzeburg -- Amtsvogtei Ratzeburg --- Kirchspiel Groß Grönau	53 84 102 105
Klein Schretstaken	208	Schwarzenbek	Stadt Lübeck - Landamt -- Kirchspiel Breitenfelde	205 205 207
Klein Zecher	292	Ratzeburg	Adelige Güter - Gut Zecher	228 291
Klempau	104	Ratzeburg	Herzogtum Lauenburg - Amt Ratzeburg -- Amtsvogtei Ratzeburg --- Ksp. Groß Berkenthin	53 84 102 103
Klinkrade		siehe Groß Klinkrade und Klein Klinkrade		
Koberg	100	Ratzeburg	Herzogtum Lauenburg - Amt Ratzeburg -- Amtsvogtei Mölln --- Kirchspiel Nusse	53 84 92 100
Kogel	264	Ratzeburg	Adelige Güter - Gut Kogel	228 264
Kollow	258	Schwarzenbek	Adelige Güter - Gut Gülzow	228 251

Orte	Seite[1]	Grundbuchamt	Jurisdiktionsbereiche	Seite[1]
Köthel	156	Schwarzenbek	Herzogtum Lauenburg - Amt Schwarzenbek -- Kirchspiel Kuddewörde	53 128 156
Kröppelshagen	148	Schwarzenbek	Herzogtum Lauenburg - Amt Schwarzenbek -- Kirchspiel Brunstorf	53 128 145
Krukow	259	Schwarzenbek	Adelige Güter - Gut Gülzow	228 251
Krummesse	109 210	Ratzeburg	Herzogtum Lauenburg - Amt Ratzeburg -- Amtsvogtei Ratzeburg --- Kirchspiel Krummesse Stadt Lübeck - Landamt -- Kirchspiel Krummesse	53 84 102 108 205 205 210
Krüzen	76 260	Schwarzenbek	Herzogtum Lauenburg - Amt Lauenburg -- Kirchspiel Lütau Adelige Güter - Gut Gülzow	53 55 75 228 251
Kuddewörde	157	Schwarzenbek	Herzogtum Lauenburg - Amt Schwarzenbek -- Kirchspiel Kuddewörde	53 128 156
Kühsen	113	Ratzeburg	Herzogtum Lauenburg - Amt Ratzeburg -- Amtsvogtei Ratzeburg --- Kirchspiel Nusse	53 84 102 113
Kulpin	267	Ratzeburg	Adelige Güter - Gut Kulpin	228 265
Labenz	178	Ratzeburg	Herzogtum Lauenburg - Amt Steinhorst --- Kirchspiel Sandesneben	53 163 175

Orte	Seite[1]	Grundbuchamt	Jurisdiktionsbereiche	Seite[1]
Langenlehsten	248	Ratzeburg	Adelige Güter - Gut Gudow	228 240
Lankau	119	Ratzeburg	Herzogtum Lauenburg - Amt Ratzeburg -- Amtsvogtei Ratzeburg --- Ksp. Sankt Georgsberg	53 84 102 114
Lanze	77	Schwarzenbek	Herzogtum Lauenburg - Amt Lauenburg -- Kirchspiel Lütau	53 55 75
Lauenburg	193	Schwarzenbek	Herzogtum Lauenburg - Stadt Lauenburg	53 193
Lehmrade	107	Ratzeburg	Herzogtum Lauenburg - Amt Ratzeburg -- Amtsvogtei Ratzeburg --- Kirchspiel Gudow	53 84 102 107
Linau	179	Ratzeburg	Herzogtum Lauenburg - Amt Steinhorst --- Kirchspiel Sandesneben	53 163 175
Lüchow	180	Ratzeburg	Herzogtum Lauenburg - Amt Steinhorst --- Kirchspiel Sandesneben	53 163 175
Lütau	78	Schwarzenbek	Herzogtum Lauenburg - Amt Lauenburg -- Kirchspiel Lütau	53 55 75
Mannhagen	303	Ratzeburg	Fürstentum Ratzeburg/ Amt Ratzeburg	 293
Mechow	306	Ratzeburg	Fürstentum Ratzeburg/ Amt Ratzeburg	 293
Möhnsen	144	Schwarzenbek	Herzogtum Lauenburg - Amt Schwarzenbek -- Kirchspiel Basthorst	53 128 144

Orte	Seite[1]	Grundbuchamt	Jurisdiktionsbereiche	Seite[1]
Mölln	198	Ratzeburg	Herzogtum Lauenburg - Stadt Mölln	53 198
Mühlenrade	145	Schwarzenbek	Herzogtum Lauenburg - Amt Schwarzenbek -- Kirchspiel Basthorst	53 128 144
Müssen	271	Schwarzenbek	Adelige Güter - Gut Müssen	228 269
Mustin	111	Ratzeburg	Herzogtum Lauenburg - Amt Ratzeburg -- Amtsvogtei Ratzeburg --- Kirchspiel Mustin	53 84 102 110
Niendorf (bei Berkenthin)	99	Ratzeburg	Herzogtum Lauenburg - Amt Ratzeburg -- Amtsvogtei Mölln --- Ksp. Groß Berkenthin	53 84 92 99
Niendorf/Stecknitz	276	Ratzeburg	Adelige Güter - Gut Niendorf (Stecknitz)	228 274
Nüssau	272	Schwarzenbek	Adelige Güter - Gut Müssen	228 269
Nusse	211	Ratzeburg	Stadt Lübeck - Landamt -- Kirchspiel Nusse	205 205 211
Pampau	siehe Groß Pampau und Klein Pampau			
Panten	307	Ratzeburg	Fürstentum Ratzeburg/ Amt Ratzeburg	293
Pogeez	122	Ratzeburg	Herzogtum Lauenburg - Amt Ratzeburg -- Amtsvogtei Ratzeburg --- Ksp. Sankt Georgsberg	53 84 102 114

Orte	Seite[1]	Grundbuchamt	Jurisdiktionsbereiche	Seite[1]
Poggensee	215	Ratzeburg	Stadt Lübeck - Landamt -- Kirchspiel Nusse	205 205 211
Pötrau	81	Schwarzenbek	Herzogtum Lauenburg - Amt Lauenburg -- Kirchspiel Pötrau	53 55 79
Ratzeburg	201	Ratzeburg	Herzogtum Lauenburg - Stadt Ratzeburg	53 201
Ritzerau	216	Ratzeburg	Stadt Lübeck - Landamt -- Kirchspiel Nusse	205 205 211
Römnitz	309	Ratzeburg	Fürstentum Ratzeburg/ Amt Ratzeburg	 293
Rondeshagen	280	Ratzeburg	Adelige Güter - Gut Rondeshagen	228 277
Roseburg	289	Schwarzenbek	Adelige Güter - Gut Wotersen	228 287
Rotenbek	158	Schwarzenbek	Herzogtum Lauenburg - Amt Schwarzenbek --- Kirchspiel Kuddewörde	53 128 156
Rothenhausen	239	Schwarzenbek	Adelige Güter - Gut Groß Schenkenberg	228 238
Sahms	269	Schwarzenbek	Adelige Güter - Gut Lanken	228 267
Salem	127 264	Ratzeburg	Herzogtum Lauenburg - Amt Ratzeburg -- Amtsvogtei Ratzeburg --- Kirchspiel Sterley Adelige Güter - Gut Kogel	53 84 102 125 228 264

Orte	Seite[1]	Grundbuchamt	Jurisdiktionsbereiche	Seite[1]
Sandesneben	182	Ratzeburg	Herzogtum Lauenburg - Amt Steinhorst --- Kirchspiel Sandesneben	53 163 175
Sankt Georgsberg	122	Ratzeburg	Herzogtum Lauenburg - Amt Ratzeburg -- Amtsvogtei Ratzeburg --- Ksp. Sankt Georgsberg	53 84 102 114
Sarau	siehe Groß Sarau und Klein Sarau			
Sarnekow	249	Ratzeburg	Adelige Güter - Gut Gudow	228 240
Schiphorst	184	Ratzeburg	Herzogtum Lauenburg - Amt Steinhorst --- Kirchspiel Sandesneben	53 163 175
Schmilau	123	Ratzeburg	Herzogtum Lauenburg - Amt Ratzeburg -- Amtsvogtei Ratzeburg --- Ksp. Sankt Georgsberg	53 84 102 114
Schnakenbek	66	Schwarzenbek	Herzogtum Lauenburg - Amt Lauenburg -- Kirchspiel Artlenburg	53 55 66
Schönberg	185	Ratzeburg	Herzogtum Lauenburg - Amt Steinhorst --- Kirchspiel Sandesneben	53 163 175
Schretstaken	siehe Groß Schretstaken			
Schulendorf	69	Schwarzenbek	Herzogtum Lauenburg - Amt Lauenburg -- Kirchspiel Gülzow	53 55 69
Schürensöhlen	191	Ratzeburg	Herzogtum Lauenburg - Amt Steinhorst --- Kirchspiel Siebenbäumen	53 163 190

Orte	Seite[1]	Grundbuchamt	Jurisdiktionsbereiche	Seite[1]
Schwarzenbek	161	Schwarzenbek	Herzogtum Lauenburg - Amt Schwarzenbek -- Kirchspiel Schwarzenbek	53 128 159
Seedorf	285	Ratzeburg	Adelige Güter - Gut Seedorf	228 282
Segrahn	249	Ratzeburg	Adelige Güter - Gut Gudow	228 240
Siebenbäumen	192	Ratzeburg	Herzogtum Lauenburg - Amt Steinhorst --- Kirchspiel Siebenbäumen	53 163 190
Siebeneichen	290	Schwarzenbek	Adelige Güter - Gut Wotersen	228 287
Sierksrade	209	Ratzeburg	Stadt Lübeck - Landamt -- Ksp. Groß Berkenthin	205 205 209
Sirksfelde	101	Ratzeburg	Herzogtum Lauenburg - Amt Ratzeburg -- Amtsvogtei Mölln --- Kirchspiel Nusse	53 84 92 100
Steinhorst	187	Ratzeburg	Herzogtum Lauenburg - Amt Steinhorst --- Kirchspiel Sandesneben	53 163 175
Sterley	128 265	Ratzeburg	Herzogtum Lauenburg - Amt Ratzeburg -- Amtsvogtei Ratzeburg --- Kirchspiel Sterley Adelige Güter - Gut Kogel	53 84 102 125 228 264
Stubben	173	Ratzeburg	Herzogtum Lauenburg - Amt Steinhorst --- Kirchspiel Eichede	53 163 173

Orte	Seite[1]	Grundbuchamt	Jurisdiktionsbereiche	Seite[1]
Talkau	163	Schwarzenbek	Herzogtum Lauenburg - Amt Schwarzenbek -- Kirchspiel Siebeneichen	53 128 163
Tesperhude	73	Schwarzenbek	Herzogtum Lauenburg - Amt Lauenburg -- Kirchspiel Hamwarde	53 55 70
Tramm	208	Schwarzenbek	Stadt Lübeck - Landamt -- Kirchspiel Breitenfelde	205 205 207
Walksfelde	310	Ratzeburg	Fürstentum Ratzeburg/ Amt Ratzeburg	 293
Wangelau	79	Schwarzenbek	Herzogtum Lauenburg - Amt Lauenburg -- Kirchspiel Lütau	53 55 75
Wentorf (bei Hamburg)	154	Reinbek	Herzogtum Lauenburg - Amt Schwarzenbek --- Kirchspiel Hohenhorn	53 128 149
Wentorf (Amt Sandesneben)	189	Ratzeburg	Herzogtum Lauenburg - Amt Steinhorst --- Kirchspiel Sandesneben	53 163 175
Wiershop	260	Schwarzenbek	Adelige Güter - Gut Gülzow	228 251
Witzeeze	82	Schwarzenbek	Herzogtum Lauenburg - Amt Lauenburg -- Kirchspiel Pötrau	53 55 79
Wohltorf	155	Reinbek	Herzogtum Lauenburg - Amt Schwarzenbek --- Kirchspiel Hohenhorn	53 128 149
Woltersdorf	97	Ratzeburg	Herzogtum Lauenburg - Amt Ratzeburg -- Amtsvogtei Mölln --- Kirchspiel Breitenfelde	53 84 92 93

Orte	**Seite**[1]	**Grundbuchamt**	**Jurisdiktionsbereiche**	**Seite**[1]
Worth	83	Schwarzenbek	Herzogtum Lauenburg - Amt Lauenburg -- Kirchspiel Worth	53 55 83
Zecher	siehe Groß Zecher und Klein Zecher			
Ziethen	311	Ratzeburg	Fürstentum Ratzeburg/ Amt Ratzeburg	293

[1]Angegeben ist jeweils die **erste** Seite des entsprechenden Abschnitts in Teil III: Quellenverzeichnis

Teil II b: Zuordnung kleinerer Wohnplätze

Wohnplatz	siehe unter:
Abendrade	Ritzerau
Altenmühle	Krummesse
Alt-Horst	Horst
Altstadt	Geesthacht
Auf dem Baarwege	Linau
Auf dem Berge	Müssen
Auf dem Damm	Sankt Georgsberg
Auf dem Klosterberg	Groß Disnack
Auf der Grönauer Heide	Groß Grönau
Auf der Hude	Kühsen
Bartelsbusch	Groß Disnack
Bergholz	Gut Gudow
Billbaum	Koberg
Billenkamp	Aumühle
Bohnenbusch	Krukow
Brennerkate	Groß Boden
Bresahn	Gut Seedorf
Brückenkate	Göldenitz
Bullenhorst	Wentorf (AS)
Butz	Gut Seedorf
Christianshöhe	Gut Kastorf
Collinghof	Klein Zecher
Debelsberg	Sankt Georgsberg
Diekkate	Schönberg
Drögemühle	Gut Rondeshagen
Drumshorn	Hohenhorn
Drüsen	Lehmrade
Düneberg	Geesthacht
Duvenseer Wall	Duvensee
Edmundstal-Siemerswalde	Geesthacht
Eulenbusch	Groß Grönau
Farchau	Schmilau
Flachsröte	Linau
Fliegenberg	Göldenitz
Fräuleinberg	Gut Groß Schenkenberg
Friedrichsruhe	Aumühle
Fünfhausen	Groß Grönau
Goldensee	Gut Niendorf/Sch.
Glüsing	Schnakenbek

Wohnplatz	siehe unter:
Groß-Weeden	Gut Rondeshagen
Grüner Jäger	Ksp. Hamwarde; Gut Gülzow
Grünhof	Ksp. Hamwarde
Hakendorf	Gut Seedorf
Hasental	Gut Gülzow
Hege	Wentorf (AS)
Heidkaten	Gülzow (Gut Gülzow)
Heinrichshof	Geesthacht
Heinrich-Jebens-Siedlung	Geesthacht
Hinterkoppel	Klein Zecher
Hohehorst	Schönberg
Hohlenweg	Stadt Lauenburg
Hundebusch	Ratzeburg
Kalkkuhle	Sirksfelde
Kamerun	Horst
Katzberg	Geesthacht
Kehrsen	Gut Gudow
Kirchenkate	Groß Berkenthin; Hamwarde; Worth
Klein Grönau	Ksp. Groß Grönau
Kleintalkau	Talkau
Klein Schönberg	Schönberg
Klein-Weeden	Gut Kulpin
Knappkaten	Klein Klinkrade
Koppelkaten	Koberg
Krümmel	Gut Gülzow
Krummesserbaum	Krummesse
Krummesserhof	Krummesse
Lanken	Gut Lanken
Louisenhof	Gut Müssen
Lübsche Stellen	Duvensee
Marienstedt	Gut Zecher
Marienwohlde	Ksp. Sankt Georgsberg
Melusinental	Gut Gülzow
Mühlenbrook	Ksp. Sandesneben
Neuenlande	Breitenfelde
Neuenkrug	Gut Niendorf/St.
Neu-Güster	Gut Wotersen
Neu-Horst	Horst
Neu-Kogel	Gut Kogel

Wohnplatz	**siehe unter:**
Neu-Lankau	Lankau
Neu-Nüssau	Nüssau
Neuvorwerk	Ksp. Sankt Georgsberg
Niendorf	Gut Niendorf/Sch.
Oberbrücke	Stadt Lauenburg
Oberstadt	Geesthacht
Oldenburg	Horst
Radeland	Stubben
Rauhenhorst	Gut Gudow
Ravenskamp	Sankt Georgsberg
Rosenhagen	Kittlitz
Rothenhusen	Ksp. Groß Grönau
Sandefelde	Anker
Sandkrug	Schnakenbek
Schäferkaten	Groß Weeden (Gut Rondeshagen)
Scheerkate	Besenhorst
Scheidekate	Sandesneben
Schevenböken	Koberg
Schlüterkate	Schiphorst
Schmilauermoor	Schmilau
Seekrug	Gut Tüschenbek
Söhren	Gut Kogel
Sophiental	Gut Gudow
Steinburg	Franzdorf
Steinkrug	Nüssau
Stötebrück	Basedow
Tesperhude	Ksp. Hamwarde
Thömen	Krukow
Unterberg	Stadt Lauenburg
Vergißmeinnicht	Sandesneben
Viehkamp	Klein Sarau
Vogelfängerkate	Linau
Voßkate	Borstorf
Voßmoor	Escheburg
Wasserkrug	Sarnekow
Weißenberg	Lankau
Wendisch-Lieps	Gut Gudow
Wotersen	Gut Wotersen
Zum Heisch	Duvensee
Zur Rühlau	Louisenhof Müssen)

Teil II c: Verzeichnis der adeligen Güter

Teil III: Quellenverzeichnis

Herzogtum Lauenburg

(bis 1876, danach preußische Provinz Schleswig-Holstein)

LAS 65.3, 59	Schuld- und Konkursangelegenheiten	1705-1836
LAS 210, 2158	Leistung von Hand-, Spann- und Hofdiensten	1635-1732
LAS 210, 2146	Verschiedene Meiersachen	1659-1788
LAS 211, 118	Die vorhabende Verpachtung der Ämter	1690
LAS 211, 117	Designation der Aussaat bei den Vorwerken	nach 1694
LAS 211, 119	Beschreibung der Vorwerke	1704
LAS 211, 141	Untersuchung der Bauer-Ländereien	1709-1724
LAS 211, 142	Beschreibung der Ämter	1721
LAS 210, 2148	Ertrag und Abgaben der bäuerlichen Besitzungen	1723-1767
LAS 210, 2149	Qualität der Bauergüter, Erbrecht etc.	1731-1860
LAS 65.3, 171	Landwirtschaft, u. a. Teilung von Gemeinheiten	1738-1831
LAS 66, 365	Landwesensakten, meist Anbauersachen	1816-1826
LAS 66, 11037	Verpachtung verschiedener herrschaftlicher Koppeln und Landstücke	1817-1847
LAS 66, 11017	Gesuche um Landausweisungen; Ablegung von Anbauerstellen und Regulierung der Abgaben	1821-1848
LAS 66, 366	Landwesensakten, meist Anbauersachen	1826-1833
LAS 66, 11035	Verzeichnis sämtlicher Pacht-Domanial-Vorwerke nebst einer Übersicht des Ertrages	1826-1847
LAS 66, 11018	Gesuche wegen Landaustausch	1827-1848
LAS 66, 6198	Landveräußerungen, 2 Risse	1832-1847
LAS 80, 3975	Verzeichnis über sämtliche Zeitpachtstücke	1853
LAS 80, 4143	Landüberlassungen	1864-1865
LAS 309, 23151	Landumsätze, Vol. I	1876-1878
LAS 309, 17965	Landveräußerungen	1886-1909
LAS 324 Rbg, 351	Akte über Verzeichnisse der Erbhöfe	1949-1950
LAS 210, 1781	Landbede-, Türkenschatz- und andere Hebungsregister; mit Namen der Bauern	1513-1536
LAS 210, 1782	Landbede-, Türkenschatz- und andere Hebungsregister; mit Namen der Bauern	1544-1564
LAS 210, 1783	Türkenschatzregister; mit den Namen der Bauern	1545

LAS 210, 1784	Verschiedene Einnahme- und Ausgabe-Rechnungen	1562-1596
LAS 210, 1791	Kontributionsgeldrechnungen, namentlich Türkensteuer	1567-1657
LAS 210, 3266	Kontributionssachen	1642-1703
LAS 210, 1795	Der Fürstlich Niedersächsischen Rentkammer zu Lauenburg Geld-Monatzettel	1674
LAS 210, 1796	Der Fürstlich Niedersächsischen Rentkammer zu Lauenburg Geld-Monatzettel	1678-1679
LAS 412, 825	Ortsbevölkerungstabellen für die Volkszählung	1867
LAS 309, 23154	Volkszählung	1895
LAS 233, 475	Topografische Vermessung des Herzogtums	1776-1777
LAS „Andere Archive" 4, Nr. II M, 332	*Bauernhöfe im Kreise*	*1751 ff.*
KAR 10, 1990	*Grenzen und Lage des Fürstentums Sachsen-Lauenburg*	*1312-1746*
KAR 10, 341	*Naturaldienste*	*1657, 1727*
KAR 10, 345	*Regulierung der Bauerhufen und der Dienste, Freiheit der Gutsleute, ihre Höfe zu verlassen, und Verbot der Abwerbung von Gutsleuten*	*1709-1721*
KAR 10, 800	*Ermittlung der vorhandenen Feuerstellen, Wagen, Kornvorräte und Ernteerträge*	*1756-1881*
KAR 10, 348	*Bebauung der wüsten Höfe und Vermehrung der Häuslinge und Einlieger*	*1761-1763*
KAR 10, 350	*Aufhebung der Gemeinheiten*	*1767-1770*
KAR 10, 1158	*Verzeichnisse über die Feuerstellen der Ämter, Städte und adeligen Gerichte*	*1803-1804*
KAR 10, 1567	*Verzeichnis über Feuer- und Wohnhausstellen in den adeligen Gerichten*	*1840-1846*
KAR 9	*Meierstellen (alphabetisch nach Ortschaften)* ***Bestellnummern siehe Findbuch KAR 9, Seite 17-35.***	
KAR 6, 306	*Verkoppelungen*	*1822-1869*
KAR, Kreis Herzogtum Lauenburg, Nr. 2021	*Verkoppelungssachen*	*1862-1863*
KAR 10, 799	*Volkszählung*	*1735-1740*
KAR 10, 1912	*Verschiedene Statistiken, u. a. Volkszählung 1871*	*1854-1872*

KAR 9, 640	*Volkszählung*	*1875-1882*

KAR, Kartensammlung, Nr.

1414	*Herzogtum Lauenburg*	*1729*
1100	*Herzogtum Lauenburg*	*1771*
1411	*Herzogtum Lauenburg*	*1791*
1415	*Herzogtum Lauenburg*	*1818*
1428	*Herzogtümer Holstein und Lauenburg, Fürstentum Lübeck und die freien Städte Hamburg und Lübeck*	*1824*
1099	*Herzogtümer Holstein und Lauenburg, Fürstentum Lübeck und die freien Städte Hamburg und Lübeck*	*1827*
1098	*Herzogtum Lauenburg*	*1831*
152	*Herzogtum Lauenburg*	*1844*
471	*Herzogtum Lauenburg*	*1844*
536	*Herzogtum Lauenburg*	*1844*
1096	*Herzogtum Lauenburg*	*1844*
1097	*Herzogtum Lauenburg*	*1844*
1051	*Landschaftskarten von Holstein und Lauenburg*	*1858-1862*
1409	*Lauenburg-Ratzeburg, Teil des Herzogtums Lauenburg mit lübschen und mecklenburgischen Enklaven*	*1860*

Amt Lauenburg

LAS 355.27, 550	SchuPfPr, Nebenbuch, Band I	1863-1870
LAS 355.27, 551	SchuPfPr, Nebenbuch, Band II	1870-1874
LAS 355.27, 552	SchuPfPr, Nebenbuch, Band III	1874-1875
LAS 355.27, 553	SchuPfPr, Nebenbuch, Band IV	1875-1878
LAS 355.27, 554	SchuPfPr, Nebenbuch, Band V	1878-1880
LAS 355.27, 555	SchuPfPr, Nebenbuch, Band VI	1880-1882
LAS 355.27, 556	SchuPfPr, Nebenbuch, Band VII	1882-1884
LAS 355.27, 557	SchuPfPr, Nebenbuch, Band VIII	1884-1886
LAS 355.27, 558	SchuPfPr, Nebenbuch, Band IX	1886-1888
LAS 355.27, 559	SchuPfPr, Nebenbuch, Band X	1888-1890
LAS 355.27, 560	SchuPfPr, Nebenbuch, Band XI	1889-1892
LAS 355.27, 561	SchuPfPr, Nebenbuch, Band XII	1892-1894
LAS 355.27, 562	SchuPfPr, Nebenbuch, Band XIII	1894-1896
LAS 355.27, 563	SchuPfPr, Nebenbuch, Band XIV	1896-1897
LAS 355.27, 564	SchuPfPr, Nebenbuch, Band XV	1897-1898
LAS 355.27, 565	SchuPfPr, Nebenbuch, Band XVI	1898
LAS 355.27, 566	SchuPfPr, Nebenbuch, Band XVII	1899

LAS 355.27, 567	SchuPfPr, Nebenbuch, Band XVIII	1899-1900
LAS 355.27, 568	SchuPfPr, Nebenbuch, Band XIX	1900-1901
LAS 231, 184	Schuldverschreibungen	1756-1869
LAS 231, 80	Amtsbuch	1600-1632
LAS 231, 81	Kontraktenbuch	1606-1656
LAS 231, 82	Amtsprotokoll	1656-1694
LAS 231, 83	Amtsbuch; darin u. a. Schuld- und Ehekontrakte	1694-1710
LAS 231, 84	Amts-Konsens-Buch; darin u. a. Kaufkontrakte	1710-1726
LAS 231, 85	Amts-Konsens-Buch	1726-1736
LAS 231, 86	Amts-Konsens-Buch	1736-1744
LAS 231, 87	Amts-Konsens-Buch	1744-1748
LAS 231, 88	Amts-Konsens-Buch	1748-1753
LAS 231, 89	Amts-Konsens-Buch	1753-1758
LAS 231, 90	Amts-Konsens-Buch	1758-1763
LAS 231, 91	Amts-Konsens-Buch	1763-1770
LAS 231, 92	Amts-Konsens-Buch	1770-1775
LAS 231, 93	Amts-Konsens-Buch	1776-1782
LAS 231, 94	Amts-Konsens-Buch	1783-1787
LAS 231, 95	Amts-Konsens-Buch	1788-1793
LAS 231, 96	Amts-Konsens-Buch	1793-1795
LAS 231, 97	Amts-Konsens-Buch	1806-1809
LAS 231, 98	Amts-Konsens-Buch	1809-1810
LAS 231, 99	Amts-Kontraktenbuch	1788-1799
LAS 231, 100	Amts-Kontraktenbuch	1800-1802
LAS 231, 101	Amts-Kontraktenbuch	1802-1804
LAS 231, 102	Amts-Kontraktenbuch	1804-1806
LAS 231, 103	Amts-Kontraktenbuch	1811
LAS 231, 104	Amts-Kontraktenbuch	1813-1814
LAS 231, 105	Amts-Kontraktenbuch	1814-1815
LAS 231, 106	Amts-Kontraktenbuch	1816-1817
LAS 231, 107	Amts-Kontraktenbuch	1818
LAS 231, 108	Amts-Kontraktenbuch	1819
LAS 231, 109	Amts-Kontraktenbuch	1820
LAS 231, 110	Amts-Kontraktenbuch	1821
LAS 231, 111	Amts-Kontraktenbuch	1822
LAS 231, 112	Amts-Kontraktenbuch	1823
LAS 231, 113	Amts-Kontraktenbuch	1824
LAS 231, 114	Amts-Kontraktenbuch	1825
LAS 231, 115	Amts-Kontraktenbuch	1826
LAS 231, 116	Amts-Kontraktenbuch	1827
LAS 231, 117	Amts-Kontraktenbuch	1828

LAS 231, 118	Amts-Kontraktenbuch	1829
LAS 231, 119	Amts-Kontraktenbuch	1830
LAS 231, 120	Amts-Kontraktenbuch	1831
LAS 231, 121	Amts-Kontraktenbuch	1832
LAS 231, 122	Amts-Kontraktenbuch	1833
LAS 231, 123	Amts-Kontraktenbuch	1834
LAS 231, 124	Amts-Kontraktenbuch	1835
LAS 231, 125	Amts-Kontraktenbuch	1836
LAS 231, 126	Hypothekenbuch	1776-1783
LAS 231, 127	Hypothekenbuch	1816-1817
LAS 231, 128	Hypothekenbuch	1818
LAS 231, 129	Hypothekenbuch	1819
LAS 231, 130	Hypothekenbuch	1820
LAS 231, 131	Hypothekenbuch	1821
LAS 231, 132	Hypothekenbuch	1822
LAS 231, 133	Hypothekenbuch	1823
LAS 231, 134	Hypothekenbuch	1824
LAS 231, 135	Hypothekenbuch	1825
LAS 231, 136	Hypothekenbuch	1826
LAS 231, 137	Hypothekenbuch	1827
LAS 231, 138	Hypothekenbuch	1828
LAS 231, 139	Hypothekenbuch	1829
LAS 231, 140	Hypothekenbuch	1830
LAS 231, 141	Hypothekenbuch	1831
LAS 231, 142	Hypothekenbuch	1832
LAS 231, 143	Hypothekenbuch	1833
LAS 231, 144	Hypothekenbuch	1834
LAS 231, 145	Hypothekenbuch	1835
LAS 231, 146	Hypothekenbuch	1836
LAS 231, 152	Amts-Hypotheken- und Kontraktenbuch	1837-1870
LAS 231, 153	Amts-Hypotheken- und Kontraktenbuch	1838
LAS 231, 154	Amts-Hypotheken- und Kontraktenbuch	1839
LAS 231, 155	Amts-Hypotheken- und Kontraktenbuch	1840
LAS 231, 156	Amts-Hypotheken- und Kontraktenbuch	1841
LAS 231, 157	Amts-Hypotheken- und Kontraktenbuch	1842
LAS 231, 158	Amts-Hypotheken- und Kontraktenbuch	1843
LAS 231, 159	Amts-Hypotheken- und Kontraktenbuch	1844
LAS 231, 160	Amts-Hypotheken- und Kontraktenbuch	1845
LAS 231, 161	Amts-Hypotheken- und Kontraktenbuch	1846
LAS 231, 162	Amts-Hypotheken- und Kontraktenbuch	1847
LAS 231, 163	Amts-Hypotheken- und Kontraktenbuch	1848
LAS 231, 164	Amts-Hypotheken- und Kontraktenbuch	1849
LAS 231, 165	Amts-Hypotheken- und Kontraktenbuch	1850
LAS 231, 166	Amts-Hypotheken- und Kontraktenbuch	1851

LAS 231, 167	Amts-Hypotheken- und Kontraktenbuch	1852
LAS 231, 168	Amts-Hypotheken- und Kontraktenbuch	1853
LAS 231, 169	Amts-Hypotheken- und Kontraktenbuch	1854
LAS 231, 170	Amts-Hypotheken- und Kontraktenbuch	1855
LAS 231, 171	Amts-Hypotheken- und Kontraktenbuch	1856
LAS 231, 172	Amts-Hypotheken- und Kontraktenbuch	1857
LAS 231, 173	Amts-Hypotheken- und Kontraktenbuch	1858
LAS 231, 174	Amts-Hypotheken- und Kontraktenbuch	1859
LAS 231, 175	Amts-Hypotheken- und Kontraktenbuch	1860
LAS 231, 176	Amts-Hypotheken- und Kontraktenbuch	1861-1862
LAS 231, 177	Amts-Kontraktenbuch	1863-1865
LAS 231, 178	Amts-Kontraktenbuch	1865-1870
LAS 355.27, 742	Verzeichnisse über deponierte Testamente und Depositen	1789-1870
LAS 355.27, 737	Depositenprotokoll	1820-1861
LAS 355.27, 738	Einzelne Depositenscheine	1841-1869
LAS 355.27, 634	Depositenwesen; Extrakt aus dem Hofgerichts-Depositenbuch	1870-1879
LAS 355.27, 632	Depositenbuch; Konkurssachen, Nachlasssachen, Vormundschaftssachen	1870-1879
LAS 231, 1083	Geld-Haupt-Rechnung	1692-1693
LAS 231, 1084	Geld-Haupt-Rechnung, Kornrechnung	1694-1695
LAS 231, 1085	Korn-Rechnung	1695-1696
LAS 231, 1086	Geld-Haupt-Rechnung	1696-1697
LAS 231, 1087	Geld-Haupt-Rechnung, Kornrechnung	1698-1699
LAS 231, 1088	Geld-Haupt-Rechnung	1699-1700
LAS 231, 1089	Korn-Rechnung	1700-1701
LAS 231, 1090	Geld-Haupt-Rechnung	1701-1702
LAS 231, 1091	Korn-Rechnung	1702-1703
LAS 231, 1092	Geld-Register	1703-1704
LAS 231, 1093	Korn-Rechnung	1704-1705
LAS 231, 1094	Geld-Register	1705-1706
LAS 231, 1095	Korn-Rechnung	1706-1707
LAS 231, 1096	Geld-Register, Dienst-Register	1707-1708
LAS 231, 1097	Korn-Rechnung	1708-1709
LAS 231, 1098	Geld-Register	1709-1710
LAS 231, 1099	Dienst-Register	1709-1710
LAS 231, 1100	Korn-Rechnung	1710-1711
LAS 231, 1101	Geld-Register	1711-1712
LAS 231, 1102	Dienst-Register	1711-1712
LAS 231, 1103	Korn-Register	1712-1713
LAS 231, 1104	Geld-Register	1713-1714
LAS 231, 1105	Dienst-Register	1713-1714

LAS 231, 1106	Korn-Register	1714-1715
LAS 231, 1107	Geld-Register	1715-1716
LAS 231, 1108	Dienst-Register	1715-1716
LAS 231, 1109	Korn-Register	1716-1717
LAS 231, 1110	Geld-Register	1717-1718
LAS 231, 1111	Dienst-Register	1717-1718
LAS 231, 1112	Korn-Register	1718-1719
LAS 231, 1113	Geld-Register	1719-1720
LAS 231, 1114	Dienst-Register	1719-1720
LAS 231, 1115	Korn-Register	1720-1721
LAS 231, 1116	Geld-Register	1721-1722
LAS 231, 1117	Dienst-Register	1721-1722
LAS 231, 1118	Korn-Register	1722-1723
LAS 231, 1119	Geld-Register, Dienst-Register	1723-1724
LAS 231, 1120	Korn-Register	1724-1725
LAS 231, 1121	Geld-Register	1725-1726
LAS 231, 1122	Korn-Register	1726-1727
LAS 231, 1123	Geld-Register	1727-1728
LAS 231, 1124	Korn-Register	1728-1729
LAS 231, 1125	Geld-Register	1729-1730
LAS 231, 1126	Geld-Register, Korn-Register	1731-1732
LAS 231, 1127	Geld-Register, Korn-Register	1733-1734
LAS 231, 1128	Korn-Register	1734-1735
LAS 231, 1129	Geld-Register	1735-1736
LAS 231, 1130	Korn-Register	1736-1737
LAS 231, 1131	Geld-Register	1737-1738
LAS 231, 1132	Korn-Register	1738-1739
LAS 231, 1133	Geld-Register	1739-1740
LAS 231, 1134	Dienst-Register	1740-1741
LAS 231, 1135	Korn-Register	1740-1741
LAS 231, 1136	Geld-Register	1741-1742
LAS 231, 1137	Dienst-Register, Korn-Register	1742-1743
LAS 231, 1138	Geld-Register	1743-1744
LAS 231, 1139	Dienst-Register, Korn-Register	1744-1745
LAS 231, 1140	Geld-Register	1745-1746
LAS 231, 1141	Dienst-Register, Korn-Register	1746-1747
LAS 231, 1142	Geld-Register	1747-1748
LAS 231, 1143	Dienst-Register, Korn-Register	1748-1749
LAS 231, 1144	Geld-Register	1749-1750
LAS 231, 1145	Korn-Register	1750-1751
LAS 231, 1146	Dienst-Register	1751-1752
LAS 231, 1147	Geld-Register	1751-1752
LAS 231, 1148	Korn-Register	1752-1753
LAS 231, 1149	Geld-Register, Dienst-Register	1753-1754
LAS 231, 1150	Korn-Register	1754-1755

LAS 231, 1151	Geld-Register	1755-1756
LAS 231, 1152	Dienst-Register, Korn-Register	1756-1757
LAS 231, 1153	Geld-Register	1757-1758
LAS 231, 1154	Korn-Register	1758-1759
LAS 231, 1155	Geld-Register	1759-1760
LAS 231, 1156	Korn-Register	1760-1761
LAS 231, 1157	Geld-Register	1761-1762
LAS 231, 1158	Dienst-Register, Korn-Register	1762-1763
LAS 231, 1159	Geld-Register	1763-1764
LAS 231, 1160	Korn-Register	1764-1765
LAS 231, 1161	Geld-Register, Dienst-Register	1765-1766
LAS 231, 1162	Korn-Register	1766-1767
LAS 231, 1163	Geld-Register	1767-1768
LAS 231, 1164	Dienst-Register	1767-1768
LAS 231, 1165	Korn-Register	1768-1769
LAS 231, 1166	Dienst-Register	1769-1770
LAS 231, 1167	Geld-Register, Dienst-Register	1771-1772
LAS 231, 1168	Geld-Register	1772-1773
LAS 231, 1169	Dienst-Register	1773-1774
LAS 231, 1170	Geld-Register	1774-1775
LAS 231, 1171	Dienst-Register	1775-1776
LAS 231, 1172	Geld-Register	1776-1777
LAS 231, 1173	Dienst-Register	1777-1778
LAS 231, 1174	Geld-Register	1778-1779
LAS 231, 1175	Dienst-Register	1779-1780
LAS 231, 1176	Geld-Register	1780-1781
LAS 231, 1177	Geld-Register, Dienst-Register	1782-1783
LAS 231, 1178	Korn-Register	1782-1783
LAS 231, 1179	Geld-Register, Korn-Register	1784-1785
LAS 231, 1180	Dienst-Register	1784-1785
LAS 231, 1181	Geld-Register, Dienst-Register	1786-1787
LAS 231, 1182	Korn-Register	1786-1787
LAS 231, 1183	Geld-Register, Korn-Register	1788-1789
LAS 231, 1184	Dienst-Register	1789-1790
LAS 231, 1185	Geld-Register, Korn-Register	1790-1791
LAS 231, 1186	Dienst-Register	1791-1792
LAS 231, 1187	Geld-Register	1792-1793
LAS 231, 1188	Korn-Register	1792-1793
LAS 231, 1189	Dienst-Register	1793-1794
LAS 231, 1190	Geld-Register, Korn-Register	1794-1795
LAS 231, 1191	Dienst-Register	1795-1796
LAS 231, 1192	Geld-Register	1796-1797
LAS 231, 1193	Korn-Register	1796-1797
LAS 231, 1194	Korn-Register	1798-1799
LAS 231, 1195	Geld-Register	1799-1800

LAS 231, 1196	Dienst-Register	1799-1800
LAS 231, 1197	Geld-Register	1800-1801
LAS 231, 1198	Korn-Register	1800-1801
LAS 231, 1199	Geld-Register, Dienst-Register	1802-1803
LAS 231, 1200	Korn-Register	1802-1803
LAS 231, 1201	Geld-Register, Dienst-Register	1804-1805
LAS 231, 1202	Korn-Register	1805-1806
LAS 231, 1203	Geld-Register, Korn-Register	1806-1807
LAS 231, 1204	Geld-Register, Korn-Register	1808
LAS 231, 1205	Geld-Register, Korn-Register	1814-1815
LAS 231, 1206	Geld-, Dienst-, Korn-Register	1815-1816
LAS 231, 1207	Geld-, Dienst-, Korn-Register	1815-1816
LAS 66, 10987	Ganzjährige Geldregister-Extrakte	1816-1845
LAS 231, 1208	Geld-, Dienst-, Korn-Register	1816-1817
LAS 231, 1209	Geld-, Dienst-, Korn-Register	1816-1817
LAS 231, 1210-1213	Geld-, Dienst-, Korn-Register	1817-1818
LAS 231, 1214-1216	Geld-, Dienst-, Korn-Register	1818-1819
LAS 231, 1217-1219	Geld-, Dienst-, Korn-Register	1819-1820
LAS 231, 1220-1222	Geld-, Dienst-, Korn-Register	1820-1821
LAS 231, 1223-1225	Geld-, Dienst-, Korn-Register	1821-1822
LAS 231, 1226-1228	Geld-, Dienst-, Korn-Register	1822-1823
LAS 231, 1229-1231	Geld-, Dienst-, Korn-Register	1823-1824
LAS 231, 1232-1234	Geld-, Dienst-, Korn-Register	1824-1825
LAS 231, 1235-1237	Geld-, Dienst-, Korn-Register	1825-1826
LAS 231, 1238-1240	Geld-, Dienst-, Korn-Register	1826-1827
LAS 231, 1241-1243	Geld-, Dienst-, Korn-Register	1827-1828
LAS 231, 1244-1247	Geld-, Dienst-, Korn-Register	1828-1829
LAS 231, 1248-1250	Geld-, Dienst-, Korn-Register	1829-1830
LAS 231, 1251-1253	Geld-, Dienst-, Korn-Register	1830-1831
LAS 231, 1254-1257	Geld-, Dienst-, Korn-Register	1831-1832
LAS 231, 1258-1261	Geld-, Dienst-, Korn-Register	1832-1833
LAS 231, 1262-1266	Geld-, Dienst-, Korn-Register	1833-1834
LAS 231, 1267-1270	Geld-, Dienst-, Korn-Register	1834-1835
LAS 231, 1271-1273	Geld-, Dienst-, Korn-Register	1835-1836
LAS 231, 1274-1277	Geld-, Dienst-, Korn-Register	1836-1837
LAS 231, 1278-1280	Geld-, Dienst-, Korn-Register	1837-1838
LAS 231, 1281-1283	Geld-, Dienst-, Korn-Register	1838-1839
LAS 231, 1284-1286	Geld-, Dienst-, Korn-Register	1839-1840
LAS 231, 1287-1290	Geld-, Dienst-, Korn-Register	1840-1841
LAS 231, 1291-1293	Geld-, Dienst-, Korn-Register	1841-1842
LAS 231, 1294-1296	Geld-, Dienst-, Korn-Register	1842-1843
LAS 231, 1297-1299	Geld-, Dienst-, Korn-Register	1843
LAS 231, 1300-1302	Geld-, Dienst-, Korn-Register	1844
LAS 231, 1303-1305	Geld-, Dienst-, Korn-Register	1845
LAS 231, 1306	Geld-Register	1846

LAS 231, 1307	Korn-Register	1847
LAS 231, 1308	Dienst-Register	1847-1848
LAS 231, 1309	Geld-Register	1848
LAS 231, 1310	Korn-Register	1849
LAS 231, 1311	Dienst-Register	1849-1850
LAS 231, 1312	Geld-Register	1850
LAS 231, 1313	Korn-Register	1851
LAS 231, 1314	Dienst-Register	1851-1852
LAS 231, 1315	Geld-Register	1852
LAS 231, 1316	Dienst-Register	1852-1853
LAS 231, 1317	Geld-Register, Korn-Register	1853-1854
LAS 231, 1318	Geld-, Dienst-, Korn-Register	1855-1856
LAS 231, 1319	Geld-, Dienst-, Korn-Register	1857-1858
LAS 231, 1320	Geld-, Dienst-, Korn-Register	1859-1860
LAS 231, 1321	Geld-, Dienst-, Korn-Register	1861-1862
LAS 231, 1322	Geld-, Dienst-, Korn-Register	1863-1864
LAS 231, 1323	Geld-, Dienst-, Korn-Register	1865-1866
LAS 231, 1324	Geld-Register	1867-1868
LAS 231, 1325	Korn-Register	1869
LAS 231, 1326	Dienst-Register	1870
LAS 231, 1327	Korn-Register	1871
LAS 231, 1328	Rechnung der Amtskasse	1871
LAS 231, 1329	Dienst-Register	1872

LAS 231, 653	Untersuchung der wüsten Höfe	1699-1755
LAS 231, 654	Vorschriften und Nachrichten über Besetzung und Verwaltung der wüsten Höfe	1732-1798
LAS 231, 655	Nachrichten über den Umfang der Dienstpflicht der Amtsuntertanen	1747-1748
LAS 231, 563	Vermessung der Amts-Feldmarken	1749-1849
LAS 231, 564	Verkoppelung der Amtsfeldmarken	1775-1794
LAS 231, 565	Verkoppelung der Amtsfeldmarken	1775-1794
LAS 231, 566	Verkoppelung der Amtsfeldmarken	1775-1794
LAS 66, 11096	Konfirmation von Meierbriefen, Hausbriefen, Kaufbriefen, Erbpachtkontrakten und Ehestiftungen	1802-1844
LAS 231, 716	Gesuche um Erteilung von Erbenzinsbriefen	1819-1851
LAS 210, 4707	Austausch von Ländereien	1865
LAS 210, 4710	Verpachtung von Ländereien	1866
LAS 231, 667	Umwandlung des Meier-, Erbenzins- und Erbpachtverhältnisses in Eigentum und Ablösung der daraus herrührenden Leistungen	1871-1875
LAS 231, 669	Ablösung des Meierrechts seitens der Stellbesitzer	1873-1882

LAS 231, 671	Ablösung des Erbenzinses und der Grundheuer	1873
LAS 231, 673	Zerstückelung von Bauerstellen und dadurch entstehenden Unsicherheiten der Zahlung von Staats- und Kommunalsteuern	1874-1883
LAS 231, 993	Enteignung von Grundstücken	1880
LAS 231, 994	Verkauf einzelner Parzellen der Dorfsgemeinheiten	1881-1885
LAS 210, 1790a	Register über den Hufenschatz; mit den Namen der Bauern	1593
LAS 210, 1793a	Amts- und Landbuch; nennt Name, Landbesitz und Abgaben der Bauern	1618
LAS 210, 1793	Königspfennig-Rechnungen; mit den Namen der Bauern	1643-1648
LAS 210, 1794	Stör- und Lachs-Register der Kornschreiber	1654-1655
LAS 231, 463	Verschiedene Kontributionssachen	1721-1792
LAS 210, 1800	Kontributionskataster der Dorfschaften	1778-1792
LAS 231, 485	Verkauf des herrschaftlichen Zinskorns	1847-1871
LAS 80, 3779	Hebungswesen	1856-1862
LAS 231, 471	Regulierung der Grundsteuer von den in Tespe, Provinz Hannover, gelegenen Grundstücken hiesiger Amtseingesessener	1870-1871
LAS 231, 489	Erhebung der sämtlichen landschaftlichen Steuern	1870-1875
LAS 231, 464	Einführung der Klassen- und klassifizierten Einkommensteuer	1870-1881
LAS 231, 465	Zu- und Abgänge zur klassifizierten Einkommensteuer	1871-1886
LAS 231, 466	Rekurse gegen Veranlagung zur Klassensteuer	1871-1876
LAS 231, 490	Hebungen und Ausgaben für Rechnung der Zentralkasse	1871-1878
LAS 231, 467	Reklamationen gegen Veranlagung zur Klassensteuer	1873-1876
LAS 231, 468	Ab- und Zugänge zur Klassensteuer	1875-1889
LAS 231, 469	Veranlagung der klassifizierten Einkommensteuer	1879-1889
LAS 231, 470	Veranlagung der Klassensteuer	1883-1889
LAS 231, 473	Regelung der Grundsteuer	1875-1879
LAS 231, 474	Veranlagung zur Gebäudesteuer	1877-1878
LAS 231, 475	Fortschreibung der Grund- und Gebäudesteuer	1877
LAS 231, 180	Entwürfe zu Kontrakten und Ehestiftungen	1646-1700

LAS 231, 181	Entwürfe zu Kontrakten und Ehestiftungen	1700-1770
LAS 231, 182	Ehekontrakte	1744-1766
LAS 231, 183	Testamente	1746-1804
LAS 355.27, 636	Puplikation älterer Testamente, Vol. II	1750-1861
LAS 355.27, 635	Puplikation älterer Testamente, Vol. I	1789-1872
LAS 355.27, 516	Sammlung alter Ehestiftungen, Übergabe-, Altenteils- und Interimswirtschaftsverträge	1816-1873
LAS 355.27, 741	Retardierte Testamente	1854-1867
LAS 355.27, 740	Nachlasssachen, Testamentsüberreichungen und Zurücknahmen	1864-1866
LAS 355.27, 633	Testamentenbuch I	1870-1881
LAS 355.27, 693	Testamentsakte, Buchstabe A	1853
LAS 355.27, 694	Testamentsakten, Buchstabe B	1729-1861
LAS 355.27, 695	Testamentsakten, Buchstabe C	1731-1853
LAS 355.27, 696	Testamentsakten, Buchstabe D	1776-1833
LAS 355.27, 697	Testamentsakten, Buchstabe E	1752-1843
LAS 355.27, 698	Testamentsakten, Buchstabe F	1751-1850
LAS 355.27, 699	Testamentsakten, Buchstabe G	1733-1851
LAS 355.27, 700	Testamentsakten, Buchstabe H	1740-1869
LAS 355.27, 701	Testamentsakte, Buchstabe I	1796
LAS 355.27, 702	Testamentsakten, Buchstabe K	1734-1857
LAS 355.27, 703	Testamentsakten, Buchstabe L	1688-1865
LAS 355.27, 704	Testamentsakten, Buchstabe M	1718-1863
LAS 355.27, 705	Testamentsakten, Buchstabe N	1806-1832
LAS 355.27, 706	Testamentsakte, Buchstabe O	1793
LAS 355.27, 707	Testamentsakten, Buchstabe P	1743-1853
LAS 355.27, 708	Testamentsakten, Buchstabe R	1756-1851
LAS 355.27, 709	Testamentsakten, Buchstabe S	1734-1869
LAS 355.27, 710	Testamentsakten, Buchstabe T	1738-1862
LAS 355.27, 711	Testamentsakten, Buchstabe W	1753-1864
LAS 355.27, 712	Testamentsakte, Buchstabe Z	1799
LAS 355.27, 713	Nachlassakte, Buchstabe A	1864-1867
LAS 355.27, 714	Nachlassakte, Buchstabe B	1853-1871
LAS 355.27, 715	Nachlassakte, Buchstabe D	1858
LAS 355.27, 716	Nachlassakten, Buchstabe E	1858-1861
LAS 355.27, 717	Nachlassakten, Buchstabe F	1861-1869
LAS 355.27, 718	Nachlassakte, Buchstabe G	1867
LAS 355.27, 719	Nachlassakten, Buchstabe H	1856-1857
LAS 355.27, 720	Nachlassakten, Buchstabe K	1860-1869
LAS 355.27, 721	Nachlassakte, Buchstabe L	1869
LAS 355.27, 722	Nachlassakten, Buchstabe M	1853-1866
LAS 355.27, 723	Nachlassakten, Buchstabe N	1859-1864

LAS 355.27, 724	Nachlassakten, Buchstabe P	1862-1868
LAS 355.27, 725	Nachlassakte, Buchstabe R	1862
LAS 355.27, 726	Nachlassakten, Buchstabe S	1858-1869
LAS 355.27, 727	Nachlassakte, Buchstabe T	1862
LAS 355.27, 728	Nachlassakten, Buchstabe W	1858-1868
LAS 355.27, 1-434	Vormundschafts- und Pflegschaftsakten (alphabetisch geordnet)	1851-1936

Hierzu bitte maschinenschriftliches Findbuch Abt. 355.27, Seite 24-89 heranziehen!

LAS 231, 960	Verzeichnisse über die bewohnten Häuser und vorhandenen Haushalte bzw. Feuerstellen	1867
LAS 231, 889	Nachweisung über den Versicherungswert der Gebäude	1879
LAS 415, 5527	Volkszähllisten	1845
LAS 415, 5545	Volkszähllisten	1855
LAS 231, 959	Vornahme einer Viehzählung	1862-1882
LAS 231, 961	Aufstellung der jährlichen Nachweisungen über die Ein- und Auswanderungen	1868-1887
LAS 231, 962	Vornahme einer Volkszählung	1871-1872
LAS 231, 963	Vornahme einer Volks- und Gewerbezählung	1875-1877
LAS 231, 964	Ermittelung der landwirtschaftlichen Bodenbenutzung und des Ernteertrages	1878-1889
LAS 231, 966	Vornahme einer Volkszählung	1880-1888
LAS 231, 969	Anfertigung einer topographischen Karte des Amtes	1781-1798
LAS 231, 971	Anfertigung von Karten der Amtsfeld-marken	1849-1888
KAR 3, 708	*Amtsrechnung*	*1689-1690*
KAR 3, 305-397	*Geldregister*	*1689-1869*

Hierzu bitte maschinenschriftliches Findbuch KAR, Abteilung 3, Seite 42-47 heranziehen!

KAR 3, 457-595	*Dienst- und Kornregister*	*1706-1872*

Hierzu bitte maschinenschriftliches Findbuch KAR, Abteilung 3, Seite 28-35 heranziehen!

KAR 3, 596-669	*Hauptbücher*	*1847-1872*

Hierzu bitte maschinenschriftliches Findbuch KAR, Abteilung 3, Seite 38-42 heranziehen!

KAR 6, 306	*Verkoppelungen*	*1822-1869*
KAR 9, 223	*Meiergefälle im Hebebezirk Lauenburg; namentliche Nachweisungen*	*1872-1874*

KAR 3 *Einzelne Pachtangelegenheiten*
Hierzu bitte maschinenschriftliches Findbuch KAR, Abteilung 3, Seite 5-7 heranziehen!

KAR 3 *Verkauf von Grundstücken und Häusern*
Hierzu bitte maschinenschriftliches Findbuch KAR, Abteilung 3, Seite 8-10 heranziehen!

Kirchspiel Artlenburg

Schnakenbek

- Glüsing
- Sandkrug

LAS 355.27, 545	SchuPfPr, Band VIII	1861-1900
LAS 355.27, 546	SchuPfPr, Band VIII A	1871-1900
LAS 355.27, 547	SchuPfPr, Band VIII B	1897-1900
LAS 231, 147	Hypothekenbuch	1836-1861
LAS 231, 623	Vermessungsregister	1723
LAS 231, 723	Erbenzinsstelle Sandkrug	1739-1851
LAS 231, 704	Hufen und Katen	1774-1815
LAS 231, 572	Verkoppelung	1780-1782
LAS 231, 624	Verkoppelung	1781-1804
LAS 231, 625	Einteilungsregister	1788
LAS 231, 576	Verkoppelung	1800-1864
LAS 231, 705	Hufen und Katen	1815-1864
LAS 231, 706	Anbau des Johann Michael Prösch auf der Gemeindeweide beim Landkruge	1842
LAS 231, 626	Verkoppelung der Außenschläge und Aufteilung der Gemeinweiden	1847-1849
LAS 355.27, 690	Erbhöfeakten	o. J.
LAS 210, 4882-4884	Akten zu einzelnen Bauernstellen	1816-1859
Hierzu bitte gedrucktes Findbuch Abt. 210, Seite 249 heranziehen!		
LAS 210, 4821-4824	Akten zu einzelnen Bauernstellen [Glüsing]	1859-1864
Hierzu bitte gedrucktes Findbuch Abt. 210, Seite 246 heranziehen!		
LAS 324 Rbg, 120	Gebäudebücher	1910 ff.
LAS 324 Rbg, 264	Gebäudebestandsblätter	1950 ff.
LAS 309 Flur (21), 152	Flurbuch	1877
LAS 309 Geb. St. Hzgt. Lauenburg, Nr. 145	Gebäudesteuer	1877-1878
LAS 412, 1211	Volkszählungslisten	1864
LAS 402 A 5 Lbg, 41	Karte	1750-1751
LAS 402 A 5 Lbg, 42	Karte	1780
LAS 402 A 5 Lbg, 43	Karte	1787

LAS 402 A 5 Lbg, 44	Karte	1787
LAS 402 A 5 Lbg, 45	Karte	1849
LAS 324 Ratzeburg, 295	Feldplan der Gemarkung	1935
KAR 6, 130	*Verkoppelung*	*1781-1928*
KAR 6, 166	*Verkoppelung*	*1781-1928*
KAR, Kartensammlung, Nr.		
1816	*Feldvergleichung*	*1876*
268	*Übersichtskarte in der Teilungssache*	*1924*

Kirchspiel Büchen

Bröthen

LAS 355.27, 532	SchuPfPr, Band III A	1861-1900
LAS 355.27, 533	SchuPfPr, Band III A	1894-1900
LAS 231, 148	Hypothekenbuch	1836-1861
LAS 309 Flur (21), 19	Flurbuch	1877
LAS 309 Geb. St. Hzt. Lauenburg, Nr.		
22	Gebäudesteuer	1877-1878
LAS 324 Ratzeburg, 15	Gebäudebücher	1910 ff.
LAS 324 Ratzeburg, 157	Gebäudebestandsblätter	1950 ff.
LAS 324 Ratzeburg, 472	Feldplan der Gemarkung	1935
KAR, Kartensammlung, 106	*Flurkarte der Feldmark*	*1801-1802*

Büchen

LAS 355.27, 530	SchuPfPr, Band II A	1861-1900
LAS 355.27, 531	SchuPfPr, Band II A	1886-1900
LAS 231, 186	Obligationen	1817-1840
LAS 231, 148	Hypothekenbuch	1836-1861
LAS 210, 4807-4813	Akten zu einzelnen Bauernstellen	1628-1870
Hierzu bitte gedrucktes Findbuch Abt. 210, Seite 245 heranziehen!		
LAS 231, 683	Hufen und Katen	1649-1869
LAS 231, 578	Vermessungsregister	1723
LAS 231, 579	Verkoppelung	1794-1806
LAS 231, 580	Vermessungsregister	1796-1797
LAS 231, 581	Arealveränderung der Scharfenberg'schen Vollhufe bei der Verkoppelung	1797-1803

LAS 231, 582	Verkoppelungsregister	1799
LAS 66, 11003	Das von den Eingesessenen zu erlegende Wischgeld und erhöhte Dienstgeld	1819-1844
LAS 231, 659	Entrichtung des Wischgeldes und des erhöhten Dienstgeldes	1837-1844
LAS 231, 682	Meierstellen	1870-1871
LAS 309 Flur (21), 24	Flurbuch	1877
LAS 309 Geb. St. Hzt. Lauenburg, Nr. 27	Gebäudesteuer	1877-1878
LAS 324 Ratzeburg, 20	Gebäudebücher	1910 ff.
LAS 324 Ratzeburg, 341	Gebäudesteuerrolle	1910 ff.
LAS 324 Ratzeburg, 162	Gebäudebestandsblätter	1950 ff.
LAS 412, 1212	Volkszählungslisten	1864
LAS 402 A 5 Lauenburg, 10	Karte, Generalriss dazu	18. Jh.
LAS 402 A 5 Lauenburg, 10a	Karte, Generalriss dazu	18. Jh.
LAS 402 A 5 Lauenburg, 11	Karte	1796-1799
LAS 210, 2089	Regulierung der Karte des Dorfes	1849-1851
LAS 324 Ratzeburg, 477	Feldplan der Gemarkung	1935
KAR 6, 137	*Verkoppelung*	*1794-1816*
KAR 6, 138	*Verkoppelung*	*1794-1816*
KAR 6, 158	*Verkoppelung*	*1794-1816*
KAR, Kartensammlung, 1951	*Karte von der Feldmark mit den dazugehörigen Äckern und Wiesen (Siebeneichen)*	*1717*

Fitzen

LAS 355.27, 532	SchuPfPr, Band III A	1861-1900
LAS 355.27, 533	SchuPfPr, Band III A	1894-1900
LAS 231, 186	Obligationen	1817-1840
LAS 231, 148	Hypothekenbuch	1836-1861
LAS 231, 583	Vermessungsregister	1723
LAS 231, 684	Hufen und Katen	1748-1868
LAS 231, 584	Verkoppelung	1789-1847
LAS 231, 585	Vermessungsregister	1790
LAS 231, 586	Verkoppelungsplan	1793
LAS 66, 11019	Verkoppelung der Feldmark	1798-1810
LAS 231, 587	Entwurf zum Vermessungsregister	1809

LAS 210, 4814-4818	Akten zu einzelnen Bauernstellen	1816-1870

Hierzu bitte gedrucktes Findbuch Abt. 210, Seite 245-246 heranziehen!

LAS 80, 4146	Abhandlung der reservierten Dienste	1857
LAS 231, 685	Meierstellen	1870-1872
LAS 309 Flur (21), 35	Flurbuch	1877
LAS 324 Ratzeburg, 30	Gebäudebücher	1910 ff.
LAS 324 Ratzeburg, 172	Gebäudebestandsblätter	1950 ff.
LAS 402 A 5 Lauenburg, 12	Karte, Generalriss dazu	1747
LAS 402 A 5 Lauenburg, 12a	Karte, Generalriss dazu	1747
LAS 402 A 5 Lauenburg, 13	Karte	1789
LAS 402 A 5 Lauenburg, 14	Karte	1809
LAS 402 A 5 Lauenburg, 15	Karte	19. Jh.
LAS 324 Ratzeburg, 381	Feldplan der Gemarkung	1935
KAR 6, 164	*Verkoppelung*	*1779-1805*
KAR 6, 165	*Verkoppelung*	*1779-1805*
KAR 6, 160	*Verkoppelung*	*1808*

Kirchspiel Gülzow

LAS 412, 1213	Volkszählungslisten	1864

Schulendorf

LAS 355.27, 543	SchuPfPr, Band VII	1861-1900
LAS 355.27, 544	SchuPfPr, Band VII A	1881-1900
LAS 231, 147	Hypothekenbuch	1836-1861
LAS 280, 5	Rechnungsbuch der Dorfschaft	1836-1920
LAS 231, 707	Hufen und Katen	1745-1755
LAS 231, 627	Schlag- und Einteilungsregister	1716
LAS 231, 628	Vermessungsregister	1719
LAS 231, 558	Verkoppelung der Feldmark	1780-1787
LAS 231, 629	Vermessungsregister	1784
LAS 231, 630	Verkoppelung	1786-1837
LAS 66, 4289	Verkoppelung	1837-1841
LAS 231, 631	Aufteilung einiger sogenannter Außenschläge und Gemeinheiten	1837-1841
LAS 231, 708	Hufen und Katen	1863-1866

LAS 210, 4885-4888	Akten zu einzelnen Bauernstellen	1864-1869

Hierzu bitte gedrucktes Findbuch Abt. 210, Seite 249 heranziehen!

LAS 309 Flur (21), 155	Flurbuch	1877
LAS 309 Geb. St. Hzt. Lauenburg, Nr. 147	Gebäudesteuer	1877-1878
LAS 324 Ratzeburg, 124	Gebäudebücher	1910 ff.
LAS 324 Ratzeburg, 268	Gebäudebestandsblätter	1950 ff.
LAS 402 A 5 Lauenburg, 46	Karte und Generalriss	18. Jh.
LAS 402 A 5 Lauenburg, 46a	Karte und Generalriss	18. Jh.
LAS 402 A 5 Lauenburg, 47	Karte	1784
LAS 402 A 5 Lauenburg, 48	Karte	1784
LAS 402 A 5 Lauenburg, 49	Karte	1840
LAS 324 Ratzeburg, 298	Feldplan der Gemarkung	1935
KAR 6, 145	*Verpachtung der Grundstücke des Vorwerks Franzhagen an Eingesessene und Schulendorfer*	*1775-1788*
KAR 6, 134	*Verkoppelung*	*1784-1803*
KAR, Kartensammlung, 466	*Karte der Gemarkung, Blatt 1*	*1882-1884*
KAR, Kartensammlung, 446	*Karte von der Gemarkung*	*1884*

Kirchspiel Hamwarde

LAS 412, 1214	Volkszählungslisten	1864

Grünhof (s. a. Geesthacht, S. 223)

LAS 355.27, 545	SchuPfPr, Band VIII	1861-1900
LAS 355.27, 546	SchuPfPr, Band VIII A	1871-1900
LAS 355.27, 547	SchuPfPr, Band VIII B	1897-1900
LAS 231, 147	Hypothekenbuch	1836-1861
LAS 231, 611	Vermessungsregister	1720-1725
LAS 231, 709	Hufen und Katen	1753-1868
LAS 231, 591	Verteilungsregister	1782
LAS 231, 719	Erbenzinsstelle des Erbenzinsmannes Hinrich Adolph Christern	1787-1869
LAS 231, 592	Vertauschung der Außenschläge	1840-1842
LAS 210, 5314	Erbenzins-Anbauerstelle des Dienstknechts Christian Friedrich Wichmann	1849-1868

LAS 210, 5315	Erbenzinsgrundstücke des Heinrich Adolph Christern	1849-1870
LAS 210, 4825-4828	Akten zu einzelnen Bauernstellen	1858-1868

Hierzu bitte gedrucktes Findbuch Abt. 210, Seite 246 heranziehen!

LAS 210, 5316	Erbenzins-Anbauerstelle des Zimmergesellen Franz Ladewig	1870
LAS 231, 687	Meierstellen	1870-1871
LAS 309 Flur (21), 58	Flurbuch	1877
LAS 309 Flur (21), 59	Flurbuch	1877
LAS 309 Geb. St. Hzt. Lauenburg, Nr. 56	Gebäudesteuer	1877-1878
LAS 309 Geb. St. Hzt. Lauenburg, Nr. 57	Gebäudesteuer	1877-1878
LAS 324 Ratzeburg, 46	Gebäudebücher	1910 ff.
LAS 402 A 5 Lauenburg, 20	Karte, Generalriss dazu	1704-1747
LAS 402 A 5 Lauenburg, 20a	Karte, Generalriss dazu	1704-1747
LAS 402 A 5 Lauenburg, 21	Karte	1746
LAS 402 A 5 Lauenburg, 22	Karte	1775-1782
LAS 402 A 47, 23	Auszug aus der Grundsteuer-Gemarkungskarte, Parzellen 1-4 auf Kartenblatt 3 der Gemarkung Grünhof und 85 und 86 auf Kartenblatt 5 der Gemarkung Grünhof-Tesperhude	1879
LAS 402 A 47, 24	Auszug aus der Grundsteuer-Gemarkungskarte, Parzellen 1-7 auf Kartenblatt 6 und Parzelle 1 auf Kartenblatt 7	1879
LAS 402 A 47, 25	Auszug aus der Grundsteuer-Gemarkungskarte, Parzellen 2 und 3 auf Kartenblatt 7 und 32-34 auf Kartenblatt 8	1879
LAS 402 A 47, 26	Auszug aus der Grundsteuer-Gemarkungskarte, Parzellen 17 und 18 auf Kartenblatt 2, 20 auf Kartenblatt 3 und Parzelle 19 auf Kartenblatt 4 der Gemarkung Grünhof-Tesperhude	1879
LAS 402 A 47, 27	Coupon aus der Grundsteuer-Gemarkungskarte, Parzellen 1-4 auf Kartenblatt 3 der Gemarkung Grünhof und 85 und 86 auf Kartenblatt 5 der Gemarkung Grünhof-Tesperhude	1879
LAS 402 A 47, 28	Coupon aus der Grundsteuer-Gemarkungskarte, Parzellen 2-6 auf Kartenblatt 4	1879
LAS 402 A 47, 29	Coupon aus der Grundsteuer-Gemarkungskarte, Parzellen 1-3 auf Kartenblatt 5 und Parzelle 1 auf Kartenblatt 4	1879

LAS 402 A 47, 30	Coupon aus der Grundsteuer-Gemarkungskarte, Parzellen 1-7 auf Kartenblatt 6 und Parzelle 1 auf Kartenblatt 7	1879
LAS 402 A 47, 31	Coupon aus der Grundsteuer-Gemarkungskarte, Parzellen 2 und 3 auf Kartenblatt 7 und 32 und 33 auf Kartenblatt 8	1879
LAS 402 A 47, 21	Gemarkung Grünhof-Tesperhude	1906
LAS 402 A 47, 22	Teilungssache von Grünhof-Tesperhude	1906
LAS 402 A 47, 18	Urkarte zur Teilungssache von Grünhof-Tesperhude	1907
LAS 402 A 47, 19	Urkarte zur Teilungssache von Grünhof-Tesperhude	1907
LAS 402 A 47, 20	Urkarte zur Teilungssache von Grünhof-Tesperhude	1907
LAS 324 Ratzeburg, 405	Feldplan der Gemarkung	1935
LAS 324 Ratzeburg, 422	Feldplan der Gemarkung	1935-1936
KAR 6, 142	*Niederlegung und Verkoppelung des Vorwerks und Vereinigung mit der Feldmark Tesperhude*	*1780-1802*
KAR 6, 171	*Verkoppelungsregister*	*1781*
KAR 6, 161	*Tauschregister über die Außenschläge im Rahmen des Verkoppelungsregisters von 1782*	*1842*
KAR, Kartensammlung, 266	*Auszug aus der Grundsteuer-Gemarkungskarte*	*1879*
KAR, Kartensammlung, 233	*Urkarte in der Teilungssache*	*1913*

Hamwarde

LAS 355.27, 534	SchuPfPr, Band IV A	1861-1900
LAS 355.27, 535	SchuPfPr, Band IV A	1878-1900
LAS 355.27, 536	SchuPfPr, Band IV B	1893-1900
LAS 231, 186	Obligationen	1817-1840
LAS 231, 148	Hypothekenbuch	1836-1861
LAS 231, 593	Vermessungsregister	1724-1725
LAS 231, 594	Verkoppelung	1774-1802
LAS 231, 688	Hufen und Katen	1725-1868
LAS 231, 595	Vermessungsregister	1777
LAS 210, 4829-4842	Akten zu einzelnen Bauernstellen	1845-1873

Hierzu bitte gedrucktes Findbuch Abt. 210, Seite 246-247 heranziehen!

LAS 210, 2092	Wiederherstellung der verlorengegangenen Verkoppelungskarte sowie des Verteilungs-Registers von der Feldmark	1858-1859
LAS 231, 689	Meierstellen	1870-1873
LAS 231, 690	Anbau des Schmieds Christian Greve	1871-1872
LAS 309 Flur (21), 67	Flurbuch	1877
LAS 309 Geb. St. Hzt. Lauenburg, Nr. 65	Gebäudesteuer	1877-1878
LAS 324 Ratzeburg, 52	Gebäudebücher	1910 ff.
LAS 324 Ratzeburg, 196	Gebäudebestandsblätter	1950 ff.
LAS 402 A 5 Lauenburg, 23	Karte, Generalriss dazu	18. Jh.
LAS 402 A 5 Lauenburg, 23a	Karte, Generalriss dazu	18. Jh.
LAS 402 A 5 Lauenburg, 24	Karte	1777
LAS 402 A 47, 32	Coupon aus der Grundsteuer-Gemarkungskarte von Hamwarde-Gut, Parzellen 1-6 und 9	1879
LAS 402 A 47, 33	Auszug aus den Grundsteuer-Gemarkungskarten, Parzellen 46-48 auf Kartenblatt 2 und Parzellen 17-23, 25, 26 auf Kartenblatt 3 der Gemarkung Hamwarde-Gutsbezirk sowie Parzelle 5 auf Kartenblatt 1 der Gemarkung Hamwarde-Dorf	1879
LAS 402 A 47, 34	Coupon aus der Grundsteuer-Gemarkungskarte von Hamwarde-Gut, Parzellen 1-9 auf Kartenblatt 1	1879
LAS 402 A 47, 35	Coupon aus den Grundsteuer-Gemarkungskarten, Parzellen 46 und 47 auf Kartenblatt 3 der Gemarkung Hamwarde-Dorf	1879
LAS 402 A 47, 37	Auszug aus der Gemarkungskarte von Hamwarde-Gut, Kartenblatt 1 und 2	1884
LAS 324 Ratzeburg, 407	Feldplan der Gemarkung	1935
KAR, Kartensammlung, 461	*Verkoppelungskarte*	*1777*
KAR, Kartensammlung, 256	*Urkarte von der Teilung*	*1903*

Tesperhude (s. a. Geesthacht, S. 223)

LAS 355.27, 545	SchuPfPr, Band VIII	1861-1900
LAS 355.27, 546	SchuPfPr, Band VIII A	1871-1900
LAS 355.27, 547	SchuPfPr, Band VIII B	1897-1900
LAS 231, 147	Hypothekenbuch	1836-1861
LAS 231, 632	Vermessungsregister	1724-1725

LAS 231, 709	Hufen und Katen	1753-1868
LAS 231, 633	Verkoppelung sowie Niederlegung des Vorwerks bzw. Anbau der Dorfschaft Grünhof	1776-1781
LAS 231, 634	Verkoppelung sowie Niederlegung des Vorwerks bzw. Anbau der Dorfschaft Grünhof	1782-1784
LAS 231, 591	Verteilungsregister	1782
LAS 231, 592	Vertauschung der Außenschläge	1840-1842
LAS 231, 724	Erbenzinsstellen	1849-1869
LAS 210, 5325	Erbenzinsgrundstück des Schneiders J. Niemann	1849
LAS 210, 4825-4828	Akten zu einzelnen Bauernstellen	1858-1868

Hierzu bitte gedrucktes Findbuch Abt. 210, Seite 246 heranziehen!

LAS 210, 5326	Erbenzins-Anbauerstelle des Peter Dubber	1858
LAS 210, 5327	Erbenzins-Anbauerstelle des Arbeitsmanns J. Thiele	1869-1870
LAS 231, 982	Feststellung des Beitrages der vier Anbauer zu den Dorfslasten	1869
LAS 231, 687	Meierstellen	1870-1871
LAS 402 A 5 Lauenburg, 20	Karte, Generalriss dazu	1704-1747
LAS 402 A 5 Lauenburg, 20a	Karte, Generalriss dazu	1704-1747
LAS 402 A 5 Lauenburg, 21	Karte	1746
LAS 402 A 5 Lauenburg, 22	Karte	1775-1782
LAS 402 A 47, 23	Auszug aus der Grundsteuer-Gemarkungskarte, Parzellen 85 und 86 auf Kartenblatt 5 der Gemarkung Grünhof-Tesperhude	1879
LAS 402 A 47, 26	Auszug aus der Grundsteuer-Gemarkungskarte, Parzellen 17 und 18 auf Kartenblatt 2, 20 auf Kartenblatt 3 und Parzelle 19 auf Kartenblatt 4 der Gemarkung Grünhof-Tesperhude	1879
LAS 402 A 47, 27	Coupon aus der Grundsteuer-Gemarkungskarte, Parzellen 85 und 86 auf Kartenblatt 5 der Gemarkung Grünhof-Tesperhude	1879
LAS 402 A 47, 21	Gemarkung Grünhof-Tesperhude	1906
LAS 402 A 47, 22	Teilungssache von Grünhof-Tesperhude	1906
LAS 402 A 47, 18	Urkarte zur Teilungssache von Grünhof-Tesperhude	1907
LAS 402 A 47, 19	Urkarte zur Teilungssache von Grünhof-Tesperhude	1907
LAS 402 A 47, 20	Urkarte zur Teilungssache von Grünhof-Tesperhude	1907
LAS 324 Ratzeburg, 422	Feldplan der Gemarkung	1935-1936
KAR 6, 127	*Verkoppelung*	*1776-1785*

KAR 6, 142	*Niederlegung und Verkoppelung des Vorwerks Grünhof und Vereinigung mit der Feldmark*	*1780-1802*
KAR 6, 171	*Verkoppelungsregister*	*1781*
KAR 6, 161	*Tauschregister über die Außenschläge im Rahmen des Verkoppelungsregisters von 1782*	*1842*
KAR, Kartensammlung, 266	*Auszug aus der Grundsteuer-Gemarkungskarte*	*1879*
KAR, Kartensammlung, 233	*Urkarte in der Teilungssache*	*1913*

Kirchspiel Lütau

LAS 412, 1216	Volkszählungslisten	1864

Basedow
- Stötebrück

LAS 355.27, 530	SchuPfPr, Band II A	1861-1900
LAS 355.27, 531	SchuPfPr, Band II A	1886-1900
LAS 231, 148	Hypothekenbuch	1836-1861
LAS 231, 571	Vermessungsregister	1723
LAS 231, 572	Verkoppelung	1780-1782
LAS 231, 573	Verkoppelung	1781-1803
LAS 231, 574	Ansetzung von Neuanbauern bei der Verkoppelung	1788-1790
LAS 231, 575	Feldregister nach der Verkoppelung	1790
LAS 231, 678	Hufen und Katen	1790-1810
LAS 210, 4794-4801	Akten zu einzelnen Bauernstellen	1860-1871
Hierzu bitte gedrucktes Findbuch Abt. 210, Seite 244-245 heranziehen!		
LAS 231, 679	Meierstellen	1870-1872
LAS 355.27, 681	Erbhöfeakten	o. J.
LAS 309 Flur (21), 6	Flurbuch	1877
LAS 309 Geb. St. Hzt. Lauenburg, Nr. 9	Gebäudesteuer	1877-1878
LAS 324 Ratzeburg, 148	Gebäudebestandsblätter	1950 ff.
LAS 402 A 5 Lauenburg, 4	Karte, Generalriss dazu	18. Jh.
LAS 402 A 5 Lauenburg, 4a	Karte, Generalriss dazu	18. Jh.
LAS 402 A 5 Lauenburg, 5	Karte	1784
LAS 324 Ratzeburg, 460	Feldplan der Gemarkung	1935
KAR 6, 123	*Verkoppelung*	*1774-1794*

Buchhorst

LAS 355.27, 528	SchuPfPr, Band I	1861-1900
LAS 355.27, 529	SchuPfPr, Band I A	1881-1900
LAS 231, 148	Hypothekenbuch	1836-1861
LAS 231, 681	Hufen und Katen	1698-1862
LAS 231, 572	Verkoppelung	1780-1782
LAS 231, 577	Verkoppelung	1781-1815
LAS 210, 4802-4805	Akten zu einzelnen Bauernstellen	1848-1872
Hierzu bitte gedrucktes Findbuch Abt. 210, Seite 245 heranziehen!		
LAS 210, 4726	Freiweide	1859
LAS 355.27, 682	Erbhöfeakten	o. J.
LAS 309 Flur (21), 23	Flurbuch	1877
LAS 309 Geb. St. Hzt. Lauenburg, Nr. 26	Gebäudesteuer	1877-1878
LAS 324 Ratzeburg, 19	Gebäudebücher	1910 ff.
LAS 324 Ratzeburg, 161	Gebäudebestandsblätter	1950 ff.
LAS 402 A 5 Lauenburg, 6	Karte, Generalriss dazu	18. Jh.
LAS 402 A 5 Lauenburg, 6a	Karte, Generalriss dazu	18. Jh.
LAS 402 A 5 Lauenburg, 7	Karte	1798
LAS 402 A 5 Lauenburg, 8	Karte	1806
LAS 402 A 5 Lauenburg, 9	Karte	1851-1853
LAS 402 A 47, 240	Auszug aus der Grundsteuer-gemarkungskarte	1880
LAS 324 Ratzeburg, 476	Feldplan der Gemarkung	1935
KAR 6, 129	*Verkoppelung*	*1780-1809*
KAR 6, 159	*Verkoppelung*	*1780-1809*
KAR, Kartensammlung, 488	*Verkoppelungskarte von den Buchhorster Bergen*	*1851-1855*

Krüzen

LAS 355.27, 537	SchuPfPr, Band V	1861-1900
LAS 355.27, 538	SchuPfPr, Band V A	1875-1900
LAS 355.27, 539	SchuPfPr, Band V B	1890-1900
LAS 355.27, 540	SchuPfPr, Band V C	1898-1900
LAS 231, 600	Vermessungsregister	1725
LAS 231, 601	Verkoppelung	1790-1802
LAS 231, 603	Verkoppelungsregister	1800-1801

LAS 231, 604	Verkoppelungsregister	1800-1801
LAS 210, 4846	Bauervogtstelle des Johann Jacob Franz Brackmann	1861
LAS 309 Flur (21), 104	Flurbuch	1877
LAS 309 Geb. St. Hzt. Lauenburg, Nr. 101	Gebäudesteuer	1877-1878
LAS 324 Ratzeburg, 81	Gebäudebücher	1910 ff.
LAS 324 Ratzeburg, 217	Gebäudebestandsblätter	1950 ff.
LAS 402 A 5 Lauenburg, 33	Karte	1800-1801
LAS 324 Ratzeburg, 447	Feldplan der Gemarkung	1935-1936
KAR 6, 136	*Verkoppelung*	*1790-1804*
KAR, Kartensammlung, 451	*Karte von der Feldmark*	*1738*

Lanze

LAS 355.27, 537	SchuPfPr, Band V	1861-1900
LAS 355.27, 538	SchuPfPr, Band V A	1875-1900
LAS 355.27, 539	SchuPfPr, Band V B	1890-1900
LAS 355.27, 540	SchuPfPr, Band V C	1898-1900
LAS 231, 148	Hypothekenbuch	1836-1861
LAS 231, 609	Vermessungsregister	1723
LAS 231, 696	Hufen und Katen	1729-1845
LAS 231, 572	Verkoppelung	1780-1782
LAS 231, 610	Verkoppelung	1789-1849
LAS 210, 4853-4858	Akten zu einzelnen Bauernstellen	1834-1872
Hierzu bitte gedrucktes Findbuch Abt. 210, Seite 248 heranziehen!		
LAS 231, 697	Meierstellen	1870-1872
LAS 210, 4721	Gemeinheitsländereien	1873
LAS 355.27, 687	Erbhöfeakten	o. J.
LAS 309 Flur (21), 113	Flurbuch	1877
LAS 309 Geb. St. Hzt. Lauenburg, Nr. 110	Gebäudesteuer	1877-1878
LAS 324 Ratzeburg, 89	Gebäudebücher	1910 ff.
LAS 324 Ratzeburg, 224	Gebäudebestandsblätter	1950 ff.
LAS 402 A 5 Lauenburg, 34	Karte und Generalriss	18. Jh.
LAS 402 A 5 Lauenburg, 34a	Karte und Generalriss	18. Jh.
LAS 402 A 5 Lauenburg, 35	Feldrisse	1841-1842
LAS 402 A 47, 249	Gemarkungskarte	1882
LAS 324 Ratzeburg, 325	Feldplan der Gemarkung	1935

KAR 6, 131	*Verkoppelung*	*1781-1787*
KAR, Kartensammlung, 498	*Verkoppelungskarte*	*1780*
KAR, Kartensammlung, 501	*Flurkarte über die Acker- und Moorländereien*	*1842-1843*

Lütau

LAS 355.27, 541	SchuPfPr, Band VI	1861-1900
LAS 355.27, 542	SchuPfPr, Band VI A	1879-1900
LAS 231, 147	Hypothekenbuch	1836-1861
LAS 231, 698	Hufen und Katen	1712-1868
LAS 231, 612	Vermessungsregister	1720
LAS 231, 613	Verkoppelung	1774-1788
LAS 231, 615	Verkoppelungsregister	1787-1788
LAS 231, 614	Verkoppelung	1789-1805
LAS 231, 617	Überlassung des Holzes auf der Feldmark an die Eingesessenen	1789-1795
LAS 210, 4862-4874	Akten zu einzelnen Bauernstellen	1819-1872

Hierzu bitte gedrucktes Findbuch Abt. 210, Seite 248-249 heranziehen!

LAS 231, 699	Meierstellen	1870-1872
LAS 355.27, 689	Erbhöfeakten	o. J.
LAS 309 Flur (21), 119	Flurbuch	1877
LAS 309 Geb. St. Hzt. Lauenburg, Nr. 116	Gebäudesteuer	1877-1878
LAS 324 Ratzeburg, 342	Gebäudebücher	1910 ff.
LAS 324 Ratzeburg, 233	Gebäudebestandsblätter	1950 ff.
LAS 402 A 5 Lauenburg, 36	Karte	1750-1751
LAS 402 A 5 Lauenburg, 37	Karte	1787
LAS 402 A 5 Lauenburg, 38	Karte	1778
LAS 402 A 5 Lauenburg, 39	Karte	1778
LAS 324 Ratzeburg, 330	Feldplan der Gemarkung	1935
LAS „Andere Archive“ 4, II B, 47	*Verkoppelung der Ländereien mit Karte*	*1781*
KAR 6, 121	*Verkoppelung*	*1772-1801*
KAR 6, 132	*Verkoppelung*	*1772-1801*

Wangelau

LAS 355.27, 548	SchuPfPr, Band IX	1861-1900
LAS 355.27, 549	SchuPfPr, Band IX A	1881-1900
LAS 231, 147	Hypothekenbuch	1836-1861
LAS 231, 635	Vermessungsregister	1723
LAS 231, 710	Hufen und Katen	1782-1846
LAS 231, 636	Verkoppelung	1782-1806
LAS 231, 638	Verkoppelungsregister	1786
LAS 210, 4889-4893	Akten zu einzelnen Bauernstellen	1819-1872

Hierzu bitte gedrucktes Findbuch Abt. 210, Seite 250 heranziehen!

LAS 231, 640	Aufteilung der Gemeinweide	1863-1869
LAS 210, 4728	Freiweide	1868-1869
LAS 231, 641	Rezess über die Aufteilung der Freiweiden	1869
LAS 231, 711	Meierstellen	1870-1872
LAS 355.27, 691	Erbhöfeakten	o. J.
LAS 309 Flur (21), 173	Flurbuch	1877
LAS 309 Geb. St.		
Hzt. Lauenburg, 165	Gebäudesteuer	1877-1878
LAS 324 Ratzeburg, 136	Gebäudebücher	1910 ff.
LAS 324 Ratzeburg, 283	Gebäudebestandsblätter	1950 ff.
LAS 402 A 5 Lauenburg, 50	Karte und Generalriss	18. Jh.
LAS 402 A 5 Lauenburg, 50a	Karte und Generalriss	18. Jh.
LAS 402 A 5 Lauenburg, 51	Karte	1783
LAS 402 A 5 Lauenburg, 52	Karte	1785-1786
LAS 402 A 5 Lauenburg, 52a	Karte	1869
LAS 324 Ratzeburg, 315	Feldplan der Gemarkung	1935
KAR 6, 133	*Verkoppelung*	*1782-1808*
KAR 6, 167	*Verkoppelung*	*1782-1808*
KAR, Kartensammlung, 458	*Flurkarte mit dazugehörigen Ländereien*	*1750*
KAR, Kartensammlung, 156	*Verkoppelungskarte*	*1785-1786*

Kirchspiel Pötrau

LAS 412, 1217	Volkszählungslisten	1864

Bartelsdorf

LAS 355.27, 528	SchuPfPr, Band I	1861-1900
LAS 355.27, 529	SchuPfPr, Band I A	1881-1900
LAS 231, 186	Obligationen	1817-1840
LAS 231, 148	Hypothekenbuch	1836-1861
LAS 231, 676	Hufen und Katen	1706-1854
LAS 231, 567	Vermessungsregister	1720
LAS 231, 568	Verkoppelung	1772-1857
LAS 231, 558	Verkoppelung der Feldmark	1780-1787
LAS 231, 569	Verteilungsregister	1802
LAS 66, 11022	Der von einigen Einwohnern zu erlegende Grundzins für ihnen nach der Verkoppelung überlassenen Forstgrund	1823-1842
LAS 231, 570	Gewährung von Verkoppelungsvorschüssen an Eingesessene und deren Rückzahlung	1829-1856
LAS 210, 4791-4793	Akten zu einzelnen Bauernstellen	1852-1872

Hierzu bitte gedrucktes Findbuch Abt. 210, Seite 244 heranziehen!

LAS 80, 4145	Vergütung der reservierten und nicht geleisteten Spanntage	1853-1857
LAS 80, 4154	Vom Kätner Hoclas gekündigtes herrschaftliches Kapital	1856
LAS 210, 4727	Freiweide	1864-1865
LAS 231, 677	Meierstellen	1872-1873
LAS 309 Flur (21), 5	Flurbuch	1877
LAS 309 Geb. St. Hzt. Lauenburg, Nr. 8	Gebäudesteuer	1877-1878
LAS 324 Ratzeburg, 340	Gebäudebücher	1910 ff.
LAS 402 A 5 Lauenburg, 1	Karte	18. Jh.
LAS 402 A 5 Lauenburg, 2	Karte	1784
LAS 402 A 5 Lauenburg, 5	Karte	1802
LAS 324 Ratzeburg, 459	Feldplan der Gemarkung	1935
KAR 6, 122	*Verkoppelung*	*1772-1887*
KAR 6, 157	*Verkoppelung*	*1772-1887*
KAR, Kartensammlung, 430	*Karte von der Gemarkung*	*1884*
KAR, Kartensammlung, 443	*Karte von der Gemarkung*	*1884*

Franzhagen

LAS 231, 148	Hypothekenbuch	1836-1861
LAS 231, 717	Verpachtung der Mühle und des Kruges; Land und Wiese, die der Krug mit in Pacht hat und wegen Aufsicht auf die Hölzung genießt	1711-1735
LAS 231, 558	Verkoppelung der Feldmark	1711-1857
LAS 231, 611	Vermessungsregister	1720-1725
LAS 231, 686	Hufen und Katen	1748-1868
LAS 231, 718	Verpachtung der Mühle und des Kruges; Land und Wiese, die der Krug mit in Pacht hat und wegen Aufsicht auf die Hölzung genießt	1754-1867
LAS 231, 588	Verkoppelung sowie Niederlegung des Vorwerks Franzhof	1777-1810
LAS 231, 589	Verkoppelungsregister	1779
LAS 231, 590	Abfindung des Erbzinsmannes zur Neuen Mühle bei der Verkoppelung	1785-1822
LAS 210, 4819-4820	Akten zu einzelnen Bauernstellen	1816-1857

Hierzu bitte gedrucktes Findbuch Abt. 210, Seite 246 heranziehen!

LAS 309 Flur (21), 37	Flurbuch	1877
LAS 324 Ratzeburg, 32	Gebäudebücher	1910 ff.
LAS 402 A 5 Lauenburg, 16	Karte, Generalriss dazu	1723
LAS 402 A 5 Lauenburg, 16a	Karte, Generalriss dazu	1723
LAS 402 A 5 Lauenburg, 17	Karte	1755
LAS 402 A 5 Lauenburg, 18	Karte	1779
LAS 402 A 5 Lauenburg, 19	Karte	1788
LAS 324 Ratzeburg, 383	Feldplan der Gemarkung	1935
KAR 6, 145	*Verpachtung der Grundstücke des Vorwerks an Eingesessene und Schulendorfer*	*1775-1788*
KAR 6, 128	*Verkoppelung*	*1779-1807*
KAR 6, 143	*Niederlegung des Vorwerks*	*1786-1807*

Pötrau

LAS 355.27, 537	SchuPfPr, Band V	1861-1900
LAS 355.27, 538	SchuPfPr, Band V A	1875-1900
LAS 355.27, 539	SchuPfPr, Band V B	1890-1900
LAS 355.27, 540	SchuPfPr, Band V C	1898-1900

LAS 231, 147	Hypothekenbuch	1836-1861
LAS 231, 700	Hufen und Katen	1689-1808
LAS 231, 618	Vermessungsregister	1723
LAS 231, 619	Vermessungsregister	1792
LAS 231, 620	Verkoppelung	1793-1798
LAS 231, 701	Hufen und Katen	1794-1870
LAS 210, 2087	Aufteilung der Schafweide	1820-1822
LAS 231, 621	Aufhebung der gemeinen Schafweide auf den Außenschlägen	1821-1822
LAS 210, 5323	Erbpachtswassermühle nebst Halbhufe des Hennings	1847
LAS 210, 4875-4881	Akten zu einzelnen Bauernstellen	1851-1871

Hierzu bitte gedrucktes Findbuch Abt. 210, Seite 249 heranziehen!

LAS 231, 622	Verkoppelung	1860
LAS 231, 702	Siegersche Kirchenkätnerstelle	1865-1868
LAS 231, 703	Meierstellen	1870-1871
LAS 309 Flur (21), 136	Flurbuch	1877
LAS 309 Geb. St. Hzt. Lauenburg, Nr. 131	Gebäudesteuer	1877-1878
LAS 324 Ratzeburg, 106	Gebäudebücher	1910 ff.
LAS 402 A 5 Lauenburg, 40	Karte und Generalriss	1723
LAS 402 A 5 Lauenburg, 40a	Karte und Generalriss	1723
LAS 402 A 5 Lauenburg, 40b	Karte	1789
LAS 324 Ratzeburg, 486	Feldplan der Gemarkung	1935
KAR 6, 164	*Verkoppelung*	*1779-1805*
KAR 6, 165	*Verkoppelung*	*1779-1805*
KAR, Kartensammlung, 543	*Karte von der Feldmark*	*1723*
KAR, Kartensammlung, 156	*Verkoppelungskarte*	*1789*
KAR, Kartensammlung, 540	*Plan von der verkoppelten Feldmark*	*1801-1802*
KAR, Kartensammlung, 250	*Urkarte zur Teilungskarte*	*1912*

Witzeeze

LAS 355.27, 543	SchuPfPr, Band VII	1861-1900
LAS 355.27, 544	SchuPfPr, Band VII A	1881-1900
LAS 231, 147	Hypothekenbuch	1836-1861
LAS 231, 642	Vermessungsregister	1724
LAS 231, 558	Verkoppelung der Feldmark	1780-1787

LAS 231, 643	Vermessungsregister	1784
LAS 231, 712	Hufen und Katen	1787-1869
LAS 231, 644	Verkoppelungsplan	nach 1784
LAS 231, 645	Bonitierungsregister über die privaten Besitzungen der Einwohner	1786
LAS 231, 646	Verkoppelung	1786-1850
LAS 231, 647	Verkoppelungsregister	1791
LAS 231, 648	Verteilung der Außenschläge	1855
LAS 210, 4894-4902	Akten zu einzelnen Bauernstellen	1855-1874

Hierzu bitte gedrucktes Findbuch Abt. 210, Seite 250 heranziehen!

LAS 231, 713	Meierstellen	1870-1872
LAS 355.27, 692	Erbhöfeakten	o. J.
LAS 309 Flur (21), 177	Flurbuch	1877
LAS 309 Geb. St. Hzt. Lauenburg, Nr. 169	Gebäudesteuer	1877-1878
LAS 324 Ratzeburg, 138	Gebäudebücher	1910 ff.
LAS 324 Ratzeburg, 288	Gebäudebestandsblätter	1950 ff.
LAS 402 A 5 Lauenburg, 53	Karte	18. Jh.
LAS 402 A 5 Lauenburg, 54	Karte	1784
LAS 402 A 5 Lauenburg, 55	Karte	1791
LAS 324 Ratzeburg, 318	Feldplan der Gemarkung	1935
KAR 6, 135	*Verkoppelung*	*1784-1930*
KAR 6, 168	*Verkoppelung*	*1784-1930*
KAR 6, 169	*Verkoppelung*	*1784-1930*
KAR, Kartensammlung, 539	*Karte von der Feldmark*	*1724*
KAR, Kartensammlung, 156	*Verkoppelungskarte*	*1791*
KAR, Kartensammlung, 246	*Urkarte von der Teilung*	*1908*

Kirchspiel Worth

Worth

- Kirchenkate

LAS 355.27, 548	SchuPfPr, Band IX	1861-1900
LAS 355.27, 549	SchuPfPr, Band IX A	1881-1900
LAS 231, 147	Hypothekenbuch	1836-1861
LAS 231, 715	Hufen und Katen	1706-1864
LAS 231, 649	Vermessungsregister	1724-1725
LAS 231, 650	Verkoppelung	1773-1793
LAS 231, 651	Verkoppelungsregister	1781-1816

LAS 210, 4903-4906	Akten zu einzelnen Bauernstellen	1851-1860

Hierzu bitte gedrucktes Findbuch Abt. 210, Seite 250 heranziehen!

LAS 309 Flur (21), 180	Flurbuch	1877
LAS 309 Geb. St. Hzt. Lauenburg, Nr. 173	Gebäudesteuer	1877-1878
LAS 324 Ratzeburg, 141	Gebäudebücher	1910 ff.
LAS 324 Ratzeburg, 291	Gebäudebestandsblätter	1950 ff.
LAS 402 A 5 Lauenburg, 56	Karte und Generalriss	18. Jh.
LAS 402 A 5 Lauenburg, 56a	Karte und Generalriss	18. Jh.
LAS 402 A 5 Lauenburg, 57	Karte	1775
LAS 402 A 5 Lauenburg, 58	Karte	1775
LAS 402 A 5 Lauenburg, 59	Karte	1781
LAS 324 Ratzeburg, 321	Feldplan der Gemarkung	1935
KAR 6, 124	*Verkoppelung*	*1775-1800*
KAR 6, 171	*Verkoppelungsregister*	*1781*
KAR, Kartensammlung, 256	*Urkarte von der Teilung*	*1903*

Amt Ratzeburg

LAS 355.45, 1311	SchuPfPr, Nebenbuch, Band I	1861-1871
LAS 355.45, 1312	SchuPfPr, Nebenbuch, Band II	1871-1873
LAS 355.45, 1313	SchuPfPr, Nebenbuch, Band III	1873-1875
LAS 355.45, 1314	SchuPfPr, Nebenbuch, Band IV	1875-1878
LAS 355.45, 1315	SchuPfPr, Nebenbuch, Band V	1878-1881
LAS 355.45, 1316	SchuPfPr, Nebenbuch, Band VI	1881-1882
LAS 355.45, 1317	SchuPfPr, Nebenbuch, Band VII	1882-1884
LAS 355.45, 1318	SchuPfPr, Nebenbuch, Band VIII	1884-1886
LAS 355.45, 1319	SchuPfPr, Nebenbuch, Band IX	1886-1889
LAS 355.45, 1320	SchuPfPr, Nebenbuch, Band X	1889-1890
LAS 355.45, 1321	SchuPfPr, Nebenbuch, Band XI	1890-1892
LAS 355.45, 1322	SchuPfPr, Nebenbuch, Band XII	1892-1894
LAS 355.45, 1323	SchuPfPr, Nebenbuch, Band XIII	1894-1896
LAS 355.45, 1324	SchuPfPr, Nebenbuch, Band XIV	1896-1898
LAS 355.45, 1325	SchuPfPr, Nebenbuch, Band XV	1899
LAS 232, 263	Gerichtsprotokoll, Band 1	1723-1726
LAS 232, 264	Gerichtsprotokoll, Band 2	1726-1730
LAS 232, 265	Gerichtsprotokoll, Band 3	1730-1736
LAS 232, 266	Gerichtsprotokoll, Band 4	1737-1746
LAS 232, 267	Gerichtsprotokoll, Band 5	1746-1752
LAS 232, 268	Gerichtsprotokoll, Band 6	1752-1761

LAS 232, 269	Depositenbuch, Vol. II	1769-1780
LAS 232, 270	Depositenbuch, Vol. II	1781-1824
LAS 232, 271	Depositenbuch, Vol. II	1824-1862
LAS 232, 1571	Geld-Register, Dienst-Register	1691-1692
LAS 232, 1572	Geld-Register, Korn-Register	1693-1694
LAS 232, 1573	Geld-Register, Korn-Register	1695-1696
LAS 232, 1574	Geld-Register, Dienst-Register, Korn-Register	1697-1698
LAS 232, 1575	Geld-Haupt-Register, Korn-Register	1699-1700
LAS 232, 1576	Geld-Register, Dienst-Register	1701-1702
LAS 232, 1577	Korn-Register	1701-1702
LAS 232, 1578	Geld-Register	1703-1704
LAS 232, 1579	Dienst-Register, Korn-Register	1703-1704
LAS 232, 1580	Geld-Register	1705-1706
LAS 232, 1581	Dienst-Register	1705-1706
LAS 232, 1582	Korn-Register	1706-1707
LAS 232, 1583	Geld-Register, Dienst-Register	1707-1708
LAS 232, 1584	Korn-Register	1708-1709
LAS 232, 1585	Geld-Register, Dienst-Register	1709-1710
LAS 232, 1586	Geld-Register, Dienst-Register, Korn-Register	1711-1712
LAS 232, 1587	Korn-Register	1712-1713
LAS 232, 1588	Geld-Register, Dienst-Register	1713-1714
LAS 232, 1589	Korn-Register	1714-1715
LAS 232, 1590	Geld-Register, Dienst-Register	1715-1716
LAS 232, 1591	Korn-Register	1716-1717
LAS 232, 1592	Geld-Register, Dienst-Register	1717-1718
LAS 232, 1593	Korn-Register	1718-1719
LAS 232, 1594	Geld-Register, Dienst-Register	1719-1720
LAS 232, 1595	Korn-Register	1720-1721
LAS 232, 1596	Geld-Register, Dienst-Register	1721-1722
LAS 232, 1597	Korn-Register	1722-1723
LAS 232, 1598	Geld-Register, Dienst-Register	1723-1724
LAS 232, 1599	Korn-Register	1724-1725
LAS 232, 1600	Dienst-Register	1725-1726
LAS 232, 1601	Korn-Register	1726-1727
LAS 232, 1602	Geld-Register	1727-1728
LAS 232, 1603	Korn-Register	1728-1729
LAS 232, 1604	Geld-Register	1729-1730
LAS 232, 1605	Dienst-Register	1729-1730
LAS 232, 1606	Korn-Register	1730-1731
LAS 232, 1607	Geld-Register	1731-1732
LAS 232, 1608	Dienst-Register	1731-1732
LAS 232, 1609	Korn-Register	1732-1733

LAS 232, 1610	Geld-Register	1733-1734
LAS 232, 1611	Dienst-Register	1733-1734
LAS 232, 1612	Korn-Register	1734-1735
LAS 232, 1613	Geld-Register	1735-1736
LAS 232, 1614	Dienst-Register	1735-1736
LAS 232, 1615	Korn-Register	1736-1737
LAS 232, 1616	Geld-Register	1737-1738
LAS 232, 1617	Dienst-Register	1737-1738
LAS 232, 1618	Korn-Register	1738-1739
LAS 232, 1619	Geld-Register	1739-1740
LAS 232, 1620	Dienst-Register	1739-1740
LAS 232, 1621	Korn-Register	1740-1741
LAS 232, 1622	Geld-Register	1741-1742
LAS 232, 1623	Dienst-Register	1741-1742
LAS 232, 1624	Korn-Register	1742-1743
LAS 232, 1625	Geld-Register	1743-1744
LAS 232, 1626	Dienst-Register	1743-1744
LAS 232, 1627	Korn-Register	1744-1745
LAS 232, 1628	Dienst-Register	1745-1746
LAS 232, 1629	Korn-Register	1746-1747
LAS 232, 1630	Geld-Register	1747-1748
LAS 232, 1631	Dienst-Register	1747-1748
LAS 232, 1632	Korn-Register	1748-1749
LAS 232, 1633	Geld-, Dienst-, Korn-Register	1749-1750
LAS 232, 1634	Geld-Register	1751-1752
LAS 232, 1635	Dienst-Register	1751-1752
LAS 232, 1636	Korn-Register	1752-1753
LAS 232, 1637	Geld-Register, Dienst-Register	1753-1754
LAS 232, 1638	Korn-Register	1754-1755
LAS 232, 1639	Geld-Register	1755-1756
LAS 232, 1640	Dienst-Register	1755-1756
LAS 232, 1641	Korn-Register	1756-1757
LAS 232, 1642	Geld-Register	1757-1758
LAS 232, 1643	Dienst-Register	1757-1758
LAS 232, 1644	Korn-Register	1758-1759
LAS 232, 1645	Geld-Register, Dienst-Register	1759-1760
LAS 232, 1646	Korn-Register	1760-1761
LAS 232, 1647	Geld-Register	1761-1762
LAS 232, 1648	Korn-Register	1762-1763
LAS 232, 1649	Geld-Register, Dienst-Register	1763-1764
LAS 232, 1650	Geld-, Dienst-, Korn-Register	1765-1766
LAS 232, 1651	Geld-Register, Korn-Register	1767-1768
LAS 232, 1652	Geld-Register	1768-1769
LAS 232, 1653	Geld-, Dienst-, Korn-Register	1769-1770
LAS 232, 1654	Geld-, Dienst-, Korn-Register	1771-1772

LAS 232, 1655	Geld-, Dienst-, Korn-Register	1773-1774
LAS 232, 1656	Geld-Register, Korn-Register	1775-1776
LAS 232, 1657	Geld-, Dienst-, Korn-Register	1777-1778
LAS 232, 1658	Korn-Register	1778-1779
LAS 232, 1659	Geld-Register, Dienst-Register	1779-1780
LAS 232, 1660	Korn-Register	1780-1781
LAS 232, 1661	Geld-Register, Dienst-Register	1781-1782
LAS 232, 1662	Korn-Register	1782-1783
LAS 232, 1663	Geld-Register, Dienst-Register	1783-1784
LAS 232, 1664	Korn-Register	1784-1785
LAS 232, 1665	Geld-Register, Dienst-Register	1785-1786
LAS 232, 1666	Korn-Register	1786-1787
LAS 232, 1667	Geld-Register, Dienst-Register	1787-1788
LAS 232, 1668	Korn-Register	1788-1789
LAS 232, 1669	Geld-Register, Dienst-Register	1789-1790
LAS 232, 1670	Korn-Register	1790-1791
LAS 232, 1671	Geld-Register	1791-1792
LAS 232, 1672	Korn-Register	1792-1793
LAS 232, 1673	Geld-Register	1793-1794
LAS 232, 1674	Dienst-Register	1794-1795
LAS 232, 1675	Geld-Register, Korn-Register	1795-1796
LAS 232, 1676	Dienst-Register	1796-1797
LAS 232, 1677	Geld-Register, Korn-Register	1797-1798
LAS 232, 1678	Dienst-Register	1798-1799
LAS 232, 1679	Geld-Register, Korn-Register	1799-1800
LAS 232, 1680	Geld-, Dienst-, Korn-Register	1801-1802
LAS 232, 1681	Geld-Register, Korn-Register	1803-1804
LAS 232, 1682	Geld-, Dienst-, Korn-Register	1805-1806
LAS 232, 1683	Geld-, Dienst-, Korn-Register	1807-1808
LAS 232, 1684	Dienst-Register	1808
LAS 232, 1685	Stück-Geld-Register, Stück-Korn-Register	1813-1814
LAS 232, 1686-1687	Geld-, Dienst-, Korn-Register	1815-1816
LAS 66, 10990	Ganzjährige Amts-Geldregister-Extrakte	1816-1845
LAS 232, 1688-1691	Geld-, Dienst-, Korn-Register	1816-1817
LAS 232, 1692-1695	Geld-, Dienst-, Korn-Register	1817-1818
LAS 232, 1696-1698	Geld-, Dienst-, Korn-Register	1818-1819
LAS 232, 1699-1702	Geld-, Dienst-, Korn-Register	1819-1820
LAS 232, 1703-1706	Geld-, Dienst-, Korn-Register	1820-1821
LAS 232, 1707-1711	Geld-, Dienst-, Korn-Register	1821-1822
LAS 232, 1712-1717	Geld-, Dienst-, Korn-Register	1822-1823
LAS 232, 1718-1723	Geld-, Dienst-, Korn-Register	1823-1824
LAS 232, 1724-1728	Geld-, Dienst-, Korn-Register	1824-1825
LAS 232, 1729-1732	Geld-, Dienst-, Korn-Register	1825-1826
LAS 232, 1733-1737	Geld-, Dienst-, Korn-Register	1826-1827
LAS 232, 1738-1741	Geld-, Dienst-, Korn-Register	1827-1828

LAS 232, 1742-1745	Geld-, Dienst-, Korn-Register	1828-1829
LAS 232, 1746-1749	Geld-, Dienst-, Korn-Register	1829-1830
LAS 232, 1750-1753	Geld-, Dienst-, Korn-Register	1830-1831
LAS 232, 1754-1757	Geld-, Dienst-, Korn-Register	1831-1832
LAS 232, 1758-1762	Geld-, Dienst-, Korn-Register	1832-1833
LAS 232, 1763-1766	Geld-, Dienst-, Korn-Register	1833-1834
LAS 232, 1767-1771	Geld-, Dienst-, Korn-Register	1834-1835
LAS 232, 1772-1775	Geld-, Dienst-, Korn-Register	1835-1836
LAS 232, 1776-1779	Geld-, Dienst-, Korn-Register	1836-1837
LAS 232, 1780-1783	Geld-, Dienst-, Korn-Register	1837-1838
LAS 232, 1784-1787	Geld-, Dienst-, Korn-Register	1838-1839
LAS 232, 1788-1791	Geld-, Dienst-, Korn-Register	1839-1840
LAS 232, 1792-1795	Geld-, Dienst-, Korn-Register	1840-1841
LAS 232, 1796-1799	Geld-, Dienst-, Korn-Register	1841-1842
LAS 232, 1800-1804	Geld-, Dienst-, Korn-Register	1842-1843
LAS 232, 1805-1807	Geld-, Dienst-, Korn-Register	1843
LAS 232, 1808-1812	Geld-, Dienst-, Korn-Register	1844
LAS 232, 1813-1815	Geld-, Dienst-, Korn-Register	1845
LAS 232, 1816	Korn-Register, Dienst-Register	1846
LAS 232, 1817	Geld-, Dienst-, Korn-Register	1848
LAS 232, 1818	Geld-, Dienst-, Korn-Register	1850
LAS 232, 1819	Geld-, Dienst-, Korn-Register	1852
LAS 232, 1820	Geld-Register, Dienst-Register	1853-1854
LAS 232, 1821	Korn-Register	1854-1855
LAS 232, 1822	Geld-Register, Dienst-Register	1855-1856
LAS 232, 1823	Korn-Register	1856-1857
LAS 232, 1824	Geld-Register, Dienst-Register	1857-1858
LAS 232, 1825	Korn-Register	1858-1859
LAS 232, 1826	Geld-Register, Dienst-Register	1859-1860
LAS 232, 1827	Korn-Register	1860-1861
LAS 232, 1828	Geld-Register, Dienst-Register	1861-1862
LAS 232, 1829	Korn-Register	1862-1863
LAS 232, 1830	Geld-Register, Dienst-Register	1863-1864
LAS 232, 1831	Korn-Register	1864-1865
LAS 232, 1832	Geld-Register, Dienst-Register	1865-1866
LAS 232, 1833	Korn-Register	1866-1867
LAS 232, 1834	Geld-Register, Dienst-Register	1867-1868
LAS 232, 1835	Korn-Register	1868-1869
LAS 232, 1836	Dienst-Register	1869-1870
LAS 232, 1837	Korn-Register	1871-1872
LAS 232, 1838	Dienst-Register	1871-1872
LAS 232, 1839	Korn-Register	1872
LAS 232, 1417	Zustand der Untertanen in Betreff ihrer Äcker, Wiesen, Hölzung und dergleichen	1748-1756

LAS 232, 857	Karten- und Vermessungsregister	1789-1872
LAS 66, 11097	Konfirmation von Meierbriefen, Hausbriefen, Kaufbriefen, Erbpachtkontrakten und Ehestiftungen, Vol. I	1816-1839
LAS 66, 11098	Konfirmation von Meierbriefen, Hausbriefen, Kaufbriefen, Erbpachtkontrakten und Ehestiftungen, Vol. II	1840-1848
LAS 210, 4709	Austausch von Ländereien	1866-1869
LAS 232, 965	Anbau bzw. Errichtung von Anbauerstellen	1872
LAS 232, 911	Umwandlung des Meiererbzins- und -erbpachtsverhältnisses in Eigentum und Ablösung der daraus herrührenden Leistungen	1871-1880
LAS 232, 915	Umwandlung des Meiererbzins- und -erbpachtsverhältnisses in Eigentum und Ablösung der daraus herrührenden Leistungen (jährliche Übersichten)	1874-1881
LAS 232, 918	Umwandlung des Meiererbzins- und -erbpachtsverhältnisses in Eigentum und Ablösung der daraus herrührenden Leistungen (jährliche Übersichten)	1877-1882
LAS 210, 1792	Kontributionsregister; mit den Namen der Bauern	1626-1652
LAS 232, 754	Amts-Buch der Erbzinsen, so dem Landesfürsten und -herrn dieses Amts Untertanen alljährlich abzutragen und zu geben schuldig sein, verfertigt anno 1659	1659
LAS 210, 1799	Kontributionskataster der Dorfschaften	1772-1805
LAS 66, 11005	Beschreibung der von den Amtsuntertanen alljährlich zu leistenden Spann- und Handdienste	1819
LAS 66, 11032	Einsendung und Rückgabe von Verkoppelungskarten	1841
LAS 80, 3778	Hebungswesen	1856-1862
LAS 232, 770	Einziehung rückständiger Gefälle, Pachtgelder	1869-1872
LAS 232, 774	Grundsteuerveranlagung	1872-1879
LAS 232, 775	Grundsteuerveranlagung	1875-1878
LAS 232, 780	Klassensteuerveranlagung	1876-1889
LAS 232, 781	Klassensteuerzu- und -abgänge	1876-1889
LAS 232, 782	Klassensteuerrekurse	1876-1882
LAS 232, 788	Einkommensteuerveranlagung	1876-1888
LAS 232, 789	Einkommensteuerzu- und -abgänge	1876-1887
LAS 232, 790	Einkommensteuerreklamationen, Remonstrationen und Rekurse	1877-1889

LAS 232, 776	Grundsteuerveranlagung	1877
LAS 232, 791	Gebäudesteuerveranlagung	1877-1878

LAS 232, 336-389	Verschiedene Nachlasssachen	1697-187

Hierzu bitte Findbuch Abt. 232, Seite 98-101, heranziehen!

LAS 232, 315-335	Diverse Vormundschaften über Kinder aus den Dörfern des Amtes	1843-1872

Hierzu bitte Findbuch Abt. 232, Seite 96-98, heranziehen!

LAS 355.45, 1235	Testamente und Nachlasssachen, unsortiert	16.-18. Jh.
LAS 355.45, 1236	Testamente und Nachlasssachen, unsortiert	16.-18. Jh.
LAS 355.45, 1237	Testamente und Nachlasssachen, unsortiert	16.-18. Jh.
LAS 355.45, 1274	Testamentsbuch, chronologisch	1823-1870
LAS 355.45, 1277	Testamentsrepertorium, alphabetisch	1870-1896
LAS 355.45, 1276	Verwahrungsbuch für letztwillige Verfügungen	1879-1900

LAS 355.45, 1454	Namensverzeichnis zu den Testamentsakten	16.-18. Jh.
LAS 355.45, 1238	Testamente, Buchstabe A	16.-18. Jh.
LAS 355.45, 1239	Testamente, Buchstabe B	16.-18. Jh.
LAS 355.45, 1240	Testamente, Buchstabe C	16.-18. Jh.
LAS 355.45, 1241	Testamente, Buchstabe D	16.-18. Jh.
LAS 355.45, 1242	Testamente, Buchstabe E	16.-18. Jh.
LAS 355.45, 1243	Testamente, Buchstabe F	16.-18. Jh.
LAS 355.45, 1244	Testamente, Buchstabe G	16.-18. Jh.
LAS 355.45, 1245	Testamente, Buchstabe H	16.-18. Jh.
LAS 355.45, 1246	Testamente, Buchstabe I	16.-18. Jh.
LAS 355.45, 1247	Testamente, Buchstabe J	16.-18. Jh.
LAS 355.45, 1248	Testamente, Buchstabe K	16.-18. Jh.
LAS 355.45, 1249	Testamente, Buchstabe L	16.-18. Jh.
LAS 355.45, 1250	Testamente, Buchstabe M	16.-18. Jh.
LAS 355.45, 1251	Testamente, Buchstabe N	16.-18. Jh.
LAS 355.45, 1252	Testamente, Buchstabe O	16.-18. Jh.
LAS 355.45, 1253	Testamente, Buchstabe P	16.-18. Jh.
LAS 355.45, 1254	Testamente, Buchstabe R	16.-18. Jh.
LAS 355.45, 1255	Testamente, Buchstabe S	16.-18. Jh.
LAS 355.45, 1256	Testamente, Buchstabe Sch	16.-18. Jh.
LAS 355.45, 1257	Testamente, Buchstabe St	16.-18. Jh.
LAS 355.45, 1258	Testamente, Buchstabe T	16.-18. Jh.
LAS 355.45, 1259	Testamente, Buchstabe U + V	16.-18. Jh.
LAS 355.45, 1260	Testamente, Buchstabe W	16.-18. Jh.
LAS 355.45, 1261	Testamente, Buchstabe Z	16.-18. Jh.

LAS 415, 5527	Volkszähllisten	1845
LAS 415, 5545	Volkszähllisten	1855

LAS 232, 1420	Jährliche Nachweisungen über Ein- und Auswanderungen	1869-1883
LAS 232, 1421	Vornahme von Viehzählungen	1872-1883
LAS 232, 1423	Ein- und Auswanderungen - Einzelnes	1874-1888
LAS 232, 1424	Ein- und Auswanderungen - Allgemeines	1876-1879
LAS 232, 1426	Selbstmorde und Verunglückungen - Einzelnes	1876-1889
LAS 232, 1439	Reetstatistik	1886

LAS 402 A 5 Ratzeburg, 1	Karte des Amtes	o. J.

KAR 2, 1059-1149	*Dienstregister*	*1684-1873*

Hierzu bitte maschinenschriftliches Findbuch KAR, Abteilung 2, Seite64-69 heranziehen!

KAR 2, 970-1058	*Kornregister*	*1691-1872*

Hierzu bitte maschinenschriftliches Findbuch KAR, Abteilung 2, Seite69-73 heranziehen!

KAR 2, 883-969	*Geldregister über Einnahmen und Ausgaben*	*1692-1867*

Hierzu bitte maschinenschriftliches Findbuch KAR, Abteilung 2, Seite89-94 heranziehen!

KAR 2, 1319	*Amtsrechung*	*1868-1869*
KAR 2, 1320	*Amtsrechung*	*1869*
KAR 2, 1321	*Amtsrechung*	*1870*
KAR 2, 1322	*Amtsrechung*	*1871*
KAR 2, 1323	*Amtsrechung*	*1872*
KAR 2, 1324	*Kassenjournal über Einnahmen*	*1872*

KAR 2, 1333-1399	*Haupt-Kassenbücher*	*1847-1869*

Hierzu bitte maschinenschriftliches Findbuch KAR, Abteilung 2, Seite94-98 heranziehen!

KAR 2, 681	*Verzeichnisse der Neuanbauer, Wohn- und Feuerstellen*	*1699-1864*
KAR 2, 682	*Anzeige von wüsten Höfen*	*1699-1798*
KAR 2, 685	*Wüste Höfe*	*1701-1736*
KAR 2, 683	*Verpachtung von Ackerland durch die Amtsuntertanen*	*1703-1791*
KAR 6, 12	*Grundsätze der Gemeinheitsteilungen und Verkoppelungen*	*1772-1776*
KAR 6, 19	*Anfertigung von Kopien der Feldvermessungskarten und Register für durchgeführte Verkoppelungen*	*1780-1783*
KAR 6, 65	*Künftige Berechnung des erhöhten Dienstgeldes und allgemeine Vorschläge zur Abstellung der Naturaldienste verschiedener Dorfschaften*	*1786-1792*
KAR 6, 303	*Verkoppelungen*	*1817-1818*

KAR 2 *Einzelne Pachtangelegenheiten,*
Bestellnummern siehe Findbuch KAR, Abteilung 2, Seite 22-25.

KAR 2 *Verkauf von Grundstücken und Häusern*
Bestellnummern siehe Findbuch KAR, Abteilung 2, Seite 26-27.

Amtsvogtei Mölln

LAS 355.33, 12	SchuPfPr, Nebenbuch	1889-1899
LAS 355.33, 48	SchuPfPr, Nebenbuch, Band A	1873-1876
LAS 355.33, 49	SchuPfPr, Nebenbuch, Band B	1876-1879
LAS 355.33, 50	SchuPfPr, Nebenbuch, Band C	1879-1881
LAS 355.33, 51	SchuPfPr, Nebenbuch, Band D	1881-1882
LAS 355.33, 52	SchuPfPr, Nebenbuch, Band E	1882-1886
LAS 355.33, 53	SchuPfPr, Nebenbuch, Band F	1883-1884
LAS 355.33, 54	SchuPfPr, Nebenbuch, Band G	1884-1886
LAS 355.33, 55	SchuPfPr, Nebenbuch, Band H	1886-1888
LAS 355.33, 56	SchuPfPr, Nebenbuch, Band J	1888-1889
LAS 355.33, 57	SchuPfPr, Nebenbuch, Band K	1889-1891
LAS 355.33, 58	SchuPfPr, Nebenbuch, Band L	1891-1893
LAS 355.33, 59	SchuPfPr, Nebenbuch, Band M	1893-1895
LAS 355.33, 60	SchuPfPr, Nebenbuch, Band N	1895-1896
LAS 355.33, 61	SchuPfPr, Nebenbuch, Band O	1896-1897
LAS 355.33, 62	SchuPfPr, Nebenbuch, Band P	1897-1898
LAS 355.33, 63	SchuPfPr, Nebenbuch, Band Q	1898-1899
LAS 355.33, 64	SchuPfPr, Nebenbuch, Band R	1899
LAS 232, 274	Altes Hypothekenbuch, II	1785-1861
LAS 232, 276	Neues Hypothekenbuch, II	1842-1861
LAS 232, 277	Neues Hypothekenbuch, III Personalfolien	1842-1865
LAS 355.33, 920	Testamente, Buchstabe A	1798-1832
LAS 355.33, 921	Testamente, Buchstabe B	1852-1860
LAS 355.33, 922	Testamente, Buchstabe D	1843-1851
LAS 355.33, 923	Testamente, Buchstabe E	1857
LAS 355.33, 924	Testamente, Buchstabe F	1857-1860
LAS 355.33, 925	Testamente, Buchstabe G	1796-1874
LAS 355.33, 926	Testamente, Buchstabe H	1763-1857
LAS 355.33, 927	Testamente, Buchstabe K	1813-1855
LAS 355.33, 928	Testamente, Buchstabe L	1773-1855
LAS 355.33, 929	Testamente, Buchstabe M	1784-1831
LAS 355.33, 930	Testamente, Buchstabe N	1864-1866
LAS 355.33, 931	Testamente, Buchstabe P	1817-1846
LAS 355.33, 932	Testamente, Buchstabe R	1838

LAS 355.33, 933	Testamente, Buchstabe S	1819-1859
LAS 355.33, 934	Testamente, Buchstabe Sch	1798-1855
LAS 355.33, 935	Testamente, Buchstabe V	1857
LAS 355.33, 936	Testamente, Buchstabe W	1812-1857
LAS 355.33, 940	Erbverträge	1871-1899
LAS 355.33, 941	Erbeslegitimationen	1873-1879
LAS 355.33, 942	Erteilung von Erbbescheinigungen	1896
LAS 355.33, 949	Verschiedene Vormundschaftssachen	1857-1872
KAR 9, 229	*Meiergefälle im Hebebezirk Mölln; namentliche Nachweisungen*	*1873-1875*

Kirchspiel Breitenfelde

LAS 412, 1220	Volkszählungslisten	1864

Alt-Mölln

LAS 355.33, 6	SchuPfPr, Band XIV	1861-1899
LAS 232, 278	Beilagen zum Hypothekenbuch	1772-1859
LAS 232, 858	Verkoppelung	1770-1871
LAS 232, 859	Verkoppelung	1774-1788
LAS 232, 966	Anbau des J. H. F. Vokuhl auf der Gemeinweide	1843
LAS 232, 923	Höfe	1871-1875
LAS 232, 978	Dorfkaten	1872
LAS 355.33, 377	Erbhöfeakten mit Sammelakten	o. J.
LAS 355.33, 724	Höfeakte, Häuslingssachen	o. J.
LAS 355.33, 402-424	Höfeakten	o. J.

Hierzu bitte Findbuch Abt. 355.33, Seite 62-65 heranziehen!

LAS 309 Geb. St. Hzt. Lauenburg, Nr. 5	Gebäudesteuer	1877-1878
LAS 324 Ratzeburg, 2	Gebäudebücher	1910 ff.
LAS 324 Ratzeburg, 144	Gebäudebestandsblätter	1950 ff.
LAS 402 A 5 Ratzeburg, 3	Karte	1781
LAS 324 Ratzeburg, 455	Feldplan der Gemarkung	1935
KAR 6, 42	*Verkoppelung*	*1780-1795*
KAR 2, 698	*Aufhebung der Naturalhofdienste*	*1792-1795*

KAR 6, 70	*Abstellung der Naturalhofdienste*	*1792-1793*
KAR, Kartensammlung, 254	*Teilung von Alt-Mölln mit Namen der Interessenten*	*1781-1782*
KAR, Kartensammlung, 318	*Flurkarte von der Feldmark*	*o. J.*

Bälau

LAS 355.33, 6	SchuPfPr, Band XIV	1861-1899
LAS 232, 280	Beilagen zum Hypothekenbuch	1804-1854
LAS 232, 865	Verkoppelung	1773-1811
LAS 232, 969	Anbau des Schneiders Joachim Heinrich Burmester auf der Freiweide	1837
LAS 232, 968	Anbau des Häuslings Joachim Heinrich Meyer auf der Gemeinweide	1839-1859
LAS 66, 11011	Burgfestdienst-Spanntage	1841-1846
LAS 232, 996	Ablösung der 36 Burgfest-Spanndienste	1841-1870
LAS 232, 925	Höfe	1871
LAS 355.33, 378	Erbhöfeakten mit Sammelakten	o. J.
LAS 355.33, 726	Höfeakte, Häuslingssachen	o. J.
LAS 355.33, 442-455	Höfeakten	o. J.

Hierzu bitte Findbuch Abt. 355.33, Seite 68-71 heranziehen!

LAS 309 Flur (21), 3	Flurbuch	1877
LAS 309 Geb. St. Hzt. Lauenburg, Nr. 12	Gebäudesteuer	1877-1878
LAS 324 Ratzeburg, 4	Gebäudebücher	1910 ff.
LAS 324 Ratzeburg, 147	Gebäudebestandsblätter	1950 ff.
LAS 324 Ratzeburg, 457	Feldplan der Gemarkung	1935
KAR 6, 33	*Verkoppelung und Dienstabstellung*	*1773-1805*

Borstorf
- Voßkate

LAS 355.33, 7	SchuPfPr, Band XV	1861-1899
LAS 232, 282	Beilagen zum Hypothekenbuch	1784-1861
LAS 232, 866	Verkoppelung	1772-1801
LAS 232, 868	Verkoppelung	1802-1820
LAS 66, 363	Verkoppelung der Vorwerksländereien	1802-1833
LAS 232, 867	Verkoppelung	1814-1846
LAS 65.3, 286	Verkoppelung	1819
LAS 232, 869	Verkoppelung	1821-1843
LAS 66, 11023	Verkoppelung der Feldmark	1823

LAS 232, 1483	Unterstützung von Eingesessenen	1871-1874
LAS 232, 929	Höfe	1871-1872
LAS 355.33, 380	Erbhöfeakten mit Sammelakten	o. J.
LAS 355.33, 728	Höfeakte, Häuslingssachen	o. J.
LAS 355.33, 471-490	Höfeakten	o. J.

Hierzu bitte Findbuch Abt. 355.33, Seite 73-77 heranziehen!

LAS 309 Flur (21), 16	Flurbuch	1877
LAS 309 Geb. St. Hzt. Lauenburg, Nr. 19	Gebäudesteuer	1877-1878
LAS 324 Ratzeburg, 13	Gebäudebücher	1910 ff.
LAS 324 Ratzeburg, 155	Gebäudebestandsblätter	1950 ff.

LAS 355.33, 948	Vormundschaftsakte: Luer, Johann Hinrich	1845-1870

LAS 402 A 5 Ratzeburg, 6.1	Karte	1785
LAS 402 A 5 Ratzeburg, 6.2	Karte	1822
LAS 402 A 5 Ratzeburg, 6.3	Karte	1824
LAS 324 Ratzeburg, 469	Feldplan der Gemarkung	1935

KAR 2, 53	*Verpachtung des Vorwerks*	*1649-1754*
KAR 2, 58	*Inventarien*	*1668-1717*
KAR 2, 54	*Verpachtung des Vorwerks*	*1755-1759*
KAR 2, 55	*Verpachtung des Vorwerks*	*1766-1798*
KAR 6, 32	*Verkoppelung*	*1773-1826*
KAR 6, 313	*Verkoppelung*	*1773-1826*
KAR 6, 108	*Messregister zur Karte der Feldmark*	*1783-1784*
KAR 2, 56	*Verpachtung des Vorwerks*	*1802-1818*
KAR, Kartensammlung, 442	*Verkoppelungskarte vom Vorwerk*	*1756*
KAR, Kartensammlung, 440	*Flurkarte vom Dorf und der Feldmark*	*1824*

Breitenfelde
- Neuenlande

LAS 355.33, 8	SchuPfPr, Band XVI	1861-1899
LAS 355.33, 9	SchuPfPr, Band 1	1861-1899
LAS 355.33, 10	SchuPfPr, Band 2	1889-1899
LAS 232, 283	Beilagen zum Hypothekenbuch	1780-1861

LAS 355.33, 491	Alte Hausbriefe und Ehestiftungen	1612-1754
LAS 232, 858	Verkoppelung	1770-1871
LAS 232, 870	Verkoppelung	1773-1854
LAS 232, 871	Verkoppelung	1777-1780
LAS 232, 1484	Unterstützung von Eingesessenen	1869
LAS 232, 930	Höfe	1871-1872
LAS 355.33, 381	Erbhöfeakten mit Sammelakten	o. J.

LAS 355.33, 729	Höfeakten, Häuslingssachen	o. J.
LAS 355.33, 492-544	Höfeakten	o. J.

Hierzu bitte Findbuch Abt. 355.33, Seite 77-87 heranziehen!

LAS 309 Geb. St. Hzt. Lauenburg, Nr. 21	Gebäudesteuer	1877-1878
LAS 324 Ratzeburg, 14	Gebäudebücher	1910 ff.
LAS 324 Ratzeburg, 156	Gebäudebestandsblätter	1950 ff.
LAS 355.33, 939	Nachlassakte: Köppe, Friedrich Johann, Schmied	1897-1908
LAS 402 A 5 Ratzeburg, 7.1	Karte	1775
LAS 402 A 5 Ratzeburg, 7.2	Karte	1780
LAS 324 Ratzeburg, 470	Feldplan der Gemarkung	1935
***KAR** 6, 22*	*Verkoppelung*	*1770-1807*
KAR 6, 325	*Verkoppelung*	*1770-1807*
KAR 6, 66	*Abstellung der Naturalhofdienste*	*1786-1796*
KAR 2, 697	*Aufhebung der Naturalhofdienste*	*1789-1792*
KAR 2, 701	*Aufhebung der Naturalhofdienste*	*1791-1827*
KAR, Kartensammlung, 314	*Karte von der Dorfschaft*	*1900*
***AHL**, 03.04-1, 2425*	*Breitenfelder Hausbriefe*	*1639-1747*
***LHAS** 4.2-1, 187*	*Zehntzahlung an das Amt Schönberg*	*1593-1755*
LHAS 4.2-1, 184	*Zahlung der jährlichen Zehntgelder an das Amt Schönberg, Band 1*	*1772-1778*
LHAS 4.2-1, 185	*Zahlung der jährlichen Zehntgelder an das Amt Schönberg, Band 2*	*1775-1778*
LHAS 4.2-1, 186	*Zahlung der jährlichen Zehntgelder an das Amt Schönberg, Band 3*	*1784-1786*

Hornbek

LAS 355.33, 9	SchuPfPr, Band 1	1861-1899
LAS 355.33, 10	SchuPfPr, Band 2	1889-1899
LAS 232, 286	Beilagen zum Hypothekenbuch	1790-1855
LAS 232, 883	Verkoppelung	1767-1833
LAS 232, 858	Verkoppelung	1770-1871
LAS 232, 983	Dorfkaten	1865
LAS 232, 943	Höfe	1871
LAS 355.33, 388	Erbhöfeakten mit Sammelakten	o. J.
LAS 355.33, 734	Höfeakten, Häuslingssachen	o. J.

LAS 355.33, 587-600	Höfeakten	o. J.

Hierzu bitte Findbuch Abt. 355.33, Seite 95-97 heranziehen!

LAS 309 Flur (21), 74	Flurbuch	1877
LAS 309 Geb. St. Hzt. Lauenburg, Nr. 72	Gebäudesteuer	1877-1878
LAS 324 Ratzeburg, 59	Gebäudebücher	1910 ff.
LAS 324 Ratzeburg, 201	Gebäudebestandsblätter	1950 ff.
LAS 402 A 5 Ratzeburg, 17.1	Karte	1783
LAS 402 A 5 Ratzeburg, 17.2	Karte	1793
LAS 324 Ratzeburg, 416	Feldplan der Gemarkung	1935
KAR *6, 49*	*Verkoppelung*	*1785-1799*
KAR 2, 617	*Jährliche Lieferung des Zehnts Roggen an das Amt Ratzeburg*	*1828-1837*
AHL*, 03.04-1, 2427*	*Breitenfelder Hausbriefe*	*1720-1746*
LHAS *4.2-1, 187*	*Zehntzahlung an das Amt Schönberg*	*1593-1755*

Woltersdorf

LAS 355.33, 8	SchuPfPr, Band XVI	1861-1899
LAS 355.33, 9	SchuPfPr, Band 1	1861-1899
LAS 355.33, 10	SchuPfPr, Band 2	1889-1899
LAS 232, 293	Beilagen zum Hypothekenbuch	1808-1851
LAS 232, 908	Verkoppelung	1792-1862
LAS 66, 11051	Vorwerk Woltersdorf	1818-1846
LAS 232, 1502	Unterstützung von Eingesessenen	1868-1872
LAS 232, 963	Höfe	1871
LAS 355.33, 401	Erbhöfeakten mit Sammelakten	o. J.
LAS 355.33, 740	Höfeakten, Häuslingssachen	o. J.
LAS 355.33, 716-723	Höfeakten	o. J.

Hierzu bitte Findbuch Abt. 355.33, Seite 119-121 heranziehen!

LAS 309 Flur (21), 179	Flurbuch	1877
LAS 309 Geb. St. Hzt. Lauenburg, Nr. 171	Gebäudesteuer [Gutsbezirk]	1877-1878
LAS 309 Geb. St. Hzt. Lauenburg, Nr. 172	Gebäudesteuer	1877-1878
LAS 324 Ratzeburg, 140	Gebäudebücher	1910 ff.
LAS 324 Ratzeburg, 290	Gebäudebestandsblätter	1950 ff.

LAS 239.6, 129	Vormundschaft über Catharina Burmeister, Tochter des verstorbenen Schäfers Franz Burmeister	1853
LAS 402 A 5 Ratzeburg, 33.1	Karte	1748
LAS 402 A 5 Ratzeburg, 33.2	Karte	1793
LAS 402 A 47, 259	Urkarte I in der Ablösungs- und Teilungssache	1901
LAS 324 Ratzeburg, 320	Feldplan der Gemarkung	1935
KAR 2, 175	*Korn- und Geldregister des Vorwerks*	*1747-1749*
KAR 2, 168	*Verwaltung des Vorwerks*	*1747-1769*
KAR 2, 177	*Inventarien des Vorwerks*	*1747-1772*
KAR 2, 169	*Verwaltung des Vorwerks*	*1770-1797*
KAR 6, 77	*Verkoppelung und neue Einrichtung des Vorwerks*	*1774-1797*
KAR 6, 38	*Verkoppelung*	*1776-1809*
KAR 6, 111	*Verkoppelung*	*1776-1809*
KAR 2, 170	*Inventar des Vorwerks*	*1793-1818*
KAR 2, 171	*Verwaltung des Vorwerks*	*1819-1827*
KAR, GA Niendorf/St., 451	*Pachtsachen*	*1823-1850*
KAR 2, 172	*Verwaltung des Vorwerks*	*1830-1841*
KAR 2, 173	*Verpachtung des Vorwerks*	*1840-1862*
KAR 2, 213	*Verpachtung des Vorwerks*	*1861-1868*
KAR 2, 215	*Inventar und Gebäude des Vorwerks*	*1862-1870*
KAR 2, 214	*Verpachtung des Vorwerks*	*1868-1872*
KAR 2, 1405	*Inventar und Gebäude des Vorwerks*	*1885*
KAR, Kartensammlung, 454	*Grundriss vom Vorwerk*	*1748*
KAR, Kartensammlung ,239	*Servitutsablösung und Teilung*	*1904*
AHL, 01.1-01(4), 20238	*Pachtverhältnisse des Gutes Woltersdorf*	*1658-1744*
AHL, 01.1-01(4), 20035	*Pflichten der Untertanen*	*1669*
AHL, 01.1-01(4), 20239	*Inventarien*	*1695-1745*
AHL, 01.1-01(4), 20241	*Landmessung*	*1739*
AHL, 01.1-01(4), 20242	*Kostenrechnungen*	*1739-1740*
AHL, 01.1-01(4), 20243	*Rechnungen*	*1740-1747*
AHL, 01.1-01(4), 20244	*Wochenzettel*	*1740-1747*
AHL, 03.04-01, 2463	*Verpachtung*	*1644-1688*
AHL, 03.04-01, 2464	*Inventare*	*1642-1740*
AHL, 03.04-01, 2465	*Pachtverträge*	*1652-1715*
AHL, 03.04-01, 2475	*Hausbriefe*	*1705-1744*
AHL, 01.1-01(4), 20244	*Wochenzettel*	*1740-1744*
AHL, 03.04-02, 308	*Wochenzettel*	*1745-1746*
AHL, 03.04-02, 309	*Wochenzettel*	*1746-1747*
AHL, 03.04-02, 310	*Wochenzettel*	*1747-1748*

Kirchspiel Groß Berkenthin

LAS 412, 1219	Volkszählungslisten	1864

Klein Berkenthin

LAS 355.33, 6	SchuPfPr, Band XIV	1861-1871
LAS 232, 864	Verkoppelung	1777-1847
LAS 210, 4914-4918	Akten zu einzelnen Bauernstellen	1827-1866

Hierzu bitte gedrucktes Findbuch Abt. 210, Seite 251 heranziehen!

LAS 232, 928	Höfe	1871
LAS 309 Flur (21), 85	Flurbuch	1877
LAS 309 Geb. St. Hzt. Lauenburg, Nr. 83	Gebäudesteuer	1877-1878
LAS 324 Ratzeburg, 8	Gebäudebücher	1910 ff.
LAS 324 Ratzeburg, 151	Gebäudebestandsblätter	1950 ff.
LAS 402 A 5 Ratzeburg, 19	Karte	1780
LAS 324 Ratzeburg, 430	Feldplan der Gemarkung	1934
KAR 2, 697	*Aufhebung der Naturalhofdienste*	*1789-1792*
KAR 2, 700	*Aufhebung der Naturalhofdienste*	*1791-1793*
KAR 6, 72	*Abstellung der Naturalhofdienste*	*1792-1793*

Niendorf bei Berkenthin

LAS 232, 953	Höfe	1871-1872
LAS 309 Flur (21), 131	Flurbuch	1877
LAS 309 Geb. St. Hzt. Lauenburg, Nr. 125	Gebäudesteuer	1877-1878
LAS 324 Ratzeburg, 101	Gebäudebücher	1910 ff.
LAS 324 Ratzeburg, 245	Gebäudebestandsblätter	1950 ff.
LAS 402 A 5 Ratzeburg, 28.1	Karte	1792
LAS 402 A 5 Ratzeburg, 28.2	Karte	1797
LAS 324 Ratzeburg, 373	Feldplan der Gemarkung	1934
KAR 6, 31	*Verkoppelung*	*1773-1800*
KAR 6, 312	*Verkoppelung*	*1773-1800*

Kirchspiel Nusse

LAS 412, 1225	Volkszählungslisten	1864

Koberg

- Billbaum - Koppelkaten - Schevenböken

LAS 355.33, 11	SchuPfPr, Band XVII	1861-1899
LAS 232, 287	Beilagen zum Hypothekenbuch	1783-1861
LAS 355.33, 636	Alte Hausbriefe und Ehestiftungen	1742-1752
LAS 232, 888	Verkoppelung	1768-1838
LAS 232, 889	Verkoppelung	1772-1799
LAS 232, 984	Dorfkaten	1808-1864
LAS 66, 11010	Der zwischen dem Amt Ratzeburg und den Vollhufnern abgeschlossene Dienst-Ablösungs-Rezeß wegen Anfuhr von 16 Faden Deputatholz für den Förster	1837
LAS 210, 4734	Freiweide	1869
LAS 232, 947	Höfe	1871
LAS 355.33, 389	Erbhöfeakten mit Sammelakten	o. J.
LAS 355.33, 731	Höfeakten, Häuslingssachen	o. J.
LAS 355.33, 601-635	Höfeakten	o. J.

Hierzu bitte Findbuch Abt. 355.33, Seite 98-104 heranziehen!

LAS 309 Flur (21), 95	Flurbuch	1877
LAS 309 Geb. St. Hzt. Lauenburg, Nr. 93	Gebäudesteuer	1877-1878
LAS 309 Geb. St. Hzt. Lauenburg, Nr. 92	Gebäudesteuer [Gutsbezirk]	1877-1878
LAS 324 Ratzeburg, 74	Gebäudebücher	1910 ff.
LAS 324 Ratzeburg, 212	Gebäudebestandsblätter	1950 ff.
LAS 355.33, 938	Nachlassakte: Fick, Hinrich, Altenteiler	1869-1871
LAS 402 A 5 Ratzeburg, 51	Grundriss	1750
LAS 402 A 5 Ratzeburg, 69.1	Karte	1772
LAS 402 A 5 Ratzeburg, 69.2	Karte	1778-1780
LAS 402 A 5 Ratzeburg, 69.3	Karte	1778-1780
LAS 324 Ratzeburg, 439	Feldplan der Gemarkung	1934-1935
KAR 6, 25	*Verkoppelung*	*1772-1800*
KAR 6, 328	*Verkoppelung*	*1772-1800*
KAR 2, 697	*Aufhebung der Naturalhofdienste*	*1789-1792*
KAR 2, 703	*Aufhebung der Naturalhofdienste*	*1791-1793*

KAR 6, 74	*Abstellung der Naturalhofdienste*	*1792-1793*
KAR, Kartensammlung, 460	*Grundriss vom Dorf und der Feldmark*	*1750*
AHL, 03.04-1, 2434	*Breitenfelder Hausbriefe*	*1685-1745*

Sirksfelde
- Kalkkuhle

LAS 355.57, 851	Ehestiftungen und Häuslingsbriefe	1742-1883
LAS 234, 888	Verkoppelung	1765-1808
LAS 234, 889	Verkoppelungsregister	1788
LAS 210, 5069-5072	Akten zu einzelnen Bauernstellen	1842-1872

Hierzu bitte gedrucktes Findbuch Abt. 210, Seite 260 heranziehen!

LAS 232, 977	Anbau der Gebrüder Johann Christian Hinrich und Hans Hinrich Nicolaus Höppner auf der Gemeinweide	1849
LAS 232, 962	Höfe	1871
LAS 355.57, 874	Ablösung des Meierrechts	1875
LAS 355.57, 551-577	Höfeakten	18./19. Jh.

Hierzu bitte Findbuch Abt. 355.57, Seite 90-93 heranziehen!

LAS 309 Geb. St. Hzt. Lauenburg, Nr. 155	Gebäudesteuer	1877-1878
LAS 309 Geb. St. Hzt. Lauenburg, Nr. 156	Gebäudesteuer	1877-1878
LAS 324 Ratzeburg, 130	Gebäudebücher	1910 ff.
LAS 324 Ratzeburg, 275	Gebäudebestandsblätter	1950 ff.
LAS 355.57, 978	Einzelne Aktenstücke aus Vormundschafts-, Nachlass- und anderen Akten der freiwilligen Gerichtsbarkeit	1822-1883
LAS 234, 1137	Feuerversicherungen	1883-1887
LAS 402 A 5 Steinhorst, 14	Brouillon-Karte	1788
LAS 402 A 5 Steinhorst, 14a	Karte	1784
LAS 324 Ratzeburg, 305	Feldplan der Gemarkung	1934
KAR 6, 23	*Verkoppelung*	*1770-1795*
KAR 6, 308	*Verkoppelung*	*1770-1795*
KAR, Kartensammlung, 449	*Flurkarte*	*1767*

Amtsvogtei Ratzeburg

LAS 232, 273	Altes Hypothekenbuch, I	1785-1861
LAS 232, 275	Neues Hypothekenbuch, I	1842-1861
LAS 232, 277	Neues Hypothekenbuch, III Personalfolien	1842-1865
LAS 355.33, 5	SchuPfPr, Nebenbuch	1861-1873

Kirchspiel Behlendorf

LAS 412, 1218	Volkszählungslisten	1864

Anker
- Sandfelde

LAS 355.33, 1	SchuPfPr	1861-1899
LAS 355.45, 1295	SchuPfPr, Band I	1860-1899
LAS 232, 279	Beilagen zum Hypothekenbuch	1836-1860
LAS 232, 860	Verkoppelung	1778-1781
LAS 232, 861	Versetzung des Hufners Brandt von Marienwohlde nach Anker	1781-1788
LAS 232, 990	Ablösung der Burgfest-Handdienste	1794-1870
LAS 232, 967	Anbau des Einwohners Johann Detlev Klinkrad auf der Gemeinweide	1836-1865
LAS 232, 997	Schutz- und Dienstgeld sowie die persönlichen Leistungen der Häuslinge	1849-1857
LAS 232, 924	Höfe	1871-1872
LAS 355.33, 725	Höfeakte, Häuslingssachen	o. J.
LAS 355.33, 425-4941	Höfeakten	o. J.

Hierzu bitte Findbuch Abt. 355.33, Seite 65-78 heranziehen!

LAS 309 Geb. St. Hzt. Lauenburg, Nr. 6	Gebäudesteuer	1877-1878
LAS 309 Flur (21), 2	Flurbuch	1877
LAS 402 A 5 Ratzeburg, 4.1	Karte	1759
LAS 402 A 5 Ratzeburg, 4.2	Karte	1779
LAS 402 A 5 Ratzeburg, 4.3	Karte	1781
LAS 324 Ratzeburg, 456	Feldplan der Gemarkung	1934
KAR 2, 45	*Verpachtung des Vorwerks*	*1690-1759*
KAR 2, 48	*Inventar des Vorwerks*	*1690-1780*
KAR 2, 690	*Hofdienste des Vorwerks, Verzeichnis*	*1700-1780*
KAR 2, 51	*Ländereien*	*1738-1759*
KAR 2, 47	*Inventar des Vorwerks*	*1741-1755*

KAR 2, 46	*Verpachtung des Vorwerks*	*1767-1788*
KAR 6, 40	*Verkoppelung*	*1778-1798*
KAR 6, 91	*Versetzung des Vollhufners Brand von Marienwohlde*	*1782-1788*
KAR 6, 59	*Niederlegung des Vorwerks Anker*	*1784-1788*
KAR 6, 83	*Verpachtung und Verkoppelung der Vorwerkspertinenzien*	*1786-1788*
KAR 6, 67	*Abstellung der Naturalhofdienste*	*1787-1794*

Kirchspiel Groß Berkenthin

LAS 412, 1219	Volkszählungslisten	1864

Groß Berkenthin
- Kirchenkate

LAS 355.45, 1295	SchuPfPr, Band I	1860-1899
LAS 355.45, 62	Obligationen	1828-1873
LAS 355.45, 61	Häuslingssachen	1696-1859
LAS 211, 159	Der Hof der Marie Agnes Knebels	1697-1698
LAS 232, 862	Verkoppelung	1775-1846
LAS 232, 991	Ablösung der Burgfest-Spann- und -Handdienste	1797-1870
LAS 66, 11007	Zugeldesetzung der Burgfest-Handdienste der dazu pflichtigen Eingesessenen	1817-1848
LAS 210, 4907-4913	Akten zu einzelnen Bauernstellen	1818-1872

Hierzu bitte gedrucktes Findbuch Abt. 210, Seite 251 heranziehen!

LAS 232, 1482	Unterstützung von Eingesessenen	1870-1874
LAS 232, 927	Höfe	1871-1872
LAS 355.45, 1453	Namensregister der Höfeakten	o. J.
LAS 355.45, 30-60	Höfeakten	18.-19. Jh.

Hierzu bitte Findbuch Abt. 355.45, Seite 71-75 heranziehen!

LAS 309 Flur (21), 47	Flurbuch	1877
LAS 309 Geb. St. Hzt. Lauenburg, Nr. 44	Gebäudesteuer	1877-1878
LAS 324 Ratzeburg, 8	Gebäudebücher	1910 ff.
LAS 324 Ratzeburg, 151	Gebäudebestandsblätter	1950 ff.
LAS 402 A 5 Ratzeburg, 39.1	Karte	1774
LAS 402 A 5 Ratzeburg, 39.2	Karte	1779
LAS 324 Ratzeburg, 394	Feldplan der Gemarkung	1934

KAR 2, 686	*Peter Rönnpagensche Stelle*	*1753-1762*
KAR 6, 35	*Verkoppelung*	*1774-1791*
KAR 6, 39	*Verkoppelung*	*1774-1791*
KAR 2, 699	*Aufhebung der Naturalhofdienste*	*1785-1794*
KAR 2, 697	*Aufhebung der Naturalhofdienste*	*1789-1792*
KAR 6, 69	*Abstellung der Naturalhofdienste*	*1789-1793*

Kählstorf

LAS 355.33, 2	SchuPfPr, Band VIII	1861-1899
LAS 355.45, 1309	SchuPfPr, Band XIX, Band 1	1860-1899
LAS 355.45, 1310	SchuPfPr, Band XIX, Band 2	1890-1899
LAS 355.45, 418	Obligationen	1857

LAS 355.45, 402	Ehestiftungen und Hausbriefe	1634-1719
LAS 232, 885	Verkoppelung	1759-1802
LAS 232, 994	Ablösung der Burgfest-Handdienste	1797-1870
LAS 66, 11007	Zugeldesetzung der Burgfest-Handdienste der dazu pflichtigen Eingesessenen	1817-1848
LAS 232, 982	Dorfkaten	1846-1854
LAS 210, 4996-4997	Akten zu einzelnen Bauernstellen	1854-1864

Hierzu bitte gedrucktes Findbuch Abt. 210, Seite 255 heranziehen!

LAS 232, 1492	Unterstützung von Eingesessenen	1866-1872
LAS 232, 944	Höfe	1871
LAS 355.45, 1453	Namensregister der Höfeakten	o. J.
LAS 355.45, 403-417	Höfeakten	18.-19. Jh.

Hierzu bitte Findbuch Abt. 355.45, Seite 120-122 heranziehen!

LAS 309 Flur (21), 78	Flurbuch	1877
LAS 309 Geb. St. Hzt. Lauenburg, Nr. 80	Gebäudesteuer	1877-1878

LAS 402 A 5 Ratzeburg, 18.1	Karte	1776
LAS 402 A 5 Ratzeburg, 18.2	Karte	1779
LAS 324 Ratzeburg, 420	Feldplan der Gemarkung	1934

KAR 6, 36	*Verkoppelung*	*1774-1789*
KAR 2, 706	*Aufhebung der Naturalhofdienste*	*1789-1792*
KAR, Kartensammlung, 441	*Flurkarte*	*1779*

Klempau

LAS 355.45, 1297	SchuPfPr, Band III	1860-1899
LAS 355.45, 1298	SchuPfPr, Band IIIa	1875-1899
LAS 355.45, 459	Obligationen	1836-1856

LAS 355.45, 434	Ehestiftungen und Hausbriefe	1645-1737
LAS 232, 887	Verkoppelung	1739-1847
LAS 355.45, 458	Häuslingssachen	1793-1840
LAS 232, 992	Ablösung der Burgfest-Handdienste	1794-1870
LAS 210, 5003-5008	Akten zu einzelnen Bauernstellen	1848-1871

Hierzu bitte gedrucktes Findbuch Abt. 210, Seite 256 heranziehen!

LAS 232, 946	Höfe	1871
LAS 355.45, 1453	Namensregister der Höfeakten	o. J.
LAS 355.45, 435-457	Höfeakten	18.-19. Jh.

Hierzu bitte Findbuch Abt. 355.45, Seite 125-127 heranziehen!

LAS 309 Flur (21), 92	Flurbuch	1877
LAS 309 Geb. St. Hzt. Lauenburg, Nr. 91	Gebäudesteuer	1877-1878
LAS 324 Ratzeburg, 72	Gebäudebücher	1910 ff.
LAS 324 Ratzeburg, 210	Gebäudebestandsblätter	1950 ff.

LAS 402 A 5 Ratzeburg, 23	Karte	1782
LAS 402 A 5 Ratzeburg, 22.1	Karte	1789
LAS 324 Ratzeburg, 436	Feldplan der Gemarkung	1934

Kirchspiel Groß Grönau

LAS 412, 1221	Volkszählungslisten	1864

Groß Grönau

- Auf der Grönauer Heide - Eulenbusch - Fünfhausen

LAS 355.45, 1302	SchuPfPr, Band VII	1860-1899
LAS 355.45, 1303	SchuPfPr, Band VIIa	1872-1899
LAS 355.45, 368	Obligationen	1820-1861

LAS 355.45, 295	Ehestiftungen und Hausbriefe	1680-1822
LAS 355.45, 367	Häuslingssachen	1779-1858
LAS 232, 880	Verkoppelung	1791-1798
LAS 232, 879	Verkoppelung	1794-1837
LAS 210, 4963-4995	Akten zu einzelnen Bauernstellen	1829-1872

Hierzu bitte gedrucktes Findbuch Abt. 210, Seite 254-255 heranziehen!

LAS 232, 881	Aufteilung der Schafweide	1833-1851
LAS 66, 11033	Einsendung und Rückgabe von Verkoppelungskarten	1841-1843
LAS 232, 981	Dorfkaten	1850-1872
LAS 232, 971	Anbau des Bahnwärters Göllner auf der Dorfgemeinheit	1850-1863

LAS 232, 972	Anbau des Arbeiters Joachim Hinrich Parbs auf der Dorfsgemeinheit	1853
LAS 232, 1490	Unterstützung von Eingesessenen	1866-1874
LAS 210, 4730	Freiweide	1868
LAS 232, 940	Höfe	1871
LAS 355.45, 1453	Namensregister der Höfeakten	o. J.
LAS 355.45, 296-366	Höfeakten	18.-19. Jh.

Hierzu bitte Findbuch Abt. 355.45, Seite 106-116 heranziehen!

LAS 309 Flur (21), 50	Flurbuch	1877
LAS 309 Geb. St. Hzt. Lauenburg, Nr. 46	Gebäudesteuer	1877-1878
LAS 324 Ratzeburg, 559	Gebäudebuch	1910-1972
LAS 324 Ratzeburg, 187	Gebäudebestandsblätter	1950 ff.

LAS 402 A 5 Ratzeburg, 13	Karte	1791
LAS 324 Ratzeburg, 397	Feldplan der Gemarkung	1934

KAR 6, 48	*Verkoppelung*	*1771-1803*
KAR 6, 56	*Verkoppelung*	*1771-1803*
KAR 6, 318	*Verkoppelung*	*1771-1803*

Groß Sarau

LAS 355.45, 1305	SchuPfPr, Band XII	1860-1899

LAS 232, 959	Höfe	1871
LAS 355.45, 658-670	Höfeakten	18.-19. Jh.

Hierzu bitte Findbuch Abt. 355.45, Seite 159-160 heranziehen!

LAS 309 Flur (21), 52	Flurbuch	1877
LAS 309 Geb. St. Hzt. Lauenburg, Nr. 49	Gebäudesteuer	1877-1878
LAS 324 Ratzeburg, 42	Gebäudebücher	1910 ff.
LAS 324 Ratzeburg, 189	Gebäudebestandsblätter	1950 ff.

LAS 324 Ratzeburg, 399	Feldplan der Gemarkung	1934

Klein Sarau
- Viehkamp

LAS 355.45, 1305	SchuPfPr, Band XII	1860-1899

LAS 355.45, 685	Alte Ehestiftungen und Hausbriefe	1695-1795
LAS 232, 902	Verkoppelung	1780-1854
LAS 355.45, 698	Häuslingssachen	1814-1861

LAS 210, 5049-5050	Akten zu einzelnen Bauernstellen	1840-1849

Hierzu bitte gedrucktes Findbuch Abt. 210, Seite 258 heranziehen!

LAS 232, 903	Aufhebung der Schafs- und Schweineweide auf der Gemeinheit	1853-1865
LAS 232, 1499	Unterstützung von Eingesessenen	1871-1873
LAS 232, 960	Höfe	1871
LAS 355.45, 686-697	Höfeakten	18.-19. Jh.

Hierzu bitte Findbuch Abt. 355.45, Seite 162-163 heranziehen!

LAS 309 Geb. St. Hzt. Lauenburg, Nr. 141	Gebäudesteuer	1877-1878
LAS 324 Ratzeburg, 70	Gebäudebücher	1910 ff.
LAS 324 Ratzeburg, 209	Gebäudebestandsblätter	1950 ff.
LAS 402 A 5 Ratzeburg, 21.1	Karte	1782
LAS 402 A 5 Ratzeburg, 21.2	Karte	1789
LAS 324 Ratzeburg, 433	Feldplan der Gemarkung	1934
KAR 6, 43	*Verkoppelung*	*1780-1805*
KAR 6, 316	*Verkoppelung*	*1780-1805*
KAR 9, 122	*Freiweide*	*1875*

Kirchspiel Gudow

LAS 412, 1222	Volkszählungslisten	1864

Lehmrade

- Drüsen

LAS 355.33, 4	SchuPfPr, Band X	1861-1899
LAS 232, 290	Beilagen zum Hypothekenbuch	1851-1861
LAS 355.33, 706	Alte Hausbriefe und Ehestiftungen	1687-1836
LAS 232, 893	Verkoppelung	1774-1844
LAS 66, 11008	Abhandlung der Hofdienste	1824-1842
LAS 66, 11029	Aufteilung verschiedener Gemeinheits-pertinenzien in der Feldmark	1838-1842
LAS 80, 4144	Ablösung der Naturalwochendienste	1852
LAS 232, 1496	Unterstützung von Eingesessenen	1871-1874
LAS 232, 951	Höfe	1871-1872
LAS 355.33, 393	Erbhöfeakten mit Sammelakten	o. J.
LAS 355.33, 737	Höfeakten, Häuslingssachen	o. J.
LAS 355.33, 689-705	Höfeakten	o. J.

Hierzu bitte Findbuch Abt. 355.33, Seite 114-117 heranziehen!

LAS 309 Flur (21), 116	Flurbuch	1877
LAS 309 Geb. St. Hzt. Lauenburg, Nr. 112	Gebäudesteuer	1877-1878
LAS 324 Ratzeburg, 92	Gebäudebücher	1910 ff.
LAS 324 Ratzeburg, 230	Gebäudebestandsblätter	1950 ff.
LAS 239.6, 16	Nachlass des Tagelöhners Johann Franck	1850
LAS 402 A 5 Ratzeburg, 26	Karte	1783
LAS 324 Ratzeburg, 327	Feldplan der Gemarkung	1934
KAR 6, 37	*Verkoppelung*	*1774-1797*
KAR 6, 110	*Verkoppelung*	*1774-1797*
KAR 6, 314	*Verkoppelung*	*1774-1797*
KAR 2, 702	*Aufhebung der Naturalwochendienste*	*1784-1852*
KAR 6, 64	*Abstellung der Naturalhofdienste*	*1784-1797*

Kirchspiel Krummesse

LAS 412, 1223	Volkszählungslisten	1864

Klempau (Vorwerk)

LAS 65.3, 286	Gut Klempau	1692
LAS 65.3, 261	Gut Klempau	1706
LAS 66, 11046	Vorwerk Klempau	1780-1847
LAS 309 Flur (21), 93	Flurbuch	1877
LAS 309 Geb. St. Hzt. Lauenburg, Nr. 90	Gebäudesteuer	1877-1878
LAS 402 A 5 Ratzeburg, 22.2	Karte	1789
LAS 402 A 5 Ratzeburg, 23	Karte	1782
LAS 324 Ratzeburg, 437	Feldplan der Gemarkung	1934
KAR 2, 76	*Inventar des Vorwerks*	*1690-1864*
KAR 2, 69	*Verpachtung des Vorwerks*	*1690-1766*
KAR 2, 691	*Hofdienste des Vorwerks, Verzeichnis*	*1692-1785*
KAR 2, 77	*Ländereien des Vorwerks und deren Vermessung*	*1707-1789*
KAR 2, 70	*Verpachtung des Vorwerks*	*1772-1790*
KAR 6, 43	*Verkoppelung*	*1780-1805*
KAR 6, 316	*Verkoppelung*	*1780-1805*
KAR 2, 71	*Verpachtung des Vorwerks*	*1786-1815*
KAR 6, 86	*Verpachtung des Vorwerks nach Wegfall der Naturalhofdienste*	*1788-1790*

KAR 2, 72	*Verpachtung des Vorwerks*	*1815-1825*
KAR 2, 73	*Verpachtung des Vorwerks*	*1832-1854*
KAR 2, 74	*Verpachtung des Vorwerks*	*1842-1864*
KAR 2, 191	*Hoftagelöhner*	*1862-1866*
KAR 2, 188	*Verpachtung des Vorwerks*	*1862-1864*
KAR 2, 189	*Verpachtung des Vorwerks*	*1864-1872*
KAR 2, 190	*Inventar des Vorwerks*	*1864-1871*

Krummesse

LAS 355.45, 1297	SchuPfPr, Band III	1860-1899
LAS 355.45, 1298	SchuPfPr, Band IIIa	1875-1899
LAS 355.45, 504	Obligationen	1829-1861

LAS 355.45, 460	Ehestiftungen und Hausbriefe	1617-1722
LAS 232, 890	Verkoppelung	1779-1816
LAS 355.45, 503	Häuslingssachen	1796
LAS 210, 5009-5017	Akten zu einzelnen Bauernstellen	1824-1869

Hierzu bitte gedrucktes Findbuch Abt. 210, Seite 256-257 heranziehen!

LAS 210, 4729	Freiweide	1868
LAS 232, 1495	Unterstützung von Eingesessenen	1869-1871
LAS 232, 948	Höfe	1871-1872
LAS 355.45, 1453	Namensregister der Höfeakten	o. J.
LAS 355.45, 461-502	Höfeakten	18.-19. Jh.

Hierzu bitte Findbuch Abt. 355.45, Seite 128-133 heranziehen!

LAS 309 Flur (21), 103	Flurbuch	1877
LAS 309 Geb. St. Hzt. Lauenburg, Nr. 99	Gebäudesteuer	1877-1878

LAS 402 A 5 Ratzeburg, 25.1	Karte	1784
LAS 402 A 5 Ratzeburg, 25.2	Karte	1790

KAR 2, 684	*Wüster Hof Schünemann*	*1696-1698*
KAR 6, 43	*Verkoppelung*	*1780-1805*
KAR 6, 316	*Verkoppelung*	*1780-1805*

KAR, Kartensammlung, 604	*Liegenschaften der Verkoppelungs-interessentschaft*	*1905*
KAR, Kartensammlung, 605	*Handzeichnung der Freiweiden*	*1905*

Kirchspiel Mustin

LAS 412, 1224	Volkszählungslisten	1864

Kittlitz
- Rosenhagen

LAS 355.33, 3	SchuPfPr, Band IX	1861-1899
LAS 355.45, 1309	SchuPfPr, Band XIX, Band 1	1860-1899
LAS 355.45, 1310	SchuPfPr, Band XIX, Band 2	1890-1899
LAS 355.45, 433	Obligationen	1823-1861
LAS 355.45, 419	Ehestiftungen und Hausbriefe	1625-1743
LAS 232, 886	Verkoppelung	1779-1848
LAS 355.45, 432	Häuslingssachen	1784-1864
LAS 210, 4998-5002	Akten zu einzelnen Bauernstellen	1854-1872

Hierzu bitte gedrucktes Findbuch Abt. 210, Seite 256 heranziehen!

LAS 232, 1493	Unterstützung von Eingesessenen	1867-1874
LAS 210, 4731	Freiweide	1868
LAS 232, 945	Höfe	1871-1872
LAS 355.45, 1453	Namensregister der Höfeakten	o. J.
LAS 355.45, 420-431	Höfeakten	18.-19. Jh.

Hierzu bitte Findbuch Abt. 355.45, Seite 123-124 heranziehen!

LAS 309 Flur (21), 83	Flurbuch	1877
LAS 309 Geb. St. Hzt. Lauenburg, Nr. 82	Gebäudesteuer	1877-1878
LAS 324 Ratzeburg, 66	Gebäudebücher	1910 ff.
LAS 324 Ratzeburg, 206	Gebäudebestandsblätter	1950 ff.
LAS 402 A 5 Ratzeburg, 32	Karte	1785
KAR 2, 704	*Aufhebung der Naturalhofdienste*	*1777-1797*
KAR 6, 61	*Abstellung der Naturalhofdienste*	*1777-1797*
KAR 6, 41	*Verkoppelung*	*1779-1795*
KAR 6, 46	*Verkoppelung*	*1779-1795*
KAR 6, 315	*Verkoppelung*	*1779-1795*
KAR 6, 92	*Versetzung eines Katens von Mustin*	*1786-1790*

Kittlitzer Hof (Vorwerk)

LAS 66, 11050	Vorwerk Kittlitz	1818-1843
LAS 309 Flur (21), 84	Flurbuch	1877

LAS 309 Geb. St. Hzt. Lauenburg, Nr.		
81	Gebäudesteuer [Gutsbezirk]	1877-1878
LAS 324 Ratzeburg, 67	Gebäudebücher	1910 ff.
LAS 402 A 5 Ratzeburg, 64	Karte eines Teils des Vorwerks	1836
LAS 324 Ratzeburg, 429	Feldplan der Gemarkung	1935
KAR 2, 108	*Verpachtung des Vorwerks*	*1665-1754*
KAR 2, 115	*Inventarien des Vorwerks*	*1698-1863*
KAR 2, 694	*Hofdienste des Vorwerks, Verzeichnis*	*1708-1786*
KAR 2, 117	*Ländereien des Vorwerks und deren Melioration*	*1709-1862*
KAR 2, 109	*Verpachtung des Vorwerks*	*1754-1783*
KAR 6, 80	*Verpachtung*	*1781-1791*
KAR 6, 58	*Untersuchung zur Niederlegung*	*1782-1790*
KAR 2, 110	*Verpachtung des Vorwerks*	*1784-1808*
KAR 2, 148	*Vieh-, Feld-, Garten- und Gebäudeinventare*	*1785-1786*
KAR 2, 119	*Niederlegung des Vorwerks, Verkoppelungsmaßnahmen*	*1786-1788*
KAR 2, 111	*Verpachtung des Vorwerks*	*1814-1821*
KAR 2, 122	*Verpachtung des Vorwerks*	*1821-1824*
KAR 2, 112	*Verpachtung des Vorwerks*	*1823-1826*
KAR 2, 113	*Verpachtung des Vorwerks*	*1826-1843*
KAR 2, 114	*Verpachtung des Vorwerks*	*1848-1852*
KAR 2, 201	*Dienstverhältnis der Hoftagelöhner*	*1854-1864*
KAR 2, 111	*Verpachtung des Vorwerks*	*1862-1872*

Mustin

LAS 355.45, 1304	SchuPfPr, Band XI	1860-1899
LAS 355.45, 551	Ehestiftungen und Hausbriefe	1626-1867
LAS 232, 895	Verkoppelung	1772-1787
LAS 232, 896	Verkoppelung	1787-1862
LAS 210, 5018-5036	Akten zu einzelnen Bauernstellen	1816-1871

Hierzu bitte gedrucktes Findbuch Abt. 210, Seite 257 heranziehen!

LAS 232, 975	Anbau des Chausseewärters Johann Heinrich Christian Kähler auf herrschaftlichem Boden	1843-1866
LAS 232, 1497	Unterstützung von Eingesessenen	1854-1873
LAS 232, 952	Höfe	1871
LAS 232, 1005	Erbenzinsstelle	1872
LAS 210, 5322	Erbenzinsgut des Carl Hinrich Frahm	1872

LAS 355.45, 1453	Namensregister der Höfeakten	o. J.
LAS 355.45, 552-598	Höfeakten	18.-19. Jh.

Hierzu bitte Findbuch Abt. 355.45, Seite 140-146 heranziehen!

LAS 309 Flur (21), 127	Flurbuch	1877
LAS 309 Geb. St. Hzt. Lauenburg, Nr. 120	Gebäudesteuer	1877-1878
LAS 324 Ratzeburg, 98	Gebäudebücher	1910 ff.
LAS 324 Ratzeburg, 244	Gebäudebestandsblätter	1950 ff.
LAS 402 A 5 Ratzeburg, 27.1	Karte	1780
LAS 402 A 5 Ratzeburg, 27.2	Karte	1790
LAS 324 Ratzeburg, 369	Feldplan der Gemarkung	1935
KAR 6, 26	*Verkoppelung*	*1772-1804*
KAR 6, 309	*Verkoppelung*	*1772-1804*
KAR 2, 704	*Aufhebung der Naturalhofdienste*	*1777-1797*
KAR 6, 61	*Abstellung der Naturalhofdienste*	*1777-1797*
KAR 6, 92	*Versetzung eines Katens nach Kittlitz*	*1786-1790*
KAR, Kartensammlung, 518	*Flurkarte von der Feldmark*	*1780*
KAR, Kartensammlung, 520	*Flurkarte von der Feldmark*	*1780*
KAR, Kartensammlung, 519	*Flurkarte*	*1790*
KAR, Kartensammlung, 521	*Flurkarte*	*1790*
KAR, Kartensammlung, 662	*Flurkarte*	*1790*

Mustiner Hof (Vorwerk)

LAS 211, 133	Vorwerk Mustin	1765
LAS 66, 11049	Vorwerk Mustin	1817-1843
LAS 80, 4109	Gesuch des Anbauers W. Wicht um Landüberlassung vom Vorwerk	1854-1855
LAS 309 Flur (21), 128	Flurbuch	1877
LAS 309 Geb. St. Hzt. Lauenburg, 119	Gebäudesteuer [Gutsbezirk]	1877-1878
LAS 402 A 5 Ratzeburg, 36	Karte	1770
LAS 324 Ratzeburg, 370	Feldplan der Gemarkung	1935
KAR 2, 138	*Verpachtung des Vorwerks*	*1643-1761*
KAR 2, 696	*Hofdienste des Vorwerks, Verzeichnis*	*1665-1767*
KAR 2, 151	*Inventarien des Vorwerks*	*1667-1756*
KAR 2, 139	*Verpachtung des Vorwerks*	*1769-1784*
KAR 2, 146	*Vermessung des Vorwerks*	*1770-1834*
KAR 6, 78	*Verpachtung*	*1775-1794*

KAR 2, 140	*Verpachtung des Vorwerks*	*1784-1809*
KAR 2, 148	*Vieh-, Feld-, Garten- und Gebäude-inventare*	*1785-1786*
KAR 2, 205	*Verpachtung des Vorwerks*	*1859-1862*
KAR 2, 207	*Inventar und Gebäude des Vorwerks*	*1860-1871*
KAR 2, 1408	*Inventar und Gebäude des Vorwerks*	*1882*
KAR 2, 1402	*Inventar und Gebäude des Vorwerks*	*1882*
KAR, Kartensammlung, 484	*Verkoppelungskarte*	*1793*
KAR, Kartensammlung, 485	*Flurkarte*	*1832*

Kirchspiel Nusse

LAS 412, 1225	Volkszählungslisten	1864

Bergrade

LAS 355.33, 1	SchuPfPr	1861-1899
LAS 355.45, 1296	SchuPfPr, Band II	1860-1899
LAS 232, 281	Beilagen zum Hypothekenbuch	1853-1859
LAS 232, 926	Höfe	1871
LAS 355.33, 727	Höfeakte, Häuslingssachen	o. J.
LAS 355.33, 456-470	Höfeakten	o. J.

Hierzu bitte Findbuch Abt. 355.33, Seite 7-73 heranziehen!

LAS 309 Flur (21), 10	Flurbuch	1877
LAS 309 Geb. St. Hzt. Lauenburg, Nr. 13	Gebäudesteuer	1877-1878
LAS 324 Ratzeburg, 7	Gebäudebücher	1910 ff.
LAS 402 A 5 Ratzeburg, 5	Karte	1772
KAR 6, 27	*Verkoppelung*	*1772-1785*
KAR 6, 62	*Abstellung der Naturalhofdienste*	*1778-1788*

Kühsen
- Auf der Hude

LAS 232, 288	Beilagen zum Hypothekenbuch	1825-1861
LAS 355.33, 664	Alte Hausbriefe und Ehestiftungen	1635-1725
LAS 232, 891	Verkoppelung	1765-1849
LAS 66, 11005	Beschreibung der von den Amtsuntertanen alljährlich zu leistenden Spann- und Handdienste	1819

LAS 66, 11009	Ablösung der Hofdienste	1824-1843
LAS 232, 973	Anbau des Tischlers Johann Jochim Harten	1837-1862
LAS 232, 998	Ablösung der Natural-, Hof- und extraordinären Dienste	1862-1864
LAS 232, 949	Höfe	1871-1872
LAS 355.33, 735	Höfeakten, Häuslingssachen	o. J.
LAS 355.33, 390	Erbhöfeakten mit Sammelakten	o. J.
LAS 355.33, 637-663	Höfeakten	o. J.

Hierzu bitte Findbuch Abt. 355.33, Seite 105-109 heranziehen!

LAS 309 Flur (21), 106	Flurbuch	1877
LAS 309 Geb. St. Hzt. Lauenburg, Nr. 105	Gebäudesteuer	1877-1878
LAS 324 Ratzeburg, 83	Gebäudebücher	1910 ff.
LAS 324 Ratzeburg, 331	Gebäudebuch, Karteikarten	1910 ff.
LAS 324 Ratzeburg, 219	Gebäudebestandsblätter	1950 ff.
LAS 402 A 5 Ratzeburg, 24	Karte	1774
LAS 324 Ratzeburg, 449	Feldplan der Gemarkung	1934-1935
KAR 6, 30	*Verkoppelung*	*1772-1792*
KAR 6, 311	*Verkoppelung*	*1772-1792*
KAR 2, 707	*Aufhebung der Naturalhofdienste*	*1778-1853*
KAR 6, 63	*Abstellung der Naturalhofdienste*	*1783-1797*

Kirchspiel Sankt Georgsberg

LAS 412, 1226	Volkszählungslisten	1864

Buchholz

LAS 355.45, 1296	SchuPfPr, Band II	1860-1899
LAS 355.45, 145	Obligationen	1823-1853
LAS 355.45, 116	Alte Ehestiftungen und Hausbriefe	1698-1748
LAS 232, 873	Verkoppelung	1780-1832
LAS 355.45, 144	Häuslingssachen	1805-1864
LAS 210, 4919-4926	Akten zu einzelnen Bauernstellen	1855-1872

Hierzu bitte gedrucktes Findbuch Abt. 210, Seite 251-252 heranziehen!

LAS 232, 970	Anbau des Webers Schwarz auf der Freiweide	1862
LAS 232, 1486	Unterstützung von Eingesessenen	1868
LAS 232, 932	Höfe	1871-1872

LAS 355.45, 1453	Namensregister der Höfeakten	o. J.
LAS 355.45, 117-143	Höfeakten	18.-19. Jh.

Hierzu bitte Findbuch Abt. 355.45, Seite 83-86 heranziehen!

LAS 309 Flur (21), 22	Flurbuch	1877
LAS 309 Geb. St. Hzt. Lauenburg, Nr. 25	Gebäudesteuer	1877-1878
LAS 324 Ratzeburg, 18	Gebäudebücher	1910 ff.
LAS 324 Ratzeburg, 160	Gebäudebestandsblätter	1950 ff.
LAS 402 A 5 Ratzeburg, 9	Karte	1797
LAS 324 Ratzeburg, 475	Feldplan der Gemarkung	1934
KAR 6, 44	*Verkoppelung und Dienstabstellung*	*1780-1796*
KAR 6,317	*Verkoppelung und Dienstabstellung*	*1780-1796*

Einhaus

LAS 355.45, 1300	SchuPfPr, Band V	1860-1899
LAS 355.45, 225	Obligationen	1825-1860
LAS 232, 876	Verkoppelung	1787-1842
LAS 355.45, 224	Häuslingssachen	1790-1866
LAS 210, 4943-4948	Akten zu einzelnen Bauernstellen	1854-1865

Hierzu bitte gedrucktes Findbuch Abt. 210, Seite 253 heranziehen!

LAS 232, 937	Höfe	1871
LAS 355.45, 1453	Namensregister der Höfeakten	o. J.
LAS 355.45, 207-223	Höfeakten	18.-19. Jh.

Hierzu bitte Findbuch Abt. 355.45, Seite 95-97 heranziehen!

LAS 309 Flur (21), 31	Flurbuch	1877
LAS 309 Geb. St. Hzt. Lauenburg, Nr. 36	Gebäudesteuer	1877-1878
LAS 324 Ratzeburg, 27	Gebäudebücher	1910 ff.
LAS 324 Ratzeburg, 169	Gebäudebestandsblätter	1950 ff.
LAS 402 A 5 Ratzeburg, 12	Karte	1788
LAS 402 A 5 Ratzeburg, 11	Karte	1791
LAS 324 Ratzeburg, 377	Feldplan der Gemarkung	1934
KAR 6, 53	*Verkoppelung*	*1790-1795*
KAR 6, 323	*Verkoppelung*	*1790-1795*

Fredeburg

LAS 66, 11052	Vorwerk Fredeburg	1819-1848
LAS 309 Flur (21), 69	Flurbuch	1877
LAS 324 Ratzeburg, 33	Gebäudebücher	1910 ff.
LAS 324 Ratzeburg, 173	Gebäudebestandsblätter	1950 ff.
LAS 402 A 5 Ratzeburg, 34.1	Karte	1789
LAS 402 A 5 Ratzeburg, 34.2	Karte	1791
LAS 324 Ratzeburg, 384	Feldplan der Gemarkung	1934
KAR 2, 84	*Verpachtung des Vorwerks*	*1689-1748*
KAR 2, 692	*Hofdienste des Vorwerks, Verzeichnis*	*1691-1788*
KAR 2, 91	*Ländereien und Weideberechtigung des Vorwerks Fredeburg-Farchau*	*1698-1830*
KAR 2, 166	*Verpachtung des Vorwerks*	*1710-1827*
KAR 2, 163	*Inventarien des Vorwerks*	*1747-1802*
KAR 2, 85	*Verpachtung des Vorwerks*	*1754*
KAR 2, 86	*Verpachtung des Vorwerks*	*1755-1787*
KAR 6, 87	*Verlängerung des Pachtvertrages*	*1789-1792*
KAR 6, 90	*Verpachtung des Vorwerks*	*1792-1795*
KAR 2, 167	*Verpachtung des Vorwerks*	*1818-1841*
KAR 2, 87	*Verpachtung des Vorwerks*	*1818-1826*
KAR 2, 88	*Verpachtung des Vorwerks*	*1829-1835*
KAR 2, 90	*Verpachtung des Vorwerks*	*1836-1850*
KAR 2, 89	*Verpachtung des Vorwerks*	*1850-1862*
KAR 2, 192	*Verpachtung des Vorwerks*	*1858-1873*
KAR, Kartensammlung, 315	*Karte der Feldmark*	*o. J.*
KAR, Kartensammlung, 487	*Grundriss des Vorwerkes Farchau*	*1748*
KAR, Kartensammlung, 423	*Grundriss des Vorwerkes Fredeburg*	*1748*
KAR, Kartensammlung, 327	*Karte der Gemarkung*	*1898-1901*
KAR, Kartensammlung, 320	*Karte der Gemarkung*	*1898-1901*

Gretenberge

LAS 355.33, 1	SchuPfPr	1861-1899
LAS 355.45, 1300	SchuPfPr, Band V	1860-1899
LAS 232, 878	Verkoppelung	1781-1861
LAS 232, 995	Ablösung der Burgfest-Handdienste	1798-1870
LAS 66, 11007	Zugeldesetzung der Burgfest-Handdienste der dazu pflichtigen Eingesessenen	1817-1848
LAS 232, 939	Höfe	1871
LAS 355.33, 732	Höfeakten, Häuslingssachen	o. J.

LAS 355.33, 557-563	Höfeakten	o. J.

Hierzu bitte Findbuch Abt. 355.33, Seite 89-90 heranziehen!

LAS 309 Flur (21), 45	Flurbuch	1877
LAS 309 Geb. St. Hzt. Lauenburg, Nr. 42	Gebäudesteuer	1877-1878
LAS 324 Ratzeburg, 392	Feldplan der Gemarkung	1934
KAR 6, 40	*Verkoppelung*	*1778-1798*
KAR 6, 327	*Verkoppelung*	*1785-1792*
KAR 2, 697	*Aufhebung der Naturalhofdienste*	*1789-1792*
KAR 2, 705	*Aufhebung der Naturalhofdienste*	*1791-1795*
KAR 6, 73	*Abstellung der Naturalhofdienste*	*1792*
KAR, Kartensammlung, 447	*Flurkarte*	*1780*
KAR, Kartensammlung, 481	*Flurkarte*	*1782*

Groß Disnack

- Auf dem Klosterberg
- Bartelsbusch

LAS 355.45, 1299	SchuPfPr, Band IV	1860-1899
LAS 355.45, 1300	SchuPfPr, Band V	1860-1899
LAS 355.45, 196	Obligationen	1821-1861
LAS 355.45, 195	Häuslingssachen	1778-1821
LAS 232, 875	Verkoppelung	1790-1792
LAS 210, 4935-4937	Akten zu einzelnen Bauernstellen	1851-1868

Hierzu bitte gedrucktes Findbuch Abt. 210, Seite 252 heranziehen!

LAS 232, 934	Höfe	1871
LAS 355.45, 1453	Namensregister der Höfeakten	o. J.
LAS 355.45, 186-194	Höfeakten	18.-19. Jh.

Hierzu bitte Findbuch Abt. 355.45, Seite 92-93 heranziehen!

LAS 309 Flur (21), 49	Flurbuch	1877
LAS 309 Geb. St. Hzt. Lauenburg, Nr. 45	Gebäudesteuer	1877-1878
LAS 309 Flur (21), 4	Flurbuch [Bartelsbusch]	1877
LAS 309 Geb. St. Hzt. Lauenburg, Nr. 7	Gebäudesteuer [Bartelsbusch]	1877-1878
LAS 324 Ratzeburg, 335	Gebäudebücher	1910 ff.
LAS 324 Ratzeburg, 335	Gebäudebuch, Karteikarten	1910 ff.
LAS 324 Ratzeburg, 339	Gebäudebücher [Bartelsbusch]	1910 ff.
LAS 324 Ratzeburg, 339	Gebäudesteuerrolle [Bartelsbusch]	1910 ff.
LAS 324 Ratzeburg, 186	Gebäudebestandsblätter	1950 ff.

LAS 402 A 5 Ratzeburg, 12	Karte	1788
LAS 402 A 5 Ratzeburg, 40	Karte	1791
LAS 324 Ratzeburg, 396	Feldplan der Gemarkung	1934
LAS 324 Ratzeburg, 458	Feldplan der Gemarkung [Bartelsbusch]	1934
KAR 6, 50	*Verkoppelung*	*1787-1796*
KAR 6, 320	*Verkoppelung*	*1787-1796*
KAR, Kartensammlung, 443	*Grundbesitzkarte [Bartelsbusch]*	*1882-1884*
KAR, Kartensammlung, 331	*Grundbesitzkarte [Bartelsbusch]*	*1898-1901*
KAR, Kartensammlung, 332	*Grundbesitzkarte [Bartelsbusch]*	*1898-1900*
KAR, Kartensammlung, 333	*Grundbesitzkarte [Bartelsbusch]*	*1898-1901*

Holstendorf

LAS 355.45, 1301	SchuPfPr, Band VI	1860-1899
LAS 355.45, 387	Obligationen	1844-1856
LAS 355.45, 379	Alte Ehestiftungen	1679-1719
LAS 232, 884	Verkoppelung	1790-1848
LAS 355.45, 386	Häuslingssachen	1811-1857
LAS 232, 942	Höfe	1871
LAS 355.45, 1453	Namensregister der Höfeakten	o. J.
LAS 355.45, 380-385	Höfeakten	18.-19. Jh.

Hierzu bitte Findbuch Abt. 355.45, Seite 117-118 heranziehen!

LAS 309 Flur (21), 73	Flurbuch	1877
LAS 309 Geb. St. Hzt. Lauenburg, Nr. 71	Gebäudesteuer	1877-1878
LAS 324 Ratzeburg, 58	Gebäudebücher	1910 ff.
LAS 402 A 5 Ratzeburg, 16	Karte	1787
LAS 402 A 5 Ratzeburg, 15	Karte	1791
LAS 324 Ratzeburg, 415	Feldplan der Gemarkung	1934
KAR 6, 55	*Verkoppelung und Dienstabstellung*	*1791*
KAR 6, 324	*Verkoppelung und Dienstabstellung*	*1791*

Klein Disnack

LAS 355.45, 206	Obligationen	1822-1852
LAS 355.45, 205	Häuslingssachen	1820-1860
LAS 210, 4938-4942	Akten zu einzelnen Bauernstellen	1850-1862

Hierzu bitte gedrucktes Findbuch Abt. 210, Seite 252-253 heranziehen!

LAS 232, 935	Höfe	1871
LAS 232, 1488	Unterstützung von Eingesessenen	1873
LAS 355.45, 1453	Namensregister der Höfeakten	o. J.
LAS 355.45, 197-204	Höfeakten	18.-19. Jh.

Hierzu bitte Findbuch Abt. 355.45, Seite 93-94 heranziehen!

LAS 309 Geb. St. Hzt. Lauenburg, 85	Gebäudesteuer	1877-1878
LAS 324 Ratzeburg, 68	Gebäudebücher	1910 ff.
LAS 324 Ratzeburg, 207	Gebäudebestandsblätter	1950 ff.
LAS 402 A 5 Ratzeburg, 12	Karte	1788
LAS 402 A 5 Ratzeburg, 20	Karte	1793
LAS 324 Ratzeburg, 431	Feldplan der Gemarkung	1934
KAR 2, 882	*Verkoppelung der Feldmark*	*1790-1802*
KAR 6, 52	*Verkoppelung*	*1790-1795*
KAR 6, 322	*Verkoppelung*	*1790-1795*

Lankau

- Neu-Lankau
- Weißenberg

LAS 355.33, 4	SchuPfPr, Band X	1861-1899
LAS 232, 289	Beilagen zum Hypothekenbuch	1824-1860
LAS 355.33, 688	Alte Hausbriefe und Ehestiftungen	1697-1728
LAS 232, 892	Verkoppelung	1778-1869
LAS 232, 993	Ablösung der Burgfest-Handdienste	1795-1870
LAS 66, 11007	Zugeldesetzung der Burgfest-Handdienste der dazu pflichtigen Eingesessenen	1817-1848
LAS 232, 974	Anbau des Webers Jochen Hinrich Wieghorst auf der Freiweide	1834-1837
LAS 232, 985	Dorfkaten	1859-1866
LAS 232, 950	Höfe	1871-1872
LAS 355.33, 736	Höfeakten, Häuslingssachen	o. J.
LAS 355.33, 392	Erbhöfeakten mit Sammelakten	o. J.
LAS 355.33, 665-687	Höfeakten	o. J.

Hierzu bitte Findbuch Abt. 355.33, Seite 110-114 heranziehen!

LAS 309 Flur (21), 111	Flurbuch	1877
LAS 309 Geb. St. Hzt. Lauenburg, Nr. 108	Gebäudesteuer	1877-1878
LAS 324 Ratzeburg, 87	Gebäudebücher	1910 ff.
LAS 324 Ratzeburg, 223	Gebäudebestandsblätter	1950 ff.
LAS 324 Ratzeburg, 453	Feldplan der Gemarkung	1934

KAR 2, 688	*Wüste Höfe*	*1709-1756*
KAR 6, 40	*Verkoppelung*	*1778-1798*
KAR 6, 326	*Verkoppelung*	*o. J.*
KAR 6, 109	*Verkoppelungsregister*	*1786*
KAR 6, 68	*Abstellung der Naturalhofdienste*	*1788-1794*
KAR, Kartensammlung, 516	*Flurkarte der Feldmark*	*1830*

Marienwohlde (Vorwerk)

LAS 232, 860	Verkoppelung	1778-1781
LAS 232, 861	Versetzung des Hufners Brandt nach Anker	1781-1788
LAS 232, 894	Verkoppelung	1782-1791
LAS 66, 11053	Vorwerk Marienwohlde	1808-1848
LAS 355.33, 738	Höfeakten, Häuslingssachen	o. J.
LAS 309 Flur (21), 121	Flurbuch	1877
LAS 309 Geb. St. Hzt. Lauenburg, 117	Gebäudesteuer	1877-1878
LAS 402 A 5 Ratzeburg, 35	Karte	1786
LAS 324 Ratzeburg, 362	Feldplan der Gemarkung	1934
KAR 2, 124	*Verpachtung des Vorwerks*	*1690-1755*
KAR 2, 695	*Hofdienste des Vorwerks, Verzeichnis*	*1694-1777*
KAR 2, 132	*Inventarien des Vorwerks*	*1699-1864*
KAR 2, 134	*Ländereien des Vorwerks, Vermessungsregister*	*1759-1827*
KAR 2, 125	*Verpachtung des Vorwerks*	*1760-1784*
KAR 6, 81	*Verkoppelung und Verpachtung*	*1782-1791*
KAR 6, 82	*Verkoppelung und Verpachtung*	*1782-1791*
KAR 6, 91	*Versetzung des Vollhufners Brand nach Anker*	*1782-1788*
KAR 2, 126	*Verpachtung des Vorwerks*	*1788-1812*
KAR 2, 127	*Verpachtung des Vorwerks*	*1824-1832*
KAR 2, 128	*Verpachtung des Vorwerks*	*1833-1844*
KAR 2, 129	*Verpachtung des Vorwerks*	*1844-1856*
KAR 2, 202	*Verpachtung des Vorwerks*	*1862-1872*
KAR 2, 1414	*Inventarien des Vorwerks*	*1864*
KAR 2, 1406	*Inventarien des Vorwerks*	*1864*
KAR 2, 204	*Grundstücke und ihre Veränderungen*	*1865*
KAR 2, 1403	*Inventarien des Vorwerks*	*1880*
KAR, Kartensammlung, 462	*Grundriss vom Vorwerk*	*1748*
KAR, Kartensammlung, 517	*Grundriss vom Vorwerk*	*1748*
KAR, Kartensammlung, 481	*Flurkarte*	*1782*

LHAS 4.11-6, 3300	*Pachtanschläge des Vorwerks; Angaben über Karten, Ackerland usw.*	*1723*

Neuvorwerk

LAS 232, 898	Verkoppelung	1791-1856
LAS 355.45, 600	Häuslingssachen	1803
LAS 66, 11047	Vorwerk Neuvorwerk	1816-1848
LAS 210, 5037	Anbauerstelle des Johann Jürgen Hinrich Meyer	1856
LAS 232, 954	Höfe	1871
LAS 355.45, 599	Höfeakten	18.-19. Jh.

LAS 309 Flur (21), 130	Flurbuch	1877
LAS 309 Geb. St. Hzt. Lauenburg, Nr. 124	Gebäudesteuer	1877-1878
LAS 324 Ratzeburg, 100	Gebäudebücher	1910 ff.

LAS 402 A 5, 371	Flurkarte mit Ländereien	1754
LAS 402 A 5 Ratzeburg, 37.1	Karte	1754
LAS 402 A 5 Ratzeburg, 37.2	Karte	1789
LAS 402 A 5, 372	Flurkarte mit Ländereien, den Parzellen des Amtes Ratzeburg und den Besitzungen der Georgsberger und Debelsberger Gemeinde	1791
LAS 324 Ratzeburg, 372	Feldplan der Gemarkung	1934

KAR 2, 692	*Hofdienste des Vorwerks, Verzeichnis*	*1691-1788*
KAR 2, 160	*Ländereien und Weiden des Vorwerks*	*1691-1823*
KAR 2, 153	*Verpachtung des Vorwerks*	*1692-1790*
KAR 2, 166	*Verpachtung des Vorwerks*	*1710-1827*
KAR 2, 163	*Inventarien des Vorwerks*	*1747-1802*
KAR 6, 87	*Verlängerung des Pachtvertrages*	*1789-1792*
KAR 6, 89	*Verpachtung*	*1791-1794*
KAR 2, 167	*Verpachtung des Vorwerks*	*1818-1841*
KAR 2, 154	*Verpachtung des Vorwerks*	*1821-1833*
KAR 2, 212	*Inventar und Gebäude des Vorwerks*	*1854-1876*
KAR 2, 211	*Grundstücksveränderungen des Vorwerks*	*1855-1857*
KAR 2, 1404	*Inventar und Gebäude des Vorwerks*	*1879*

KAR, Kartensammlung, 512	*Flurkarte*	*1754*
KAR, Kartensammlung, 541	*Verkoppelungskarte*	*1754*
KAR, Kartensammlung, 510	*Auszug aus der Duplatschen Karte*	*1769*
KAR, Kartensammlung, 542	*Verkoppelungskarte*	*1791*
KAR, Kartensammlung, 425	*Verkoppelungskarte*	*1853*
KAR, Kartensammlung, 323	*Karte der Gemarkung*	*1897*

KAR, Kartensammlung, 324	*Karte der Gemarkung*	*1897*
KAR, Kartensammlung, 320	*Karte der Gemarkung*	*1898-1901*
KAR, Kartensammlung, 328	*Karte der Gemarkung*	*1898-1901*

Pogeez

LAS 355.45, 1305	SchuPfPr, Band XII	1860-1899
LAS 232, 900	Verkoppelung	1790-1836
LAS 210, 5038-5040	Akten zu einzelnen Bauernstellen	1853-1869

Hierzu bitte gedrucktes Findbuch Abt. 210, Seite 258 heranziehen!

LAS 232, 955	Höfe	1871
LAS 355.45, 601-610	Höfeakten	18.-19. Jh.

Hierzu bitte Findbuch Abt. 355.45, Seite 146-148 heranziehen!

LAS 309 Flur (21), 137	Flurbuch	1877
LAS 309 Geb. St. Hzt. Lauenburg, Nr. 132	Gebäudesteuer	1877-1878
LAS 324 Ratzeburg, 107	Gebäudebücher	1910 ff.
LAS 324 Ratzeburg, 249	Gebäudebestandsblätter	1950 ff.
LAS 402 A 5 Ratzeburg, 16	Karte	1787
LAS 402 A 5 Ratzeburg, 29	Karte	1791
LAS 324 Ratzeburg, 487	Feldplan der Gemarkung	1934
KAR 6, 51	*Verkoppelung*	*1790-1796*
KAR 6, 321	*Verkoppelung*	*1790-1796*
KAR 9, 121	*Freiweide*	*1875*

Sankt Georgsberg

- Auf dem Damm
- Ravenskamp

LAS 355.45, 1301	SchuPfPr, Band VI	1860-1899
LAS 355.45, 1306	SchuPfPr, Band XIII	1860-1899
LAS 355.45, 1307	SchuPfPr, Band XIIIa	1876-1899
LAS 355.45, 268	Obligationen	1822-1861
LAS 355.45, 267	Häuslingssachen	1693-1860
LAS 232, 877	Verkoppelung	1789-1852
LAS 232, 907	Verkoppelung [Ravenskamp]	1790-1795
LAS 232, 980	Dorfkaten	1844-1860
LAS 210, 4949-4962	Akten zu einzelnen Bauernstellen	1844-1872

Hierzu bitte gedrucktes Findbuch Abt. 210, Seite 253-254 heranziehen!

LAS 232, 938	Höfe	1871
LAS 232, 957	Höfe [Ravenskamp]	1871
LAS 355.45, 1453	Namensregister der Höfeakten	o. J.
LAS 355.45, 228-266	Höfeakten	18.-19. Jh.

Hierzu bitte Findbuch Abt. 355.45, Seite 97-102 heranziehen!

LAS 355.45, 611-612	Höfeakten [Ravenskamp]	18.-19. Jh.

Hierzu bitte Findbuch Abt. 355.45, Seite 148 heranziehen!

LAS 210, 5041	Katenstelle des F. J. H. Jürs [Ravenskamp]	1870
LAS 309 Flur (21), 146	Flurbuch	1877
LAS 309 Geb. St. Hzt. Lauenburg, Nr. 159	Gebäudesteuer	1877-1878
LAS 324 Ratzeburg, 115	Gebäudebücher	1910 ff.
LAS 402 A 5 Ratzeburg, 38	Karte	1791
LAS 324 Ratzeburg, 498	Feldplan der Gemarkung	1934
KAR 6, 54	*Verkoppelung*	*1790-1796*
KAR 6, 94	*Versetzung der Kätner Jochen Bleuss und Johann Jöhrs von Debelsberg nach Ravenskamp*	*1790-1795*
KAR, Kartensammlung, 487	*Grundriss des Vorwerkes Debelsberg*	*1748*
KAR, Kartensammlung, 423	*Grundriss des Vorwerkes Debelsberg*	*1748*
KAR, Kartensammlung, 367	*Grundbesitz der Kätner Jürss und Koop*	*1900*

Schmilau

- Farchau
- Schmilauermoor

LAS 355.45, 1306	SchuPfPr, Band XIII	1860-1899
LAS 355.45, 1307	SchuPfPr, Band XIIIa	1876-1899
LAS 232, 904	Verkoppelung	1772-1869
LAS 232, 906	Aufteilung des Dingelsmoors, der Bahrenhorst und der Buckseeheide	1800-1854
LAS 66, 368	Verteilung gewisser Gemeinheits-Pertinenzien	1826-1833
LAS 232, 976	Anbau des Häuslings Christopher Harms auf der Wienke'schen Koppel	1830-1863
LAS 210, 5049-5068	Akten zu einzelnen Bauernstellen	1840-1872

Hierzu bitte gedrucktes Findbuch Abt. 210, Seite 258-259 heranziehen!

LAS 232, 1009	Erbenzinsverleihung der sog. Buchbarenhorst	1843-1853
LAS 80, 4085	Bestätigung des Erbzinsbriefes über die Katenstelle des Johann Heinrich Kronsforth	1853

LAS 210, 5331	Erbenzinsgrundstück des Johann Hinrich Kronsforth	1854-1866
LAS 232, 1489	Unterstützung von Eingesessenen [Farchau]	1867-1870
LAS 232, 1500	Unterstützung von Eingesessenen	1871-1874
LAS 232, 961	Höfe	1871
LAS 355.45, 1453	Namensregister der Höfeakten	o. J.
LAS 355.45, 716-760	Höfeakten	18.-19. Jh.

Hierzu bitte Findbuch Abt. 355.45, Seite 165-170 heranziehen!

LAS 309 Flur (21), 151	Flurbuch	1877
LAS 309 Geb. St. Hzt. Lauenburg, Nr. 144	Gebäudesteuer	1877-1878
LAS 324 Ratzeburg, 119	Gebäudebücher	1910 ff.
LAS 324 Ratzeburg, 263	Gebäudebestandsblätter	1950 ff.
LAS 402 A 5 Ratzeburg, 68	Plan von Farchau	1743
LAS 402 A 5 Ratzeburg, 31	Karte	o. J.
LAS 402 A 5 Ratzeburg, 60	Karte	1773
LAS 402 A 5 Ratzeburg, 31a	Karte	1785
LAS 324 Ratzeburg, 294	Feldplan der Gemarkung	1935

KAR 2, 84	*Verpachtung des Vorwerks Farchau*	*1689-1748*
KAR 2, 687	*Wüste Höfe*	*1706-1775*
KAR 2, 166	*Verpachtung des Vorwerks*	*1710-1827*
KAR 2, 163	*Inventarien des Vorwerks*	*1747-1802*
KAR 2, 85	*Verpachtung des Vorwerks Farchau*	*1754*
KAR 2, 86	*Verpachtung des Vorwerks Farchau*	*1755-1787*
KAR 6, 29	*Gemeinheitsteilung und Verkoppelung*	*1772-1806*
KAR 6, 45	*Gemeinheitsteilung und Verkoppelung*	*1772-1806*
KAR 6, 88	*Neue Einrichtung des Vorwerks Farchau*	*1789-1791*
KAR 6, 87	*Verlängerung des Pachtvertrages des Vorwerkes Farchau*	*1789-1792*
KAR 2, 708	*Aufhebung der Naturalhofdienste*	*1791-1792*
KAR 2, 167	*Verpachtung des Vorwerks*	*1818-1841*
KAR 2, 87	*Verpachtung des Vorwerks Farchau*	*1818-1826*
KAR 2, 88	*Verpachtung des Vorwerks Farchau*	*1829-1835*
KAR 2, 90	*Verpachtung des Vorwerks Farchau*	*1836-1850*
KAR 2, 89	*Verpachtung des Vorwerks Farchau*	*1850-1862*
KAR, Kartensammlung, 487	*Grundriss des Vorwerkes Farchau*	*1748*
KAR, Kartensammlung, 423	*Grundriss des Vorwerkes Farchau*	*1748*
KAR, Kartensammlung, 503	*Grundriss*	*1750*
KAR, Kartensammlung, 504	*Grundriss*	*1750*
KAR, Kartensammlung, 325	*Gemarkungskarte Königsmoor*	*o. J.*
KAR, Kartensammlung, 329	*Karte der Gemarkung*	*1901*

Kirchspiel Sterley

LAS 412, 1227	Volkszählungslisten	1864

Brunsmark

LAS 355.33, 1	SchuPfPr	1861-1899
LAS 355.45, 1296	SchuPfPr, Band II	1860-1899
LAS 232, 284	Beilagen zum Hypothekenbuch	1829-1861
LAS 355.33, 554	Alte Hausbriefe und Ehestiftungen	1687-1697
LAS 232, 872	Verkoppelung	1777-1824
LAS 66, 11008	Abhandlung der Hofdienste	1824-1842
LAS 80, 4144	Ablösung der Naturalwochendienste	1852
LAS 232, 1485	Unterstützung von Eingesessenen	1868
LAS 232, 931	Höfe	1871
LAS 355.33, 730	Höfeakten, Häuslingssachen	o. J.
LAS 355.33, 382	Erbhöfeakten mit Sammelakten	o. J.
LAS 355.33, 545-544	Höfeakten	o. J.

Hierzu bitte Findbuch Abt. 355.33, Seite 87-89 heranziehen!

LAS 309 Geb. St. Hzt. Lauenburg, Nr. 23	Gebäudesteuer	1877-1878
LAS 324 Ratzeburg, 16	Gebäudebücher	1910 ff.
LAS 324 Ratzeburg, 158	Gebäudebestandsblätter	1950 ff.
LAS 239.6, 136	Vormundschaft über Elisabeth Fick, uneheliche Tochter der verstorbenen Marie Masch geb. Rickert	1830
LAS 402 A 5 Ratzeburg, 8	Karte	1783
LAS 402 A 5 Ratzeburg, 45	Karte vom Vorwerk	o. J.
LAS 324 Ratzeburg, 473	Feldplan der Gemarkung	1935
KAR 2, 62	*Verpachtung des Vorwerks*	*1649-1747*
KAR 2, 63	*Verpachtung des Vorwerks*	*1754-1788*
KAR 2, 709	*Aufhebung der Pflugdienste an das ehemalige Vorwerk*	*1755-1812*
KAR 6, 34	*Verkoppelung*	*1773-1793*
KAR 2, 702	*Aufhebung der Naturalwochendienste*	*1784-1852*
KAR 6, 64	*Abstellung der Naturalhofdienste*	*1784-1797*
KAR, Kartensammlung, 2000	*Flurkarte*	*1781-1783*

Hollenbek

LAS 355.33, 2	SchuPfPr, Band VIII	1861-1899
LAS 232, 285	Beilagen zum Hypothekenbuch	1822-1861
LAS 211, 133	Vorwerk Hollenbek	1765
LAS 232, 882	Verkoppelung	1772-1838
LAS 66, 11048	Vorwerk Hollenbek	1816-1847
LAS 232, 1491	Unterstützung von Eingesessenen	1868-1874
LAS 210, 4733	Freiweide	1869
LAS 232, 941	Höfe	1871
LAS 355.33, 733	Höfeakten, Häuslingssachen	o. J.
LAS 355.33, 387	Erbhöfeakten mit Sammelakten	o. J.
LAS 355.33, 564-586	Höfeakten	o. J.

Hierzu bitte Findbuch Abt. 355.33, Seite 91-95 heranziehen!

LAS 309 Flur (21), 72	Flurbuch	1877
LAS 309 Geb. St. Hzt. Lauenburg, Nr. 70	Gebäudesteuer	1877-1878
LAS 309 Geb. St. Hzt. Lauenburg, Nr. 69	Gebäudesteuer [Gutsbezirk]	1877-1878
LAS 402 A 5 Ratzeburg, 14	Karte	1791
KAR 2, 102	*Verpachtung des Vorwerks*	*1691-1731*
KAR 2, 98	*Inventarien des Vorwerks*	*1697-1780*
KAR 2, 693	*Hofdienste des Vorwerks, Verzeichnis*	*1697-1779*
KAR 2, 100	*Verzeichnis der Ackerbestellungen*	*1707-1819*
KAR 2, 103	*Verpachtung des Vorwerks*	*1731-1747*
KAR 2, 104	*Verpachtung des Vorwerks*	*1753-1792*
KAR 6, 28	*Verkoppelung*	*1772-1817*
KAR 6, 310	*Verkoppelung*	*1772-1817*
KAR 6, 85	*Pachtverhältnisse des Vorwerks Hollenbek nach Aufhebung der Naturalhofdienste*	*1787-1798*
KAR 2, 105	*Verpachtung des Vorwerks*	*1795-1817*
KAR 2, 106	*Verpachtung des Vorwerks*	*1819-1831*
KAR 2, 107	*Verpachtung des Vorwerks*	*1837-1859*
KAR 2, 97	*Parzellierung und Verkauf*	*1855-1859*
KAR 10, 1679	*Verkauf der Domäne Hollenbek*	*1856*
KAR 2, 194	*Verpachtung des Vorwerks*	*1858-1868*
KAR 2, 197	*Tagelöhner auf dem Vorwerk*	*1861-1870*
KAR 2, 195	*Verpachtung des Vorwerks*	*1868-1872*
KAR, Kartensammlung, 436	*Verkoppelungskarte vom Vorwerk und Dorf mit den dazugehörigen Ländereien*	*1798*

KAR, Kartensammlung, 1800	*Karte vom Vorwerk*	*1859, 1869*
KAR, Kartensammlung, 230	*Karte von der Gemarkung*	*1878*
KAR, Kartensammlung, 375	*Karte von der Gemarkung*	*o. J.*
KAR, Kartensammlung, 376	*Karte von der Gemarkung*	*o. J.*

Salem

LAS 355.45, 1305	SchuPfPr, Band XII	1860-1899
LAS 232, 901	Verkoppelung	1786-1869
LAS 355.45, 637	Häuslingssachen	1793-1852
LAS 65.3, 286	Übergabe der Bauervogtshufe	1819
LAS 210, 5042-5048	Akten zu einzelnen Bauernstellen	1819-1872
Hierzu bitte gedrucktes Findbuch Abt. 210, Seite 258 heranziehen!		
LAS 232, 986	Dorfkaten	1822-1847
LAS 210, 4735	Freiweide	1869-1872
LAS 232, 1498	Unterstützung von Eingesessenen	1870-1874
LAS 232, 958	Höfe	1871-1873
LAS 355.45, 614-636	Höfeakten	18.-19. Jh.
Hierzu bitte Findbuch Abt. 355.45, Seite 154-156 heranziehen!		
LAS 309 Flur (21), 145	Flurbuch	1877
LAS 309 Geb. St. Hzt. Lauenburg, Nr. 139	Gebäudesteuer	1877-1878
LAS 324 Ratzeburg, 114	Gebäudebücher	1910 ff.
LAS 324 Ratzeburg, 260	Gebäudebestandsblätter	1950 ff.
LAS 402 A 47, 251	Gemarkungskarte	1888
LAS 402 A 47, 252	Gemarkungskarte	1890
LAS 402 A 47, 253	Gemarkungskarte	1890
LAS 402 A 47, 254	Gemarkungskarte	o. J.
LAS 402 A 47, 255	Gemarkungskarte	o. J.
LAS 324 Ratzeburg, 497	Feldplan der Gemarkung	1935-1939
KAR 2, 180	*Verpachtung des Vorwerks*	*1695-1747*
KAR 2, 183	*Inventarien des Vorwerks*	*1698-1758*
KAR 2, 184	*Ländereien und Pachtanschläge des Vorwerks*	*1704-1774*
KAR 2, 186	*Niederlegung des Vorwerks*	*1744-1749*
KAR 2, 181	*Verpachtung des Vorwerks*	*1749-1757*
KAR 2, 182	*Verpachtung des Vorwerks*	*1768-1798*
KAR 6, 24	*Verkoppelung*	*1772-1803*
KAR 9, 120	*Freiweide*	*1875*
KAR, Kartensammlung, 506	*Grundriss mit Ländereien und Holzungen*	*1750*
KAR, Kartensammlung, 241	*Weideablösung*	*1908*

Sterley

LAS 309 Flur (21), 164	Flurbuch	1877
LAS 324 Ratzeburg, 132	Gebäudebücher	1910 ff.
LAS 324 Ratzeburg, 277	Gebäudebestandsblätter	1950 ff.
LAS 402 A 47, 256	Urkarte in der Weideabstellungssache	1901
LAS 402 A 47, 257	Schätzungsriss in der Teilungssache	1901
LAS 402 A 47, 258	Urkarte I in der Weideabstellungssache	1902
KAR, Kartensammlung, 77	*Urkarte in der Weideabstellungssache*	*1903*
KAR, Kartensammlung, 258	*Urkarte von der Teilung*	*1905*
KAR, Kartensammlung, 376	*Karte von der Gemarkung*	*o. J.*

Amt Schwarzenbek

LAS 355.54, 46	SchuPfPr, Nebenbuch, Band 1	1861-1869
LAS 355.54, 47	SchuPfPr, Nebenbuch, Band 2	1869-1871
LAS 355.54, 48	SchuPfPr, Nebenbuch, Band 3	1871-1873
LAS 355.54, 49	SchuPfPr, Nebenbuch, Band 4	1873
LAS 355.54, 50	SchuPfPr, Nebenbuch, Band 5	1873-1874
LAS 355.54, 51	SchuPfPr, Nebenbuch, Band 6	1874-1875
LAS 355.54, 52	SchuPfPr, Nebenbuch, Band 7	1875
LAS 355.54, 53	SchuPfPr, Nebenbuch, Band 10	1875-1877
LAS 355.54, 54	SchuPfPr, Nebenbuch, Band 11	1877-1878
LAS 355.54, 55	SchuPfPr, Nebenbuch, Band 12	1878
LAS 355.54, 56	SchuPfPr, Nebenbuch, Band 13	1878-1879
LAS 355.54, 57	SchuPfPr, Nebenbuch, Band 14	1879-1880
LAS 355.54, 58	SchuPfPr, Nebenbuch, Band 15	1880
LAS 355.54, 59	SchuPfPr, Nebenbuch, Band 16	1880-1881
LAS 355.54, 60	SchuPfPr, Nebenbuch, Band 17	1881-1882
LAS 355.54, 61	SchuPfPr, Nebenbuch, Band 18	1882-1883
LAS 355.54, 62	SchuPfPr, Nebenbuch, Band 19	1883-1884
LAS 355.54, 63	SchuPfPr, Nebenbuch, Band 20	1884
LAS 355.54, 64	SchuPfPr, Nebenbuch, Band 21	1884-1885
LAS 355.54, 65	SchuPfPr, Nebenbuch, Band 22	1885-1886
LAS 355.54, 66	SchuPfPr, Nebenbuch, Band 23	1886-1887
LAS 355.54, 67	SchuPfPr, Nebenbuch, Band 24	1887-1888
LAS 355.54, 68	SchuPfPr, Nebenbuch, Band 25	1888-1889
LAS 355.54, 69	SchuPfPr, Nebenbuch, Band 26	1889-1890
LAS 355.54, 70	SchuPfPr, Nebenbuch, Band 27	1890
LAS 355.54, 71	SchuPfPr, Nebenbuch, Band 28	1890-1891
LAS 355.54, 72	SchuPfPr, Nebenbuch, Band 29	1891-1892
LAS 355.54, 73	SchuPfPr, Nebenbuch, Band 30	1892

LAS 355.54, 74	SchuPfPr, Nebenbuch, Band 31	1892-1893
LAS 355.54, 75	SchuPfPr, Nebenbuch, Band 32	1893-1894
LAS 355.54, 76	SchuPfPr, Nebenbuch, Band 33	1894
LAS 355.54, 77	SchuPfPr, Nebenbuch, Band 34	1894-1895
LAS 355.54, 78	SchuPfPr, Nebenbuch, Band 35	1895
LAS 355.54, 79	SchuPfPr, Nebenbuch, Band 36	1895-1896
LAS 355.54, 80	SchuPfPr, Nebenbuch, Band 37	1896
LAS 355.54, 81	SchuPfPr, Nebenbuch, Band 38	1896-1897
LAS 355.54, 82	SchuPfPr, Nebenbuch, Band 39	1897
LAS 355.54, 83	SchuPfPr, Nebenbuch, Band 40	1897
LAS 355.54, 84	SchuPfPr, Nebenbuch, Band 41	1897-1898
LAS 355.54, 85	SchuPfPr, Nebenbuch, Band 42	1898
LAS 355.54, 86	SchuPfPr, Nebenbuch, Band 43	1898-1899
LAS 355.54, 87	SchuPfPr, Nebenbuch, Band 44	1899
LAS 355.54, 88	SchuPfPr, Nebenbuch, Band 45	1899
LAS 355.54, 115	Depositenbuch	1780-1837
LAS 355.54, 116	Depositenbuch	1837-1870
LAS 355.54, 120	Depositenbuch	1870-1880
LAS 233, 59	Kauf- und Vertrags-Buch in Ehe- und anderen Sachen, Band 2	1680-1713
LAS 233, 60	Kauf- und Vertrags-Buch in Ehe- und anderen Sachen, Band 3	1733-1751
LAS 233, 61	Kauf- und Vertrags-Buch in Ehe- und anderen Sachen, Band 4	1750-1779
LAS 233, 62	Kauf- und Vertrags-Buch in Ehe- und anderen Sachen, Band 5	1779-1792
LAS 233, 63	Hypothekenbuch, Band 1, Dörfer A-H Aumühle - Hohenhorn	1797-1870
LAS 233, 64	Hypothekenbuch, Band 2, Dörfer K-W Köthel – Wohltorf	1797-1870
LAS 233, 65	Hypothekenbuch, Band 3	1837-1870
LAS 233, 66	Schuldverschreibungen und Beilagen zum Hypothekenbuch	1794-1835
LAS 233, 67	Schuldverschreibungen und Beilagen zum Hypothekenbuch	1836-1848
LAS 233, 68	Schuldverschreibungen und Beilagen zum Hypothekenbuch	1849-1867
LAS 233, 69	Schuldverschreibungen und Beilagen zum Hypothekenbuch, Vol. II	1801-1816
LAS 233, 70	Schuldverschreibungen und Beilagen zum Hypothekenbuch, Vol. IV	1825-1827
LAS 233, 71	Beilagen zum Hypothekenbuch	1827-1842
LAS 233, 72	Eherezesse	1830-1847

LAS 233, 73	Ehestiftungen von Häuslingen und nicht Angesessenen	1714-1841
LAS 233, 74	Ehestiftungen von Häuslingen und nicht Angesessenen	1842-1867
LAS 233, 75	Bürgschaftsbestellungen	1801-1802
LAS 233, 77	Allimentationsverträge	1802-1831
LAS 233, 78	Zessionen und Agnitionen	1820-1865
LAS 210, 1791a	Geld- und Kornregister	1668-1670
LAS 233, 478	Geld-Register	1690-1691
LAS 233, 479	Geld-Register	1691-1692
LAS 233, 480	Korn-Register	1692-1693
LAS 233, 481	Geld-Rechnung, Dienst Register	1693-1694
LAS 233, 482	Korn-Register	1694-1695
LAS 233, 483	Geld-Rechnung	1695-1696
LAS 233, 484	Geld-Rechnung, Korn-Register	1697-1698
LAS 233, 485	Geld-Rechnung, Korn-Register	1699-1700
LAS 233, 486	Geld-Rechnung, Dienst-Register, Korn-Register	1701-1702
LAS 233, 487	Geld-Rechnung, Korn-Register	1703-1704
LAS 233, 488	Geld-Rechnung, Dienst-Register, Korn-Register	1705-1706
LAS 233, 489	Geld-Rechnung, Dienst-Register, Korn-Register	1707-1708
LAS 233, 490	Geld-Rechnung, Dienst-Register, Korn-Register	1709-1710
LAS 233, 491	Geld-Rechnung, Dienst-Register, Korn-Register	1711-1712
LAS 233, 492	Geld-Rechnung, Dienst-Register, Korn-Register	1713-1714
LAS 233, 493	Geld-Rechnung, Dienst-Register, Korn-Register	1715-1716
LAS 233, 494	Geld-Rechnung, Dienst-Register, Korn-Register	1717-1718
LAS 233, 495	Geld-Rechnung, Dienst-Register, Korn-Register	1719-1720
LAS 233, 496	Geld-Rechnung, Dienst-Register, Korn-Register	1721-1722
LAS 233, 497	Geld-Rechnung, Dienst-Register, Korn-Register	1723-1724
LAS 233, 498	Geld-Rechnung, Dienst-Register, Korn-Register	1725-1726
LAS 233, 499	Geld-Rechnung, Dienst-Register, Korn-Register	1727-1728

LAS 233, 500	Geld-Rechnung, Dienst-Register, Korn-Register	1729-1730
LAS 233, 501	Geld-Rechnung, Dienst-Register, Korn-Register	1731-1732
LAS 233, 502	Geld-Register, Dienst-Register, Korn-Register	1733-1734
LAS 233, 503	Geld-Register, Dienst-Register, Korn-Register	1735-1736
LAS 233, 504	Geld-Register, Dienst-Register, Korn-Register	1737-1738
LAS 233, 505	Korn-Register, Dienst-Register	1739-1740
LAS 233, 506	Geld-Register, Dienst-Register, Korn-Register	1741-1742
LAS 233, 507	Geld-Register, Dienst-Register, Korn-Register	1743-1744
LAS 233, 508	Geld-Register, Dienst-Register, Korn-Register	1745-1746
LAS 233, 509	Geld-Register, Dienst-Register, Korn-Register	1747-1748
LAS 233, 510	Geld-Register, Dienst-Register, Korn-Register	1749-1750
LAS 233, 511	Geld-Register, Dienst-Register, Korn-Register	1751-1752
LAS 233, 512	Geld-Register, Dienst-Register, Korn-Register	1753-1754
LAS 233, 513	Geld-Register, Dienst-Register, Korn-Register	1755-1756
LAS 233, 514	Geld-Register, Dienst-Register, Korn-Register	1757-1758
LAS 233, 515	Geld-Register, Dienst-Register, Korn-Register	1759-1760
LAS 233, 516	Geld-Register, Dienst-Register, Korn-Register	1761-1762
LAS 233, 517	Geld-Register, Dienst-Register, Korn-Register	1763-1764
LAS 233, 518	Geld-Register, Dienst-Register, Korn-Register	1765-1766
LAS 233, 519	Geld-Register, Dienst-Register, Korn-Register	1767-1768
LAS 233, 520	Geld-Register, Dienst-Register, Korn-Register	1769-1770
LAS 233, 521	Geld-Register, Dienst-Register, Korn-Register	1771-1772
LAS 233, 522	Korn-Register	1772-1773

LAS 233, 523	Geld-Register, Dienst-Register, Korn-Register	1773-1774
LAS 233, 524	Geld-Register, Dienst-Register, Korn-Register	1775-1776
LAS 233, 525	Geld-Register, Dienst-Register, Korn-Register	1777-1778
LAS 233, 526	Geld-Register, Dienst-Register, Korn-Register	1779-1780
LAS 233, 527	Geld-Register, Dienst-Register, Korn-Register	1781-1782
LAS 233, 528	Geld-Register, Dienst-Register, Korn-Register	1783-1784
LAS 233, 529	Geld-Register, Dienst-Register, Korn-Register	1785-1786
LAS 233, 530	Geld-Register, Dienst-Register, Korn-Register	1787-1788
LAS 233, 531	Geld-Register, Dienst-Register, Korn-Register	1789-1790
LAS 233, 532	Geld-Register, Dienst-Register, Korn-Register	1791-1792
LAS 233, 533	Geld-Register, Dienst-Register, Korn-Register	1793-1794
LAS 233, 534	Geld-Register, Dienst-Register, Korn-Register	1795-1796
LAS 233, 535	Geld-Register, Dienst-Register, Korn-Register	1797-1798
LAS 233, 536	Geld-Register, Dienst-Register, Korn-Register	1799-1800
LAS 233, 537	Geld-Register, Dienst-Register, Korn-Register	1801-1802
LAS 233, 538	Geld-Register, Dienst-Register, Korn-Register	1803-1804
LAS 233, 539	Geld-Register, Korn-Register	1805-1806
LAS 233, 540	Geld-Register, Dienst-Register, Korn-Register	1807-1808
LAS 233, 541	Geld-Register, Korn-Register	1813-1814
LAS 233, 542	Geld-Register, Dienst-Register, Korn-Register	1815-1816
LAS 233, 543	Geld-Register, Dienst-Register, Korn-Register	1815-1816
LAS 66, 10980	Ganzjährige Amts-Geldregister-Extrakte	1816-1845
LAS 66, 10982	Ganzjährige Geldregister-Extrakte	1816-1845
LAS 233, 544	Geld-Register, Korn-Register	1817-1818
LAS 233, 545	Geld-Register, Korn-Register	1819-1820
LAS 233, 546	Geld-Register, Korn-Register	1821-1822

LAS 233, 547	Geld-Register, Korn-Register	1823-1824
LAS 233, 548	Geld-Register, Korn-Register	1825-1826
LAS 233, 549	Geld-Register, Korn-Register	1827-1828
LAS 233, 550	Geld-Register, Dienst-Register, Korn-Register	1829-1830
LAS 233, 551	Geld-Register, Dienst-Register, Korn-Register	1831-1832
LAS 233, 552	Geld-Register, Dienst-Register, Korn-Register	1833-1834
LAS 233, 553	Geld-Register, Dienst-Register, Korn-Register	1835-1836
LAS 233, 554	Geld-Register, Dienst-Register, Korn-Register	1837-1838
LAS 233, 555	Geld-Register, Dienst-Register, Korn-Register	1839-1840
LAS 233, 556	Geld-Register, Dienst-Register, Korn-Register	1841-1842
LAS 233, 557	Dienst-Register, Korn-Register	1843-1844
LAS 233, 558	Geld-Register	1844
LAS 233, 559	Korn-Register, Dienst-Register	1845-1846
LAS 233, 560	Geld-Register	1846
LAS 233, 561	Geld-Register, Korn-Register	1847
LAS 233, 562	Dienst-Register	1848
LAS 233, 563	Geld-Register, Korn-Register	1849
LAS 233, 564	Dienst-Register	1850
LAS 233, 565	Geld-Register, Korn-Register	1851
LAS 233, 566	Dienst-Register	1852
LAS 233, 567	Geld-Register, Dienst-Register, Korn-Register	1853-1854
LAS 233, 568	Geld-Register, Dienst-Register, Korn-Register	1855-1856
LAS 233, 569	Geld-Register, Dienst-Register, Korn-Register	1857-1858
LAS 233, 570	Geld-Register, Dienst-Register, Korn-Register	1859-1860
LAS 233, 571	Geld-Register, Dienst-Register, Korn-Register	1861-1862
LAS 233, 572	Geld-Register, Dienst-Register, Korn-Register	1863-1864
LAS 233, 573	Geld-Register, Dienst-Register, Korn-Register	1865-1866
LAS 233, 574	Geld-Register, Dienst-Register, Korn-Register	1867-1868

LAS 66, 11095	Konfirmation von Meierbriefen, Hausbriefen, Kaufbriefen, Erbpachtkontrakten und Ehestiftungen	1765-1848
LAS 233, 401	Aufstellung der Verzeichnisse über die jährlich hinzugekommenen neuen Anbauer und Urbarmachungen	1765-1795
LAS 233, 402	Allgemeine Vorschriften und Prinzipien über die Verkoppelungen und Gemeinheitsteilungen	1767-1820
LAS 233, 403	Allgemeine Vorschriften wegen der neuen Anbaue	1771-1858
LAS 233, 405	Tabellarische Berechnungen über die Vor- bzw. Nachteile der Verkoppelungen	1782-1798
LAS 233, 406	Vorschriften über die Unterhaltung der Gräben, Wälle, Knicks usw. der verkoppelten Feldmarken	1783-1881
LAS 233, 407	Ausfertigungen von Verkoppelungsrezessen und desfalls vorgenommene Revision der Verkoppelungen	1801-1849
LAS 66, 5156	Domänen und Pachtstücke	1828-1848
LAS 66, 11012	Beschreibung der Hof- und Burgfest-Dienste	1841-1846
LAS 210, 4719	Verkoppelung	1853-1877
LAS 233, 408	Dispositionsbefugnis der Herrschaft über die Gemeinheiten	1854-1856
LAS 210, 4708	Austausch von Ländereien	1865-1868
LAS 355.54, 142	Aufteilung der Gemeinheitsländereien	1883
LAS 210, 1801	Kontributionskataster der Dorfschaften	1783-1790
LAS 66, 10981	Steuerkataster	1830-1831
LAS 80, 3781	Hebungswesen	1854-1861
LAS 355.54, 146	Erbeslegitimationen	1887-1893
LAS 355.54, 147	Erbeslegitimationen	1894-1896
LAS 355.54, 148	Testaments- und Nachlasssachen, Abel-Beyer	18.-20. Jh.
LAS 355.54, 149	Testaments- und Nachlasssachen, Bielefeld-Bruhns	18.-20. Jh.
LAS 355.54, 150	Testaments- und Nachlasssachen, Brumm-Busch	18.-20. Jh.
LAS 355.54, 151	Testaments- und Nachlasssachen, Carstens-Eggers	18.-20. Jh.
LAS 355.54, 152	Testaments- und Nachlasssachen, Eggers-Flindt	18.-20. Jh.

LAS 355.54, 153	Testaments- und Nachlasssachen, Flindt-Gersting	18.-20. Jh.
LAS 355.54, 154	Testaments- und Nachlasssachen, Giehncke-Hamester	18.-20. Jh.
LAS 355.54, 155	Testaments- und Nachlasssachen, Hamester-Heins	18.-20. Jh.
LAS 355.54, 156	Testaments- und Nachlasssachen, Heins-Hinz	18.-20. Jh.
LAS 355.54, 157	Testaments- und Nachlasssachen, Hinze-Jäger	18.-20. Jh.
LAS 355.54, 158	Testaments- und Nachlasssachen, Jansen-Kiehn	18.-20. Jh.
LAS 355.54, 159	Testaments- und Nachlasssachen, Kiehn-Kohrs	18.-20. Jh.
LAS 355.54, 160	Testaments- und Nachlasssachen, Koops-Labensky	18.-20. Jh.
LAS 355.54, 161	Testaments- und Nachlasssachen, Landahl-Lüdemann	18.-20. Jh.
LAS 355.54, 162	Testaments- und Nachlasssachen, Lüdemann-Meyer	18.-20. Jh.
LAS 355.54, 163	Testaments- und Nachlasssachen, Meyer-Möller	18.-20. Jh.
LAS 355.54, 164	Testaments- und Nachlasssachen, Möller-Ottersbach	18.-20. Jh.
LAS 355.54, 165	Testaments- und Nachlasssachen, Pampus-Putt	18.-20. Jh.
LAS 355.54, 166	Testaments- und Nachlasssachen, Quaack-Rick	18.-20. Jh.
LAS 355.54, 167	Testaments- und Nachlasssachen, Rick-Schefe	18.-20. Jh.
LAS 355.54, 168	Testaments- und Nachlasssachen, Scheller-Schmok	18.-20. Jh.
LAS 355.54, 169	Testaments- und Nachlasssachen, Schnackenbeck-Schumacher	18.-20. Jh.
LAS 355.54, 170	Testaments- und Nachlasssachen, Schumacher-Stapelfeldt	18.-20. Jh.
LAS 355.54, 171	Testaments- und Nachlasssachen, Stark-Tiedgen	18.-20. Jh.
LAS 355.54, 172	Testaments- und Nachlasssachen, Tiedgen-Wanzenberg	18.-20. Jh.
LAS 355.54, 173	Testaments- und Nachlasssachen, Webersen-Willers	18.-20. Jh.
LAS 355.54, 174	Testaments- und Nachlasssachen, Willers-Zurhalle	18.-20. Jh.

LAS 355.54, 141	Vormünderbuch	1855-1897
LAS 233, 88-100	Zivilstandsregister der Franzosenzeit, südlicher und westlicher Teil des Amtes Schwarzenbek	1811-1813
Hierzu bitte gedrucktes Findbuch Abt. 233, Seite 188-189 heranziehen!		
LAS 233, 101-118	Zivilstandsregister der Franzosenzeit, südlicher und westlicher Teil des Amtes Schwarzenbek	1811-1813
Hierzu bitte gedrucktes Findbuch Abt. 233, Seite 189-190 heranziehen!		
LAS 415, 5527	Volkszähllisten	1845
LAS 415, 5546	Volkszähllisten	1855
LAS 233, 474	Vermessung und Kartierung des Amtes	1743-1753
LAS 402 A 5 Schbek, 1	Karte für das Amt	18. Jh.
LAS 402 A 5 Schbek, 2	Karte für das Amt	18. Jh.
LAS 402 A 5 Schbek, 2a	Karte für das Amt	18. Jh.
KAR 5, 324	*Dienstregister*	*1692-1693*
KAR 5, 325	*Dienstregister*	*1697-1698*
KAR 5, 326	*Dienstregister*	*1698-1699*
KAR 5, 327	*Dienstregister*	*1702-1703*
KAR 5, 328	*Dienstregister*	*1704-1705*
KAR 5, 329	*Dienstregister*	*1706-1707*
KAR 5, 330	*Dienstregister*	*1708-1709*
KAR 5, 331	*Dienstregister*	*1710-1711*
KAR 5, 332	*Dienstregister*	*1712-1713*
KAR 5, 333	*Dienstregister*	*1714-1715*
KAR 5, 334	*Dienstregister*	*1716-1717*
KAR 5, 335	*Dienstregister*	*1718-1719*
KAR 5, 336	*Dienstregister*	*1720-1721*
KAR 5, 337	*Dienstregister*	*1722-1723*
KAR 5, 338	*Dienstregister*	*1724-1725*
KAR 5, 339	*Dienstregister*	*1726-1727*
KAR 5, 340	*Dienstregister*	*1728-1729*
KAR 5, 341	*Dienstregister*	*1730-1731*
KAR 5, 342	*Dienstregister*	*1732-1733*
KAR 5, 343	*Dienstregister*	*1734-1735*
KAR 5, 344	*Dienstregister*	*1736-1737*
KAR 5, 345	*Dienstregister*	*1738-1739*
KAR 5, 346	*Dienstregister*	*1740-1741*
KAR 5, 347	*Dienstregister*	*1742-1743*
KAR 5, 348	*Dienstregister*	*1744-1745*
KAR 5, 349	*Dienstregister*	*1746-1747*
KAR 5, 350	*Dienstregister*	*1748-1749*
KAR 5, 351	*Dienstregister*	*1750-1751*

KAR 5, 352	*Dienstregister*	*1752-1753*
KAR 5, 353	*Dienstregister*	*1754-1755*
KAR 5, 354	*Dienstregister*	*1756-1757*
KAR 5, 355	*Dienstregister*	*1758-1759*
KAR 5, 356	*Dienstregister*	*1760-1761*
KAR 5, 357	*Dienstregister*	*1762-1763*
KAR 5, 358	*Dienstregister*	*1764-1765*
KAR 5, 359	*Dienstregister*	*1766-1767*
KAR 5, 360	*Dienstregister*	*1768-1769*
KAR 5, 361	*Dienstregister*	*1770-1771*
KAR 5, 362	*Dienstregister*	*1772-1773*
KAR 5, 363	*Dienstregister*	*1774-1775*
KAR 5, 364	*Dienstregister*	*1776-1777*
KAR 5, 365	*Dienstregister*	*1778-1779*
KAR 5, 366	*Dienstregister*	*1780-1781*
KAR 5, 367	*Dienstregister*	*1782-1783*
KAR 5, 368	*Dienstregister*	*1784-1785*
KAR 5, 369	*Dienstregister*	*1786-1787*
KAR 5, 370	*Dienstregister*	*1788-1789*
KAR 5, 371	*Dienstregister*	*1790-1791*
KAR 5, 372	*Dienstregister*	*1792-1793*
KAR 5, 373	*Dienstregister*	*1794-1795*
KAR 5, 374	*Dienstregister*	*1796-1797*
KAR 5, 375	*Dienstregister*	*1798-1799*
KAR 5, 376	*Dienstregister*	*1800-1801*
KAR 5, 377	*Dienstregister*	*1802-1803*
KAR 5, 378	*Dienstregister*	*1806-1807*
KAR 5, 379	*Dienstregister*	*1814-1815*
KAR 5, 380	*Dienstregister*	*1828-1829*
KAR 5, 381	*Dienstregister*	*1830-1831*
KAR 5, 382	*Dienstregister*	*1832-1833*
KAR 5, 383	*Dienstregister*	*1834-1835*
KAR 5, 384	*Dienstregister*	*1836-1837*
KAR 5, 385	*Dienstregister*	*1838-1839*
KAR 5, 386	*Dienstregister*	*1840-1841*
KAR 5, 387	*Dienstregister*	*1842-1843*
KAR 5, 388	*Dienstregister*	*1844-1845*
KAR 5, 389	*Dienstregister*	*1846*
KAR 5, 390	*Dienstregister*	*1847*
KAR 5, 391	*Dienstregister*	*1849*
KAR 5, 392	*Dienstregister*	*1851*
KAR 5, 393	*Dienstregister*	*1854-1855*
KAR 5, 394	*Dienstregister*	*1856-1857*
KAR 5, 395	*Dienstregister*	*1858-1859*
KAR 5, 396	*Dienstregister*	*1860-1861*

KAR 5, 397	*Dienstregister*	*1862-1863*
KAR 5, 398	*Dienstregister*	*1864-1865*
KAR 5, 399	*Dienstregister*	*1866-1867*
KAR 5, 400	*Dienstregister*	*1868-1869*
KAR 5, 401	*Dienstregister*	*1871-1872*
KAR 5, 402	*Kornregister*	*1691-1692*
KAR 5, 403	*Kornregister*	*1693-1694*
KAR 5, 404	*Kornregister*	*1695-1696*
KAR 5, 405	*Kornregister*	*1698-1699*
KAR 5, 406	*Kornregister*	*1700-1701*
KAR 5, 407	*Kornregister*	*1702-1703*
KAR 5, 408	*Kornregister*	*1704-1705*
KAR 5, 409	*Kornregister*	*1706-1707*
KAR 5, 410	*Kornregister*	*1708-1709*
KAR 5, 411	*Kornregister*	*1710-1711*
KAR 5, 412	*Kornregister*	*1712-1713*
KAR 5, 413	*Kornregister*	*1714-1715*
KAR 5, 414	*Kornregister*	*1716-1717*
KAR 5, 415	*Kornregister*	*1718-1719*
KAR 5, 416	*Kornregister*	*1720-1721*
KAR 5, 417	*Kornregister*	*1722-1723*
KAR 5, 418	*Kornregister*	*1724-1725*
KAR 5, 419	*Kornregister*	*1726-1727*
KAR 5, 420	*Kornregister*	*1728-1729*
KAR 5, 421	*Kornregister*	*1730-1731*
KAR 5, 422	*Kornregister*	*1732-1733*
KAR 5, 423	*Kornregister*	*1734-1735*
KAR 5, 424	*Kornregister*	*1736-1737*
KAR 5, 425	*Kornregister*	*1738-1739*
KAR 5, 426	*Kornregister*	*1740-1741*
KAR 5, 427	*Kornregister*	*1742-1743*
KAR 5, 428	*Kornregister*	*1744-1745*
KAR 5, 429	*Kornregister*	*1746-1747*
KAR 5, 430	*Kornregister*	*1748-1749*
KAR 5, 431	*Kornregister*	*1750-1751*
KAR 5, 432	*Kornregister*	*1752-1753*
KAR 5, 433	*Kornregister*	*1754-1755*
KAR 5, 434	*Kornregister*	*1756-1757*
KAR 5, 435	*Kornregister*	*1758-1759*
KAR 5, 436	*Kornregister*	*1760-1761*
KAR 5, 437	*Kornregister*	*1762-1763*
KAR 5, 441	*Kornregister*	*1764-1765*
KAR 5, 440	*Kornregister*	*1766-1767*
KAR 5, 439	*Kornregister*	*1768-1769*

KAR 5, 444	*Kornregister*	*1770-1771*
KAR 5, 443	*Kornregister*	*1774-1775*
KAR 5, 442	*Kornregister*	*1776-1777*
KAR 5, 447	*Kornregister*	*1778-1779*
KAR 5, 446	*Kornregister*	*1780-1781*
KAR 5, 445	*Kornregister*	*1782-1783*
KAR 5, 448	*Kornregister*	*1784-1785*
KAR 5, 449	*Kornregister*	*1786-1787*
KAR 5, 450	*Kornregister*	*1788-1789*
KAR 5, 451	*Kornregister*	*1790-1791*
KAR 5, 452	*Kornregister*	*1792-1793*
KAR 5, 453	*Kornregister*	*1794-1795*
KAR 5, 454	*Kornregister*	*1796-1797*
KAR 5, 455	*Kornregister*	*1798-1799*
KAR 5, 456	*Kornregister*	*1800-1801*
KAR 5, 457	*Kornregister*	*1802-1803*
KAR 5, 458	*Kornregister*	*1804-1805*
KAR 5, 459	*Kornregister*	*1806-1807*
KAR 5, 460	*Kornregister*	*1808*
KAR 5, 461	*Kornregister*	*1814-1815*
KAR 5, 462	*Kornregister*	*1816-1817*
KAR 5, 463	*Kornregister*	*1818-1819*
KAR 5, 464	*Kornregister*	*1820-1821*
KAR 5, 465	*Kornregister*	*1822-1823*
KAR 5, 466	*Kornregister*	*1824-1825*
KAR 5, 467	*Kornregister*	*1826-1827*
KAR 5, 468	*Kornregister*	*1828-1829*
KAR 5, 469	*Kornregister*	*1830-1831*
KAR 5, 470	*Kornregister*	*1832-1833*
KAR 5, 471	*Kornregister*	*1834-1835*
KAR 5, 472	*Kornregister*	*1836-1837*
KAR 5, 473	*Kornregister*	*1837-1838*
KAR 5, 474	*Kornregister*	*1838-1839*
KAR 5, 475	*Kornregister*	*1840-1841*
KAR 5, 476	*Kornregister*	*1842-1843*
KAR 5, 477	*Kornregister*	*1844-1845*
KAR 5, 478	*Kornregister*	*1846*
KAR 5, 479	*Kornregister*	*1848-1849*
KAR 5, 480	*Kornregister*	*1850-1851*
KAR 5, 481	*Kornregister*	*1852-1853*
KAR 5, 482	*Kornregister*	*1854-1855*
KAR 5, 436	*Kornregister*	*1856-1857*
KAR 5, 483	*Kornregister*	*1858-1859*
KAR 5, 484	*Kornregister*	*1860-1861*
KAR 5, 485	*Kornregister*	*1862-1863*

KAR 5, 486	*Kornregister*	*1864-1865*
KAR 5, 487	*Kornregister*	*1866-1867*
KAR 5, 323	*Kornregister*	*1868-1869*
KAR 5, 160	*Geldregister*	*1640-1641*
KAR 5, 161	*Geldregister*	*1666-1667*
KAR 5, 162	*Geldregister*	*1667-1668*
KAR 5, 163	*Geldregister*	*1671-1672*
KAR 5, 164	*Geldregister*	*1678-1679*
KAR 5, 166	*Geldregister*	*1689-1690*
KAR 5, 167	*Geldregister*	*1691-1692*
KAR 5, 168	*Geldregister*	*1692-1693*
KAR 5, 169	*Geldregister*	*1693-1694*
KAR 5, 170	*Geldregister*	*1694-1695*
KAR 5, 171	*Geldregister*	*1695-1696*
KAR 5, 172	*Geldregister*	*1696-1697*
KAR 5, 173	*Geldregister*	*1697-1698*
KAR 5, 174	*Geldregister*	*1698-1699*
KAR 5, 175	*Geldregister*	*1699-1700*
KAR 5, 176	*Geldregister*	*1700-1701*
KAR 5, 177	*Geldregister*	*1702-1703*
KAR 5, 178	*Geldregister*	*1704-1705*
KAR 5, 179	*Geldregister*	*1706-1707*
KAR 5, 180	*Geldregister*	*1708-1709*
KAR 5, 181	*Geldregister*	*1710-1711*
KAR 5, 182	*Geldregister*	*1712-1713*
KAR 5, 183	*Geldregister*	*1714-1715*
KAR 5, 184	*Geldregister*	*1716-1717*
KAR 5, 185	*Geldregister*	*1718-1719*
KAR 5, 186	*Geldregister*	*1720-1721*
KAR 5, 187	*Geldregister*	*1722-1723*
KAR 5, 188	*Geldregister*	*1724-1725*
KAR 5, 189	*Geldregister*	*1726-1727*
KAR 5, 190	*Geldregister*	*1728-1729*
KAR 5, 191	*Geldregister*	*1730-1731*
KAR 5, 192	*Geldregister*	*1732-1733*
KAR 5, 193	*Geldregister*	*1734-1735*
KAR 5, 194	*Geldregister*	*1736-1737*
KAR 5, 195	*Geldregister*	*1739-1740*
KAR 5, 196	*Geldregister*	*1740-1741*
KAR 5, 197	*Geldregister*	*1742-1743*
KAR 5, 198	*Geldregister*	*1744-1745*
KAR 5, 199	*Geldregister*	*1746-1747*
KAR 5, 200	*Geldregister*	*1748-1749*
KAR 5, 201	*Geldregister*	*1750-1751*

KAR 5, 202	*Geldregister*	*1752-1753*
KAR 5, 204	*Geldregister*	*1754-1755*
KAR 5, 203	*Geldregister*	*1756-1757*
KAR 5, 205	*Geldregister*	*1758-1759*
KAR 5, 206	*Geldregister*	*1760-1761*
KAR 5, 207	*Geldregister*	*1762-1763*
KAR 5, 208	*Geldregister*	*1764-1765*
KAR 5, 209	*Geldregister*	*1766-1767*
KAR 5, 210	*Geldregister*	*1768-1769*
KAR 5, 211	*Geldregister*	*1770-1771*
KAR 5, 212	*Geldregister*	*1772-1773*
KAR 5, 213	*Geldregister*	*1774-1775*
KAR 5, 214	*Geldregister*	*1776-1777*
KAR 5, 215	*Geldregister*	*1778-1779*
KAR 5, 216	*Geldregister*	*1780-1781*
KAR 5, 217	*Geldregister*	*1782-1783*
KAR 5, 218	*Geldregister*	*1784-1785*
KAR 5, 219	*Geldregister*	*1786-1787*
KAR 5, 220	*Geldregister*	*1788-1789*
KAR 5, 221	*Geldregister*	*1790-1791*
KAR 5, 222	*Geldregister*	*1792-1793*
KAR 5, 223	*Geldregister*	*1794-1795*
KAR 5, 225	*Geldregister*	*1796-1797*
KAR 5, 224	*Geldregister*	*1798-1799*
KAR 5, 226	*Geldregister*	*1800-1801*
KAR 5, 227	*Geldregister*	*1802-1803*
KAR 5, 228	*Geldregister*	*1804-1805*
KAR 5, 229	*Geldregister*	*1806-1807*
KAR 5, 230	*Geldregister*	*1808*
KAR 5, 231	*Geldregister*	*1814-1815*
KAR 5, 232	*Geldregister*	*1816-1817*
KAR 5, 233	*Geldregister*	*1818-1819*
KAR 5, 234	*Geldregister*	*1820-1821*
KAR 5, 235	*Geldregister*	*1822-1823*
KAR 5, 236	*Geldregister*	*1824-1825*
KAR 5, 237	*Geldregister*	*1826-1827*
KAR 5, 238	*Geldregister*	*1828-1829*
KAR 5, 239	*Geldregister*	*1830-1831*
KAR 5, 240	*Geldregister*	*1832-1833*
KAR 5, 241	*Geldregister*	*1834-1835*
KAR 5, 242	*Geldregister*	*1836-1837*
KAR 5, 243	*Geldregister*	*1838-1839*
KAR 5, 244	*Geldregister*	*1840-1841*
KAR 5, 245	*Geldregister*	*1842-1843*
KAR 5, 246	*Geldregister*	*1843*

KAR 5, 247	*Geldregister*	*1845*
KAR 5, 248	*Geldregister*	*1848-1849*
KAR 5, 249	*Geldregister*	*1850-1851*
KAR 5, 250	*Geldregister*	*1852-1853*
KAR 5, 251	*Geldregister*	*1853*
KAR 5, 252	*Geldregister*	*1854-1855*
KAR 5, 253	*Geldregister*	*1856-1857*
KAR 5, 254	*Geldregister*	*1858-1859*
KAR 5, 255	*Geldregister*	*1860-1861*
KAR 5, 256	*Geldregister*	*1862-1863*
KAR 5, 257	*Geldregister*	*1864-1865*
KAR 5, 258	*Geldregister*	*1866-1867*
KAR 5, 259	*Geldregister*	*1868-1869*
KAR 5, 260	*Geldregister*	*1869*
KAR 5, 263	*Hauptmanual*	*1844-1849*
KAR 5, 274	*Hauptabteilung I*	*1845-1846*
KAR 5, 261	*Hauptabteilung II*	*1847*
KAR 5, 262	*Hauptabteilung III*	*1847*
KAR 5, 264	*Hauptmanual*	*1849-1854*
KAR 5, 265	*Hauptabteilung I*	*1849*
KAR 5, 266	*Hauptabteilung II*	*1849*
KAR 5, 267	*Hauptabteilung III*	*1849*
KAR 5, 268	*Hauptabteilung I*	*1850*
KAR 5, 269	*Hauptabteilung II*	*1850*
KAR 5, 270	*Hauptabteilung III*	*1850*
KAR 5, 271	*Hauptabteilung I*	*1851*
KAR 5, 275	*Hauptabteilung II*	*1851*
KAR 5, 276	*Hauptabteilung III*	*1851*
KAR 5, 277	*Hauptabteilung I*	*1852*
KAR 5, 279	*Hauptabteilung II*	*1852*
KAR 5, 280	*Hauptabteilung III*	*1852*
KAR 5, 282	*Hauptmanual*	*1853-1858*
KAR 5, 285	*Hauptabteilung I-II*	*1853*
KAR 5, 286	*Hauptabteilung III*	*1853*
KAR 5, 283	*Hauptabteilung III*	*1853-1854*
KAR 5, 287	*Hauptabteilung II*	*1854-1855*
KAR 5, 284	*Hauptabteilung III*	*1854-1855*
KAR 5, 272	*Hauptabteilung I*	*1855-1856*
KAR 5, 289	*Hauptabteilung II*	*1855-1856*
KAR 5, 290	*Hauptabteilung III*	*1855-1856*
KAR 5, 273	*Hauptabteilung I*	*1856-1857*
KAR 5, 288	*Hauptabteilung II*	*1856-1857*
KAR 5, 292	*Hauptabteilung III*	*1856-1857*
KAR 5, 291	*Hauptabteilung II*	*1857-1858*

KAR 5, 281	*Hauptmanual*	*1858-1863*
KAR 5, 293	*Hauptabteilung I*	*1858-1859*
KAR 5, 294	*Hauptabteilung II*	*1858-1859*
KAR 5, 295	*Hauptabteilung III*	*1858-1859*
KAR 5, 296	*Hauptabteilung I*	*1859-1860*
KAR 5, 297	*Hauptabteilung II*	*1859-1860*
KAR 5, 298	*Hauptabteilung III*	*1859-1860*
KAR 5, 299	*Hauptabteilung I*	*1860-1861*
KAR 5, 305	*Hauptabteilung II*	*1860-1861*
KAR 5, 304	*Hauptabteilung III*	*1860-1861*
KAR 5, 306	*Hauptabteilung I*	*1861-1862*
KAR 5, 310	*Hauptabteilung II*	*1861-1862*
KAR 5, 303	*Hauptabteilung III*	*1861-1862*
KAR 5, 302	*Hauptabteilung I*	*1862-1863*
KAR 5, 301	*Hauptabteilung II*	*1862-1863*
KAR 5, 300	*Hauptabteilung III*	*1862-1863*
KAR 5, 307	*Hauptabteilung II*	*1863-1864*
KAR 5, 308	*Hauptabteilung III*	*1863-1864*
KAR 5, 309	*Hauptabteilung I*	*1864-1865*
KAR 5, 312	*Hauptabteilung II*	*1864-1865*
KAR 5, 311	*Hauptabteilung III*	*1864-1865*
KAR 5, 313	*Hauptabteilung II*	*1865-1866*
KAR 5, 314	*Hauptabteilung III*	*1865-1866*
KAR 5, 315	*Hauptabteilung I*	*1866-1867*
KAR 5, 316	*Hauptabteilung II*	*1866-1867*
KAR 5, 317	*Hauptabteilung III*	*1866-1867*
KAR 5, 319	*Hauptabteilung II*	*1867-1868*
KAR 5, 318	*Hauptabteilung III*	*1867-1868*
KAR 5, 320	*Amtsrechnungen*	*1870*
KAR 5, 321	*Amtsrechnungen*	*1871*
KAR 5, 322	*Amtsrechnungen*	*1872*
KAR 5, 119	*Anwendung des Meierrechts; enthält u. a. Prinzipien der Gutsherrschaft*	*1642-1839*
KAR 5, 121	*Erbfolge bei Erbzinsgütern und Eigentumsrecht der Erbzinsleute*	*1642-1839*
KAR 5, 124	*Dienstordnung; enthält Verordnung zur vorgeschriebenen Dienstzeit und zum Hofdienst*	*1661-1778*
KAR 5, 165	*Kontributionsrechnungen*	*1670-1679*
KAR 5, 118	*Wüste Höfe und ihre Wiederbesetzung*	*1751-1798*
KAR 5, 120	*Anwendung des Meierrechts; enthält Gesetzentwurf zur Erbfolge und Abfindung bei den bäuerlichen Grundbesitzern*	*1840-1872*

KAR 6, 305	*Verkoppelungen*	*1840-1847*
StAS Bestand I, Nr. 113	*Geldt Bey Rechnung über Einnahmben undt Außgaben*	*1663-1664*
StAS Bestand I, Nr. 82	*Verschiedene statistische Ermittlungen*	*1857-1882*
StAS Bestand I, Nr. 83	*Aufstellung der jährlichen Nachweisungen über Ein- und Auswanderungen und sonstige allgemeine Verfügungen*	*1869-1883*

Kirchspiel Basthorst

LAS 412, 1228	Volkszählungslisten	1864

Möhnsen

LAS 355.54, 34	SchuPfPr, Fol. 1-21	1861-1899
LAS 233, 437	Verkoppelung	1795-1847
LAS 233, 463	Gemeinheitsländereien	1853-1870
LAS 210, 4736	Freiweide	1853-1855
LAS 355.54, 801-821	Höfeakten	18.-19. Jh.

Hierzu bitte Findbuch Abt. 355.54, Seite 124-127 heranziehen!

LAS 309 Flur (21), 122	Flurbuch	1877
LAS 309 Geb. St. Hzt. Lauenburg, Nr. 118	Gebäudesteuer	1877-1878
LAS 324 Ratzeburg, 95	Gebäudebücher	1910 ff.
LAS 324 Ratzeburg, 235	Gebäudebestandsblätter	1950 ff.
LAS 233, 86	Vormundschaft über die Kinder des verstorbenen Einliegers Hans Hinrich Dittmer	1844-1868
LAS 402 A 5 Schbek, 64	Karte	1745
LAS 402 A 5 Schbek, 65	Karte	1796
LAS 402 A 5 Schbek, 66	Karte	1803
LAS 324 Ratzeburg, 363	Feldplan der Gemarkung	1935
KAR 6, 205	*Verkoppelung*	*1795-1876*
KAR 6, 227	*Verkoppelung*	*1795-1876*
KAR 6, 228	*Verkoppelung*	*1795-1876*
KAR 5, 144	*Höfe*	*1870*
KAR, Kartensammlung, 434	*Verkoppelungskarte mit den dazugehörigen Ländereien*	*1745*

Mühlenrade

LAS 355.54, 39	SchuPfPr, Fol. 1-14	1861-1899
LAS 355.54, 40	SchuPfPr, Fol. 15-18	1880-1899
LAS 233, 438	Verkoppelung	1811-1828
LAS 66, 11020	Verkoppelung	1816-1828
LAS 239.1, 3	Amortisierung einer in der Willers'schen Halbhufe ingrossierten, auf den Namen der Erben des Hufners Hans Heinrich Püst zu Mühlenrade lautenden Obligation	1867
LAS 210, 4739	Freiweide	1871
LAS 355.54, 822-840	Höfeakten	18.-19. Jh.

Hierzu bitte Findbuch Abt. 355.54, Seite 127-129 heranziehen!

LAS 309 Flur (21), 124	Flurbuch	1877
LAS 309 Geb. St. Hzt. Lauenburg, Nr. 121	Gebäudesteuer	1877-1878
LAS 324 Ratzeburg, 336	Gebäudebücher	1910 ff.
LAS 324 Ratzeburg, 336	Gebäudebuch, Karteikarten	1910 ff.
LAS 324 Ratzeburg, 242	Gebäudebestandsblätter	1950 ff.
LAS 402 A 5 Schbek, 61	Karte	1748
LAS 402 A 5 Schbek, 62	Karte	1821
LAS 402 A 5 Schbek, 63	Karte	1821
LAS 324 Ratzeburg, 366	Feldplan der Gemarkung	1935
KAR 6, 207	*Verkoppelung*	*1817*
KAR, Kartensammlung, 438	*Verkoppelungskarte*	*1748*
KAR, Kartensammlung, 182	*Karte von Dorf und Feldmark*	*1821*
StAS Bestand I, Nr. 101	*Anbau des Tischlers Franz Heinrich Eggers auf der Gemeinheit*	*1854*

Kirchspiel Brunstorf

LAS 412, 1229	Volkszählungslisten	1864

Aumühle
- Billenkamp - Friedrichsruhe

LAS 355.54, 26	SchuPfPr, Fol. 1-29	1861-1899
LAS 355.54, 27	SchuPfPr, Fol. 30-48	1885-1899
LAS 355.54, 28	SchuPfPr, Fol. 49-77	1893-1899
LAS 355.54, 43	SchuPfPr, Fol. 78-80	1883-1899

LAS 233, 448	Ansetzung von zehn Anbauern aus Wohltorf auf dem Billenkamp	1775-1798
LAS 233, 449	Erweiterung des Dorfes durch Ansetzung neuer Anbauern	1777-1784
LAS 66, 11086	Die Brinksitzerstelle des Friedrich Ludwig Evers	1825-1845
LAS 66, 11014	Die Freiheit der Bauervögte von der Leistung der Burgfest-Handtage	1830
LAS 80, 4097	Bestätigung des Erbzinsbriefes über die Brinkkätnerstelle für den Tischler Friedrich Christian Ewers	1863
LAS 355.54, 179-235	Höfeakten	18.-19. Jh.

Hierzu bitte Findbuch Abt. 355.54, Seite 41-48 heranziehen!

LAS 309 Geb. St. Hzt. Lauenburg, Nr. 4	Gebäudesteuer	1877-1878
LAS 309 Geb. St. Hzt. Lauenburg, Nr. 149	Gebäudesteuer [Friedrichsruh]	1877-1878
LAS 324 Ratzeburg, 3	Gebäudebücher	1910 ff.
LAS 324 Ratzeburg, 145	Gebäudebestandsblätter	1950 ff.
LAS 233, 83	Nachlass des Johann Daniel Heinrich Holst	1816-1844
LAS 402 A 5 Schbek, 3	Karte	1744
KAR 5, 49	*Inventar des Vorwerks*	*1639-1741*
KAR 5, 40	*Verpachtung des Vorwerks und dessen Niederlegung*	*1642-1746*
KAR 1, 371	*Die Erbenzins-Anbauerstelle des J. W. Holst*	*1855*
KAR 5, 153	*Erbzinsgüter des Fürsten von Bismarck, enthält Liste der Grundstücke von Friedrichsruh*	*1871-1874*
KAR 5, 133	*Höfe*	*1871-1872*

Brunstorf

LAS 355.54, 6	SchuPfPr, Fol. 1-27	1861-1899
LAS 355.54, 7	SchuPfPr, Fol. 28-44	1876-1899
LAS 233, 413	Verkoppelung	1787-1844
LAS 80, 4142	Landüberlassung vom Vorwerk Steinhorst an den Apotheker Carl Georg L. Matthey zur Errichtung einer Neubauerstelle	1863
LAS 355.54, 377-427	Höfeakten	18.-19. Jh.

Hierzu bitte Findbuch Abt. 355.54, Seite 67-74 heranziehen!

LAS 309 Geb. St. Hzt. Lauenburg, Nr. 24	Gebäudesteuer	1877-1878
LAS 324 Ratzeburg, 17	Gebäudebücher	1910 ff.
LAS 324 Ratzeburg, 159	Gebäudebestandsblätter	1950 ff.
LAS 402 A 5 Schbek, 14	Karte	1745
LAS 402 A 5 Schbek, 15	Karte	o. J.
LAS 324 Ratzeburg, 474	Feldplan der Gemarkung	1935
KAR 6, 197	*Verkoppelung*	*1779-1805*
KAR 6, 206	*Verkoppelung*	*1779-1805*
KAR 6, 221	*Vermessungsregister der Feldmark*	*1805*
KAR, GA Müssen, 12	*Auktionsprotokoll über den Nachlass des Chausseewärters Stühmer*	*1850-1854*
KAR 5, 135	*Höfe*	*1870-1872*
KAR, Kartensammlung, 450	*Verkoppelungskarte mit den dazugehörigen Ländereien*	*1745*
KAR, Kartensammlung, 456	*Verkoppelungskarte mit den dazugehörigen Ländereien*	*1745*
KAR, Kartensammlung, 452	*Verkoppelungskarte*	*1797*
KAR, Kartensammlung, 1059	*Karte von der Gemarkung*	*1893*
KAR, Kartensammlung, 345	*Situationsplan der Gemarkung*	*o. J.*

Dassendorf

LAS 355.54, 6	SchuPfPr, Fol. 1-19	1861-1899
LAS 355.54, 8	SchuPfPr, Fol. 20-31	1877-1899
LAS 233, 415	Landtausch zwischen der Herrschaft und dem Halbhufner Henning Dassau mit Wegfall des Naturaldienstes und Dienstgeldes	1763-1767
LAS 233, 416	Verkoppelung, Vol. I	1784-1803
LAS 233, 418	Verteilung der Wiesen	1803-1820
LAS 233, 417	Verkoppelung, Vol. II	1804-1840
LAS 210, 2082	Verkoppelung der Feldmark	1804-1810
LAS 210, 4738	Freiweide	1870
LAS 355.54, 437-468	Höfeakten	18.-19. Jh.

Hierzu bitte Findbuch Abt. 355.54, Seite 75-79 heranziehen!

LAS 309 Flur (21), 28	Flurbuch	1877
LAS 309 Geb. St. Hzt. Lauenburg, Nr. 32	Gebäudesteuer	1877-1878
LAS 324 Ratzeburg, 23	Gebäudebücher	1910 ff.
LAS 324 Ratzeburg, 165	Gebäudebestandsblätter	1950 ff.

LAS 402 A 5 Schbek, 19	Karte	1745
LAS 402 A 5 Schbek, 20	Karte	1745
LAS 402 A 5 Schbek, 21	Karte	1783
LAS 402 A 5 Schbek, 22	Karte betr. Weidenanteil am Sachsenwalde	1795-1796
LAS 402 A 5 Schbek, 23	Karte betr. Weidenanteil am Sachsenwalde	1795-1796
LAS 402 A 5 Schbek, 24	Karte	1805
LAS 324 Ratzeburg, 480	Feldplan der Gemarkung	1935-1936
KAR 6, 199	*Verkoppelung*	*1784-1816*
KAR 6, 222	*Vermessungsregister von der Waldweide*	*1796*
KAR, GA Müssen, 250	*Vormundschaftsrechnung für die Bauervogtstelle Seeler*	*1829-1830*
KAR, GA Müssen, 249	*Nachlass der Lüdemannschen Eheleute*	*1844-1845*
KAR 5, 136	*Höfe*	*1872*

Havekost

LAS 355.54, 34	SchuPfPr, Fol. 1-21	1861-1899
LAS 233, 425	Verkoppelung	1793-1836
LAS 233, 426	Verkoppelung	1801
LAS 355.54, 652-666	Höfeakten	18.-19. Jh.

Hierzu bitte Findbuch Abt. 355.54, Seite 104-106 heranziehen!

LAS 309 Flur (21), 70	Flurbuch	1877
LAS 309 Geb. St. Hzt. Lauenburg, Nr. 67	Gebäudesteuer	1877-1878
LAS 324 Ratzeburg, 55	Gebäudebücher	1910 ff.
LAS 324 Ratzeburg, 197	Gebäudebestandsblätter	1950 ff.
LAS 402 A 5 Schbek, 44	Karte	1743
LAS 402 A 5 Schbek, 45	Karte	1801
LAS 324 Ratzeburg, 411	Feldplan der Gemarkung	1935
KAR 5, 140	*Höfe*	*1871*
KAR 6, 204	*Verkoppelung*	*1923*

Kröppelshagen

LAS 355.54, 17	SchuPfPr, Fol. 1-18	1861-1899
LAS 355.54, 18	SchuPfPr, Fol. 19-33	1874-1899
LAS 233, 434	Verkoppelung, Vol. II	1746-1798
LAS 233, 433	Verkoppelung, Vol. I	1771-1783

LAS 233, 421	Versetzung von vier Hufnern nach Fahrendorf	1775-1832
LAS 233, 450	Ansetzung von sechs Anbauern	1780-1783
LAS 233, 462	Gemeinheitsländereien	1855-1871
LAS 355.54, 740-768	Höfeakten	18.-19. Jh.

Hierzu bitte Findbuch Abt. 355.54, Seite 116-120 heranziehen!

LAS 309 Flur (21), 100	Flurbuch	1877
LAS 309 Geb. St. Hzt. Lauenburg, Nr. 97	Gebäudesteuer	1877-1878
LAS 324 Ratzeburg, 78	Gebäudebücher	1910 ff.
LAS 324 Ratzeburg, 334	Gebäudebücher	1910 ff.
LAS 324 Ratzeburg, 334	Gebäudebuch, Karteikarten	1910 ff.
LAS 324 Ratzeburg, 215	Gebäudebestandsblätter	1950 ff.
LAS 402 A 5 Schbek, 51	Karte	1746
LAS 402 A 5 Schbek, 51a	Karte	1746
LAS 402 A 5 Schbek, 52	Karte	1796
LAS 402 A 5 Schbek, 53	Karte	1796
LAS 402 A 5 Schbek, 54	Karte	1780
LAS 402 A 5 Schbek, 82	Karte	o. J.
LAS 324 Ratzeburg, 444	Feldplan der Gemarkung	1935
KAR 6, 190	*Verkoppelung*	*1773-1803*
KAR 5, 142	*Höfe*	*1870-1871*
KAR, Kartensammlung, 259	*Auszug aus der Gemarkungskarte*	*1884*
StAS Bestand I, Nr. 95	*Anbau des Schusters Hans Joachim v. d. Heyde*	*1838-1857*

Kirchspiel Hohenhorn

LAS 412, 1230	Volkszählungslisten	1864

Besenhorst
- Scheerkate

LAS 355.54, 9	SchuPfPr, Fol. 1-13	1861-1899
LAS 355.54, 11	SchuPfPr, Fol. 14-34	1875-1899
LAS 355.54, 12	SchuPfPr, Fol. 35-67	1876-1899
LAS 355.54, 13	SchuPfPr, Fol. 68-89	1893-1899
LAS 66, 4285	Verkoppelung	1821-1836

LAS 210, 2083	Verkoppelung der Dorfschaft, besonders die Veränderung des Bestandes des Bauervogtsgehöftes	1822-1832
LAS 65.3, 171	Verfahren bei der Verkoppelung	1830-1831
LAS 66, 4286	Verkoppelung	1832-1836
LAS 233, 411	Verkoppelungsrezess und Feldregister	1832-1836
LAS 355.54, 143	Auseinandersetzungsplan und Rezess betr. die Abstellung der Weide auf der Parzelle 3, Kartenblatt 6 und die Teilung dieser Parzelle	1891-1892
LAS 355.54, 263-344	Höfeakten	18.-19. Jh.

Hierzu bitte Findbuch Abt. 355.54, Seite 52-62 heranziehen!

LAS 309 Flur (21), 12	Flurbuch	1877
LAS 309 Geb. St. Hzt. Lauenburg, Nr. 14	Gebäudesteuer	1877-1878
LAS 324 Ratzeburg, 9	Gebäudebücher	1910 ff.
LAS 402 A 5 Schbek, 4	Karte	1774
LAS 402 A 5 Schbek, 5	Karte	1821
LAS 402 A 5 Schbek, 6	Karte	1832
LAS 402 A 5 Schbek, 7	Karte	1832
LAS 402 A 5 Schbek, 8a,b	Karte und Generalriss	18. Jh.
LAS 402 A 5 Schbek, 8c	Generalriss	18. Jh.
LAS 402 A 47, 237	Auszug aus der Gemarkungskarte	1888
LAS 402 A 47, 238	Absteckungsriss Nr. 1 in der Teilungssache	1907
LAS 402 A 47, 238	Absteckungsriss Nr. 2 in der Teilungssache	1907
LAS 324 Ratzeburg, 465	Feldplan der Gemarkung	1935
KAR 6, 187	*Verkoppelung und Verlegung der Dorfschaft*	*1772-1913*
KAR 6, 188	*Verkoppelung und Verlegung der Dorfschaft*	*1772-1913*
KAR 6, 192	*Verkoppelung und Verlegung der Dorfschaft*	*1772-1913*
KAR 6, 218	*Verkoppelung und Verlegung der Dorfschaft*	*1772-1913*
KAR 6, 219	*Verkoppelung und Verlegung der Dorfschaft*	*1772-1913*
KAR 5, 134	*Höfe*	*1872*
KAR, Kartensammlung, 659	*Karte der verkoppelten Feldmark*	*1852*
KAR, Kartensammlung, 232	*Karte zur Teilungssache*	*1911*
StAS Bestand I, Nr. 89	*Verkoppelung der Feldmark und Aufhebung der Gemeinheiten*	*1776-1778*

Börnsen

LAS 355.54, 14	SchuPfPr, Fol. 1-17	1861-1899
LAS 355.54, 16	SchuPfPr, Fol. 18-30	1879-1899

LAS 233, 412	Verkoppelung	1773-1831
LAS 233, 458	Gemeinheitsländereien	1864-1868
LAS 355.54, 144	Auseinandersetzungsplan und Rezess betr. die Zusammenlegung eines Teils der Feldmark	1891-1901
LAS 355.54, 345-376	Höfeakten	18.-19. Jh.

Hierzu bitte Findbuch Abt. 355.54, Seite 62-67 heranziehen!

LAS 309 Flur (21), 15	Flurbuch	1877
LAS 309 Geb. St. Hzt. Lauenburg, Nr. 20	Gebäudesteuer	1877-1878
LAS 324 Ratzeburg, 12	Gebäudebücher	1910 ff.
LAS 324 Ratzeburg, 154	Gebäudebestandsblätter	1950 ff.

LAS 402 A 5 Schbek, 9	Karte	1746
LAS 402 A 5 Schbek, 10	Karte	1746
LAS 402 A 5 Schbek, 11	Karte	1787
LAS 402 A 5 Schbek, 12	Karte	1804
LAS 402 A 5 Schbek, 13	Karte	1804
LAS 402 A 47, 178	Handzeichnung eines Teils der Gemarkung	1891
LAS 402 A 47, 179	Übersichtskarte eines Teils der Gemarkung	1891
LAS 324 Ratzeburg, 468	Feldplan der Gemarkung	1935-1936

KAR 6, 201	*Verkoppelung*	*1786-1816*
KAR 6, 220	*Verkoppelung*	*1786-1816*
KAR 9, 123	*Freiweide*	*1874-1875*
KAR, Kartensammlung, 127	*Urkarte*	*1894*

Escheburg

- Voßmoor

LAS 355.54, 14	SchuPfPr, Fol. 1-28	1861-1899
LAS 355.54, 15	SchuPfPr, Fol. 29-40	1877-1899

LAS 233, 419	Verkoppelung	1772-1783
LAS 233, 420	Aufteilung des Torfmoores von 72 Morgen	1821-1828
LAS 66, 4287	Verkoppelung	1823-1825
LAS 210, 2085	Gesuch von Eingesessenen um Ausfertigung eines Verkoppelungsrezesses	1849
LAS 355.54, 489-531	Höfeakten	18.-19. Jh.

Hierzu bitte Findbuch Abt. 355.54, Seite 82-88 heranziehen!

LAS 309 Flur (21), 33	Flurbuch	1877
LAS 309 Geb. St. Hzt. Lauenburg, Nr. 14	Gebäudesteuer	1877-1878

LAS 324 Ratzeburg, 29	Gebäudebücher	1910 ff.
LAS 324 Ratzeburg, 171	Gebäudebestandsblätter	1950 ff.
LAS 233, 80	Nachlass der Jungfer Christine Marie Jona	1774-1848
LAS 233, 85	Nachlass des Altenteilers Hinrich Benecke Harders	1838
LAS 402 A 5 Schbek, 25	Karte	1746
LAS 402 A 5 Schbek, 26	Karte	1746
LAS 402 A 5 Schbek, 27	Karte	1778
LAS 402 A 5 Schbek, 28	Karte	18. Jh.
LAS 402 A 5 Schbek, 29	Karte	18. Jh.
LAS 324 Ratzeburg, 379	Feldplan der Gemarkung	1935
KAR 6, 189	*Verkoppelung*	*1773-1894*
KAR 6, 191	*Verkoppelung*	*1773-1894*
KAR 6, 223	*Verkoppelung*	*1773-1894*
KAR 6, 226	*Verkoppelung*	*1773-1894*
KAR 6, 224	*Vermessungsregister und Beschreibung der Servitute*	*1777-1780*
KAR 6, 225	*Vermessungsregister und Beschreibung der Servitute*	*1777-1780*
KAR, GA Müssen, 15	*Kaufvertrag zwischen Jochen Erdmann und Johann Hartwig Koops über eine Vollhufnerstelle*	*1804*
KAR, GA Müssen, 8	*Nachlass des Hufners Dassau*	*1844*
KAR 5, 137	*Höfe*	*1872*
StAS Bestand I, Nr. 89	*Aufhebung der Gemeinheiten*	*1776-1778*

Fahrendorf

LAS 355.54, 17	SchuPfPr, Fol. 1-6	1861-1899
LAS 211, 136	Vorwerk Fahrendorf	1704
LAS 233, 421	Verkoppelung und Versetzung von vier Hufnern von Kröppelshagen nach Fahrendorf	1775-1832
LAS 355.54, 532-537	Höfeakten	18.-19. Jh.

Hierzu bitte Findbuch Abt. 355.54, Seite 88 heranziehen!

LAS 309 Flur (21), 34	Flurbuch	1877
LAS 309 Geb. St. Hzt. Lauenburg, Nr. 97	Gebäudesteuer	1877-1878
LAS 324 Ratzeburg, 334	Gebäudebücher	1910 ff.

LAS 324 Ratzeburg, 334	Gebäudebuch, Karteikarten	1910 ff.
LAS 324 Ratzeburg, 215	Gebäudebestandsblätter	1950 ff.
LAS 402 A 5 Schbek, 30	Karte	1747
LAS 402 A 5 Schbek, 31	Karte	1775
LAS 402 A 5 Schbek, 32	Karte	1779
LAS 324 Ratzeburg, 380	Feldplan der Gemarkung	1935
KAR 5, 49	*Inventar des Vorwerks*	*1639-1741*
KAR 5, 42	*Verpachtung des Vorwerks*	*1642-1746*
KAR 5, 43	*Niederlegung des Vorwerks*	*1724-1779*
KAR 6, 208	*Niederlegung des Vorwerkes und dessen zeitweilige Verpachtung*	*1771-1783*
KAR 6, 185	*Künftige Nutzung des niederzulegenden Vorwerks*	*1772-1784*
KAR, Kartensammlung, 499	*Flurkarte des Vorwerks*	*1746*
KAR, Kartensammlung, 500	*Flurkarte des Vorwerks und dessen Aufteilung in 4 Hufen und 1 Brink*	*1779*
StAS Bestand I, Nr. 94	*Dorfkate*	*1837*

Hohenhorn

- Drumshorn

LAS 355.54, 9	SchuPfPr, Fol. 1-24	1861-1899
LAS 355.54, 10	SchuPfPr, Fol. 25-35	1880-1899
LAS 233, 427	Vermessungsregister	1746
LAS 233, 428	Verkoppelung	1772-1819
LAS 233, 459	Gemeinheitsländereien	1866
LAS 355.54, 667-692	Höfeakten	18.-19. Jh.

Hierzu bitte Findbuch Abt. 355.54, Seite 106-109 heranziehen!

LAS 309 Flur (21), 71	Flurbuch	1877
LAS 309 Geb. St. Hzt. Lauenburg, Nr. 68	Gebäudesteuer	1877-1878
LAS 324 Ratzeburg, 56	Gebäudebücher	1910 ff.
LAS 324 Ratzeburg, 199	Gebäudebestandsblätter	1950 ff.
LAS 402 A 5 Schbek, 46	Karte	1746
LAS 402 A 5 Schbek, 47	Karte	1783
LAS 402 A 5 Schbek, 47a	Karte	1783
LAS 402 A 5 Schbek, 22	Karte betr. Weidenanteil am Sachsenwalde	1795-1796
LAS 402 A 5 Schbek, 23	Karte betr. Weidenanteil am Sachsenwalde	1795-1796
LAS 402 A 47, 247	Coupon aus der Grundsteuergemarkungskarte	1882

LAS 402 A 47, 248	Auszug aus der Gemarkungskarte	1882
LAS 324 Ratzeburg, 412	Feldplan der Gemarkung	1935-1951
KAR 6, 186	*Verkoppelung*	*1772-1801*
KAR 5, 141	*Höfe*	*1870-1871*
KAR, Kartensammlung, 453	*Verkoppelungskarte mit den dazugehörigen Ländereien*	*1746*
StAS Bestand I, Nr. 96	*Anbauerstelle des Zimmermeisters Franz Hinrich Knauf auf der Gemeinheit*	*1840*
StAS Bestand I, Nr. 105	*Dorfkate*	*1866*

Wentorf (bei Hamburg)

LAS 355.54, 16	SchuPfPr, Fol. 128, 128a, 165-192	1879-1899
LAS 355.54, 19	SchuPfPr, Fol. 1-23	1861-1899
LAS 355.54, 20	SchuPfPr, Fol. 24-55	1872-1899
LAS 355.54, 21	SchuPfPr, Fol. 56-85	1889-1899
LAS 355.54, 22	SchuPfPr, Fol. 86-115	1893-1899
LAS 355.54, 23	SchuPfPr, Fol. 116-127	1896-1899
LAS 355.54, 24	SchuPfPr, Fol. 128-164	1897-1899
LAS 233, 447	Verkoppelung	1787-1823
LAS 65.3, 301	Verkauf eines Landstücks in Vierlanden an den Hufner von der Heide	1823
LAS 233, 465	Gemeinheitsländereien	1837-1873
LAS 355.54, 1189-1331	Höfeakten	18.-19. Jh.

Hierzu bitte Findbuch Abt. 355.54, Seite 173-192 heranziehen!

LAS 309 Flur (21), 174	Flurbuch	1877
LAS 309 Geb. St. Hzt. Lauenburg, Nr. 166	Gebäudesteuer	1877-1878
LAS 324 Ratzeburg, 343	Gebäudebücher	1910 ff.
LAS 324 Ratzeburg, 343	Gebäudesteuerrolle	1910 ff.
LAS 324 Ratzeburg, 284	Gebäudebestandsblätter, 1-600	1950 ff.
LAS 324 Ratzeburg, 285	Gebäudebestandsblätter, 601-1295	1950 ff.
LAS 402 A 5 Schbek, 77	Karte	1746
LAS 402 A 5 Schbek, 78	Karte	1787
LAS 402 A 5 Schbek, 79	Karte	1792
LAS 402 A 5 Schbek, 82	Karte	o. J.
LAS 324 Ratzeburg, 316	Feldplan der Gemarkung	1935-1936
LAS „Andere Archive" 328, Bestand IV, 77	*Flurkarte*	*1746*

Bestand IV, 78	*Plan für die Verkoppelung*	*1787*
Bestand IV, 79	*Karte von dem Dorfe und von der Feldmark*	*1792*
Bestand III, 1	*Flurkarte in 6 Blättern*	*1877*
Bestand III, 2	*Flurkarte in 6 Blättern*	*1878*
Bestand IV, 76	*Reproduktion einer Landesaufnahme des 18. Jahrhunderts*	*1895*
Bestand IV, 80	*Flurkarte*	*1920*
Bestand III, 3	*Flurkarte in 13 Blättern; Uraufnahme 1877*	*1953*

KAR 6, 230	*Verkoppelung*	*1773-1929*
KAR 6, 231	*Verkoppelung*	*1773-1929*
KAR 6, 232	*Verkoppelung*	*1773-1929*
KAR 5, 148	*Höfe*	*1853-1873*

Wohltorf

LAS 355.54, 19	SchuPfPr, Fol. 1-14	1861-1899
LAS 355.54, 25	SchuPfPr, Fol. 15-50	1876-1899

LAS 233, 448	Verkoppelung und Ansetzung von zehn Anbauern auf dem Billenkamp	1775-1798
LAS 355.54, 1332-1376	Höfeakten	18.-19. Jh.

Hierzu bitte Findbuch Abt. 355.54, Seite 192-197 heranziehen!

LAS 309 Flur (21), 178	Flurbuch	1877
LAS 309 Geb. St. Hzt. Lauenburg, Nr. 170	Gebäudesteuer	1877-1878
LAS 324 Ratzeburg, 139	Gebäudebücher	1910 ff.
LAS 324 Ratzeburg, 289	Gebäudebestandsblätter	1950 ff.

LAS 402 A 5 Schbek, 81	Karte	1746
LAS 402 A 5 Schbek, 82	Karte	o. J.
LAS 402 A 47, 260	Auszug aus der Grundsteuergemarkungskarte	1881
LAS 402 A 47, 261	Auszug aus der Grundsteuergemarkungskarte	1881
LAS 402 A 47, 262	Auszug aus der Grundsteuergemarkungskarte	1881
LAS 402 A 47, 263	Auszug aus der Gemarkungskarte	1882
LAS 402 A 47, 264	Auszug aus der Gemarkungskarte	1883
LAS 402 A 47, 265	Absteckungsriss der Gemarkung	1883
LAS 402 A 47, 266	Aufmessungsriss der Gemarkung	1883
LAS 324 Ratzeburg, 319	Feldplan der Gemarkung	1935

KAR 6, 193	*Verkoppelung*	*1775-1799*
KAR 6, 233	*Verkoppelungsregister*	*1786*
KAR 5, 149	*Höfe*	*1871-1872*
KAR, Kartensammlung, 92	*Auszug aus der Grundsteuer-Gemarkungskarte*	*1883*
KAR, Kartensammlung, 270	*Auszug aus der Gemarkungskarte*	*1883*

Kirchspiel Kuddewörde

LAS 412, 1231	Volkszählungslisten	1864

Kasseburg

LAS 355.54, 31	SchuPfPr, Fol. 1-20	1861-1899
LAS 355.54, 33	SchuPfPr, Fol. 21-26	1882-1899
LAS 233, 429	Verkoppelung	1783-1833
LAS 66, 4288	Verkoppelung	1828-1840
LAS 233, 430	Feld- und Vermessungsregister	1834
LAS 233, 460	Gemeinheitsländereien	1868-1872
LAS 355.54, 701-725	Höfeakten	18.-19. Jh.

Hierzu bitte Findbuch Abt. 355.54, Seite 110-114 heranziehen!

LAS 309 Flur (21), 80	Flurbuch	1877
LAS 309 Geb. St. Hzt. Lauenburg, Nr. 77	Gebäudesteuer	1877-1878
LAS 324 Ratzeburg, 64	Gebäudebücher	1910 ff.
LAS 324 Ratzeburg, 204	Gebäudebestandsblätter	1950 ff.
LAS 402 A 5 Schbek, 16	Karte	1744
LAS 402 A 5 Schbek, 17	Karte	1784
LAS 402 A 5 Schbek, 18	Karte	1834
LAS 324 Ratzeburg, 427	Feldplan der Gemarkung	1935
KAR, GA Müssen, 11	*Kontributionseintreibung von dem Hufner Feldhusen*	*1835*
KAR, Kartensammlung, 448	*Verkoppelungskarte mit den dazugehörigen Ländereien*	*1744*
KAR, Kartensammlung, 432	*Verkoppelungskarte der Feldmark*	*1790*

Köthel

LAS 355.54, 39	SchuPfPr, Fol. 1-11	1861-1899

LAS 233, 431	Verkoppelung und Vertauschung bzw. Ausgleichung der holsteinischen und lauenburgischen Grundstücke und Servituten	1780-1826
LAS 233, 432	Vermessungsregister	1794
LAS 66, 367	Verkoppelung	1816-1828
LAS 233, 461	Gemeinheitsländereien	1872
LAS 355.54, 727-739	Höfeakten	18.-19. Jh.

Hierzu bitte Findbuch Abt. 355.54, Seite 114-116 heranziehen!

LAS 309 Flur (21), 97	Flurbuch	1877
LAS 309 Geb. St. Hzt. Lauenburg, Nr. 96	Gebäudesteuer	1877-1878
LAS 324 Ratzeburg, 76	Gebäudebücher	1910 ff.
LAS 324 Ratzeburg, 213	Gebäudebestandsblätter	1950 ff.
LAS 402 A 5 Schbek, 48	Karte	1749
LAS 402 A 5 Schbek, 49	Karte	1749
LAS 402 A 5 Schbek, 50	Karte	1793
LAS 324 Ratzeburg, 441	Feldplan der Gemarkung	1935
KAR 6, 196	*Verkoppelung und Teilung der Feldmark*	*1778-1816*

Kuddewörde

LAS 355.54, 31	SchuPfPr, Fol. 1-22	1861-1899
LAS 355.54, 32	SchuPfPr, Fol. 23-38	1877-1899
LAS 233, 436	Vermessungsregister	1744-1745
LAS 233, 435	Verkoppelung der Feldmark und eines Teiles der Ländereien des eingegangenen Vorwerks Rotenbek	1781-1836
LAS 355.54, 769-800	Höfeakten	18.-19. Jh.

Hierzu bitte Findbuch Abt. 355.54, Seite 120-124 heranziehen!

LAS 309 Flur (21), 105	Flurbuch	1877
LAS 309 Geb. St. Hzt. Lauenburg, Nr. 102	Gebäudesteuer	1877-1878
LAS 324 Ratzeburg, 82	Gebäudebücher	1910 ff.
LAS 324 Ratzeburg, 218	Gebäudebestandsblätter	1950 ff.
LAS 402 A 5 Schbek, 55	Karte	1745
LAS 402 A 5 Schbek, 56	Karte	1788
LAS 402 A 5 Schbek, 57	Karte	1783
LAS 324 Ratzeburg, 448	Feldplan der Gemarkung	1935

KAR 6, 198	*Verkoppelung*	*1781-1805*
KAR 5, 143	*Höfe*	*1872*
KAR, Kartensammlung, 1965	*Flurkarte*	*1745*
KAR, Kartensammlung, 446	*Flurkarte*	*1745*
KAR, Kartensammlung, 111	*Flurkarte*	*1788*

Rotenbek

LAS 355.54, 29	SchuPfPr, Fol. 1-30	1861-1899
LAS 355.54, 30	SchuPfPr, Fol. 31-33	1892-1899
LAS 233, 451	Ansetzung von dreizehn Anbauern	1778-1784
LAS 233, 435	Verkoppelung eines Teiles der Ländereien des eingegangenen Vorwerks	1781-1836
LAS 233, 452	Ansetzung von acht Anbauern	1788-1791
LAS 233, 453	Ansetzung von vier Anbauern	1789-1799
LAS 66, 11013	Die von den älteren Anbauern in natura zu leistenden Burgfest-Handtage	1830
LAS 66, 11014	Die Freiheit der Bauervögte von der Leistung der Burgfest-Handtage	1830
LAS 355.54, 932-961	Höfeakten	18.-19. Jh.

Hierzu bitte Findbuch Abt. 355.54, Seite 141-144 heranziehen!

LAS 309 Flur (21), 105	Flurbuch	1877
LAS 309 Geb. St. Hzt. Lauenburg, Nr. 136	Gebäudesteuer	1877-1878
LAS 309 Geb. St. Hzt. Lauenburg, 149	Gebäudesteuer	1877-1878
LAS 324 Ratzeburg, 82	Gebäudebücher	1910 ff.
LAS 412, 1232	Volkszählungslisten	1864
LAS 402 A 5 Schbek, 57	Karte	1783
LAS 402 A 5 Schbek, 58	Karte	1744
LAS 402 A 5 Schbek, 59	Karte	1744
LAS 402 A 5 Schbek, 60	Karte	18. Jh.
LAS 324 Ratzeburg, 448	Feldplan der Gemarkung	1935
KAR 5, 49	*Inventar des Vorwerks*	*1639-1741*
KAR 5, 45	*Verpachtung des Vorwerks und dessen Niederlegung*	*1640-1747*
KAR 5, 145	*Höfe*	*1872*
KAR, Kartensammlung, 111	*Flurkarte*	*1788*

Kirchspiel Sahms

LAS 412, 1233	Volkszählungslisten	1864

Fuhlenhagen

LAS 355.54, 37	SchuPfPr, Fol. 1-17	1861-1899
LAS 233, 422	Verkoppelung	1786-1844
LAS 355.54, 538-551	Höfeakten	18.-19. Jh.

Hierzu bitte Findbuch Abt. 355.54, Seite 89-90 heranziehen!

LAS 309 Geb. St. Hzt. Lauenburg, Nr. 37	Gebäudesteuer	1877-1878
LAS 324 Ratzeburg, 34	Gebäudebücher	1910 ff.
LAS 324 Ratzeburg, 174	Gebäudebestandsblätter	1950 ff.
LAS 402 A 5 Schbek, 33	Karte	1747
LAS 402 A 5 Schbek, 34	Karte	1793
LAS 324 Ratzeburg, 385	Feldplan der Gemarkung	1935
KAR 6, 200	*Verkoppelung*	*1777-1789*
KAR, Kartensammlung, 435	*Verkoppelungskarte*	*1748*
KAR, Kartensammlung, 118	*Karte vor der Vermessung*	*1748*

Kirchspiel Schwarzenbek

LAS 412, 1234	Volkszählungslisten	1864

Grabau

LAS 355.54, 35	SchuPfPr, Fol. 1-19	1861-1899
LAS 355.54, 36	SchuPfPr, Fol. 20-27	1883-1899
LAS 233, 423	Verkoppelung	1784-1829
LAS 355.54, 552-579	Höfeakten	18.-19. Jh.

Hierzu bitte Findbuch Abt. 355.54, Seite 90-94 heranziehen!

LAS 309 Flur (21), 43	Flurbuch	1877
LAS 309 Geb. St. Hzt. Lauenburg, Nr. 40	Gebäudesteuer	1877-1878
LAS 324 Ratzeburg, 514	Grundsteuer-Veranlagung, Kartenblatt	1869-1875
LAS 324 Ratzeburg, 37	Gebäudebücher	1910 ff.
LAS 324 Ratzeburg, 182	Gebäudebestandsblätter	1950 ff.

LAS 402 A 5 Schbek, 35	Karte	1745
LAS 402 A 5 Schbek, 36	Karte	1745
LAS 402 A 5 Schbek, 37	Karte	1745
LAS 402 A 5 Schbek, 38	Karte	1784
LAS 402 A 5 Schbek, 39	Karte	1786
LAS 324 Ratzeburg, 390	Feldplan der Gemarkung	1935
KAR 6, 194	*Verkoppelung*	*1786-1816*
KAR, GA Müssen, 256	*Nachlassinventar des verstorbenen Altenteilers Jochen Hinrich Heitmann*	*1853*
KAR, GA Müssen, 257	*Landaustausch zwischen den Zweidrittel-Hufnern Lindemann und Meyer*	*1857*
KAR 5, 138	*Höfe*	*1871-1873*
StAS Bestand I, Nr. 107	*Dorfkate*	*1869*

Grove

LAS 355.54, 35	SchuPfPr, Fol. 1-14	1861-1899
LAS 355.54, 36	SchuPfPr, Fol. 15-18	1883-1899
LAS 233, 424	Verkoppelung	1794-1847
LAS 210, 4737	Freiweide	1854
LAS 355.54, 580-600	Höfeakten	18.-19. Jh.

Hierzu bitte Findbuch Abt. 355.54, Seite 94-97 heranziehen!

LAS 309 Flur (21), 43	Flurbuch	1877
LAS 309 Flur (21), 57	Flurbuch	1877
LAS 309 Geb. St. Hzt. Lauenburg, Nr. 55	Gebäudesteuer	1877-1878
LAS 324 Ratzeburg, 45	Gebäudebücher	1910 ff.
LAS 324 Ratzeburg, 191	Gebäudebestandsblätter	1950 ff.
LAS 402 A 5 Schbek, 40	Karte	1745
LAS 402 A 5 Schbek, 41	Karte	1745
LAS 402 A 5 Schbek, 42	Karte	1794
LAS 402 A 5 Schbek, 43	Karte	1803
LAS 324 Ratzeburg, 404	Feldplan der Gemarkung	1935
KAR 6, 203	*Verkoppelung*	*1792-1807*
KAR, GA Müssen, 167	*Verkauf der Zweidrittel-Hufenstelle der Eheleute Bollau*	*1831*
KAR, GA Müssen, 188	*Konkursverfahren des Zweidrittel-Hufners Bollau*	*1831*

KAR, GA Müssen, 251	*Nachlassregulierung des verstorbenen Altenteilers Franz Jochen Heitmann*	*1847*
KAR, GA Müssen, 35	*Konkursverfahren des Hufners Schmidt*	*1860-1877*
KAR 5, 139	*Höfe*	*1872*

Schwarzenbek

LAS 355.54, 1	SchuPfPr, Fol. 1-55	1861-1899
LAS 355.54, 2	SchuPfPr, Fol. 55a-85	1872-1899
LAS 355.54, 3	SchuPfPr, Fol. 86-114	1881-1899
LAS 355.54, 4	SchuPfPr, Fol. 115-142	1890-1899
LAS 355.54, 5	SchuPfPr, Fol. 143-169	1894-1899

LAS 355.45, 685	Alte Ehestiftungen und Hausbriefe	1695-1795
LAS 211, 170	Franz Hütenpfuhls und nachher Franz Michel Tielkens Kate	1702
LAS 211, 137	Eine zu dem Vorwerk gehörige Koppel	1708
LAS 233, 444	Feld- und Vermessungsregister	1744-1836
LAS 233, 441	Verkoppelung, Vol. I	1791-1803
LAS 233, 442	Verkoppelung, Vol. II	1804-1841
LAS 355.45, 698	Häuslingssachen	1814-1861
LAS 66, 4290	Verkoppelung	1831-1837
LAS 233, 443	Verkoppelung, Vol. III	1842-1849
LAS 210, 2084	Austausch von Land infolge der Verkoppelungen der Dorffeldmark	1845-1846
LAS 233, 464	Gemeinheitsländereien	1866-1869
LAS 355.54, 1148	Auflösung der Meierverhältnisse	1875
LAS 355.54, 988-1147	Höfeakten	18.-19. Jh.

Hierzu bitte Findbuch Abt. 355.54, Seite 148-168 heranziehen!

LAS 309 Flur (21), 156	Flurbuch	1877
LAS 309 Geb. St. Hzt. Lauenburg, Nr. 150	Gebäudesteuer	1877-1878
LAS 309 Geb. St. Hzt. Lauenburg, Nr. 149	Gebäudesteuer [Gutsbezirk]	1877-1878
LAS 324 Ratzeburg, 125	Gebäudebücher	1910 ff.
LAS 324 Ratzeburg, 269	Gebäudebestandsblätter, 1-600	1950 ff.
LAS 324 Ratzeburg, 270	Gebäudebestandsblätter, 601-1531	1950 ff.

LAS 402 A 5 Schbek, 67	Karte	1744
LAS 402 A 5 Schbek, 68	Karte	1792
LAS 402 A 5 Schbek, 69	Karte	1804
LAS 402 A 5 Schbek, 70	Karte	1845-1846
LAS 324 Ratzeburg, 299	Feldplan der Gemarkung	1935

KAR 5, 47	*Verpachtung des Vorwerks*	*1627-1742*
KAR 5, 49	*Inventar des Vorwerks*	*1639-1741*
KAR 5, 48	*Niederlegung des Vorwerks*	*1745-1750*
KAR 6, 202	*Verkoppelung*	*1791-1817*
KAR 6, 229	*Verkoppelungsprotokoll und Vermessungsregister*	*1834-1883*
KAR 1, 373	*Die Erbenzins-Kleinkätnerstelle des Grobschmieds J. H. L. Reimers*	*1870*
KAR 5, 152	*Erbzins-Kleinkätnerstelle Reimers*	*1870-1872*
KAR 5, 146	*Höfe*	*1870-1872*
KAR, Kartensammlung, 87	*Topographische Landesaufnahme 61 Schwarzenbek*	*1777*
KAR, Kartensammlung, 312	*Karte von der Feldmark*	*o. J.*

StAS Bestand I, Nr. 98	*Verkoppelungs-Protokoll und Vermessungs-Register*	*1844-1912*
StAS Bestand II, Nr. 133	*Grund- und Gebäudesteuer-Veranlagung*	*1872-1898*
StAS Bestand II, Nr. 134	*Kommunalsteuerheberolle*	*1893-1894*
StAS Bestand II, Nr. 135	*Gemeindesteuerrolle*	*1895-1896*
StAS Bestand II, Nr. 136	*Kommunalsteuerheberolle*	*1895-1896*
StAS Bestand II, Nr. 137	*Kommunalsteuerheberolle*	*1897-1898*
StAS Bestand II, Nr. 138	*Kommunalsteuerheberolle*	*1901-1902*
StAS Bestand II, Nr. 139	*Kommunalsteuerheberolle*	*1903-1904*
StAS Bestand II, Nr. 140	*Gemeindesteuerrolle*	*1905-1906*
StAS Bestand II, Nr. 141	*Gemeindesteuerrolle*	*1906-1907*
StAS Bestand II, Nr. 142	*Kommunalsteuerheberolle*	*1908-1909*
StAS Bestand II, Nr. 143	*Kommunalsteuerheberolle*	*1909-1910*

StAS Bestand V, Nr. 35	*Kurhannoversche Landesaufnahme, Schwarzenbek Nr. 61*	*1777*
StAS Bestand V, Nr. 36	*Dorfansicht*	*1790*
StAS Bestand V, Nr. 37	*Karte von der Feldmark*	*1792*
StAS Bestand V, Nr. 39	*Grundriss der Feldmark*	*1845-1846*
StAS Bestand V, Nr. 29	*Liegenschaftsbuch der Gemeinde*	*1879-1948*
StAS Bestand V, Nr. 1	*Flurkarte in 10 Blättern*	*1880*
StAS Bestand V, Nr. 30	*Mutterrolle und Artikelverzeichnis; gehört zum Kartenwerk*	*1880-1900*

Kirchspiel Siebeneichen

LAS 412, 1235	Volkszählungslisten	1864

Talkau
- Kleintalkau

LAS 355.54, 37	SchuPfPr, Fol. 1-18	1861-1899
LAS 355.54, 38	SchuPfPr, Fol. 19-20	1891-1899
LAS 233, 446	Verkoppelung	1777-1831
LAS 233, 455	Ansetzung von sechs Anbauern	1783
LAS 355.54, 1170-1188	Höfeakten	18.-19. Jh.

Hierzu bitte Findbuch Abt. 355.54, Seite 171-173 heranziehen!

LAS 309 Flur (21), 43	Flurbuch	1877
LAS 309 Flur (21), 168	Flurbuch	1877
LAS 309 Geb. St. Hzt. Lauenburg, Nr. 162	Gebäudesteuer	1877-1878
LAS 324 Ratzeburg, 134	Gebäudebücher	1910 ff.
LAS 324 Ratzeburg, 279	Gebäudebestandsblätter	1950 ff.
LAS 402 A 5 Schbek, 72	Karte	1747
LAS 402 A 5 Schbek, 73	Karte	1749
LAS 402 A 5 Schbek, 74	Karte	1782
LAS 402 A 5 Schbek, 75	Karte	1782
LAS 402 A 5 Schbek, 76	Karte	1784
LAS 324 Ratzeburg, 309	Feldplan der Gemarkung	1935
KAR 6, 195	*Verkoppelung*	*1778-1786*
KAR 5, 147	*Höfe*	*1871-1872*
KAR, Kartensammlung, 437	*Verkoppelungskarte*	*1782*
KAR, Kartensammlung, 308	*Karte der Feldmark*	*1850*
StAS Bestand I, Nr. 97	*Anbau des Tischlers Johann Hinrich Gebert auf der Gemeinheit*	*1843-1872*

Amt Steinhorst

LAS 355.57, 953	SchuPfPr, Supplementband, Band 1	1871-1899
LAS 355.57, 954	SchuPfPr, Nebenbuch, Band 1	1861-1866
LAS 355.57, 955	SchuPfPr, Nebenbuch, Band 2	1866-1870
LAS 355.57, 956	SchuPfPr, Nebenbuch, Band 3	1870-1873

LAS 355.57, 957	SchuPfPr, Nebenbuch, Band 4	1873-1876
LAS 355.57, 958	SchuPfPr, Nebenbuch, Band 5	1876-1878
LAS 355.57, 959	SchuPfPr, Nebenbuch, Band 6	1878-1881
LAS 355.57, 960	SchuPfPr, Nebenbuch, Band 7	1881-1887
LAS 355.57, 961	SchuPfPr, Nebenbuch, Band 8	1888-1895
LAS 355.57, 962	SchuPfPr, Nebenbuch, Band 9	1894-1898
LAS 355.57, 963	SchuPfPr, Nebenbuch, Band 10	1898-1899

LAS 234, 160	Schuldverschreibungen	1797-1801
LAS 234, 161	Schuldverschreibungen	1802-1807
LAS 234, 162	Schuldverschreibungen	1808-1813
LAS 234, 163	Schuldverschreibungen	1814-1816
LAS 234, 164	Schuldverschreibungen	1817-1818
LAS 234, 165	Schuldverschreibungen	1819-1820
LAS 234, 166	Schuldverschreibungen	1821-1822
LAS 234, 167	Schuldverschreibungen	1823-1824
LAS 234, 168	Schuldverschreibungen	1825-1828
LAS 234, 169	Schuldverschreibungen	1829-1830
LAS 234, 170	Schuldverschreibungen	1831-1832
LAS 234, 171	Schuldverschreibungen	1833-1836
LAS 234, 172	Schuldverschreibungen	1837-1839
LAS 234, 173	Obligationen und Zessionen	1840-1842
LAS 234, 174	Obligationen und Zessionen	1843-1847
LAS 234, 175	Obligationen und Zessionen	1848-1851
LAS 234, 176	Obligationen und Zessionen	1852-1853
LAS 234, 177	Obligationen, Zessionen, Agnitionen, Delierungen	1854-1857
LAS 234, 178	Obligationen, Zessionen, Agnitionen, Delierungen	1858-1862
LAS 234, 179	Obligationen, Zessionen, Agnitionen, Delierungen	1863-1866
LAS 234, 180	Obligationen, Zessionen, Agnitionen, Delierungen	1867-1870
LAS 355.57, 917	Obligationen	1876-1879
LAS 355.57, 918	Obligationen	1879
LAS 355.57, 919	Obligationen	1879-1880
LAS 355.57, 920	Obligationen	1888
LAS 355.57, 921	Obligationen	1890
LAS 355.57, 922	Obligationen	1891
LAS 355.57, 923	Obligationen	1892-1893
LAS 355.57, 924	Obligationen	1894
LAS 355.57, 925	Abschriften von Obligationen Anlage I zum Nebenbuch Band VII	1882-1883
LAS 355.57, 926	Abschriften von Obligationen Anlage II zum Nebenbuch Band VII	1883-1885

LAS 355.57, 927	Abschriften von Obligationen Anlage III zum Nebenbuch Band VII	1886-1888
LAS 355.57, 928	Abschriften von Obligationen Anlage IV zum Nebenbuch Band VII	1889-1892
LAS 355.57, 929	Abschriften von Obligationen Anlage V zum Nebenbuch Band VII	1892-1896
LAS 355.57, 930	Abschriften von Obligationen Anlage VI zum Nebenbuch Band VII	1896-1899
LAS 355.57, 934	Tilgungen	1882
LAS 355.57, 935	Tilgungen	1884
LAS 355.57, 936	Tilgungen	1885
LAS 355.57, 937	Tilgungen	1888
LAS 355.57, 938	Tilgungen	1889
LAS 355.57, 939	Tilgungen	1890
LAS 355.57, 940	Tilgungen	1891-1892
LAS 234, 182	Chronologisches Verzeichnis der Anmeldungen zum Hypothekenbuch	1838-1841
LAS 234, 183	Anmeldungen zum Hypothekenbuch: Dörfer Boden bis Wentorf	1836-1851
LAS 234, 186	Entwurf zum SchuPfPr, Fol. 1-355: Dörfer Boden bis Schürensohlen	1860
LAS 234, 187	Entwurf zum SchuPfPr, Fol. 356-460: Dörfer Siebenbäumen bis Wentorf	1860
LAS 234, 1312	Ambt-Register, mit Beilagen	1634-1635
LAS 234, 1313	Geld-Register	1739-1740
LAS 234, 1314	Geld-Register	1740-1741
LAS 234, 1315	Geld-Register	1741-1742
LAS 234, 1316	Geld-Register	1742-1743
LAS 234, 1317	Geld-Register	1743-1744
LAS 234, 1318	Geld-Register	1744-1745
LAS 234, 1319	Geld-Register	1745-1746
LAS 234, 1320	Geld-Register	1746-1747
LAS 234, 1321	Geld-Register	1747-1748
LAS 234, 1322	Geld-Register	1748-1749
LAS 234, 1323	Geld-Register	1749-1750
LAS 234, 1324	Geld-Register	1750-1751
LAS 234, 1325	Geld-Register	1751-1752
LAS 234, 1326	Geld-Register	1752-1753
LAS 234, 1327	Geld-Register	1753-1754
LAS 234, 1328	Geld-Register	1754-1755
LAS 234, 1329	Geld-Register	1755-1756
LAS 234, 1330	Geld-Register	1756-1757

LAS 234, 1331	Geld-Register	1757-1758
LAS 234, 1332	Geld-Register	1758-1759
LAS 234, 1333	Geld-Register	1759-1760
LAS 234, 1334	Geld-Register	1760-1761
LAS 234, 1335	Geld-Register	1761-1762
LAS 234, 1336	Geld-Register	1762-1763
LAS 234, 1337	Geld-Register	1763-1764
LAS 234, 1338	Geld-Register	1764-1765
LAS 234, 1339	Geld-Register	1765-1766
LAS 234, 1340	Geld-Register	1766-1767
LAS 234, 1341	Geld-Register	1767-1768
LAS 234, 1342	Geld-Register	1768-1769
LAS 234, 1343	Geld-Register	1769-1770
LAS 234, 1344	Geld-Register	1770-1771
LAS 234, 1345	Geld-Register	1771-1772
LAS 234, 1346	Geld-Register	1772-1773
LAS 234, 1347	Geld-Register	1773-1774
LAS 234, 1348	Geld-Register	1774-1775
LAS 234, 1349	Geld-Register	1775-1776
LAS 234, 1350	Geld-Register	1776-1777
LAS 234, 1351	Geld-Register	1777-1778
LAS 234, 1352	Geld-Register	1778-1779
LAS 234, 1353	Geld-Register	1779-1780
LAS 234, 1354	Geld-Register	1780-1781
LAS 234, 1355	Geld-Register	1781-1782
LAS 234, 1356	Geld-Register	1782-1783
LAS 234, 1357	Geld-Register	1783-1784
LAS 234, 1358	Geld-Register	1784-1785
LAS 234, 1359	Geld-Register	1785-1786
LAS 234, 1360	Geld-Register	1786-1787
LAS 234, 1361	Geld-Register	1787-1788
LAS 234, 1362	Geld-Register	1788-1789
LAS 234, 1363	Geld-Register	1789-1790
LAS 234, 1364	Geld-Register, Dienst-Register	1790-1791
LAS 234, 1365	Geld-Register	1791-1792
LAS 234, 1366	Geld-Register	1792-1793
LAS 234, 1367	Geld-Register	1793-1794
LAS 234, 1368	Geld-Register	1794-1795
LAS 234, 1369	Geld-Register	1795-1796
LAS 234, 1370	Geld-Register	1796-1797
LAS 234, 1371	Geld-Register	1797-1798
LAS 234, 1372	Geld-Register	1798-1799
LAS 234, 1373	Geld-Register, Dienst-Register	1799-1800
LAS 234, 1374	Geld-Register	1800-1801
LAS 234, 1375	Geld-Register	1801-1802

LAS 234, 1376	Geld-Register	1802-1803
LAS 234, 1377	Geld-Register	1803-1804
LAS 234, 1378	Geld-Register	1804-1805
LAS 234, 1379	Geld-Register	1805-1806
LAS 234, 1380	Geld-Register	1806-1807
LAS 234, 1381	Geld-Register	1807-1808
LAS 234, 1382	Geld-Register	1808
LAS 234, 1383	Geld-Register	1813-1814
LAS 234, 1384	Geld-Register	1814-1815
LAS 234, 1385-1386	Geld-Register, Dienst-Register	1815-1816
LAS 234, 1387-1388	Geld-Register, Dienst-Register	1816-1817
LAS 234, 1389	Geld-Register, Dienst-Register	1817-1818
LAS 234, 1390-1391	Geld-Register, Dienst-Register	1818-1819
LAS 234, 1392-1394	Geld-Register, Dienst-Register	1819-1820
LAS 234, 1395-1396	Geld-Register, Dienst-Register	1820-1821
LAS 234, 1397-1398	Geld-Register, Dienst-Register	1821-1822
LAS 234, 1399-1401	Geld-Register, Dienst-Register	1822-1823
LAS 234, 1402-1403	Geld-Register, Dienst-Register	1823-1824
LAS 234, 1404-1405	Geld-Register, Dienst-Register	1824-1825
LAS 234, 1406	Geld-Register, Dienst-Register	1825-1826
LAS 234, 1407-1408	Geld-Register, Dienst-Register	1826-1827
LAS 234, 1409-1410	Geld-Register, Dienst-Register	1827-1828
LAS 234, 1411	Geld-Register, Dienst-Register	1828-1829
LAS 234, 1412	Geld-Register, Dienst-Register	1829-1830
LAS 234, 1413-1414	Geld-Register, Dienst-Register	1830-1831
LAS 234, 1415-1416	Geld-Register, Dienst-Register	1831-1832
LAS 234, 1417-1418	Geld-Register, Dienst-Register	1832-1833
LAS 234, 1419	Geld-Register, Dienst-Register	1833-1834
LAS 234, 1420	Geld-Register, Dienst-Register	1834-1835
LAS 234, 1421	Geld-Register, Dienst-Register	1835-1836
LAS 234, 1422	Geld-Register, Dienst-Register	1836-1837
LAS 234, 1423	Geld-Register, Dienst-Register	1837-1838
LAS 234, 1424	Geld-Register, Dienst-Register	1838-1839
LAS 234, 1425	Geld-Register, Dienst-Register	1839-1840
LAS 234, 1426	Geld-Register, Dienst-Register	1840-1841
LAS 234, 1427	Geld-Register, Dienst-Register	1841-1842
LAS 234, 1428	Geld-Register, Dienst-Register	1842-1843
LAS 234, 1429	Geld-Register	1843
LAS 234, 1430-1431	Geld-Register	1844
LAS 234, 1432	Geld-Register, Dienst-Register	1845
LAS 234, 1433	Geld-Register	1847
LAS 234, 1434	Geld-Register	1849
LAS 234, 1435	Geld-Register	1851
LAS 234, 1436	Geld-Register	1853-1854
LAS 234, 1437	Geld-Register	1855-1856

LAS 234, 1438	Geld-Register	1857-1858
LAS 234, 1439	Geld-Register	1859-1860
LAS 234, 1440	Geld-Register	1861-1862
LAS 234, 1441	Geld-Register	1863-1864
LAS 234, 1442	Geld-Register	1865-1866
LAS 234, 1443	Geld-Register	1866-1867
LAS 234, 1444	Geld-Register	1867-1868
LAS 234, 770	Hauptbuch	1680
LAS 234, 771	Hauptbuch	1685-1686
LAS 234, 774	Hauptbuch	1849
LAS 234, 348	Depositenbescheinigungen über hinterlegte Testamente und Obligationen	1805-1870
LAS 234, 349	Depositenbuch mit Personenregister	1770-1834
LAS 234, 350	Depositenbuch mit Personenregister	1834-1861
LAS 66, 11099	Konfirmation von Meierbriefen, Hausbriefen, Kaufbriefen, Erbpachtkontrakten und Ehestiftungen, Vol. I	1821-1836
LAS 66, 11100	Konfirmation von Meierbriefen, Hausbriefen, Kaufbriefen, Erbpachtkontrakten und Ehestiftungen, Vol. II	1837-1848
LAS 80, 4147	Abhandlung von Naturalherrendiensten	1854-1857
LAS 210, 4706	Austausch von Ländereien	1864
LAS 234, 775	Kriegssteuer-, Kontributions-, Pflugschatz- und Viehschatzregister	1626-1651
LAS 234, 769	Erdbuch	1667
LAS 234, 779	Grund-, Personal- und Mobiliar- sowie Tür- und Fenster-Steuer	1811-1813
LAS 80, 3780	Hebungswesen	1859-1862
LAS 234, 780	Einführung und Erhebung der Klassen- und klassifizierten Einkommensteuer	1870-1872
LAS 234, 781	Erhebung und Ablieferung der sämtlichen Landschaftlichen Steuern	1870-1872
LAS 234, 783	Veranlagung der Klassensteuer	1875-1888
LAS 234, 144	Einzelne Eheverträge	1721-1735
LAS 234, 145	Behaltene Copeyen von Contracten und Ehestiftungen	1738-1754
LAS 234, 146	Konsens-, Ehestiftungs- und Testamenten-Buch	1743-1749
LAS 234, 147	Konsens-, Ehestiftungs- und Testamenten-Buch	1750-1758

LAS 234, 148	Konsens-, Ehestiftungs- und Testamenten-Buch	1759-1763
LAS 234, 149	Konsens-, Ehestiftungs- und Testamenten-Buch	1763-1765
LAS 234, 150	Konsens-, Ehestiftungs- und Testamenten-Buch	1766-1775
LAS 234, 151	Konsens-, Ehestiftungs- und Testamenten-Buch	1775-1781
LAS 234, 152	Konsens-, Ehestiftungs- und Testamenten-Buch	1781-1785
LAS 234, 153	Konsens-, Ehestiftungs- und Testamenten-Buch	1785-1790
LAS 234, 154	Konsens-, Ehestiftungs- und Testamenten-Buch	1790-1797
LAS 234, 155	Konsens-, Ehestiftungs- und Testamenten-Buch	1797-1801
LAS 234, 156	Ehestiftungen, Altenteilsverschreibungen und sonstige gerichtliche Verträge	1810
LAS 355.57, 855	Ehestiftungen und Pachtkontrakte	1870-1879

LAS 234, 365-385	Konkurssachen	18./19. Jh.

Hierzu bitte gedrucktes Findbuch Abt. 234, Seite 247-248 heranziehen!

LAS 234, 188-328	Nachlasssachen	18./19. Jh.

Hierzu bitte gedrucktes Findbuch Abt. 234, Seite 237-244 heranziehen!

LAS 234, 361	Auktionen von Nachlässen, Grundstücken, Gerätschaften u. a. m.	1846-1851
LAS 234, 362	Auktionen von Nachlässen, Grundstücken, Gerätschaften u. a. m.	1852-1858
LAS 234, 363	Auktionen von Nachlässen, Grundstücken, Gerätschaften u. a. m.	1859-1865
LAS 234, 364	Auktionen von Nachlässen, Grundstücken, Gerätschaften u. a. m.	1866-1870

LAS 355.57, 897	Verschiedene Testamente	1761-1868
LAS 355.57, 878	Testamentenbuch	1779-1870
LAS 355.57, 879-896	Einzelne Testamente, alphabetisch geordnet	18./19. Jh.

Hierzu bitte Findbuch Abt. 355.57, Seite 9-13 heranziehen!

LAS 234, 329	Vormundschaftsbuch	1779-1831
LAS 234, 330	Vormünderbuch	1846-1870
LAS 234, 331-342	Einzelne Vormundschaftssachen	18./19. Jh.

Hierzu bitte gedrucktes Findbuch Abt. 234, Seite 244-245 heranziehen!

LAS 355.57, 907	Vormundschaftsregister, alphabetisch	1885-1906

LAS 234, 1115	Erhebung der Versicherungsbeiträge für die Vereinigte Landschaftliche Brandkasse	1779-1800
LAS 234, 1116	Erhebung der Versicherungsbeiträge für die Vereinigte Landschaftliche Brandkasse	1801-1850
LAS 234, 1117	Erhebung der Versicherungsbeiträge für die Vereinigte Landschaftliche Brandkasse	1851-1865
LAS 234, 1118	Vorarbeiten sowie Aufstellung der Versicherungs- bzw. Veränderungsanzeigen für die Vereinigte Landschaftliche Brandkasse	1780-1800
LAS 234, 1119	Vorarbeiten sowie Aufstellung der Versicherungs- bzw. Veränderungsanzeigen für die Vereinigte Landschaftliche Brandkasse	1801-1830
LAS 234, 1120	Vorarbeiten sowie Aufstellung der Versicherungs- bzw. Veränderungsanzeigen für die Vereinigte Landschaftliche Brandkasse	1831-1840
LAS 234, 1121	Vorarbeiten sowie Aufstellung der Versicherungs- bzw. Veränderungsanzeigen für die Vereinigte Landschaftliche Brandkasse	1841-1850

LAS 234, 530-534	Zivilstandsregister der Franzosenzeit, südlicher und westlicher Teil des Amtes Steinhorst	1811-1813

Hierzu bitte gedrucktes Findbuch Abt. 234, Seite 259-260 heranziehen!

LAS 234, 535-545	Zivilstandsregister der Franzosenzeit, nördlicher und östlicher Teil des Amtes Steinhorst	1811-1813

Hierzu bitte gedrucktes Findbuch Abt. 234, Seite 260 heranziehen!

LAS 415, 5527	Volkszähllisten	1845
LAS 415, 5546	Volkszähllisten	1855
LAS 234, 1218	Aufstellung der jährlichen Nachweisungen über Ein- und Auswanderungen	1869-1886
LAS 234, 1219	Vornahme der Volkszählung	1871-1886
LAS 234, 1220	Vornahme der Viehzählung	1873-1883
LAS 234, 1221	Verschiedene statistische Erhebungen	1874-1886

KAR 4, 413	*Geldregister*	*1740-1741*
KAR 4, 414	*Geldregister*	*1742-1743*
KAR 4, 415	*Geldregister*	*1744-1745*
KAR 4, 416	*Geldregister*	*1746-1747*
KAR 4, 417	*Geldregister*	*1748-1749*
KAR 4, 418	*Geldregister*	*1750-1751*
KAR 4, 419	*Geldregister*	*1752-1753*
KAR 4, 420	*Geldregister*	*1754-1755*
KAR 4, 421	*Geldregister*	*1756-1757*
KAR 4, 422	*Geldregister*	*1758-1759*
KAR 4, 423	*Geldregister*	*1760-1761*
KAR 4, 424	*Geldregister*	*1762-1763*

KAR 4, 425	*Geldregister*	*1764-1765*
KAR 4, 426	*Geldregister*	*1766-1767*
KAR 4, 427	*Geldregister*	*1768-1769*
KAR 4, 428	*Geldregister*	*1770-1771*
KAR 4, 429	*Geldregister*	*1772-1773*
KAR 4, 430	*Geldregister*	*1774-1775*
KAR 4, 431	*Geldregister*	*1776-1777*
KAR 4, 432	*Geldregister*	*1778-1779*
KAR 4, 433	*Geldregister*	*1780-1781*
KAR 4, 434	*Geldregister*	*1782-1783*
KAR 4, 435	*Geldregister*	*1784-1785*
KAR 4, 436	*Geldregister*	*1786-1787*
KAR 4, 437	*Geldregister*	*1789-1790*
KAR 4, 438	*Geldregister*	*1790-1791*
KAR 4, 439	*Geldregister*	*1792-1793*
KAR 4, 440	*Geldregister*	*1794-1795*
KAR 4, 441	*Geldregister*	*1796-1797*
KAR 4, 442	*Geldregister*	*1798-1799*
KAR 4, 443	*Geldregister*	*1800-1801*
KAR 4, 444	*Geldregister*	*1802-1803*
KAR 4, 445	*Geldregister*	*1804-1805*
KAR 4, 446	*Geldregister*	*1806-1807*
KAR 4, 447	*Geldregister*	*1808*
KAR 4, 448	*Geldregister*	*1814-1815*
KAR 4, 449	*Geldregister*	*1816-1817*
KAR 4, 450	*Geldregister*	*1818-1819*
KAR 4, 451	*Geldregister*	*1820-1821*
KAR 4, 452	*Geldregister*	*1822-1823*
KAR 4, 453	*Geldregister*	*1824-1825*
KAR 4, 454	*Geldregister*	*1826-1827*
KAR 4, 455	*Geldregister*	*1828-1829*
KAR 4, 456	*Geldregister*	*1830-1831*
KAR 4, 457	*Geldregister*	*1832-1833*
KAR 4, 458	*Geldregister*	*1834-1835*
KAR 4, 459	*Geldregister*	*1836-1837*
KAR 4, 460	*Geldregister*	*1838-1839*
KAR 4, 461	*Geldregister*	*1840-1841*
KAR 4, 462	*Geldregister*	*1842-1843*
KAR 4, 463	*Geldregister*	*1844-1845*
KAR 4, 464	*Geldregister*	*1846-1847*
KAR 4, 465	*Geldregister*	*1848-1849*
KAR 4, 466	*Geldregister*	*1850-1851*
KAR 4, 467	*Geldregister*	*1852-1853*
KAR 4, 468	*Geldregister*	*1853*
KAR 4, 469	*Geldregister*	*1854-1855*

KAR 4, 412	*Geldregister*	*1856-1857*
KAR 4, 470	*Geldregister*	*1858-1859*
KAR 4, 471	*Geldregister*	*1860-1861*
KAR 4, 472	*Geldregister*	*1862-1863*
KAR 4, 473	*Geldregister*	*1864-1865*
KAR 4, 474	*Geldregister*	*1866-1867*
KAR 4, 475	*Amtsrechnung*	*1870*
KAR 4, 313	*Jahresaufstellungen und Revision der Dienstregister*	*1852-1872*
KAR 4, 315	*Neuanbauer vor der Verkoppelung*	*1691-1773*
KAR 4, 297	*Zusammenstellungen zur Viehhaltung der Kätner*	*1749-1776*
KAR 4, 288	*Vorschriften zur Nutzung und Wiederbesetzung wüster Höfe; Verzeichnis der Höfe*	*1755-1798*
KAR 6, 234	*Vorläufige Aufmessung verschiedener Feldmarken für geplante Verkoppelungen*	*1766-1776*
KAR 6, 235	*Auswirkungen der Verkoppelungen auf die Anbauer*	*1770-1785*
KAR 6, 236	*Regulierung von Gefällen und Servituten nach durchgeführter Verkoppelung*	*1770-1776*
KAR 6, 244	*Anfertigung einer Generalkarte über durchgeführte Verkoppelungen*	*1776-1798*
KAR 6, 246	*Untersuchung, Vermessung und Unterhaltung der Buschkoppeln*	*1778-1807*
KAR 4, 296	*Bestimmungen zur Aussetzung von Altenteilen auf den Höfen*	*1782-1870*
KAR 4, 298	*Ablösung der Naturaldienste; enth. tabellarisches Verzeichnis der Untertanen mit Angaben über ihre Herrendienste und -gelder*	*1782-1784*
KAR 4, 299	*Ablösung der Naturaldienste; enth. tabellarisches Verzeichnis der Untertanen mit Angaben über ihre Herrendienste und -gelder*	*1785-1787*
KAR 6, 304	*Verkoppelungen*	*1832-1871*
KAR 4, 289	*Beschränkung des freien Eigentums durch das Meierrecht; Verzeichnis über erteilte Hausbriefe*	*1853-1858*
KAR 4, 42	*Jahresanzeigen über aus der Pacht getretene Pachtstücke*	*1860-1872*
KAR 4, 293	*Umwandlung des Meiererbzins- und Erbpachtverhältnisses in Eigentum und Ablösung der daher bedingten Leistungen*	*1871*

KAR 4, 330	*Verpachtungen von Meierstellen*	*1871*
KAR 9, 224	*Meiergefälle im Hebebezirk Lauenburg; namentliche Nachweisungen*	*1873-1875*
KAR, Kartensammlung, 477	*Generalkarte vom Amt*	*1778*
KAR, Kartensammlung, 228	*Gemeindekarte vom Amt*	*1778*

Kirchspiel Eichede

LAS 412, 1236	Volkszählungslisten	1864

Stubben

- Radeland

LAS 355.57, 952	SchuPfPr, Band 5	1860-1899
LAS 234, 890	Vermessungsregister	1712-1778
LAS 355.57, 853	Ehestiftungen und Häuslingsbriefe	1719-1867
LAS 234, 929	Verkauf der Kate des Franz Appel an Asmus Tiedgen	1747-1755
LAS 234, 930	Verkauf der von Hans Appel bisher besessenen Katenstelle	1755
LAS 355.57, 984	Einzelne Aktenstücke aus Vormundschafts-, Nachlass- und anderen Akten der freiwilligen Gerichtsbarkeit	1761-1870
LAS 234, 891	Verkoppelung	1771-1801
LAS 234, 892	Einschränkung und Verkoppelung der Aue der Hufe des Hinrich Appel	1773-1781
LAS 234, 893	Ansetzung von Neuanbauern	1775-1782
LAS 234, 931	Zweite Heirat der Anne Catharine Bötcher, Witwe des Vollhufners Franz Bötcher, mit Hans Bruns	1791
LAS 234, 932	Zweite Heirat der Amalia Johns, geb. Bruns, Witwe des Viertelhufners Jochen Johns, mit Hans Hinrich Stapelfeld	1793
LAS 210, 4748	Freiweide	1851-1869
LAS 210, 5257-5277	Akten zu einzelnen Bauernstellen	1852-1872

Hierzu bitte gedrucktes Findbuch Abt. 210, Seite 2688-269 heranziehen!

LAS 355.57, 876	Ablösung des Meierrechts	1874-1875
LAS 355.57, 905	Nachlassakte: Dührsen, Eggert Christian, Schneider	1874-1881
LAS 355.57, 592-630	Höfeakten	18./19. Jh.

Hierzu bitte Findbuch Abt. 355.57, Seite 95-100 heranziehen!

LAS 309 Flur (21), 167	Flurbuch	1877
LAS 309 Geb. St. Hzt. Lauenburg, Nr. 161	Gebäudesteuer	1877-1878
LAS 324 Ratzeburg, 133	Gebäudebücher	1910 ff.
LAS 324 Ratzeburg, 278	Gebäudebestandsblätter	1950 ff.
LAS 402 A 5 Steinhorst, 12	Karte	1775
LAS 402 A 5 Steinhorst, 12a	Karte	1778
LAS 324 Ratzeburg, 308	Feldplan der Gemarkung	1934
KAR 6, 259	*Verkoppelung*	*1772-1790*
KAR 4, 228	*Freiweide*	*1779-1874*
KAR 4, 328	*Meierstellen (Hausbriefe)*	*1870-1872*

Kirchspiel Nusse

LAS 412, 1237	Volkszählungslisten	1864

Duvensee

- Duvenseer Wall - Lübsche Stellen - Zum Heisch

LAS 355.57, 948	SchuPfPr, Band 1	1860-1899
LAS 234, 854	Verkoppelungsregister	1777-1781
LAS 234, 855	Verkoppelung	1779-1798
LAS 234, 899	Wegen Veräußerung der Kate des Kätners Hans Hinrich Martens an seinen Schwager Joachim Kohlthoff entstandene Irrungen	1780
LAS 210, 5081-5099	Akten zu einzelnen Bauernstellen	1832-1872

Hierzu bitte gedrucktes Findbuch Abt. 210, Seite 260-261 heranziehen!

LAS 234, 900	Überlieferung und Taxation des dem Pächter der Funkschen Hufnerstelle David Hahn auf 9 Jahre, 1840 bis 1849, übergebenen Inventars	1840
LAS 234, 1270	Unterbringung und die Heimatsverhältnisse der Witwe des Holz- und Moorvogts Peters, Christiane Marie Sophie geb. Harms sowie deren Pension	1847-1867
LAS 210, 4740	Freiweide	1851
LAS 80, 4111	Gesuch des Tischlers Gottfried Grell um Überlassung eines Landstücks	1854-1855
LAS 355.57, 858	Ablösung des Meierrechts	1875-1876

LAS 355.57, 28-76	Höfeakten	18./19. Jh.

Hierzu bitte Findbuch Abt. 355.57, Seite 21-28 heranziehen!

LAS 309 Flur (21), 30	Flurbuch	1877
LAS 309 Geb. St. Hzt. Lauenburg, Nr. 35	Gebäudesteuer	1877-1878
LAS 309 Geb. St. Hzt. Lauenburg, Nr. 34	Gebäudesteuer (Gutsbezirk)	1877-1878
LAS 324 Ratzeburg, 26	Gebäudebücher	1910 ff.
LAS 324 Ratzeburg, 168	Gebäudebestandsblätter	1950 ff.
LAS 355.57, 967	Einzelne Aktenstücke aus Vormundschafts-, Nachlass- und anderen Akten der freiwilligen Gerichtsbarkeit	1760-1871
LAS 402 A 5 Steinhorst, 2a	Brouillon-Karte	1777
LAS 402 A 5 Steinhorst, 2b	Karte	1777
LAS 402 A 5 Steinhorst, 2c	Karte	1780
LAS 402 A 5 Steinhorst, 2d	Karte	1798
LAS 402 A 47, 241	Absteckungsriss in der Teilungssache	1897
LAS 402 A 47, 242	Urkarte I in der Teilungssache	1896-1897
LAS 324 Ratzeburg, 483	Feldplan der Gemarkung	1934
KAR 6, 253	*Verkoppelung*	*1765-1794*
KAR 2, 710	*Dienstgelder*	*1779-1787*
KAR 4, 216	*Freiweide*	*1851-1862*
KAR 4, 316	*Meierstellen (Hausbriefe)*	*1870-1871*
KAR, Kartensammlung, 465	*Flurkarte*	*1780*
KAR, Kartensammlung, 1170	*Teilungskarte*	*1896-1897*

Kirchspiel Sandesneben

LAS 412, 1238	Volkszählungslisten	1864

Franzdorf
- Steinburg

LAS 355.57, 951	SchuPfPr, Band 4	1860-1899
LAS 234, 880	Vermessungs- und Verkoppelungsregister	1747-1782
LAS 234, 881	Verkoppelung	1768-1801
LAS 210, 5100-5102	Akten zu einzelnen Bauernstellen	1851-1870

Hierzu bitte gedrucktes Findbuch Abt. 210, Seite 261 heranziehen!

LAS 355.57, 840	Ehestiftungen und Häuslingsbriefe	1853-1873
LAS 210, 4744	Freiweide	1854-1866
LAS 355.57, 859	Ablösung des Meierrechts	1875
LAS 355.57, 77-88	Höfeakten	18./19. Jh.

Hierzu bitte Findbuch Abt. 355.57, Seite 28-29 heranziehen!

LAS 309 Flur (21), 36	Flurbuch	1877
LAS 324 Ratzeburg, 31	Gebäudebücher	1910 ff.
LAS 355.57, 968	Einzelne Aktenstücke aus Vormundschafts-, Nachlass- und anderen Akten der freiwilligen Gerichtsbarkeit	1820-1876
LAS 402 A 5 Steinhorst, 9	Karte	1747
LAS 402 A 5 Steinhorst, 9b	Brouillon-Karte	1776
LAS 324 Ratzeburg, 382	Feldplan der Gemarkung	1934
KAR 4, 217	*Freiweide*	*1854-1873*
KAR 4, 317	*Meierstellen (Hausbriefe)*	*1870*
KAR, Kartensammlung, 429	*Verkoppelungskarte des Vorwerks mit den Dörfern Groß und Klein Schönberg und Franzdorf und den dazugehörigen Ländereien*	*1747*
KAR, Kartensammlung, 1138	*Flurkarte vom Vorwerk mit den Dörfern Groß und Klein Schönberg und Franzdorf*	*1747*
KAR, Kartensammlung, 1127	*Brouillonkarte der Feldmarken Groß und Klein Schönberg und Franzdorf*	*1776*
KAR, Kartensammlung, 433	*Auszug aus der Verkoppelungskarte der Feldmark*	*1781*

Groß Klinkrade

LAS 355.57, 948	SchuPfPr, Band 1	1860-1899
LAS 234, 856	Verteilung des herrschaftlichen Seebruchs	1771-1778
LAS 234, 858	Verkoppelung	1771-1787
LAS 234, 859	Verkoppelungsregister	1773
LAS 234, 860	Umwandlung des Schul- und Hirtenkatens in einen Riegekaten	1773-1776
LAS 355.57, 843	Ehestiftungen und Häuslingsbriefe	1777-1897
LAS 234, 901	Sukzession des Jochen Hinrich Schomann auf seiner mütterlichen Kätnerstelle sowie Regulierung des Altenteils wie auch Abfindung dessen Voll- und Halbgeschwister	1796-1803

LAS 234, 902	Die von dem Halbhufner Gottfried Sparr nachgelassene Halbhufen- und Anbauerstelle	1798-1811
LAS 210, 5103-5114	Akten zu einzelnen Bauernstellen	1819-1872

Hierzu bitte gedrucktes Findbuch Abt. 210, Seite 261-262 heranziehen!

LAS 234, 1271	Unterstützung von Eingesessenen	1855-1870
LAS 234, 1272	Heimatsverhältnisse der Dienstmagd Katharina Magdalena Warnke	1859-1866
LAS 210, 4747	Freiweide	1860-1873
LAS 355.57, 862	Ablösung des Meierrechts	1875
LAS 355.57, 89-122	Höfeakten	18./19. Jh.

Hierzu bitte Findbuch Abt. 355.57, Seite 30-34 heranziehen!

LAS 309 Flur (21), 94	Flurbuch	1877
LAS 309 Geb. St. Hzt. Lauenburg, Nr. 47	Gebäudesteuer	1877-1878
LAS 324 Ratzeburg, 73	Gebäudebücher	1910 ff.
LAS 324 Ratzeburg, 211	Gebäudebestandsblätter	1950 ff.

LAS 355.57, 971	Einzelne Aktenstücke aus Vormundschafts-, Nachlass- und anderen Akten der freiwilligen Gerichtsbarkeit	1843-1875
LAS 355.57, 902	Nachlassakte: Gatermann, J. H. Friedrich	1872

LAS 402 A 5 Steinhorst, 3	Karte	1770
LAS 402 A 5 Steinhorst, 3a	Karte	1772-1773
LAS 324 Ratzeburg, 438	Feldplan der Gemarkung	1934

KAR 6, 255	*Verkoppelung*	*1771-1803*
KAR 4, 218	*Freiweide*	*1853-1871*
KAR 4, 332	*Meierstellen (Hausbriefe)*	*1871-1872*
KAR, Kartensammlung, 282	*Flurkarte*	*1770*
KAR, Kartensammlung, 283	*Flurkarte*	*1770*
KAR, Kartensammlung, 278	*Flurkarte*	*1772*
KAR, Kartensammlung, 275	*Flurkarte von der Feldmark*	*o. J.*
KAR, Kartensammlung, 289	*Flurkarte von der Feldmark*	*o. J.*

Klein Klinkrade

- Knappkaten

LAS 355.57, 949	SchuPfPr, Band 2	1860-1899

LAS 234, 857	Ansetzung von Anbauern (Gründung des Dorfes) und Aufteilung der herrschaftlichen Forstdistrikte	1771-1785

LAS 210, 5115-5119	Akten zu einzelnen Bauernstellen	1835-1859

Hierzu bitte gedrucktes Findbuch Abt. 210, Seite 262 heranziehen!

LAS 355.57, 844	Ehestiftungen und Häuslingsbriefe	1872
LAS 355.57, 863	Ablösung des Meierrechts	1875
LAS 355.57, 123-149	Höfeakten	18./19. Jh.

Hierzu bitte Findbuch Abt. 355.57, Seite 34-37 heranziehen!

LAS 309 Geb. St. Hzt. Lauenburg, Nr. 86	Gebäudesteuer	1877-1878
LAS 355.57, 972	Einzelne Aktenstücke aus Vormundschafts-, Nachlass- und anderen Akten der freiwilligen Gerichtsbarkeit	1773-1858
LAS 402 A 5 Steinhorst, 3a	Karte	1772-1773
KAR 4, 128	*Verpachtung von Ackerwiesen und Weideland*	*1815-1864*
KAR 4, 146	*Verpachtung von Ackerwiesen und Weideland*	*1869-1872*
KAR 4, 318	*Meierstellen (Hausbriefe)*	*1871-1874*

Labenz

LAS 355.57, 949	SchuPfPr, Band 2	1860-1899
LAS 234, 903	Kate des Hans Jürgen Schütt	1762-1767
LAS 234, 861	Verkoppelung	1770-1778
LAS 234, 862	Neuanbau des Zimmergesellen Gerhard Matthies Hinrich Gold	1772-1781
LAS 234, 863	Verkoppelungsregister	1776
LAS 234, 828	Hut- und Weidesachen	1784-1863
LAS 234, 864	Landentschädigung des Viertelhufners Andreas Dähn	1791-1794
LAS 210, 5120-5129	Akten zu einzelnen Bauernstellen	1816-1871

Hierzu bitte gedrucktes Findbuch Abt. 210, Seite 262 heranziehen!

LAS 355.57, 864	Ablösung des Meierrechts	1875
LAS 234, 1273	Unterstützung von Eingesessenen	1855-1868
LAS 355.57, 150-205	Höfeakten	18./19. Jh.

Hierzu bitte Findbuch Abt. 355.57, Seite 37-45 heranziehen!

LAS 309 Geb. St. Hzt. Lauenburg, 106	Gebäudesteuer	1877-1878
LAS 324 Ratzeburg, 85	Gebäudebücher	1910 ff.

LAS 324 Ratzeburg, 221	Gebäudebestandsblätter	1950 ff.
LAS 355.57, 973	Einzelne Aktenstücke aus Vormundschafts-, Nachlass- und anderen Akten der freiwilligen Gerichtsbarkeit	1777-1872
LAS 402 A 5 Steinhorst, 4	Karte	1771
LAS 402 A 5 Steinhorst, 4a	Karte	1774
LAS 324 Ratzeburg, 451	Feldplan der Gemarkung	1934
KAR 6, 257	*Verkoppelung*	*1772-1796*
KAR 4, 319	*Meierstellen (Hausbriefe)*	*1870-1873*
KAR 4, 219	*Freiweide*	*1871-1875*

Linau
- Auf dem Baarwege - Flachsröte - Vogelfängerkate

LAS 355.57, 949	SchuPfPr, Band 2	1860-1899
LAS 234, 865	Speziale Beschreibung von der Aufmessung sowie Vermessungs- und Verkoppelungsregister	1738-1782
LAS 234, 866	Verkoppelung	1766-1794
LAS 234, 904	Übergabe der Kate des wegen Wilddiebereien entwichenen Kätners Wilhelm Meyer an den mit dessen ältester Tochter Christina Friederica Margaretha Meyer verlobten Hans Hinrich Kröger	1773
LAS 234, 867	Ansetzung von Neuanbauern bei der Verkoppelung	1782-1795
LAS 234, 906	Übertragung der von Franz Lorenz Scharfenberg erbauten Anbauerstelle an Johann Friedrich Niemeyer	1791
LAS 234, 907	Verkauf des Hofes des Vollhufners Asmus Benthien an den Rademacher und Anbauer Jürgen Hinrich Brüggemann	1791
LAS 234, 908	Altenteil des Karrengefangenen Joachim Martens	1806-1807
LAS 355.57, 845	Ehestiftungen und Häuslingsbriefe	1807-1887
LAS 210, 5130-5151	Akten zu einzelnen Bauernstellen	1849-1874

Hierzu bitte gedrucktes Findbuch Abt. 210, Seite 263 heranziehen!

LAS 210, 4742	Freiweide	1851-1868
LAS 234, 1274	Unterstützung der Eingesessenen	1867-1879
LAS 355.57, 865	Ablösung des Meierrechts	1874-1875

LAS 234, 836	Ablösung des Meierrechts	1874-1877
LAS 355.57, 914	Erlass eines Eviktions-Proklams über die Anbauerstelle des Martens, Franz Hinrich	1876
LAS 355.57, 206-269	Höfeakten	18./19. Jh.

Hierzu bitte Findbuch Abt. 355.57, Seite 45-53 heranziehen!

LAS 309 Flur (21), 117	Flurbuch	1877
LAS 309 Geb. St. Hzt. Lauenburg, Nr. 114	Gebäudesteuer	1877-1878
LAS 309 Geb. St. Hzt. Lauenburg, Nr. 113	Gebäudesteuer [Gutsbezirk]	1877-1878
LAS 324 Ratzeburg, 93	Gebäudebücher	1910 ff.
LAS 324 Ratzeburg, 231	Gebäudebestandsblätter	1950 ff.
LAS 355.57, 974	Einzelne Aktenstücke aus Vormundschafts-, Nachlass- und anderen Akten der freiwilligen Gerichtsbarkeit	1752-1876
LAS 355.57, 898	Nachlassakte: Hartkopf, Catharina Dorothea, geb. Koop	1871
LAS 355.57, 899	Nachlassakte: Püst, Catharina Margaretha Maria, geb. Bartheidel	1871-1872
LAS 234, 1136	Feuerversicherungen	1883-1887
LAS 402 A 5 Steinhorst, 5	Brouillon-Karte	1777
LAS 402 A 5 Steinhorst, 5a	Karte	1778
LAS 324 Ratzeburg, 328	Feldplan der Gemarkung	1935
KAR 6, 258	*Verkoppelung*	*1772-1801*
KAR 4, 220	*Freiweide*	*1850-1872*
KAR 4, 320	*Meierstellen (Hausbriefe)*	*1870-1872*
KAR 9, 509	*Ablösung des Meiernexus; Namensliste der einzelnen Pflichtigen*	*1874-1875*

Lüchow

LAS 355.57, 950	SchuPfPr, Band 3	1860-1899
LAS 234, 869	Verkoppelung	1766-1777
LAS 234, 870	Feldregister	1770-1771
LAS 355.57, 846	Ehestiftungen und Häuslingsbriefe	1777-1880
LAS 210, 5152-5155	Akten zu einzelnen Bauernstellen	1851-1871

Hierzu bitte gedrucktes Findbuch Abt. 210, Seite 264 heranziehen!

LAS 210, 4746	Freiweide	1859-1871
LAS 355.57, 866	Ablösung des Meierrechts	1875-1876

LAS 355.57, 270-292	Höfeakten	18./19. Jh.

Hierzu bitte Findbuch Abt. 355.57, Seite 53-56 heranziehen!

LAS 309 Flur (21), 118	Flurbuch	1877
LAS 309 Geb. St. Hzt. Lauenburg, Nr. 115	Gebäudesteuer	1877-1878
LAS 324 Ratzeburg, 94	Gebäudebücher	1910 ff.
LAS 324 Ratzeburg, 232	Gebäudebestandsblätter	1950 ff.
LAS 402 A 5 Steinhorst, 6	Karte	1770-1771
LAS 402 A 5 Steinhorst, 6a	Karte	1770-1771
LAS 324 Ratzeburg, 329	Feldplan der Gemarkung	1934
KAR 6, 252	*Verkoppelung*	*1763-1776*
KAR 4, 221	*Freiweide*	*1859-1866*
KAR 4, 321	*Meierstellen (Hausbriefe)*	*1870-1872*

Mühlenbrook (Vorwerk)

LAS 234, 1459	Geld-Register, Korn-Register	1740-1741
LAS 234, 1460	Geld-Register, Dienst-Register, Korn-Register	1741-1742
LAS 234, 1461	Geld-Register, Korn-Register	1742-1743
LAS 234, 1462	Geld-Register, Korn-Register	1743-1744
LAS 234, 1463	Geld-Register, Korn-Register	1744-1745
LAS 234, 1464	Geld-Register, Korn-Register	1745-1746
LAS 234, 1465	Geld-Register, Korn-Register	1746-1747
LAS 234, 1466	Geld-Register, Korn-Register	1747-1748
LAS 234, 1467	Geld-Register, Korn-Register	1748-1749
LAS 234, 1468	Geld-Register, Korn-Register	1749-1750
LAS 234, 1469	Geld-Register, Dienst-Register, Korn-Register, Vieh-Register	1750-1751
LAS 234, 1470	Inventarium	1800-1801
LAS 66, 11059	Vorwerk Steinhorst	1820-1848
LAS 309 Geb. St. Hzt. Lauenburg, Nr. 157	Gebäudesteuer	1877-1878
KAR 4, 49	*Übergabe beim Pachtwechsel, Vermessung, Registerauszüge, Inventare*	*1739-1751*
KAR 4, 48	*Übergabe beim Pachtwechsel, Inventare*	*1741*
KAR 4, 50	*Übergabe beim Pachtwechsel, Vermessung, Registerauszüge, Inventare*	*1761-1763*
KAR 4, 51	*Übergabe beim Pachtwechsel, Vermessung, Registerauszüge, Inventare*	*1770-1785*

KAR 4, 52	*Übergabe beim Pachtwechsel, Vermessung, Registerauszüge, Inventare*	*1784-1787*
KAR 4, 53	*Übergabe beim Pachtwechsel, Vermessung, Registerauszüge, Inventare*	*1815*
KAR 4, 44	*Verpachtung*	*1751-1794*
KAR 4, 45	*Verpachtung*	*1795-1810*
KAR 4, 46	*Verpachtung*	*1814-1820*
KAR 4, 47	*Verpachtung*	*1832-1849*
KAR 4, 89	*Verpachtung*	*1849-1862*
KAR 4, 78	*Verpachtung*	*1858-1871*
KAR 4, 77	*Verpachtung*	*1863-1870*
KAR 4, 79	*Verpachtung*	*1871-1872*
KAR 4, 55	*Vermessungen*	*1736-1744*
KAR 4, 54	*Einziehung der Isernhagenschen Katenstelle zur Regulierung des Vorwerks*	*1744-1746*
KAR 4, 300	*Ablösung der Naturaldienste und künftige Nutzung; enth. Hofdienste, Dienstgelder etc.*	*1780-1783*
KAR 4, 57	*Wirtschaftsführung und -ordnung, Tabellen*	*1834-1848*
KAR 4, 82	*Veränderungen, Grenzen und Vermessungen*	*1838-1865*
KAR 4, 74	*Lebensverhältnisse der Hoftagelöhner Deputatisten*	*1850-1872*
KAR 4, 81	*Meliorationen*	*1851-1872*
KAR 4, 80	*Wirtschaftsführung und -ordnung, Tabellen*	*1852-1872*
KAR, Kartensammlung, 427	*Flurkarte*	*1742*
KAR, Kartensammlung, 489	*Flurkarte*	*1777*
KAR, Kartensammlung, 492	*Flurkarte*	*1782*

Sandesneben

- Scheidekate	- Vergißmeinnicht

LAS 355.57, 950	SchuPfPr, Band 3	1860-1899
LAS 234, 909	Forderungsproklam über den Hof des Halbhufners Hans Wenck	1744
LAS 234, 910	Verschiedene Höfesachen, insbesondere Verschreibungen, Ehestiftungen, Inventarien und Spezifikationen	1755-1780
LAS 234, 871	Verkoppelung	1762-1777
LAS 234, 872	Feld- und Einteilungsregister	1763-1764
LAS 234, 874	Ansetzung von Neuanbauern	1765-1777

LAS 234, 875	Nachmessung der beiden Peters'schen Vollhufen und Ausgleichung der hiermit sich ergebenden Differenzen	1767-1797
LAS 234, 911	Besetzung des Hofes des Hans Hinrich Wenck mit Jürgen Bruns	1784-1787
LAS 234, 912	Verkauf des Gehöfts des Hinrich Rolfs sowie Konvokation seiner Kreditoren	1792
LAS 355.57, 847	Ehestiftungen und Häuslingsbriefe	1803-1880
LAS 210, 5156-5186	Akten zu einzelnen Bauernstellen	1831-1872

Hierzu bitte gedrucktes Findbuch Abt. 210, Seite 264-265 heranziehen!

LAS 234, 913	Überlieferung und Taxation der Püstschen Vollhufe an den Interimswirt Johann Gottschalk Martens auf 7 Jahre	1842
LAS 234, 1275	Unterstützung der Eingesessenen	1853-1867
LAS 234, 1276	Heimatsverhältnisse des Gendarm Jochim Friedrich Brüggemann	1853-1857
LAS 210, 4745	Freiweide	1855-1870
LAS 355.57, 868	Ablösung des Meierrechts	1875
LAS 355.57, 293-373	Höfeakten	18./19. Jh.

Hierzu bitte Findbuch Abt. 355.57, Seite 56-67 heranziehen!

LAS 309 Flur (21), 147	Flurbuch	1877
LAS 309 Geb. St. Hzt. Lauenburg, Nr. 140	Gebäudesteuer	1877-1878
LAS 324 Ratzeburg, 116	Gebäudebücher	1910 ff.
LAS 324 Ratzeburg, 261	Gebäudebestandsblätter	1950 ff.
LAS 355.57, 976	Einzelne Aktenstücke aus Vormundschafts-, Nachlass- und anderen Akten der freiwilligen Gerichtsbarkeit	1770-1876
LAS 234, 1279	Unterbringung des Knaben Johann Heinrich Friedrich Burmeister	1864-1869
LAS 234, 1111	Brandgilde	1665-1822
LAS 402 A 5 Steinhorst, 7	Karte	1763-1764
LAS 324 Ratzeburg, 499	Feldplan der Gemarkung	1935
KAR 4, 222	*Freiweide*	*1728-1875*
KAR 6, 250	*Verkoppelung*	*1762-1796*
KAR 4, 322	*Meierstellen (Hausbriefe)*	*1871-1876*
KAR 6, 265	*Verkoppelung*	*1875*
KAR, Kartensammlung, 84	*Topographische Landesaufnahme 57 Sandesneben*	*1777*
KAR, Kartensammlung, 496	*Flurkarte*	*1861*

Schiphorst
- Schlüterkate

LAS 355.57, 950	SchuPfPr, Band 3	1860-1899
LAS 355.57, 848	Ehestiftungen und Häuslingsbriefe	1744-1888
LAS 234, 914	Hof des zu Dresden verstorbenen Hauptmanns Dobrikausky	1752
LAS 234, 876	Verkoppelung	1766-1783
LAS 234, 879	Verkoppelungsregister	o. J.
LAS 234, 877	Nachmessung des verkoppelten Acker- und Wiesenlandes und Ausgleichung der Differenzen	1772-1785
LAS 234, 878	Ansetzung von Neuanbauern	1772-1785
LAS 210, 4741	Freiweide	1851-1866
LAS 210, 5187-5205	Akten zu einzelnen Bauernstellen	1851-1872
Hierzu bitte gedrucktes Findbuch Abt. 210, Seite 265-266 heranziehen!		
LAS 355.57, 912	Erlass eines Proklams für nicht protokollierte dingliche Forderungen an die von Seemann, Johann Joachim Heinrich verkaufte Viertelhufe	1874-1875
LAS 355.57, 870	Ablösung des Meierrechts	1875
LAS 355.57, 374-418	Höfeakten	18./19. Jh.
Hierzu bitte Findbuch Abt. 355.57, Seite 67-73 heranziehen!		
LAS 309 Flur (21), 150	Flurbuch	1877
LAS 309 Geb. St. Hzt. Lauenburg, Nr. 143	Gebäudesteuer	1877-1878
LAS 324 Ratzeburg, 118	Gebäudebücher	1910 ff.
LAS 324 Ratzeburg, 262	Gebäudebestandsblätter	1950 ff.
LAS 355.57, 980	Einzelne Aktenstücke aus Vormundschafts-, Nachlass- und anderen Akten der freiwilligen Gerichtsbarkeit	1742-1875
LAS 355.57, 900	Nachlassakte: Menck, Margaretha Magdalena, geb. Kummerfeldt	1871-1872
LAS 402 A 5 Steinhorst, 8	Brouillon-Karte	1770
LAS 402 A 5 Steinhorst, 8a	Karte	18. Jh.
LAS 402 A 5 Steinhorst, 8b	Karte eines Teiles der Gemeinde	1781
LAS 324 Ratzeburg, 293	Feldplan der Gemarkung	1934
KAR 6, 256	*Verkoppelung*	*1771-1801*
KAR 4, 224	*Einfriedung der Hufenstelle Stapelfeld*	*1774-1865*
KAR 4, 223	*Freiweide*	*1777-1866*
KAR 4, 323	*Meierstellen (Hausbriefe)*	*1870-1873*

Schönberg

- Diekkate
- Hohehorst
- Klein Schönberg

LAS 355.57, 951	SchuPfPr, Band 4	1860-1899
LAS 234, 916	Halbhufe bzw. Hufe des Hans Friederich Pemüller	1691-1767
LAS 234, 917	Halbhufe des Frantz Friedrich Pemüller	1708-1773
LAS 234, 918	Vollhufe des Peter Kröger	1712-1770
LAS 234, 919	Vollhufe des Frantz Friedrich Willhöft	1727-1795
LAS 234, 920	Kleinkaten des Christoph Hinrich Brüggemann	1729-1763
LAS 234, 921	Kleinkaten des Hans Hinrich Neveke	1738-1764
LAS 234, 880	Vermessungs- und Verkoppelungsregister	1747-1782
LAS 234, 922	Viertelhufe des Friedrich Köster	1764-1780
LAS 234, 881	Verkoppelung	1768-1801
LAS 234, 923	Katenstelle des Franz Dürkop	1777
LAS 66, 11063	Verpachtung der drei landesherrlichen Parzellen auf der Feldmark	1822-1848
LAS 210, 5206-5229	Akten zu einzelnen Bauernstellen	1830-1871

Hierzu bitte gedrucktes Findbuch Abt. 210, Seite 266-267 heranziehen!

LAS 210, 4750	Freiweide	1855-1871
LAS 80, 4114	Verwendung des bei der Bergschen Anbauerstelle vorhandenen herrschaftlichen Pachtlandes	1855
LAS 80, 4116	Antrag des Bauervogts Stamer auf Überlassung von zwei herrschaftlichen Grundstücken zur Verbindung mit seiner Hufe	1855-1856
LAS 80, 4117	Überlassung von drei herrschaftlichen Grundstücken an den Anbauer Berg	1855-1856
LAS 80, 4130	Überlassung mehrerer Landstücke an der Schöneberger Landstraße an verschiedene Eingesessene	1859
LAS 80, 4133	Überlassung mehrerer Landstreifen an der Schöneberger Landstraße an Privatpersonen zur Verbindung mit ihren Stellen	1860
LAS 234, 1280	Unterstützung von Eingesessenen	1864-1867
LAS 355.57, 871	Ablösung des Meierrechts	1875
LAS 355.57, 419-475	Höfeakten	18./19. Jh.

Hierzu bitte Findbuch Abt. 355.57, Seite 73-80 heranziehen!

LAS 309 Flur (21), 153	Flurbuch	1877
LAS 309 Geb. St. Hzt. Lauenburg, Nr. 146	Gebäudesteuer	1877-1878
LAS 324 Ratzeburg, 121	Gebäudebücher	1910 ff.

LAS 324 Ratzeburg, 265	Gebäudebestandsblätter	1950 ff.
LAS 355.57, 981	Einzelne Aktenstücke aus Vormundschafts-, Nachlass- und anderen Akten der freiwilligen Gerichtsbarkeit	1757-1884
LAS 355.57, 906	Nachlassakte: Denkert, Wulf Hinrich, Kutscher	1874-1875
LAS 402 A 5 Steinhorst, 9	Karte	1747
LAS 402 A 5 Steinhorst, 9b	Brouillon-Karte	1776
LAS 402 A 5 Steinhorst, 9c	Karte von der Feldmark	1781
LAS 324 Ratzeburg, 296	Feldplan der Gemarkung	1935
KAR 4, 302	*Verzeichnis des Dienstgeldes*	*1646-1787*
KAR 6, 261	*Verkoppelung*	*1773-1801*
KAR 6, 266	*Verkoppelung*	*1773-1801*
KAR 4, 129	*Verpachtung und Verkauf der in der Feldmark dem Amt reservierten Landstücke*	*1800-1856*
KAR 4, 225	*Freiweide*	*1846-1873*
KAR 4, 147	*Verpachtung und Verkauf der in der Feldmark dem Amt reservierten Landstücke*	*1865-1869*
KAR 4, 324	*Meierstellen (Hausbriefe)*	*1869-1873*
KAR 4, 88	*Verpachtung des ehemaligen nach der Verkoppelung niedergelegten Vorwerks*	*1640-1723*
KAR 4, 155	*Verpachtung des Vorwerks*	*1640-1666*
KAR 4, 156	*Verpachtung des Vorwerks*	*1676-1679*
KAR 4, 157	*Verpachtung des Vorwerks*	*1687-1692*
KAR 4, 158	*Verpachtung des Vorwerks*	*1695-1698*
KAR 4, 159	*Verpachtung des Vorwerks*	*1698-1708*
KAR 4, 160	*Verpachtung des Vorwerks*	*1708-1711*
KAR 4, 161	*Verpachtung des Vorwerks*	*1710-1714*
KAR 4, 162	*Verpachtung des Vorwerks*	*1722-1728*
KAR 4, 163	*Verpachtung des Vorwerks*	*1731-1735*
KAR 4, 164	*Verpachtung des Vorwerks*	*1735-1743*
KAR 4, 165	*Verpachtung des Vorwerks*	*1742*
KAR 4, 166	*Verpachtung des Vorwerks*	*1744-1751*
KAR 4, 167	*Verpachtung des Vorwerks*	*1749-1750*
KAR 4, 168	*Verpachtung des Vorwerks*	*1750*
KAR 4, 169	*Verpachtung des Vorwerks*	*1751-1752*
KAR 4, 170	*Verpachtung des Vorwerks*	*1753*
KAR 4, 171	*Verpachtung des Vorwerks*	*1753-1756*
KAR 4, 172	*Verpachtung des Vorwerks*	*1759-1760*
KAR 4, 173	*Verpachtung des Vorwerks*	*1766-1772*
KAR 4, 174	*Verpachtung des Vorwerks*	*1775-1782*

KAR, Kartensammlung, 429	*Verkoppelungskarte des Vorwerks mit den Dörfern Groß und Klein Schönberg und Franzdorf und den dazugehörigen Ländereien*	*1747*
KAR, Kartensammlung, 1138	*Flurkarte vom Vorwerk mit den Dörfern Groß und Klein Schönberg und Franzdorf*	*1747*
KAR, Kartensammlung, 433	*Auszug aus der Verkoppelungskarte der Feldmark*	*1781*
KAR, Kartensammlung, 431	*Flurkarte von der Feldmark*	*1861*

Steinhorst

LAS 355.57, 952	SchuPfPr, Band 5	1860-1899
LAS 234, 1277	Unterstützung der Familie des verstorbenen Landdragoners Meyer	1851-1866
LAS 210, 5254-5256	Akten zu einzelnen Bauernstellen	1859-1872

Hierzu bitte gedrucktes Findbuch Abt. 210, Seite 268 heranziehen!

LAS 234, 1278	Heimatsverhältnisse der unverehelichten Magd Sophie Justine Stemmler	1866
LAS 355.57, 875	Ablösung des Meierrechts	1875
LAS 355.57, 578-591	Höfeakten	18./19. Jh.

Hierzu bitte Findbuch Abt. 355.57, Seite 93-95 heranziehen!

LAS 309 Flur (21), 163	Flurbuch	1877
LAS 309 Geb. St. Hzt. Lauenburg, Nr. 157	Gebäudesteuer	1877-1878
LAS 324 Ratzeburg, 131	Gebäudebücher	1910 ff.
LAS 324 Ratzeburg, 276	Gebäudebestandsblätter	1950 ff.
LAS 355.57, 983	Einzelne Aktenstücke aus Vormundschafts-, Nachlass- und anderen Akten der freiwilligen Gerichtsbarkeit	1773-1868
LAS 324 Ratzeburg, 307	Feldplan der Gemarkung	1934
KAR 4, 327	*Meierstellen (Hausbriefe)*	*1870-1872*
KAR 9, 510	*Ablösung des Meiernexus; Namensliste der einzelnen Pflichtigen*	*1875*
KAR, Kartensammlung, 83	*Topographische Landesaufnahme 55 Steinhorst*	*1777*
KAR, Kartensammlung, 480	*Gemarkungskarte*	*1878*

Steinhorst Vorwerk

LAS 234, 1445	Dienst-Register	1733
LAS 234, 1446	Dienst-Register	1736
LAS 234, 1447	Geld-Register, Korn-Register	1740-1741
LAS 234, 1448	Geld-Register, Korn-Register	1741-1742
LAS 234, 1449	Dienst-Register	1741-1742
LAS 234, 1450	Geld-Register, Korn-Register	1742-1743
LAS 234, 1451	Geld-Register, Korn-Register	1743-1744
LAS 234, 1452	Geld-Register, Korn-Register	1744-1745
LAS 234, 1453	Geld-Register, Korn-Register	1745-1746
LAS 234, 1454	Geld-Register, Korn-Register	1746-1747
LAS 234, 1455	Geld-Register, Korn-Register	1747-1748
LAS 234, 1456	Geld-Register, Korn-Register	1748-1749
LAS 234, 1457	Geld-Register, Korn-Register	1749-1750
LAS 234, 1458	Geld-Register, Dienst-Register, Korn-Register, Vieh-Register	1750-1751
LAS 234, 1470	Inventarium	1800-1801
LAS 66, 11059	Vorwerk Steinhorst	1820-1848
LAS 355.57, 852	Ehestiftungen und Häuslingsbriefe	1845-1852
LAS 80, 4127	Überlassung eines herrschaftlichen Landstücks an den Maurer Garbers und Verpachtung eines Areals von einer zum Vorwerk gehörigen Koppel an Garbers	1859
LAS 80, 4142	Landüberlassung vom Vorwerk an den Apotheker Carl Georg L. Matthey zur Errichtung einer Neubauerstelle	1863
KAR 4, 48	*Übergabe beim Pachtwechsel, Inventare*	*1741*
KAR 4, 44	*Verpachtung*	*1751-1794*
KAR 4, 45	*Verpachtung*	*1795-1810*
KAR 4, 46	*Verpachtung*	*1814-1820*
KAR 4, 47	*Verpachtung*	*1832-1849*
KAR 4, 89	*Verpachtung*	*1849-1862*
KAR 4, 78	*Verpachtung*	*1858-1871*
KAR 4, 77	*Verpachtung*	*1863-1870*
KAR 4, 79	*Verpachtung*	*1871-1872*
KAR 4, 55	*Vermessungen*	*1736-1744*
KAR 4, 300	*Ablösung der Naturaldienste und künftige Nutzung; enth. Hofdienste, Dienstgelder*	*1780-1783*
KAR 4, 126	*Verpachtung der ehemaligen Kraftschen Anbauerstelle*	*1816-1850*
KAR 4, 57	*Wirtschaftsführung und -ordnung, Tabellen*	*1834-1848*

KAR 4, 82	*Veränderungen, Grenzen und Vermessungen*	*1838-1865*
KAR 4, 74	*Lebensverhältnisse der Hoftagelöhner Deputatisten*	*1850-1872*
KAR 4, 81	*Meliorationen; Situationsplan*	*1851-1872*
KAR 4, 80	*Wirtschaftsführung und -ordnung, Tabellen*	*1852-1872*

KAR, Kartensammlung, 1133	*Flurkarte der Ländereien des Vorwerks*	*1742*
KAR, Kartensammlung, 486	*Flurkarte des Vorwerks*	*1777*
KAR, Kartensammlung, 948	*Situationsplan des Vorwerks*	*1780*
KAR, Kartensammlung, 949	*Situationsplan des Vorwerks*	*1800*

Wentorf (Amt Sandesneben)

- Bullenhorst - Hege

LAS 355.57, 952	SchuPfPr, Band 5	1860-1899

LAS 234, 894	Verkoppelung	1771-1778
LAS 234, 895	Ansetzung von Neuanbauern	1772-1796
LAS 234, 896	Verkoppelungsregister	1773
LAS 355.57, 854	Ehestiftungen und Häuslingsbriefe	1781-1877
LAS 210, 5278-5305	Akten zu einzelnen Bauernstellen	1816-1872

Hierzu bitte gedrucktes Findbuch Abt. 210, Seite 269-270 heranziehen!

LAS 234, 933	Übertragung der Anbauerstelle des verstorbenen Claus Schütt an den Schullehrer Hans Joachim Siemer	1817
LAS 234, 934	Verkauf der Hackschen Vollhufe	1819
LAS 234, 935	Haltung zweier Dorfsbullen	1826-1862
LAS 66, 11033	Einsendung und Rückgabe von Verkoppelungskarten	1841-1843
LAS 210, 4749	Freiweide	1855-1862
LAS 80, 4115	Überlassung herrschaftlicher Landstücke an den Viertelhufner Göben in Bullenhorst und die Hufnerwitwe Siemers	1855
LAS 355.57, 877	Ablösung des Meierrechts	1875
LAS 355.57, 631-691	Höfeakten	18./19. Jh.

Hierzu bitte Findbuch Abt. 355.57, Seite 101-108 heranziehen!

LAS 309 Flur (21), 175	Flurbuch	1877
LAS 309 Geb. St. Hzt. Lauenburg, Nr. 167	Gebäudesteuer	1877-1878
LAS 324 Ratzeburg, 137	Gebäudebücher	1910 ff.
LAS 324 Ratzeburg, 286	Gebäudebestandsblätter	1950 ff.

LAS 355.57, 985	Einzelne Aktenstücke aus Vormundschafts-, Nachlass- und anderen Akten der freiwilligen Gerichtsbarkeit	1795-1871
LAS 402 A 5 Steinhorst, 13	Brouillon-Karte	18. Jh.
LAS 402 A 5 Steinhorst, 13a	Karte	18. Jh.
LAS 324 Ratzeburg, 317	Feldplan der Gemarkung	1935
KAR 6, 260	*Verkoppelung*	*1772-1801*
KAR 4, 229	*Freiweide*	*1855-1872*
KAR 4, 329	*Meierstellen (Hausbriefe)*	*1870-1872*
KAR, Kartensammlung, 124	*Topographische Landesaufnahme 60 Wentorf*	*1777*
KAR, Kartensammlung, 445	*Flurkarte*	*1861*

Kirchspiel Siebenbäumen

LAS 412, 1239	Volkszählungslisten	1864

Groß Boden
- Brennerkate

LAS 355.57, 948	SchuPfPr, Band 1	1860-1899
LAS 234, 850	Verkoppelung	1771-1799
LAS 234, 851	Aufteilung des Poggenpohls unter die Angesessenen	1773-1775
LAS 402 A 5, 1	Einteilung der Feldmark in Koppeln	1775
LAS 234, 852	Verkoppelungsregister	1775
LAS 234, 853	Abtretung von 24 Scheffel Vorwerksland an die Kätner Martens, Dwenger, Pasphal zu Boden und Buberg zu Schürensöhlen	1775-1819
LAS 234, 897	Wiederbesetzung des Hofes des Halbhufners Markus Voß	1790-1793
LAS 234, 898	Verkauf der Halbhufenstelle des Hans Michael Gosch	1792
LAS 66, 11062	Der von einigen Einwohnern für überlassenes Vorwerksland zu erlegende Kanon	1823-1843
LAS 210, 5073-5080	Akten zu einzelnen Bauernstellen	1848-1872

Hierzu bitte gedrucktes Findbuch Abt. 210, Seite 260 heranziehen!

LAS 234, 1269	Heimatsverhältnisse des Vagabunden Johann Heinrich Vietje	1853-1866
LAS 210, 4743	Freiweide	1853-1860

LAS 234, 837	Ablösung des Meierrechts	1875
LAS 355.57, 857	Ablösung des Meierrechts	1875
LAS 355.57, 913	Erlass eines Eviktions-Proklams über die Halbhufenstelle des Lühmann, Nicolaus Heinrich	1876
LAS 355.57, 1-27	Höfeakten	18./19. Jh.

Hierzu bitte Findbuch Abt. 355.57, Seite 18-21 heranziehen!

LAS 309 Flur (21), 48	Flurbuch	1877
LAS 309 Geb. St. Hzt. Lauenburg, Nr. 18	Gebäudesteuer	1877-1878
LAS 324 Ratzeburg, 40	Gebäudebücher	1910 ff.
LAS 324 Ratzeburg, 185	Gebäudebestandsblätter	1950 ff.
LAS 355.57, 966	Einzelne Aktenstücke aus Vormundschafts-, Nachlass- und anderen Akten der freiwilligen Gerichtsbarkeit	1812-1885
LAS 402 A 5 Steinhorst, 1	Karte	1775
LAS 324 Ratzeburg, 395	Feldplan der Gemarkung	1934
KAR 6, 262	*Verkoppelung*	*1773-1798*
KAR 4, 215	*Freiweide*	*1782-1860*
KAR 4, 333	*Meierstellen (Hausbriefe)*	*1872*
KAR, Kartensammlung, 279	*Flurkarte von der Feldmark*	*1775-1949*
KAR, Kartensammlung, 280	*Flurkarte von der Feldmark*	*1775-1949*

Schürensöhlen

LAS 355.57, 951	SchuPfPr, Band 4	1860-1899
LAS 355.57, 849	Ehestiftungen und Häuslingsbriefe	1758-1871
LAS 234, 883	Verkoppelung	1771-1800
LAS 234, 853	Abtretung von Vorwerksland aus Groß Boden an den Kätner Buberg	1775-1819
LAS 234, 884	Vermessungsregister	1775
LAS 66, 11062	Der von einigen Einwohnern für überlassenes Vorwerksland zu erlegende Kanon	1823-1843
LAS 210, 5230-5236	Akten zu einzelnen Bauernstellen	1849-1872

Hierzu bitte gedrucktes Findbuch Abt. 210, Seite 267 heranziehen!

LAS 234, 1281	Unterstützung von Eingesessenen	1862-1868
LAS 355.57, 872	Ablösung des Meierrechts	1875
LAS 355.57, 476-495	Höfeakten	18./19. Jh.

Hierzu bitte Findbuch Abt. 355.57, Seite 80-83 heranziehen!

LAS 309 Flur (21), 154	Flurbuch	1877
LAS 309 Geb. St. Hzt. Lauenburg, Nr. 148	Gebäudesteuer	1877-1878
LAS 402 A 5, 10	Flurkarte von der Feldmark	1765-1775
LAS 324 Ratzeburg, 123	Gebäudebücher	1910 ff.
LAS 324 Ratzeburg, 267	Gebäudebestandsblätter	1950 ff.
LAS 355.57, 982	Einzelne Aktenstücke aus Vormundschafts-, Nachlass- und anderen Akten der freiwilligen Gerichtsbarkeit	1843-1877
LAS 402 A 5 Steinhorst, 10	Karte	1775
LAS 324 Ratzeburg, 297	Feldplan der Gemarkung	1934
KAR 6, 254	*Verkoppelung*	*1769-1784*
KAR 4, 326	*Meierstellen (Hausbriefe)*	*1870-1872*
KAR, Kartensammlung, 281	*Karte über die Einteilung der Feldmark in Koppeln*	*1775*
KAR, Kartensammlung, 276	*Verkoppelungskarte der Feldmark*	*1775*
KAR, Kartensammlung ,277	*Verkoppelungskarte der Feldmark*	*1775*
KAR, Kartensammlung, 326	*Karte von der Gemarkung*	*o. J.*

Siebenbäumen

LAS 355.57, 952	SchuPfPr, Band 5	1860-1899
LAS 355.57, 850	Ehestiftungen und Häuslingsbriefe	1727-1874
LAS 234, 885	Verkoppelung	1762-1779
LAS 234, 886	Aufhebung der Gemeinheit mit der Herrschaft im Kirchen- und Pfarrholz	1762-1779
LAS 234, 924	Zweite Heirat des Hufners Jochen Stamer	1774
LAS 234, 887	Verkoppelungsregister	1775-1776
LAS 234, 925	Altenteil des Caspar Heinrich Bohnsack	1777
LAS 234, 926	Zweite Heirat der Catharine Elisabeth Bohnsack, Witwe des Vollhufners Jürgen Bohnsack, mit Jochen Hinrich Sparr aus Schürensöhlen	1791-1792
LAS 234, 927	Ediktalladung wegen der von Friedrich Brand von Hans Hinrich Schmidt gekauften Halbhufenstelle	1808
LAS 234, 928	Käufliche Überlassung des früher herrschaftlich gewesenen Sahrenteiches an die kleineren Besitzer	1838-1840
LAS 210, 5237-5253	Akten zu einzelnen Bauernstellen	1851-1872

Hierzu bitte gedrucktes Findbuch Abt. 210, Seite 267-268 heranziehen!

LAS 210, 4751	Freiweide	1862-1871
LAS 355.57, 873	Ablösung des Meierrechts	1875
LAS 355.57, 496-550	Höfeakten	18./19. Jh.

Hierzu bitte Findbuch Abt. 355.57, Seite 83-90 heranziehen!

LAS 309 Flur (21), 159	Flurbuch	1877
LAS 309 Geb. St. Hzt. Lauenburg, Nr. 153	Gebäudesteuer	1877-1878
LAS 324 Ratzeburg, 127	Gebäudebücher	1910 ff.
LAS 324 Ratzeburg, 272	Gebäudebestandsblätter	1950 ff.
LAS 355.57, 977	Einzelne Aktenstücke aus Vormundschafts-, Nachlass- und anderen Akten der freiwilligen Gerichtsbarkeit	1849-1868
LAS 402 A 5 Steinhorst, 11	Brouillon-Karte	1774
LAS 402 A 5 Steinhorst, 11a	Karte	18. Jh.
LAS 402 A 5 Steinhorst, 11b	Karte	18. Jh.
LAS 402 A 5 Steinhorst, 11c	Karte	1775
LAS 324 Ratzeburg, 303	Feldplan der Gemarkung	1934
KAR 6, 251	*Verkoppelung*	*1763-1784*
KAR 4, 226	*Freiweide*	*1827-1872*
KAR 4, 325	*Meierstellen (Hausbriefe)*	*1870-1872*
KAR, Kartensammlung ,116	*Grundriss der Feldmark*	*1861*

Städte

Geesthacht (siehe Beiderstädtisches Gebiet der Städte Hamburg und Lübeck; Amt Bergedorf)

Lauenburg
- Hohlenweg - Oberbrücke - Unterberg

LAS 235, 1	SchuPfPr	1836-1861
LAS 355.27, 592	SchuPfPr, Register von Band I-IV	1861-1900
LAS 355.27, 588	SchuPfPr, Band I, Fol. 1-41	1861-1900
LAS 355.27, 589	SchuPfPr, Band II, Fol. 42-82	1861-1900
LAS 355.27, 590	SchuPfPr, Band III, Fol. 83-123	1861-1900
LAS 355.27, 591	SchuPfPr, Band IV, Fol. 124-165	1861-1900
LAS 355.27, 593	SchuPfPr, Nebenbuch, Band I	1863-1874
LAS 355.27, 594	SchuPfPr, Nebenbuch, Band II	1874-1882
LAS 355.27, 595	SchuPfPr, Nebenbuch, Band III	1882-1892

LAS 355.27, 596	SchuPfPr, Nebenbuch, Band IV	1892-1900
LAS 355.27, 613	SchuPfPr, Vorstadt, Register von Band 1-16	1861-1900
LAS 355.27, 597	SchuPfPr, Vorstadt, Band I, Fol. 1-40	1861-1900
LAS 355.27, 598	SchuPfPr, Vorstadt, Band II, Fol. 41-80	1861-1900
LAS 355.27, 599	SchuPfPr, Vorstadt, Band III, Fol. 81-120	1861-1900
LAS 355.27, 600	SchuPfPr, Vorstadt, Band IV, Fol. 121-160	1861-1900
LAS 355.27, 601	SchuPfPr, Vorstadt, Band V, Fol. 161-200	1861-1900
LAS 355.27, 602	SchuPfPr, Vorstadt, Band VI, Fol. 201-240	1861-1900
LAS 355.27, 603	SchuPfPr, Vorstadt, Band VII, Fol. 241-280	1861-1900
LAS 355.27, 604	SchuPfPr, Vorstadt, Band VIII, Fol. 281-321	1861-1900
LAS 355.27, 605	SchuPfPr, Vorstadt, Band IX, Fol. 322-366	1861-1900
LAS 355.27, 606	SchuPfPr, Vorstadt, Band X, Fol. 367-410	1866-1900
LAS 355.27, 607	SchuPfPr, Vorstadt, Band XI, Fol. 411-454	1866-1900
LAS 355.27, 608	SchuPfPr, Vorstadt, Band XII, Fol. 455-493	1878-1900
LAS 355.27, 609	SchuPfPr, Vorstadt, Band XIII, Fol. 493-533	1883-1900
LAS 355.27, 610	SchuPfPr, Vorstadt, Band XIV, Fol. 534-574	1889-1900
LAS 355.27, 611	SchuPfPr, Vorstadt, Band XV, Fol. 575-616	1892-1900
LAS 355.27, 612	SchuPfPr, Vorstadt, Band XVI, Fol. 617-665	1896-1900
LAS 355.27, 614	SchuPfPr, Vorstadt, Nebenbuch, Band I	1863-1867
LAS 355.27, 615	SchuPfPr, Vorstadt, Nebenbuch, Band II	1867-1871
LAS 355.27, 616	SchuPfPr, Vorstadt, Nebenbuch, Band III	1871-1874
LAS 355.27, 617	SchuPfPr, Vorstadt, Nebenbuch, Band IV	1874-1876
LAS 355.27, 618	SchuPfPr, Vorstadt, Nebenbuch, Band V	1876-1879
LAS 355.27, 619	SchuPfPr, Vorstadt, Nebenbuch, Band VI	1879-1881
LAS 355.27, 620	SchuPfPr, Vorstadt, Nebenbuch, Band VII	1881-1884
LAS 355.27, 621	SchuPfPr, Vorstadt, Nebenbuch, Band VIII	1884-1887
LAS 355.27, 622	SchuPfPr, Vorstadt, Nebenbuch, Band IX	1887-1889
LAS 355.27, 623	SchuPfPr, Vorstadt, Nebenbuch, Band X	1889-1891
LAS 355.27, 624	SchuPfPr, Vorstadt, Nebenbuch, Band XI	1891-1893
LAS 355.27, 625	SchuPfPr, Vorstadt, Nebenbuch, Band XII	1893-1895
LAS 355.27, 626	SchuPfPr, Vorstadt, Nebenbuch, Band XIII	1895-1897
LAS 355.27, 627	SchuPfPr, Vorstadt, Nebenbuch, Band XIV	1897-1899
LAS 355.27, 628	SchuPfPr, Vorstadt, Nebenbuch, Band XV	1899
LAS 355.27, 629	SchuPfPr, Vorstadt, Nebenbuch, Band XVI	1899-1901
LAS 231, 149	Hypothekenbuch [Hohlenweg]	1836-1861
LAS 231, 150	Hypothekenbuch [Oberbrücke]	1836-1861
LAS 231, 151	Hypothekenbuch [Unterberg]	1836-1861
LAS 355.27, 739	Einzelne Depositenscheine	1795-1869
LAS 235, 3	Gerichts-Kontrakten-Buch	1814-1828
LAS 231, 721	Kreienbergisches Erbenzinsgut Schöttelscher Kamp vor Lauenburg	1729-1876

LAS 210, 3403	Verkauf städtischer Grundstücke und Ländereien	1793-1854
LAS 210, 2074b	Teilung der drei sog. Schweine-Brinken	1807-1821
LAS 210, 5317	Erbenzinsgrundstück des Malers Carl Harders	1849-1851
LAS 80, 4092	Bestätigung des Erbzinsbriefes über ein Landstück bei der Reeperbahn für Ernst Bruns	1854
LAS 210, 5319	Erbenzinsgrundstück des Brauers Ernst Bruns	1854
LAS 210, 5320	Erbenzinskoppel des Brauers Ernst Friedrich Peters	1856-1870
LAS 210, 5321	Erbenzinsgrundstücke im sog. Kuhgrunde	1857-1870
LAS 210, 4859-4861	Akten zu einzelnen Bauernstellen	1860-1868

Hierzu bitte gedrucktes Findbuch Abt. 210, Seite 248 heranziehen!

LAS 355.27, 688	Erbhöfeakten	o. J.
LAS 210, 3985	Verkauf städtischer Grundstücke und Gebäude	1876
LAS 309, 17829	Veräußerungen von Grundstücken	1890-1918
LAS 309, 6878	Gebäudesteuer	1877-1878
LAS 309 Flur (21), 115	Flurbuch	1877
LAS 309 Geb. St. Hzt. Lauenburg, Nr. 1	Gebäudesteuer	1877-1878
LAS 324 Ratzeburg, 91	Gebäudebücher	1910 ff.
LAS 324 Ratzeburg, 226	Gebäudebestandsblätter, 1-600	1950 ff.
LAS 324 Ratzeburg, 227	Gebäudebestandsblätter, 601-1200	1950 ff.
LAS 324 Ratzeburg, 228	Gebäudebestandsblätter, 1201-1800	1950 ff.
LAS 324 Ratzeburg, 229	Gebäudebestandsblätter, 1801-2561	1950 ff.
LAS 324 Ratzeburg, 558	Gebäudebestandsblätter	1951-1957
LAS 324 Ratzeburg, 560	Gebäudebestandsblätter	1951-1957
LAS 355.27, 742	Verzeichnisse über deponierte Testamente und Depositen	1789-1870
LAS 415, 5527	Volkszähllisten	1845
LAS 415, 5545	Volkszähllisten	1855
LAS 412, 1207	Volkszähllisten (Vorstadt)	1864
LAS 412, 1208	Volkszähllisten	1864
LAS 402 A 47, 250	Auszug aus der Grundsteuergemarkungskarte	1880
LAS 324 Ratzeburg, 326	Feldplan der Gemarkung	1935

LAS „Andere Archive" 342,

Bestand I, 1	*Stadtbuch über Erbkäufe und Pfandschaften*	*1583-1668*
Bestand I, 3	*Stadtbuch*	*1662-1695*
Bestand I, 4	*Depositenbuch*	*1744-1887*
Bestand I, 6	*Nebenbuch*	*1765-1809*
Bestand I, 7	*Obligationenbuch*	*1756-1822*
Bestand I, 8	*Hypothekenbuch*	*1828-1845*
Bestand I, 1911	*Schuld- und Konkurs-Akten, Einzelblätter*	*1679-1824*
Bestand I, 1913-1943	*Schuldverschreibungen*	*17.-19. Jh.*

Hierzu bitte im Stadtarchiv Lauenburg das Findbuch, S. 326-331, heranziehen!

Bestand I, 47	*Kämmerei-Rechnung über Einnahme und Ausgabe*	*1752*
Bestand I, 48	*Kämmerei-Rechnung über Einnahme und Ausgabe*	*1770*
Bestand I, 49	*Kämmerei-Rechnung über Einnahme und Ausgabe*	*1776*
Bestand I, 50	*Kämmerei-Rechnung über Einnahme und Ausgabe*	*1798*
Bestand I, 51	*Abschrift der Belege der Kämmerei-Rechnung*	*1783*
Bestand I, 52	*Abschrift der Belege der Kämmerei-Rechnung*	*1784*
Bestand I, 53	*Abschrift der Belege der Kämmerei-Rechnung*	*1785*
Bestand I, 54	*Belege der Kämmerei-Rechnung*	*1786*
Bestand I, 62	*Ablegung der Kämmerei-Rechnung*	*1853*
Bestand I, 67	*Ablegung der Kämmerei-Rechnung*	*1868-1869*
Bestand I, 68-110	*Kämmerei-Rechnung über Einnahme und Ausgabe*	*1802-1869*

Hierzu bitte im Stadtarchiv Lauenburg das Findbuch, S. 49-53, heranziehen!

Bestand I, 31	*Kontributionsliste*	*1685*
Bestand I, 32	*Kontributionslisten*	*1690*
Bestand I, 33	*Kontributionslisten*	*1691*
Bestand I, 34	*Kontributions-Restanten*	*1692-1694*
Bestand I, 35	*Kontributions-Rechnung*	*1697-1698*
Bestand I, 38	*Kontributionsliste*	*1703*
Bestand I, 39	*Kontributionsliste*	*1703*
Bestand I, 42	*Rechnung über die Kontributions-Einnahme und Kontributions-Ausgabe*	*1717*
Bestand I, 46	*Anlage der Kontribution, darin Verzeichnis der Kontribuenten*	*1759*
Bestand I, 57	*Kontributionsregister*	*1827*
Bestand I, 61	*Kontributionen*	*1827-1848*

Bestand I, 64	*Kontributions-Anlage*	*1863*
Bestand I, 65	*Kontributions-Anlage*	*1865*
Bestand I, 66	*Kontributions-Anlage*	*1867*

Bestand I, 1030-1063	*Hausverkäufe*	*1618-1859*

Hierzu bitte im Stadtarchiv Lauenburg das Findbuch, S. 188-193, heranziehen!

Bestand I, 1467-1493	*Vormundschaften, alphabetisch geordnet*	*17.-19. Jh.*

Hierzu bitte im Stadtarchiv Lauenburg das Findbuch, S. 255-259, heranziehen!

Bestand I, 1494-1584	*Erbschaften und Nachlässe, alphabetisch geordnet*	*17.-19. Jh.*

Hierzu bitte im Stadtarchiv Lauenburg das Findbuch, S. 259-273, heranziehen!

Bestand I, 1585-1655	*Testamente, alphabetisch geordnet*	*17.-19. Jh.*

Hierzu bitte im Stadtarchiv Lauenburg das Findbuch, S. 274-284, heranziehen!

Bestand I, 1656-1663	*Ehe- und Erbverträge*	*17.-19. Jh.*

Hierzu bitte im Stadtarchiv Lauenburg das Findbuch, S. 285-286, heranziehen!

Bestand I, 1664-1910	*Ehe- und Erbverträge, alphabetisch geordnet*	*17.-19. Jh.*

Hierzu bitte im Stadtarchiv Lauenburg das Findbuch, S. 287-325, heranziehen!

Bestand I, 275	*Einwohnerliste*	*1740*
Bestand I, 277	*Verzeichnis der Einwohner*	*1845*
Bestand I, 278	*Einwohnerliste*	*1855*

KAR 10, 41	*Nachrichten von den Privilegien der Stadt*	*1502-1800*
KAR 10, 42	*Nachrichten über die Rechte der Städte Ratzeburg und Lauenburg und einiger adeliger Güter*	*1582-1800*
KAR 9, 507	*Ablösung des Meiernexus; Namensliste der einzelnen Pflichtigen*	*1873-1877*
KAR, Kartensammlung, 85	*Topographische Landesaufnahme 65 Lauenburg*	*1777*
KAR, Kartensammlung 497	*Liegenschaften der Unterberger Weide-interessentschaft*	*1882*

StAS Bestand V, Nr. 34	*Kurhannoversche Landesaufnahme, Lauenburg Nr. 65*	*1776*

Lauenburg (Vorwerk)

LAS 231, 611	Vermessungsregister	1720-1725
LAS 66, 11040	Vorwerk Lauenburg	1818-1851

KAR 6, 141	*Untersuchung zur Auflösung des Vorwerks*	*1780-1787*
KAR 6, 146	*Pachtuntersuchung des Vorwerks nach Verkoppelung der Dorfschaften Lanze u. a.*	*1781-1789*
KAR 6, 147	*Verpachtung des Vorwerks an den Amtsschreiber Sarnighausen*	*1783-1787*
KAR, Kartensammlung, 483	*Flurkarte der zum Vorwerk gehörenden Elbewiesen und -weiden „Soller" und „Aue"*	*1781*
KAR, Kartensammlung, 479	*Flurkarte des Vorwerks*	*1787*
KAR, Kartensammlung, 482	*Flurkarte der zum Vorwerk gehörenden Elbewiesen und -weiden „Soller" und „Aue"*	*1789*
KAR, Kartensammlung, 424	*Flurkarte vom Vorwerk*	*1818*
KAR, Kartensammlung, 428	*Flurkarte vom Vorwerk*	*1818*
KAR, Kartensammlung, 509	*Flurkarte vom Vorwerk*	*1818*
KAR, Kartensammlung 242	*Karte von den Wiesen und Deichbruch*	*1818*
StAL Bestand I, 216	*Karte vom Vorwerk*	*1867*

Mölln

LAS 355.33, 25	SchuPfPr, Band I, Fol. 1-34	1861-1899
LAS 355.33, 26	SchuPfPr, Band II, Fol. 35-68	1861-1899
LAS 355.33, 27	SchuPfPr, Band III, Fol. 69-102	1861-1899
LAS 355.33, 28	SchuPfPr, Band IV, Fol. 103-136	1861-1899
LAS 355.33, 29	SchuPfPr, Band V, Fol. 137-174	1861-1899
LAS 355.33, 30	SchuPfPr, Band VI, Fol. 175-212	1861-1899
LAS 355.33, 31	SchuPfPr, Band VII, Fol. 213-250	1861-1899
LAS 355.33, 32	SchuPfPr, Band VIII, Fol. 251-288	1861-1899
LAS 355.33, 33	SchuPfPr, Band IX, Fol. 289-326	1861-1899
LAS 355.33, 34	SchuPfPr, Band X, Fol. 327-364	1861-1899
LAS 355.33, 35	SchuPfPr, Band XI, Fol. 365-405	1861-1899
LAS 355.33, 36	SchuPfPr, Band XII, Fol. 406-446	1861-1899
LAS 355.33, 37	SchuPfPr, Band XIII, Fol. 447-516	1861-1879
LAS 355.33, 38	SchuPfPr, Band XIV, Fol. 517-527	1861-1879
LAS 355.33, 39	SchuPfPr, Band XV, Fol. 527-590a	1861-1899
LAS 355.33, 40	SchuPfPr, Band XVI, Fol. 590b-644	1870-1899
LAS 355.33, 41	SchuPfPr, Band XVII, Fol. 645-679	1891-1899
LAS 355.33, 42	SchuPfPr, Register	o. J.
LAS 355.33, 43	SchuPfPr, Register	o. J.
LAS 355.33, 44	SchuPfPr, Nebenbuch, Band I	1861-1864
LAS 355.33, 45	SchuPfPr, Nebenbuch, Band II	1865-1868
LAS 355.33, 46	SchuPfPr, Nebenbuch, Band III	1868-1870
LAS 355.33, 47	SchuPfPr, Nebenbuch, Band IV	1870-1873

LAS 232, 291	Beilagen zum Hypothekenbuch	1837-1854
LAS 236, 375	Schuldbegleichungen	1632-1759
LAS 236, 378	Hypotheken und Verkäufe	17. Jh.
LAS 236, 379	Kaufverträge	1700-1800
LAS 236, 380	Hypotheken	bis 1780
LAS 236, 381	Hypotheken	1782-1799
LAS 236, 382	Hypotheken	1800-1812
LAS 236, 383	Hypotheken	1813-1820
LAS 236, 384	Hypotheken	1821-1825
LAS 236, 385	Hypotheken	1826-1827
LAS 236, 386	Hypotheken	1828-1830
LAS 236, 387	Hypotheken	1831-1834
LAS 236, 388	Hypotheken	1834-1835
LAS 236, 389	Hypotheken	1836-1837
LAS 236, 390	Hypotheken	1838-1839
LAS 236, 391	Hypotheken	1840-1841
LAS 236, 392	Hypotheken	1842-1843
LAS 236, 393	Hypotheken	1844-1849
LAS 236, 394	Hypotheken	1850-1852
LAS 236, 395	Hypotheken	1853-1857
LAS 236, 396	Hypotheken	1854-1855
LAS 236, 397	Hypotheken	1855-1856
LAS 236, 398	Hypotheken	1857-1858
LAS 236, 399	Hypotheken	1859-1860
LAS 236, 400	Hypotheken	1861
LAS 236, 401	Hypotheken	1839-1861
LAS 236, 402	Hypotheken	1865-1877
LAS 236, 403	Hypotheken	1868-1870

LAS 355.33, 955	Obligationen	1837-1871
LAS 355.33, 956	Obligationen und Zessionen	1879
LAS 355.33, 957	Obligationen und Zessionen	1879
LAS 355.33, 958	Obligationen und Zessionen	1880

LAS 210, 2075	Vermessung der Stadt	1740-1767
LAS 236, 659-667	verschiedene Kaufverträge	1772-1870

Hierzu bitte Findbuch Abt. 236 heranziehen!

LAS 210, 3347	Einteilung der Stadtländereien in Parzellen, Verpachtung sowie teilweise Zulegung derselben als Gartenland zu den Häusern gegen Grundzins	1793-1795
LAS 210, 2076a	Untersuchung der Vorschläge wegen Verteilung der Stadtländereien	1794
LAS 210, 3349	Verpachtung der Stadtgüter	1806-1861

LAS 210, 2076	Gesuch der Bürger Rudolph Hagemann, G. L. A. Höltig und Konsorten um Verkoppelung	1818
LAS 66, 11034	Einsendung und Rückgabe von Verkoppelungskarten	1841-1843
LAS 210, 4716	Verkoppelung der Feldmark	1846-1865
LAS 210, 2077a	Verkoppelung der Feldmark	1849-1862
LAS 210, 3356	Gesuche um Benutzung der noch vorhandenen Freiweide der Feldmark zur Schafweide	1855
LAS 210, 3795	Überlassung von Grundstücken gegen Grundzins sowie Erlass bzw. Ermäßigung desselben	1865-1871
LAS 210, 3796	Verpachtung städtischer Grundstücke und Gerechtsame	1866-1871
LAS 355.33, 395	Erbhöfeakten mit Sammelakten	o. J.
LAS 309, 17832	Veräußerungen von Grundstücken	1912-1920

LAS 210, 3335	Schoß und Kontribution	1752-1754
LAS 309, 6884	Gebäudesteuer	1877-1878
LAS 309 Flur (21), 123	Flurbuch	1877
LAS 309 Geb. St. Hzt. Lauenburg, Nr. 2	Gebäudesteuer	1877-1878
LAS 324 Ratzeburg, 96	Gebäudebücher	1910 ff.
LAS 324 Ratzeburg, 236	Gebäudebestandsblätter	1950 ff.
LAS 324 Ratzeburg, 237	Gebäudebestandsblätter, 1-600	1950 ff.
LAS 324 Ratzeburg, 238	Gebäudebestandsblätter, 601-1200	1950 ff.
LAS 324 Ratzeburg, 239	Gebäudebestandsblätter, 1201-2000	1950 ff.
LAS 324 Ratzeburg, 240	Gebäudebestandsblätter, 2001-2850	1950 ff.
LAS 324 Ratzeburg, 241	Gebäudebestandsblätter, 2851-3662	1950 ff.

LAS 236, 377	alte Testamente	17. u. 18. Jh.
LAS 236, 1-630	Testamentsakten	o. J.

Hierzu bitte Findbuch Abt. 236 heranziehen

LAS 236, 649-654	Vormundschaftssachen	1843-1872

Hierzu bitte Findbuch Abt. 236 heranziehen

LAS 355.33, 947	Vormundschaftsakte: Fokuhl, Friedrich Heinrich Christian	1867-1888

LAS 236, 655-657	Konkurssachen	1854-1868

Hierzu bitte Findbuch Abt. 236 heranziehen

LAS 355.33, 950	Konkursakte	1875-1876

LAS 236, 1-345	Justizakten	o. J.

Hierzu bitte Findbuch Abt. 236 heranziehen

LAS 415, 5527	Volkszähllisten	1845
LAS 415, 5545	Volkszähllisten	1855
LAS 412, 1209	Volkszähllisten	1864
LAS 324 Ratzeburg, 365	Feldplan der Gemarkung	1933-1935
LAS 324 Ratzeburg, 364	Feldplan der Gemarkung	1935

Ratzeburg

- Demolierung
- Hundebusch

LAS 355.45, 1308	SchuPfPr, Band XIX	1861-1899
LAS 355.45, 1327	SchuPfPr, Fol. XXIV-XXVIII	1862-1899
LAS 355.45, 1357	SchuPfPr, Band I, Fol. 1-43	1860-1899
LAS 355.45, 1358	SchuPfPr, Band II, Fol. 44-87	1860-1899
LAS 355.45, 1359	SchuPfPr, Band III, Fol. 88-131	1860-1899
LAS 355.45, 1360	SchuPfPr, Band IV, Fol. 132-173	1860-1899
LAS 355.45, 1361	SchuPfPr, Band V, Fol. 174-224	1860-1899
LAS 355.45, 1362	SchuPfPr, Band VI, Fol. 225-276	1860-1899
LAS 355.45, 1363	SchuPfPr, Band VII, Fol. 277-310	1860-1899
LAS 355.45, 1364	SchuPfPr, Band VIII, Fol. 1-68	1860-1899
LAS 355.45, 1365	SchuPfPr, Band IX, Fol. 1-18	1860-1899
LAS 355.45, 1366	SchuPfPr, Band X, Fol. 1-37	1875-1899
LAS 355.45, 1367	SchuPfPr, Nebenbuch, Band I	1860-1866
LAS 355.45, 1368	SchuPfPr, Nebenbuch, Band II	1867-1870
LAS 355.45, 1369	SchuPfPr, Nebenbuch, Band III	1870-1873
LAS 355.45, 1370	SchuPfPr, Nebenbuch, Band IV	1873-1876
LAS 355.45, 1371	SchuPfPr, Nebenbuch, Band V	1876-1880
LAS 355.45, 1372	SchuPfPr, Nebenbuch, Band VI	1880-1883
LAS 355.45, 1373	SchuPfPr, Nebenbuch, Band VII	1883-1886
LAS 355.45, 1374	SchuPfPr, Nebenbuch, Band VIII	1886-1888
LAS 355.45, 1375	SchuPfPr, Nebenbuch, Band IX	1888-1891
LAS 355.45, 1376	SchuPfPr, Nebenbuch, Band X	1891-1895
LAS 355.45, 1377	SchuPfPr, Nebenbuch, Band XI	1895-1897
LAS 355.45, 1378	SchuPfPr, Nebenbuch, Band XII	1897-1899
LAS 237, 1	Ratsbuch tzu Ratzeburgk (Kontraktenbuch)	1578-1765
LAS 237, 2	Schuldsachen	1570-1736
LAS 237, 3	Hypothekenbücher, Band III	1821-1836
LAS 237, 4	Hypothekenbücher, Band IV	1836-1843
LAS 237, 5	Hypothekenbücher, Band V	1843-1847
LAS 237, 6	Hypothekenbücher, Band VI	1848-1853
LAS 237, 7	Hypothekenbücher, Band VII	1854-1857
LAS 237, 8	Hypothekenbücher, Band VIII	1858-1860

LAS 355.45, 1266	Hypothekenwesen, verschiedenste Grundstücke	1739-1862
LAS 355.45, 808-1221	Hypothekenwesen, alphabetisch geordnet	1870-1899

Hierzu bitte Findbuch Abt. 355.45, Seite 13-56 heranziehen!

LAS 355.45, 1229	Verschiedene Hypothekensachen	1824-1868
LAS 355.45, 1264	Haus- und Grundstücksverkauf	1827-1867
LAS 355.45, 1262	Haus- und Grundstücksverkauf	1860-1868
LAS 355.45, 1231	Hausverkauf	1866-1868
LAS 355.45, 1263	Haus- und Grundstücksverkauf	1870
LAS 237, 9	Depositenbuch	1745-1870
LAS 211, 132	Das neue Vorwerk bei Ratzeburg und dessen Verpachtung	1690
LAS 66, 11087	Das Erbzinsgrundstück des Jacob Peter Hjorth am See neben der Langen Brücke Dabei: Hannöversche Kammerakten über den Erbzinsmann Nicolaus Heinrich Rohrdantz (1764-1769)	1835-1845
LAS 232, 1007	Erbenzinsstelle von der Langenbrücke	1838-1876
LAS 210, 5332	Erbenzinsgrundstück des Jacob Peter Hjorth	1838-1866
LAS 210, 4717	Verkoppelung der Feldmark	1847-1855
LAS 232, 956	Höfe	1871
LAS 309, 17840	Veräußerungen von Grundstücken	1884-1916
LAS 309, 6885	Gebäudesteuer	1877-1878
LAS 309 Flur (21), 138	Flurbuch	1877
LAS 309 Geb. St. Hzt. Lauenburg, Nr. 3	Gebäudesteuer	1877-1878
LAS 309 Geb. St. Hzt. Lauenburg, Nr. 159	Ratzeburg [Demolierung]	1877-1878
LAS 309 Flur (21), 76	Flurbuch [Hundebusch]	1877
LAS 309 Geb. St. Hzt. Lauenburg, Nr. 74	Gebäudesteuer [Hundebusch]	1877-1878
LAS 324 Ratzeburg, 61	Gebäudebücher [Hundebusch]	1910 ff.
LAS 324 Ratzeburg, 109	Gebäudebücher	1910 ff.
LAS 324 Ratzeburg, 332	Gebäudebuch, Karteikarten	1910 ff.
LAS 324 Ratzeburg, 251	Gebäudebestandsblätter, 1-1200	1950 ff.
LAS 324 Ratzeburg, 252	Gebäudebestandsblätter, 1201-1800	1950 ff.
LAS 324 Ratzeburg, 253	Gebäudebestandsblätter, 1801-2467	1950 ff.
LAS 415, 5527	Volkszähllisten	1845
LAS 415, 5545	Volkszähllisten	1855
LAS 412, 1210	Volkszähllisten	1864

LAS 324 Ratzeburg, 489	Feldplan der Gemarkung	1935
LAS 324 Ratzeburg, 418	Feldplan der Gemarkung [Hundebusch]	1935-1939

LAS „Andere Archive" 4,

II H, 56	*Neues Hypothekenbuch mit Belegen*	*1765-1856*
II H, 32a	*Neues Hypothekenbuch, Hypotheken*	*1814-1818*
II H, 42	*Hypothekensachen*	*1817-1886*
II H, 39	*Hypothekenumschreibungen*	*1827-1831*
II H, 55	*Hypotheken*	*1836-1880*
II H, 45	*Hypothekensachen, Verzeichnis der Obligationen mit 338 Nummern*	*1838-1842*
II H, 33	*Hypothekensachen, Umschreibungen*	*1843-1844*
II H, 41	*Hypothekensachen*	*1845-1853*
II H, 43	*Hypothekensachen, Umschreibungen*	*1852-1861*
II H, 50	*Hypothekensachen*	*o. J.*
II H, 40	*Hypothekensachen*	*1865-1866*

II M, 1-336	*Hausverkäufe*	*18.-19. Jh.*

Hierzu bitte maschinenschriftliches Findbuch LAS „Andere Archive" 4, Seite 37-62 heranziehen!

II T, 1	*Aufhebung der Gemeinheiten*	*1768-1770*
II T, 2	*Kornpreise*	*1829-1840*

II H, 13	*Kontributionshebungsbuch und Listen*	*1712 ff.*
V K, 3	*Einwohnersteuerliste*	*1809*
V J, 5	*Besteuerung des Ackers nach Flächenraum. Liste*	*1851*
II H, 51	*Einwohnersteuerlisten*	*1857-1879*
II H, 16	*Kontributionsregister*	*1859*
II H, 17	*Kontributionsregister*	*1865*
V J, 8	*Einkommensteuerliste, zugleich Einwohnerliste*	*1871-1873*
V J, 16	*Steuern, Hauslisten*	*1873-1887*
II M, 331	*Hausliste*	*1881-1888*
V J, 15	*Steuern, Listen*	*1885-1912*
V J, 11	*Hauslisten für die Personenstands-aufnahmen*	*1889*
VI H, 24	*Einwohnerlisten*	*1920*

II U, 13-212	*Testamente, Nachlässe, Erbschaftssachen*	*18.-19. Jh.*

Hierzu bitte maschinenschriftliches Findbuch LAS „Andere Archive" 4, Seite 67-74 heranziehen!

VI C, 1-27	*Vormundschaftswesen*	*19. Jh.*

Hierzu bitte maschinenschriftliches Findbuch LAS „Andere Archive" 4, Seite 130-131 heranziehen!

VI H, 19	*Sterberegister*	*1876*
VI H, 20	*Geburtsliste*	*1887-1935*
VI H, 17	*Sterbefälle*	*1896-1920*
KAR 9, 503	*Ablösung der meierrechtlichen Abgaben*	*1875-1876*
KAR, Kartensammlung, 110	*Situation 1695/1710*	*1727*
KAR, Kartensammlung, 1	*Topographische Landesaufnahme 58 Ratzeburg*	*1777*
KAR, Kartensammlung, 432	*Karte von der verkoppelten Feldmark*	*1790*

Domhof

LAS 257, 30	Das ehemalige Bischofshaus; Reallastenablösung	1827-1928
LAS 257, 78	Das fiskalische Eigentum; Reallastenablösung	1830-1932
LAS 257, 31	Das sogenannte Herrenhaus; Reallastenablösung, Verpachtungen	1839-1930
LAS 257, 36	Der auf dem Domhof belegene fiskalische Hausbesitz Nr. 4; Verpachtung, Verkauf, Reallastenablösung	1865-1932
LAS 257, 37	Der auf dem Domhof belegene fiskalische Hausbesitz Nr. 7; Verkauf, Reallastenablösung	1844-1926
LAS 257, 38	Der auf dem Domhof belegene ehemals kirchliche Hausbesitz Nr. 4; Verkauf, Reallastenablösung	1830-1932
LAS 257, 39	Der auf dem Domhof belegene kirchliche Hausbesitz Nr. 13; Verkauf, Reallastenablösung	1838-1882
LAS 257, 41	Der auf dem Domhof belegene fiskalische Hausbesitz Nr. 20; Verkauf, Reallastenablösung	1829-1935
LAS 257, 42	Der auf dem Domhof belegene Hausbesitz Nr. 24; Verkauf, Reallastenablösung	1828-1934
LAS 257, 43	Der auf dem Domhof belegene fiskalische Hausbesitz Nr. 26; Verkauf, Reallastenablösung	1814-1936
LAS 257, 44	Der auf dem Domhof belegene kirchliche Hausbesitz Nr. 27; Verkauf, Reallastenablösung	1832-1932
LAS 257, 45	Das auf dem Domhof belegene kircheneigene Hausgrundstück Nr. 30	1893-1924
LAS 309, 35865	Reallastenablösung des Hauses Nr. 12	1870-1939
LAS 309, 35866	Reallastenablösung des Hauses Nr. 18	1905-1941

LAS 309, 35867	Reallastenablösung des Hauses Nr. 21	1776-1939
LAS 309, 35868	Reallastenablösung der Häuser Nr. 22 und 23	1824-1939
LAS 309, 35869	Ablösung desZahlschillings von dem Grundstück Nr. 29	1815-1938
LAS 309, 35870	Reallastenablösung des Hauses Nr. 31	1898-1941

Schwarzenbek (siehe Amt Schwarzenbek, Kirchspiel Schwarzenbek, S. 161)

Stadt Lübeck

Landamt

(ehemalige Ämter Behlendorf, Ritzerau)

LAS 324 Ratzeburg, 348	Verzeichnis über die aus dem Gebiet der Freien und Hansestadt Lübeck an das Königreich Preußen übergehenden Areale	1907
AHL, 01.1-01(4), 20030	*Die an das Ratzeburger Domkapitel zu entrichtenden Zehnten*	*1579-1582*
AHL, 01.1-01(4), 20262	*Dauernde Ablösung der Hofdienstpflicht*	*1844*

Kirchspiel Behlendorf

Behlendorf

LAS 324 Ratzeburg, 6	Gebäudebücher	1910 ff.
LAS 324 Ratzeburg, 150	Gebäudebestandsblätter	1950 ff.
LAS 324 Ratzeburg, 463	Feldplan der Gemarkung	1935
AHL, 03.01-3, 52	*SchuPfPr*	*o. J.*
AHL, 03.01-3, 218	*SchuPfPr, Nebenbücher*	*1820-1874*
AHL, 03.01-3, 80	*Hypothekenbücher*	*o. J.*
AHL, 08.01, 428a	*Contractenbuch*	*1785-1829*
AHL, 01.1-01(4), 20421	*Überlassung der wüsten Hufe des Claus Escheborg aus Giesensdorf an den Amtmann Jürgen Schumacher*	*1696-1697*
AHL, 02.01-3/4, 159	*Erstellung der Kataster; Verkoppelungs-register*	*1812*
AHL, 01.1-01(4), 20258	*Ermäßigung des Dienstgeldes der Eingesessenen*	*1816-1822*

AHL, 01.1-01(4), 20289	*Verkauf eines Katens nebst 180 Quadratruthen Land*	*1846-1847*
AHL, 01.1-01(7), 32623	*Volkszählungsregister*	*1815*

Behlendorfer Hof

AHL, 01.1-01(4), 20284	*Geldregister*	*1592-1621*
AHL, 01.1-01(4), 20282	*Kornregister*	*1598-1620*
AHL, 03.04-02, 308	*Wochenzettel*	*1745-1746*
AHL, 03.04-02, 309	*Wochenzettel*	*1746-1747*
AHL, 03.04-02, 310	*Wochenzettel*	*1747-1748*
AHL, 03.04-01, 682	*Einnahmen und Ausgaben des Gutes Behlendorf und des Meierhofs Albsfelde*	*um 1770*
AHL, 01.1-01(4), 20264	*Verpachtung an Frederik von dem Werder*	*1511*
AHL, 01.1-01(4), 20265	*Pachtvertrag mit Joachim und Anna von Pentzen*	*1554*
AHL, 01.1-01(4), 20266	*Pachtverhältnis zu Joachim Dechau*	*1558-1568*
AHL, 01.1-01(4), 20278	*Verzeichnis der Fahrhabe und Vieh*	*1561-1744*
AHL, 01.1-01(4), 20267	*Pachtvertrag mit Levin Winterfeldt*	*1573*
AHL, 01.1-01(4), 20279	*Pachtregister*	*1576-1636*
AHL, 01.1-01(4), 20277	*Inventarien*	*1591-1775*
AHL, 01.1-01(4), 20283	*Mastregister*	*1604-1630*
AHL, 01.1-01(4), 20248	*Angelegenheiten von Hofleuten*	*1620-1856*
AHL, 01.1-01(4), 20269	*Pachtvertrag mit Detmar Hagen*	*1635-1639*
AHL, 01.1-01(4), 20315	*Beschreibung der Ländereien und Wischen, item der Intraden des Gutes, item der wüsten Hufe*	*1635-1673*
AHL, 01.1-01(4), 20270	*Pachtverhältnis zu Daniel Stapel und dessen Auseinandersetzung mit Detmar Hagen*	*1638-1670*
AHL, 01.1-01(4), 20035	*Pflichten der Untertanen*	*1669*
AHL, 01.1-01(4), 20256	*Aufstellung über die Hofdienste*	*1769*
AHL, 03.04-01, 683	*Austausch und Einkoppelung des Bauernlandes, Verkoppelung des Meierhofs Albsfelde*	*1771-1778*
AHL, 01.1-01(4), 20254	*Abgaben*	*1582-1696*
AHL, 01.1-01(4), 20281	*Türkensteuer*	*1600-1609*
AHL, 01.1-01(7), 32623	*Volkszählungsregister*	*1815*

Hollenbek

LAS 309 Flur (21), 72	Flurbuch	1877
LAS 309 Geb. St. Hzt. Lauenburg, Nr. 70	Gebäudesteuer	1877-1878
LAS 324 Ratzeburg, 57	Gebäudebücher	1910 ff.
LAS 324 Ratzeburg, 200	Gebäudebestandsblätter	1950 ff.
LAS 324 Ratzeburg, 413	Feldplan der Gemarkung	1935-1939
LAS 324 Ratzeburg, 414	Feldplan der Gemarkung	1935
AHL, 03.01-3, 52	*SchuPfPr*	*o. J.*
AHL, 03.01-3, 218	*SchuPfPr, Nebenbücher*	*1820-1874*
AHL, 03.01-3, 96	*Hypothekenbücher*	*o. J.*
AHL, 03.04-01, 820	*Hausbriefe*	*1695-1810*
AHL, 03.04-01, 832	*Untertanen*	*1748-1808*
AHL, 03.04-01, 2645	*Verzeichnis der Dienst- und Pachtgelder*	*1779-1825*
AHL, 03.04-01, 829	*Einkoppelung*	*1781-1790*
AHL, 03.04-01, 830	*Übertragung der Hofstelle des ¾-Hufners Thomas Schomann an dessen Tochter Margarethe Elisabeth*	*1807-1808*
AHL, 02.01-3/4, 159	*Erstellung der Kataster; Verkoppelungsregister*	*1812*
AHL, 03.04-01, 821	*Stellenübertragungen*	*1814-1816*
AHL, 01.1-01(4), 20258	*Ermäßigung des Dienstgeldes der Eingesessenen*	*1816-1822*
AHL, 01.1-01(4), 20441	*Grundstücke und Ländereien der Eingesessenen*	*1831-1876*
AHL, 01.1-01(7), 32623	*Volkszählungsregister*	*1815*

Kirchspiel Breitenfelde

LAS 355.33, 7	SchuPfPr, Band XV	1861-1899

Groß Schretstaken

LAS 355.54, 112	Grundbuch	1900-1940
LAS 324 Ratzeburg, 122	Gebäudebücher	1910 ff.
LAS 324 Ratzeburg, 266	Gebäudebestandsblätter	1950 ff.
LAS 324 Ratzeburg, 401	Feldplan der Gemarkung	1935
AHL, 03.01-3, 67	*SchuPfPr, Band 1*	*o. J.*
AHL, 03.01-3, 239	*SchuPfPr, Nebenbücher*	*o. J.*
AHL, 03.01-3, 93	*Hypothekenbücher*	*o. J.*

AHL, 03.04-01, 1711	*Hausbriefe*	*1699-1809*
AHL, 03.04-01, 1717	*Untertanen*	*1723-1805*
AHL, 03.04-01, 1718	*Verpachtung der Ländereien*	*1756-1805*
AHL, 03.04-01, 1682	*Wüste Feldmarks-Abgabe*	*1770-1773*
AHL, 03.04-01, 1720	*Hausbriefe*	*1781*
AHL, 01.1-01(4), 20213	*Verpachtung des Landes an die Eingesessenen und danach zu modifizierende Hausbriefe*	*1782*
AHL, 03.04-01, 1222	*Proclama über den Verkauf der Hofstelle des Hinrich Burmester*	*1788-1789*
AHL, 03.04-01, 1672	*Verpachtung der Hofstelle des Christian Friedrich Kluth*	*1805*
AHL, 03.04-01, 1684	*Hufen- und Pachtsachen*	*1807-1809*
AHL, 03.04-01, 1714	*Konkurs des Jürgen Koop*	*1755-1756*
AHL, 03.04-01, 1698	*Nachlass des Bauervogts Christian Philip Siemers*	*1795*
AHL, 03.04-01, 1699	*Nachlass des Altenteilsmannes Claus Siemers*	*1799-1802*
AHL, 01.1-01(7), 32623	*Volkszählungsregister*	*1815*

Klein Schretstaken

LAS 355.54, 113	Grundbuch	1900-1940
LAS 324 Ratzeburg, 122	Gebäudebücher	1910 ff.
LAS 324 Ratzeburg, 266	Gebäudebestandsblätter	1950 ff.
LAS 324 Ratzeburg, 434	Feldplan der Gemarkung	1935
AHL, 03.01-3, 67	*SchuPfPr, Band 1*	*o. J.*
AHL, 03.01-3, 239	*SchuPfPr, Nebenbücher*	*o. J.*
AHL, 03.01-3, 99	*Hypothekenbücher*	*o. J.*
AHL, 01.1-01(4), 20218	*Verpachtung von bisher in Zeitpacht gegebenen Parzellen*	*1857*
AHL, 01.1-01(7), 32623	*Volkszählungsregister*	*1815*

Tramm

LAS 355.54, 114	Grundbuch	1900-1938
LAS 324 Ratzeburg, 135	Gebäudebücher	1910 ff.
LAS 324 Ratzeburg, 281	Gebäudebestandsblätter	1950 ff.
LAS 324 Ratzeburg, 312	Feldplan der Gemarkung	1935
AHL, 03.01-3, 67	*SchuPfPr*	*o. J.*
AHL, 03.01-3, 239	*SchuPfPr, Nebenbücher*	*o. J.*

AHL, 03.01-3, 132	*Hypothekenbücher*	*o. J.*
AHL, 03.04-01, 1797	*Hausbriefe*	*1689-1810*
AHL, 03.04-01, 1799	*Untertanen*	*1742-1768*
AHL, 03.04-01, 1803	*Messregister*	*1767*
AHL, 03.04-01, 1801	*Proclama über die Hofstelle des Vollhufners Franz Jochen Gräpel*	*1787-1792*
AHL, 03.04-01, 2407	*Hausbriefe*	*1799-1880*
AHL, 01.1-01(4), 20233	*Beleihung der Kätner Hans Joachim Lindemeyer und Joachim Christian Fickbaum mit ihren Stellen zu Erbpacht*	*1865*
AHL, 01.1-01(4), 20236	*Verkauf von Parzellen der Freiweide*	*1881*
AHL, 02.01-3/7, 190	*Angaben zur Veranlagung zur Grundsteuer*	*1814*
AHL, 01.1-01(4), 19357	*Zehntenabgabe*	*1885*
AHL, 01.1-01(7), 32623	*Volkszählungsregister*	*1815*
KAR, Kartensammlung, 539	*Karte von der Feldmark*	*1748*
LHAS 4.2-1, 187	*Zehntzahlung an das Amt Schönberg*	*1593-1755*

Kirchspiel Groß Berkenthin

Düchelsdorf

LAS 324 Ratzeburg, 25	Gebäudebücher	1910 ff.
LAS 324 Ratzeburg, 167	Gebäudebestandsblätter	1950 ff.
LAS 324 Ratzeburg, 482	Feldplan der Gemarkung	1935
KAR GA Rondeshagen, 157	*Kopien von Urkunden über Kauf-, Hypotheken- und Holzschlagsachen*	*1373-1629*
AHL, 03.01-3, 70	*SchuPfPr*	*o. J.*
AHL, 03.01-3, 240	*SchuPfPr, Nebenbücher, Band 1*	*o. J.*
AHL, 03.01-3, 241	*SchuPfPr, Nebenbücher, Band 2*	*o. J.*
AHL, 03.01-3, 87	*Hypothekenbücher*	*o. J.*
AHL, 03.04-01, 773	*Untertanen*	*1740-1751*
AHL, 01.1-01(4), 19948	*Spanndienste zu Visitationsfuhren*	*1758-1759*

Sierksrade

LAS 324 Ratzeburg, 129	Gebäudebücher	1910 ff.

LAS 324 Ratzeburg, 274	Gebäudebestandsblätter	1950 ff.
LAS 324 Ratzeburg, 304	Feldplan der Gemarkung	1935
KAR GA Rondeshagen, 157	*Kopien von Urkunden über Kauf-, Hypotheken- und Holzschlagsachen*	*1373-1629*
AHL, 03.01-3, 70	*SchuPfPr*	*o. J.*
AHL, 03.01-3, 240	*SchuPfPr, Nebenbücher, Band 1*	*o. J.*
AHL, 03.01-3, 241	*SchuPfPr, Nebenbücher, Band 2*	*o. J.*
AHL, 03.01-3, 129	*Hypothekenbücher*	*o. J.*
AHL, 01.1-01(4), 19956	*Eigentumsverhältnisse, Erwerbung durch den Lübecker Rat, Rückkaufsversuch der Tode auf Rondeshagen*	*1576*
AHL, 03.04-01, 1721	*Hausbriefe*	*1687-1808*
AHL, 03.04-01, 1722	*Untertanen*	*1728-1803*
AHL, 03.04-01, 2440	*Hausbriefe*	*1817-1877*
AHL, 03.04-01, 1734	*Proclama über den Nachlass der Catharina Margaretha Hartzen, geb. Kahns*	*1770-1771*
AHL, 03.04-01, 1740	*Nachlass der Anna Maria Ehlers, geb. Steffens*	*1780*
AHL, 03.04-01, 1738	*Nachlass des Schweinehirten Otto Engel*	*1784*
AHL, 03.04-01, 1741	*Nachlass des Hans Hinrich Siemers*	*1803*
AHL, 03.04-01, 1737	*Proclama über den Nachlass des Hufners Hans Hinrich Thoren*	*1808*
AHL, 01.1-01(7), 32623	*Volkszählungsregister*	*1815*

Kirchspiel Groß Grönau

Rothenhusen (Stelle)

LAS 309 Flur (21), 141	Flurbuch	1877

Kirchspiel Krummesse

Krummesse
- Altenmühle
- Krummesserbaum
- Krummesserhof

KAR 6, 43	*Verkoppelung*	*1780-1805*
KAR 6, 316	*Verkoppelung*	*1780-1805*

KAR, Kartensammlung, 604	*Liegenschaften der Verkoppelungs-interessentschaft*	*1905*
KAR, Kartensammlung, 605	*Handzeichnung der Freiweiden*	*1905*
AHL, 03.01-3, 57	*SchuPfPr*	*o. J.*
AHL, 03.01-3, 225	*SchuPfPr, Nebenbücher*	*o. J.*
AHL, 03.01-3, 102	*Hypothekenbücher*	*o. J.*
AHL, 08.01, 428a	*Contractenbuch*	*1785-1829*
AHL, 01.1-01(4), 19849	*Zusammenstellung der Inhaber (Krummesserhof)*	*1404-1732*
AHL, 01.1-01(4), 19875	*Einteilungsregister der Feldmark nach der Verkoppelung*	*1790-1847*
AHL, 01.1-01(4), 19829	*Vererbpachtung der bisherigen Zeitpacht-stellen*	*1858-1862*
AHL, 01.1-01(4), 19878	*Überlassung von Arealen aus dem Hofbesitz an Private (Flurbuch Artikel 26, 37,38)*	*1870-1872*
AHL, 01.1-01(4), 19881	*Vererbpachtung einer Koppel an den Erb-pächter Heinrich Wilhelm Jacob Hartmann*	*1887*

Kirchspiel Nusse

Nusse

LAS 355.33, 135	Grundbuch, Blatt 1, Hufe	1900-1937
LAS 355.33, 136	Grundbuch, Blatt 2, Hufe	1900-1937
LAS 355.33, 137	Grundbuch, Blatt 3, Hufe	1903-1937
LAS 355.33, 138	Grundbuch, Blatt 4, Hufe	1900-1937
LAS 355.33, 139	Grundbuch, Blatt 5, Hufe	1903-1937
LAS 355.33, 140	Grundbuch, Blatt 6, Hufe	1900-1937
LAS 355.33, 141	Grundbuch, Blatt 7, Hufe	1903-1937
LAS 355.33, 142	Grundbuch, Blatt 8, Dreiviertelhufe	1901-1937
LAS 355.33, 143	Grundbuch, Blatt 9, Halbhufe	1902-1937
LAS 355.33, 144	Grundbuch, Blatt 10, Halbhufe	1902-1937
LAS 355.33, 145	Grundbuch, Blatt 11, Halbhufe	1900-1937
LAS 355.33, 146	Grundbuch, Blatt 12, Halbhufe	1903-1937
LAS 355.33, 147	Grundbuch, Blatt 13, Halbhufe	1903-1937
LAS 355.33, 148	Grundbuch, Blatt 14, Halbhufe	1902-1937
LAS 355.33, 149	Grundbuch, Blatt 15, Halbhufe	1902-1937
LAS 355.33, 150	Grundbuch, Blatt 16, Viertelhufe	1903-1937
LAS 355.33, 151	Grundbuch, Blatt 17, Halbhufe	1903-1937
LAS 355.33, 152	Grundbuch, Blatt 18, Halbhufe	1900-1937
LAS 355.33, 153	Grundbuch, Blatt 19, Halbhufe	1903-1937
LAS 355.33, 154	Grundbuch, Blatt 20, Halbhufe	1900-1937

LAS 355.33, 155	Grundbuch, Blatt 21, Halbhufe	1903-1937
LAS 355.33, 156	Grundbuch, Blatt 22, Halbhufe	1903-1937
LAS 355.33, 157	Grundbuch, Blatt 23, Viertelhufe	1903-1937
LAS 355.33, 158	Grundbuch, Blatt 24, Viertelhufe	1902-1937
LAS 355.33, 159	Grundbuch, Blatt 25, Viertelhufe	1900-1937
LAS 355.33, 160	Grundbuch, Blatt 26, Viertelhufe	1903-1937
LAS 355.33, 161	Grundbuch, Blatt 27, Viertelhufe	1900-1937
LAS 355.33, 162	Grundbuch, Blatt 28, Viertelhufe	1902-1937
LAS 355.33, 163	Grundbuch, Blatt 29, Achtelhufe	1902-1937
LAS 355.33, 164	Grundbuch, Blatt 30, Anbauerstelle	1901-1937
LAS 355.33, 165	Grundbuch, Blatt 31, Anbauerstelle	1902-1937
LAS 355.33, 166	Grundbuch, Blatt 32, Anbauerstelle	1901-1937
LAS 355.33, 167	Grundbuch, Blatt 33, Anbauerstelle	1900-1937
LAS 355.33, 168	Grundbuch, Blatt 34, Anbauerstelle	1900-1937
LAS 355.33, 169	Grundbuch, Blatt 35, Anbauerstelle	1902-1937
LAS 355.33, 170	Grundbuch, Blatt 36, Anbauerstelle	1901-1937
LAS 355.33, 171	Grundbuch, Blatt 37, Anbauerstelle	1900-1937
LAS 355.33, 172	Grundbuch, Blatt 38, Anbauerstelle	1900-1937
LAS 355.33, 173	Grundbuch, Blatt 39, Anbauerstelle	1901-1937
LAS 355.33, 174	Grundbuch, Blatt 40, Anbauerstelle	1900-1937
LAS 355.33, 175	Grundbuch, Blatt 41, Anbauerstelle	1901-1937
LAS 355.33, 176	Grundbuch, Blatt 42, Anbauerstelle	1903-1937
LAS 355.33, 177	Grundbuch, Blatt 43, Anbauerstelle	1902-1937
LAS 355.33, 178	Grundbuch, Blatt 44, Anbauerstelle	1902-1937
LAS 355.33, 179	Grundbuch, Blatt 45, Anbauerstelle	1900-1937
LAS 355.33, 180	Grundbuch, Blatt 46, Anbauerstelle	1900-1937
LAS 355.33, 181	Grundbuch, Blatt 47, Anbauerstelle	1900-1937
LAS 355.33, 182	Grundbuch, Blatt 48, Anbauerstelle	1902-1937
LAS 355.33, 183	Grundbuch, Blatt 49, Anbauerstelle	1900-1937
LAS 355.33, 184	Grundbuch, Blatt 50, Anbauerstelle	1900-1937
LAS 355.33, 185	Grundbuch, Blatt 51, Anbauerstelle	1900-1937
LAS 355.33, 186	Grundbuch, Blatt 52, Anbauerstelle	1900-1937
LAS 355.33, 187	Grundbuch, Blatt 53, Anbauerstelle	1902-1937
LAS 355.33, 188	Grundbuch, Blatt 54, Anbauerstelle	1900-1937
LAS 355.33, 189	Grundbuch, Blatt 56, Anbauerstelle	1900-1937
LAS 355.33, 190	Grundbuch, Blatt 57	1900-1937
LAS 355.33, 193	Grundbuch, Blatt 60, Pfarre	1927-1937
LAS 355.33, 194	Grundbuch, Blatt 62	1904-1937
LAS 355.33, 195	Grundbuch, Blatt 63	1904-1937
LAS 355.33, 196	Grundbuch, Blatt 64	1904-1937
LAS 355.33, 197	Grundbuch, Blatt 65	1903-1937
LAS 355.33, 199	Grundbuch, Blatt 67	1908-1937
LAS 355.33, 200	Grundbuch, Blatt 68, Anbauerstelle	1900-1937
LAS 355.33, 201	Grundbuch, Blatt 69, Anbauerstelle	1900-1938
LAS 355.33, 202	Grundbuch, Blatt 70, Anbauerstelle	1903-1937

LAS 355.33, 203	Grundbuch, Blatt 71, Anbauerstelle	1900-1937
LAS 355.33, 204	Grundbuch, Blatt 72, Anbauerstelle	1902-1937
LAS 355.33, 205	Grundbuch, Blatt 73, Anbauerstelle	1900-1937
LAS 355.33, 206	Grundbuch, Blatt 74, Viertelhufe	1903-1934
LAS 355.33, 207	Grundbuch, Blatt 75, Bauervogtland	1908-1920
LAS 355.33, 213	Grundbuch, Blatt 81, Schweinekoppel	1904-1937
LAS 355.33, 214	Grundbuch, Blatt 83, Anbauerstelle	1900-1937
LAS 355.33, 216	Grundbuch, Blatt 85, Anbauerstelle	1900-1937
LAS 355.33, 217	Grundbuch, Blatt 86, Anbauerstelle	1900-1937
LAS 355.33, 219	Grundbuch, Blatt 88	1900-1937
LAS 355.33, 220	Grundbuch, Blatt 89	1900-1937
LAS 355.33, 222	Grundbuch, Blatt 91	1903-1937
LAS 355.33, 224	Grundbuch, Blatt 93	1903-1937
LAS 355.33, 225	Grundbuch, Blatt 94	1904-1937
LAS 355.33, 226	Grundbuch, Blatt 95	1904-1937
LAS 355.33, 227	Grundbuch, Blatt 96	1904-1935
LAS 355.33, 228	Grundbuch, Blatt 97	1905-1937
LAS 355.33, 229	Grundbuch, Blatt 98	1906-1912
LAS 355.33, 230	Grundbuch, Blatt 99	1906-1937
LAS 355.33, 231	Grundbuch, Blatt 100	1906-1937
LAS 355.33, 233	Grundbuch, Blatt 102	1908-1937
LAS 355.33, 234	Grundbuch, Blatt 103	1908-1937
LAS 355.33, 235	Grundbuch, Blatt 104, Klingelsberg	1908-1923
LAS 355.33, 236	Grundbuch, Blatt 105	1910-1937
LAS 355.33, 237	Grundbuch, Blatt 107	1910-1937
LAS 355.33, 238	Grundbuch, Blatt 108	1910-1938
LAS 355.33, 239	Grundbuch, Blatt 109	1911-1937
LAS 355.33, 240	Grundbuch, Blatt 110	1912-1937
LAS 355.33, 241	Grundbuch, Blatt 111	1912-1937
LAS 355.33, 242	Grundbuch, Blatt 112	1912-1937
LAS 355.33, 243	Grundbuch, Blatt 113	1912-1937
LAS 355.33, 244	Grundbuch, Blatt 114	1912-1937
LAS 355.33, 245	Grundbuch, Blatt 115	1914-1937
LAS 355.33, 246	Grundbuch, Blatt 116	1914-1937
LAS 355.33, 247	Grundbuch, Blatt 117	1914-1937
LAS 355.33, 248	Grundbuch, Blatt 118	1918-1937
LAS 355.33, 249	Grundbuch, Blatt 119	1920-1937
LAS 355.33, 250	Grundbuch, Blatt 120	1928-1937
LAS 355.33, 251	Grundbuch, Blatt 121	1928-1937
LAS 355.33, 252	Grundbuch, Blatt 122	1928-1937
LAS 355.33, 253	Grundbuch, Blatt 123	1928-1937
LAS 355.33, 254	Grundbuch, Blatt 124	1928-1937
LAS 355.33, 255	Grundbuch, Blatt 125	1928-1937
LAS 355.33, 256	Grundbuch, Blatt 126	1928-1937
LAS 355.33, 257	Grundbuch, Blatt 127	1928-1937

LAS 355.33, 258	Grundbuch, Blatt 128	1928-1937
LAS 355.33, 259	Grundbuch, Blatt 129	1928-1937
LAS 355.33, 260	Grundbuch, Blatt 130	1928-1937
LAS 355.33, 261	Grundbuch, Blatt 131	1928-1937
LAS 355.33, 262	Grundbuch, Blatt 132	1928-1937
LAS 355.33, 263	Grundbuch, Blatt 133	1928-1937
LAS 355.33, 264	Grundbuch, Blatt 134	1928-1937
LAS 355.33, 265	Grundbuch, Blatt 135	1903-1937
LAS 355.33, 266	Grundbuch, Blatt 136	1931-1937
LAS 355.33, 269	Grundbuch, Blatt 139	1903-1937
LAS 324 Ratzeburg, 104	Gebäudebücher	1910 ff.
LAS 324 Ratzeburg, 247	Gebäudebestandsblätter	1950 ff.
LAS 324 Ratzeburg, 485	Feldplan der Gemarkung	1935
AHL, 03.01-3, 64	*SchuPfPr*	*o. J.*
AHL, 03.01-3, 237	*SchuPfPr, Nebenbücher*	*o. J.*
AHL, 03.01-3, 238	*SchuPfPr, Nebenbücher*	*o. J.*
AHL, 03.01-3, 111	*Hypothekenbücher, Fol. 1-62*	*o. J.*
AHL, 03.01-3, 112	*Hypothekenbücher*	*o. J.*
AHL, 01.1-01(4), 20031	*Hofdienste*	*1581-1800*
AHL, 01.1-01(4), 20094	*Ländereien, Wiesen, Gemeinweide*	*1696-1762*
AHL, 03.04-01, 1620	*Hausbriefe, Band 1*	*1699-1745*
AHL, 01.1-01(4), 20115	*Konkurssache Frantz Friedrich Schreiber*	*1716*
AHL, 03.04-01, 1621	*Hausbriefe, Band 2*	*1748-1794*
AHL, 01.1-01(4), 20117	*Hausbriefangelegenheit des mit Luise Elisabeth Brügmann verheirateten Musketiers Johann Heinrich Stuckenschmidt*	*1756*
AHL, 03.04-01, 1846	*Verkoppelung, Band 1*	*1775-1784*
AHL, 03.04-01, 1847	*Verkoppelung, Band 2*	*1784-1797*
AHL, 03.04-01, 1622	*Hausbriefe, Band 3*	*1796-1809*
AHL, 02.01-3/4, 159	*Erstellung der Kataster; Verkoppelungsregister*	*1812*
AHL, 01.1-01(4), 20125	*Zehntgelder*	*1575-1816*
AHL, 02.01-3/4, 223	*Erstellung der Grundsteuerrollen*	*1812-1813*
AHL, 01.1-01(4), 19357	*Zehntenabgabe*	*1885*
AHL, 01.1-01(7), 32623	*Volkszählungsregister*	*1815*
LHAS 4.2-1, 187	*Zehntzahlung an das Amt Schönberg*	*1593-1755*

Poggensee

LAS 355.33, 267	Grundbuch, Blatt 1, Hufe	1901-1938
LAS 355.33, 268	Grundbuch, Blatt 2, Hufe	1901-1938
LAS 355.33, 269	Grundbuch, Blatt 3, Hufe	1901-1938
LAS 355.33, 270	Grundbuch, Blatt 4, Hufe	1901-1938
LAS 355.33, 271	Grundbuch, Blatt 5, Hufe	1900-1939
LAS 355.33, 272	Grundbuch, Blatt 6, Hufe	1901-1938
LAS 355.33, 273	Grundbuch, Blatt 7, Hufe	1901-1938
LAS 355.33, 274	Grundbuch, Blatt 8, Hufe	1901-1938
LAS 355.33, 275	Grundbuch, Blatt 9, Halbhufe	1900-1938
LAS 355.33, 276	Grundbuch, Blatt 10, Halbhufe	1901-1938
LAS 355.33, 277	Grundbuch, Blatt 11, Viertelhufe	1900-1938
LAS 355.33, 278	Grundbuch, Blatt 12, Halbhufe	1901-1938
LAS 355.33, 279	Grundbuch, Blatt 13, Viertelhufe	1900-1934
LAS 355.33, 280	Grundbuch, Blatt 14, Achtelhufe	1900-1938
LAS 355.33, 281	Grundbuch, Blatt 15, Anbauerstelle	1900-1938
LAS 355.33, 282	Grundbuch, Blatt 16, Anbauerstelle	1901-1938
LAS 355.33, 283	Grundbuch, Blatt 17, Anbauerstelle	1900-1938
LAS 355.33, 284	Grundbuch, Blatt 18, Anbauerstelle	1901-1938
LAS 355.33, 285	Grundbuch, Blatt 19, Anbauerstelle	1900-1938
LAS 355.33, 286	Grundbuch, Blatt 20, Anbauerstelle	1900-1938
LAS 355.33, 287	Grundbuch, Blatt 21, Anbauerstelle	1900-1938
LAS 355.33, 288	Grundbuch, Blatt 23, Anbauerstelle	1900-1938
LAS 355.33, 289	Grundbuch, Blatt 24, Anbauerstelle	1901-1938
LAS 355.33, 290	Grundbuch, Blatt 25, Anbauerstelle	1900-1938
LAS 355.33, 291	Grundbuch, Blatt 26, Anbauerstelle	1900-1938
LAS 355.33, 292	Grundbuch, Blatt 28	1921-1938
LAS 355.33, 293	Grundbuch, Blatt 29	1904-1938
LAS 355.33, 294	Grundbuch, Blatt 30	1903-1938
LAS 355.33, 295	Grundbuch, Blatt 31, Holzwärter-Dienstland	1904-1938
LAS 355.33, 296	Grundbuch, Blatt 32	1903-1938
LAS 355.33, 298	Grundbuch, Blatt 34	1911-1938
LAS 355.33, 299	Grundbuch, Blatt 35, Anbauerstelle	1901-1935
LAS 355.33, 300	Grundbuch, Blatt 36, Anbauerstelle	1901-1938
LAS 355.33, 301	Grundbuch, Blatt 37, Anbauerstelle	1902-1938
LAS 355.33, 305	Grundbuch, Blatt 41, Bauervogtland	1911-1938
LAS 355.33, 307	Grundbuch, Blatt 43	1903-1938
LAS 355.33, 308	Grundbuch, Blatt 44	1901-1938
LAS 355.33, 309	Grundbuch, Blatt 45	1904-1938
LAS 355.33, 310	Grundbuch, Blatt 46	1907-1938
LAS 355.33, 311	Grundbuch, Blatt 47	1912-1938
LAS 355.33, 312	Grundbuch, Blatt 48	1914-1938
LAS 355.33, 313	Grundbuch, Blatt 49	1920-1938
LAS 355.33, 314	Grundbuch, Blatt 50	1921-1938

LAS 355.33, 315	Grundbuch, Blatt 52	1928-1938
LAS 324 Ratzeburg, 108	Gebäudebücher	1910 ff.
LAS 324 Ratzeburg, 250	Gebäudebestandsblätter	1950 ff.
LAS 324 Ratzeburg, 488	Feldplan der Gemarkung	1935
LAS 324 Ratzeburg, 515	Grundsteuer-Veranlagung, Kartenblatt	1869-1875
AHL, 03.01-3, 67	*SchuPfPr, Band 1*	*o. J.*
AHL, 03.01-3, 239	*SchuPfPr, Nebenbücher*	*o. J.*
AHL, 03.01-3, 115	*Hypothekenbücher*	*o. J.*
AHL, 01.1-01(4), 20031	*Hofdienste*	*1581-1800*
AHL, 03.04-01, 1626	*Hausbriefe und Eheberedungen*	*1693-1811*
AHL, 01.1-01(4), 20017	*Auszug aus den Liegenschaften*	*18. Jh.*
AHL, 03.04-01, 1631	*Untertanen*	*1749-1794*
AHL, 03.04-01, 1630	*Konkurs des Claus Friedrich Stapelfeld, Verkauf und Vermietung seiner Hofstelle*	*1772-1787*
AHL, 03.04-01, 1846	*Verkoppelung, Band 1*	*1775-1784*
AHL, 03.04-01, 1627	*Konkurs des Vollhufners Jochim Nicolaus Drews, Verkauf seiner Hofstelle an Christian Jacob Brügmann*	*1776-1777*
AHL, 03.04-01, 2403	*Hausbriefe*	*1783-1882*
AHL, 03.04-01, 1847	*Verkoppelung, Band 2*	*1784-1797*
AHL, 02.01-3/4, 159	*Erstellung der Kataster; Verkoppelungsregister*	*1812*
AHL, 02.01-3/4, 223	*Erstellung der Grundsteuerrollen*	*1812-1813*
AHL, 03.04-01, 2538	*Proclama über den Nachlass des Vollhufners Johann Hinrich Buhr*	*1779-1780*
AHL, 03.04-01, 1638	*Erbschaft des Jochen Christian Brügmann*	*1783*
AHL, 03.04-01, 1633	*Proclama über den Nachlass des Försters Johann Peter Burmester*	*1789*
AHL, 03.04-01, 1634	*Erbschaftsteilung des Nachlasses der Maria Winterbergs*	*1790*
AHL, 01.1-01(7), 32623	*Volkszählungsregister*	*1815*

Ritzerau
- Abendrade

LAS 355.33, 316	Grundbuch, Blatt 1, Vollhufe	1901-1941
LAS 355.33, 317	Grundbuch, Blatt2, Vollhufe	1901-1937
LAS 355.33, 318	Grundbuch, Blatt 3, Vollhufe	1901-1937
LAS 355.33, 319	Grundbuch, Blatt 4, Vollhufe	1900-1937

LAS 355.33, 320	Grundbuch, Blatt 5, Vollhufe	1900-1937
LAS 355.33, 321	Grundbuch, Blatt 6, Viertelhufe	1901-1937
LAS 355.33, 322	Grundbuch, Blatt 7, Halbhufe	1901-1937
LAS 355.33, 323	Grundbuch, Blatt 8, Halbhufe	1900-1937
LAS 355.33, 324	Grundbuch, Blatt 9, Halbhufe	1900-1937
LAS 355.33, 325	Grundbuch, Blatt 10, Halbhufe	1901-1938
LAS 355.33, 326	Grundbuch, Blatt 11, Halbhufe	1900-1938
LAS 355.33, 327	Grundbuch, Blatt 12, Viertelhufe	1901-1939
LAS 355.33, 328	Grundbuch, Blatt 13, Viertelhufe	1901-1938
LAS 355.33, 329	Grundbuch, Blatt 14, Viertelhufe	1901-1939
LAS 355.33, 330	Grundbuch, Blatt 15, Achtelhufe	1901-1938
LAS 355.33, 331	Grundbuch, Blatt 16, Achtelhufe	1900-1938
LAS 355.33, 332	Grundbuch, Blatt 17, Achtelhufe	1901-1938
LAS 355.33, 333	Grundbuch, Blatt 18, Sechzehntelhufe	1900-1938
LAS 355.33, 334	Grundbuch, Blatt 19, Sechzehntelhufe	1900-1939
LAS 355.33, 335	Grundbuch, Blatt 20, Anbauerstelle	1900-1938
LAS 355.33, 336	Grundbuch, Blatt 21, Anbauerstelle	1903-1938
LAS 355.33, 337	Grundbuch, Blatt 22, Anbauerstelle	1904-1938
LAS 355.33, 338	Grundbuch, Blatt 23, Anbauerstelle	1900-1938
LAS 355.33, 339	Grundbuch, Blatt 24, Anbauerstelle	1900-1938
LAS 355.33, 340	Grundbuch, Blatt 25, Anbauerstelle	1902-1938
LAS 355.33, 341	Grundbuch, Blatt 26, Anbauerstelle	1901-1938
LAS 355.33, 342	Grundbuch, Blatt 27, Anbauerstelle	1901-1938
LAS 355.33, 343	Grundbuch, Blatt 28, Anbauerstelle	1900-1938
LAS 355.33, 344	Grundbuch, Blatt 29, Anbauerstelle	1900-1938
LAS 355.33, 345	Grundbuch, Blatt 30, Anbauerstelle	1900-1938
LAS 355.33, 353	Grundbuch, Blatt 53, Abendrade	1904-1938
LAS 355.33, 354	Grundbuch, Blatt 54, Horst	1904-1938
LAS 355.33, 355	Grundbuch, Blatt 55, Dreieckspunkt	1903-1938
LAS 355.33, 357	Grundbuch, Blatt 57, Anbauerstelle	1900-1938
LAS 355.33, 362	Grundbuch, Blatt 62	1900-1938
LAS 355.33, 363	Grundbuch, Blatt 63	1901-1938
LAS 355.33, 364	Grundbuch, Blatt 64	1907-1938
LAS 355.33, 365	Grundbuch, Blatt 65	1907-1938
LAS 355.33, 366	Grundbuch, Blatt 66	1907-1938
LAS 355.33, 367	Grundbuch, Blatt 67	1908-1934
LAS 355.33, 368	Grundbuch, Blatt 68	1911-1938
LAS 355.33, 369	Grundbuch, Blatt 72	1929-1938
LAS 355.33, 370	Grundbuch, Blatt 73	1929-1938
LAS 355.33, 371	Grundbuch, Blatt 74	1929-1938
LAS 355.33, 372	Grundbuch, Blatt 75	1929-1938
LAS 355.33, 373	Grundbuch, Blatt 76	1935-1940
LAS 355.33, 374	Grundbuch, Blatt 77	1935-1939
LAS 355.33, 375	Grundbuch, Blatt 78	1935-1938

LAS 355.33, 399	Erbhöfeakten mit Sammelakten	o. J.
LAS 324 Ratzeburg, 110	Gebäudebücher	1910 ff.
LAS 324 Ratzeburg, 255	Gebäudebestandsblätter	1950 ff.
LAS 324 Ratzeburg, 490	Feldplan der Gemarkung	1935
AHL, 03.01-3, 70	*SchuPfPr*	*o. J.*
AHL, 03.01-3, 240	*SchuPfPr, Nebenbücher, Band 1*	*o. J.*
AHL, 03.01-3, 241	*SchuPfPr, Nebenbücher, Band 2*	*o. J.*
AHL, 03.01-3, 117	*Hypothekenbücher*	*o. J.*
AHL, 03.01-3, 118	*Hypothekenbücher*	*o. J.*
AHL, 08.01, 428a	*Contractenbuch*	*1785-1829*
AHL, 01.1-01(4), 20036	*Pacht-, Dienst- und Mastgeldregister*	*1618-1756*
AHL, 01.1-01(4), 20029	*Hofdienste der Ritzerauer Amtsuntertanen*	*1578-1721*
AHL, 01.1-01(4), 20031	*Hofdienste*	*1581-1800*
AHL, 01.1-01(4), 20012	*Risse etlicher Ländereien*	*um 1630*
AHL, 01.1-01(4), 20033	*Pachtzinsansprüche des Ratzeburger Domkapitels an Ritzerauer Amtsuntertanen*	*1642-1644*
AHL, 01.1-01(4), 20035	*Pflichten der Untertanen*	*1669*
AHL, 01.1-01(4), 20017	*Auszug aus den Liegenschaften*	*18. Jh.*
AHL, 03.04-01, 1794	*Hausbriefe, Band 1*	*1700-1777*
AHL, 03.04-01, 1834	*Landmessungs- und Egalisierungsregister*	*1749*
AHL, 03.04-01, 1795	*Hausbriefe, Band 2*	*1777-1811*
AHL, 03.04-01, 1836	*Konkurs des Vollhufners Johann Hinrich Martens und Verkauf seiner Hofstelle*	*1777*
AHL, 03.04-01, 1833	*Verkoppelungsregister*	*1782-1786*
AHL, 03.04-01, 1847	*Verkoppelung, Band 2*	*1784-1797*
AHL, 03.04-01, 1825	*Proclama über die Hofstelle des Hans Hinrich Ehlers*	*1784*
AHL, 01.1-01(4), 20015	*Beschwerde des Hufners Hans Runge wegen Abtrennung der „Flöhtwiese“ von seiner Hufe*	*1786*
AHL, 03.04-01, 1831	*Proclama über die Hofstelle des Hans Hinrich Escher*	*1787*
AHL, 03.04-01, 1822	*Proclama über die Hofstelle des Vollhufners Hans Runge*	*1791-1799*
AHL, 03.04-01, 1826	*Verkauf des Katens von Hans Jochim Ehlers an Hans Hinrich Franck*	*1811*
AHL, 02.01-3/4, 159	*Erstellung der Kataster; Verkoppelungs-register*	*1812*
AHL, 04.08-2, 56	*Verkopplungsplanregister*	*1876*
AHL, 01.1-01(4), 20028	*Türkensteuer*	*1577-1692*
AHL, 02.01-3/4, 223	*Erstellung der Grundsteuerrollen*	*1812-1813*

AHL, 03.04-01, 1830	*Proclama über den Nachlass und die Hofstelle des Hans Hinrich Withon*	*1792-1793*
AHL, 03.04-01, 1829	*Proclama über den Nachlass der Witwe Catharina Margarethe Escher*	*1794*
AHL, 03.04-01, 1828	*Proclama über den Nachlass des Halbhufners Johann Hinrich Fürböter*	*1798*
AHL, 03.04-01, 1793	*Proclama über den Nachlass des Schneiders Johann Friedrich Nebe*	*1800*
AHL, 03.04-01, 1820	*Proclama über den Nachlass des Jägers Jochen Just Nebe*	*1800-1802*
AHL, 03.04-01, 1821	*Proclama über den Nachlass des Arbeitsmanns Hinrich Wulf*	*1802-1803*
AHL, 03.04-01, 1823	*Nachlass der Witwe Catharina Elisabeth Nebbe, geb. Wiggers*	*1810*
AHL, 03.04-01, 1796	*Nachlass des Jochen Christian Brügmann*	*1811*
AHL, 03.04-01, 1827	*Nachlass des Joachim Christian Escher*	*1811*
AHL, 01.1-01(7), 32623	*Volkszählungsregister*	*1815*

Ritzerauer Hof

LAS 355.33, 352	Grundbuch, Blatt 52	1909-1938
AHL, 01.1-01(4), 19968	*Erwerbung von Ritzerau durch die Stadt Lübeck*	*1465-1472*
AHL, 01.1-01(4), 20054	*Kleinere Übersichten (Inventar)*	*1572-1683*
AHL, 01.1-01(4), 20055	*Hofinventarien*	*1581-1781*
AHL, 01.1-01(4), 19990	*Pächter Berend Schumacher*	*1644-1670*
AHL, 01.1-01(4), 19991	*Pächter Reimer Nicolaus Stapel*	*1670-1675*
AHL, 01.1-01(4), 19996	*Bürgen des Pächters*	*1676-1684*
AHL, 01.1-01(4), 19992	*Pächter Johann Berends Guldener*	*1677*
AHL, 01.1-01(4), 19993	*Pächter Johann Adolf Lange*	*1677-1679*
AHL, 01.1-01(4), 19994	*Pächter Martin Rademacher*	*1681-1695*
AHL, 01.1-01(4), 19995	*Pächter Georg von Dassel*	*1696-1717*
AHL, 03.04-01, 1771	*Pachtung und Pensionen*	*1698-1800*
AHL, 03.04-01, 1763	*Hofdienste*	*1718-1800*
AHL, 03.04-01, 1837	*Untertanen*	*1719-1809*
AHL, 03.04-02, 372	*Verpachtung des Gutes an Carl Justus Hutter*	*1751-1781*
AHL, 01.1-01(4), 19999	*Ersatzansprüche des Pächters Carl Justus Hutter*	*1758*
AHL, 03.04-01, 1846	*Verkoppelung, Band 1*	*1775-1784*
AHL, 03.04-02, 373	*Verpachtung des Gutes an Amtmann Jochim Albrecht Hutter, Band 1*	*1781-1797*

AHL, 01.1-01(4), 20001	*Personalien des Pächters Johann Caspar Hinrich Christen*	*1786-1790*
AHL, 03.04-01, 1769	*Verpachtung an den Amtmann C. H. Christern*	*1798-1800*
AHL, 03.04-02, 375	*Verpachtung des Gutes an Caspar Hinrich Christern*	*1798-1800*
AHL, 03.04-02, 376	*Verpachtung des Gutes an Caspar Hinrich Christern*	*1808-1810*
AHL, 03.04-01, 1770	*Verpachtung des Gutes*	*1808-1809*
AHL, 04.02-1, 34	*Ländereien*	*1904-1926*
AHL, 04.02-1, 35	*Ländereien*	*1923-1932*
AHL, 01.1-01(7), 32623	*Volkszählungsregister*	*1815*

Kirchspiel Sankt Georgsberg

Albsfelde

LAS 324 Ratzeburg, 1	Gebäudebücher	1910 ff.
LAS 324 Ratzeburg, 143	Gebäudebestandsblätter	1950 ff.
LAS 324 Ratzeburg, 454	Feldplan der Gemarkung	1935
AHL, 03.01-3, 52	*SchuPfPr*	*o. J.*
AHL, 03.01-3, 218	*SchuPfPr, Nebenbücher*	*1820-1874*
AHL, 03.01-3, 79	*Hypothekenbücher*	*o. J.*
AHL, 03.04-01, 682	*Einnahmen und Ausgaben des Meierhofs Albsfelde*	*um 1770*
AHL, 03.04-01, 594	*Kornregister des Meierhofs Albsfelde*	*1789-1790*
AHL, 03.04-01, 595	*Geldregister des Meierhofs Albsfelde*	*1789-1790*
AHL, 03.04-01, 571	*Hausbriefe*	*1702-1797*
AHL, 03.04-01, 569	*Untertanen*	*1731-1807*
AHL, 03.04-01, 566	*Vermessung und Verkoppelung der Ländereien*	*1747*
AHL, 03.04-01, 567	*Feldregister von der Verkoppelung*	*1747*
AHL, 03.04-01, 683	*Verkoppelung des Meierhofs Albsfelde*	*1771-1778*
AHL, 03.04-02, 338	*Verpachtung der Ländereien des niedergelegten Meierhofs*	*1787-1793*
AHL, 03.04-02, 341	*Pachtsachen: 1. große Parzelle, 2. Mittelparzelle*	*1790-1802*
AHL, 03.04-02, 339	*Pachtsachen: 2. Mittelparzelle, 4. Mittelparzelle, 5. Parzelle, 7. kleine Parzelle, 8. Parzelle*	*1790-1805*

AHL, 03.04-02, 340	*Pachtsachen: 9. bis 13. Parzelle*	*1793-1810*
AHL, 03.04-01, 572	*Kontrakte der Parzellisten*	*1793-1805*
AHL, 02.01-3/4, 404	*Pachtsachen: Güter und Ländereien*	*1811-1813*
AHL, 03.04-01, 2396	*Hausbriefe und Pachtübertragungen*	*1817-1871*
AHL, 05.1-1/04, 2363	*Überlassung der 6. kleinen Zeitpachtstelle zum nutzbaren Eigentum an die dortige Bauervogtstelle*	*1817*
AHL, 03.03-02, 291	*Hofgebäude*	*1840-1876*
AHL, 01.1-01(4), 19829	*Vererbpachtung der bisherigen Zeitpachtstellen*	*1858-1862*
AHL, 04.06-5, 1280	*Neubau eines Arbeiterkatens*	*1899-1940*
AHL, 04.02-1, 26	*Ländereien: Hof Albsfelde*	*1906-1922*
AHL, 04.06-5, 1281	*Um- und Neubau von Gebäuden*	*1922-1954*
AHL, 02.01-3/7, 190	*Angaben zur Veranlagung der Grundsteuer*	*1814*
AHL, 01.1-01(7), 32623	*Volkszählungsregister*	*1815*

Giesensdorf

LAS 324 Ratzeburg, 179	Gebäudebestandsblätter	1950 ff.
LAS 324 Ratzeburg, 386	Feldplan der Gemarkung	o. J.
AHL, 03.01-3, 52	*SchuPfPr*	*o. J.*
AHL, 03.01-3, 218	*SchuPfPr, Nebenbücher*	*1820-1874*
AHL, 03.01-3, 90	*Hypothekenbücher*	*o. J.*
AHL, 03.04-01, 803	*Hausbriefe*	*1694-1811*
AHL, 01.1-01(4), 20420	*Grotesche Hufe*	*1696*
AHL, 01.1-01(4), 20421	*Überlassung der wüsten Hufe des Claus Escheborg an den Behlendorfer Amtmann Jürgen Schumacher*	*1696-1697*
AHL, 03.04-01, 796	*Untertanen*	*1723-1764*
AHL, 03.04-01, 802	*Verkoppelung*	*1788-1791*
AHL, 02.01-3/4, 159	*Erstellung der Kataster; Verkoppelungsregister*	*1812*
AHL, 01.1-01(4), 20258	*Ermäßigung des Dienstgeldes der Eingesessenen*	*1816-1822*
AHL, 01.1-01(4), 20426	*Aufteilung der Gemeindefreiheit*	*1859-1864*
AHL, 01.1-01(4), 20424	*Abgaben von Eingesessenen*	*um 1780*
AHL, 02.01-3/7, 190	*Angaben zur Veranlagung zur Grundsteuer*	*1814*
AHL, 01.1-01(7), 32623	*Volkszählungsregister*	*1815*

Harmsdorf

LAS 324 Ratzeburg, 54	Gebäudebücher	1910 ff.
LAS 324 Ratzeburg, 198	Gebäudebestandsblätter	1950 ff.
LAS 324 Ratzeburg, 409	Feldplan der Gemarkung	o. J.
AHL, 03.01-3, 52	*SchuPfPr*	*o. J.*
AHL, 03.01-3, 218	*SchuPfPr, Nebenbücher*	*1820-1874*
AHL, 03.01-3, 94	*Hypothekenbücher*	*o. J.*
AHL, 01.1-01(4), 20428	*Angelegenheiten von Untertanen*	*15.-19. Jh.*
AHL, 03.04-01, 813	*Hausbriefe*	*1723-1808*
AHL, 03.04-01, 808	*Vermessung und Register*	*1747-1790*
AHL, 03.04-01, 807	*Untertanen*	*1759-1761*
AHL, 03.04-01, 809	*Konkurs und Tod des Vollhufners Johann Wulf*	*1775*
AHL, 03.04-01, 802	*Verkoppelung*	*1788-1791*
AHL, 01.1-01(4), 20432	*Vermessung und Verteilung der Feldmark*	*1791-1792*
AHL, 01.1-01(4), 20258	*Ermäßigung des Dienstgeldes der Eingesessenen*	*1816-1822*
AHL, 03.04-01, 2399	*Hausbriefe*	*1817-1881*
AHL, 01.1-01(4), 20433	*Unentgeltliche Überlassung der Freiweide an die Gemeinde*	*1884*
AHL, 01.1-01(4), 20430	*Abgaben von Eingesessenen*	*1639-1847*
AHL, 02.01-3/7, 190	*Angaben zur Veranlagung zur Grundsteuer*	*1814*
AHL, 01.1-01(7), 32623	*Volkszählungsregister*	*1815*

Beiderstädtisches Gebiet der Städte Hamburg und Lübeck

Amt Bergedorf

StaHH 415-2 II, Nr. 671 a-d	*Amtskassenbücher*	*1833-1874*

Hierzu bitte Findbuch StaHH Abt. 415-2 II, Amt Bergedorf II, Band 3, Seite 633, heranziehen!

Geesthacht

- Altstadt	- Düneberg	- Edmundstal-Siemerswalde
- Heinrichshof	- Heinrich-Jebens-Siedlung	- Katzberg
- Oberstadt		

LAS 66, 11004	Die von den Eingesessenen an das Amt Lauenburg zu zahlenden Verbittels- und Osterablagergelder	1841-1842
LAS 309 Geb. St. Hzt. Lauenburg, Nr. 149	Gebäudesteuer [Düneberg]	1877-1878
LAS 324 Ratzeburg, 35	Gebäudebücher	1910 ff.
LAS 324 Ratzeburg, 175	Gebäudebestandsblätter	1950 ff.
LAS 324 Ratzeburg, 176	Gebäudebestandsblätter	1950 ff.
LAS 324 Ratzeburg, 177	Gebäudebestandsblätter	1950 ff.
LAS 324 Ratzeburg, 178	Gebäudebeschreibung	1950 ff.
LAS 324 Ratzeburg, 501	Pläne und Skizzen, Straßen A-F	1883-1936
LAS 324 Ratzeburg, 502	Pläne und Skizzen, Straßen G-J	1884-1939
LAS 324 Ratzeburg, 503	Pläne und Skizzen, Straßen K-P	1880-1936
LAS 324 Ratzeburg, 504	Pläne und Skizzen, Straßen R-Z	1884-1936
LAS 324 Ratzeburg, 505	Flurbuch, Band I	1883-1940
LAS 324 Ratzeburg, 506	Flurbuch-Register, Band II	1893-1931
LAS 324 Ratzeburg, 507	Flurbuch-Register, Band I	1883-1893
LAS 324 Ratzeburg, 508	Flurbuch-Register, Band II	1893-1941
LAS 324 Ratzeburg, 509	Flurbuch-Register	1914-1931
LAS 324 Ratzeburg, 510	Nachweis der Fortführung	1883-1920
LAS 324 Ratzeburg, 520	Flurbuchregister	1910-1937
LAS 324 Ratzeburg, 521	Flurbuch	1903-1937
LAS 324 Ratzeburg, 564	Auszug aus dem Flurbuch, Nr. 126, 127, 144, 145, 175, 200, 231	1924
LAS 324 Ratzeburg, 522	Grundbuch Band 27, Blatt 1181-1199 Grundbuch Band 28, Blatt 1200-1210	o. J.
LAS 324 Ratzeburg, 523	Grundbuch Band 26, Blatt 1151-1169 Grundbuch Band 27, Blatt 1170-1180	o. J.
LAS 324 Ratzeburg, 524	Grundbuch Band 41, Blatt 1605-1619 Grundbuch Band 42, Blatt 1620-1625	o. J.
LAS 324 Ratzeburg, 525	Grundbuch Band 25, Blatt 1221-1239 Grundbuch Band 26, Blatt 1140-1150	o. J.
LAS 324 Ratzeburg, 526	Grundbuch Band 42, Blatt 1626-1646 Grundbuch Band 42, Blatt 1648-1650	o. J.
LAS 324 Ratzeburg, 527	Grundbuch Band 43, Blatt 1651-1675	o. J.
LAS 324 Ratzeburg, 528	Grundbuch Band 46, Blatt 1751-1769 Grundbuch Band 47, Blatt 1770-1775	o. J.
LAS 324 Ratzeburg, 529	Grundbuch Band 47, Blatt 1776-1799 Grundbuch Band 48, Blatt 1800	o. J.

LAS 324 Ratzeburg, 530	Grundbuch Band 31, Blatt 1301-1319 Grundbuch Band 32, Blatt 1320-1325	o. J.
LAS 324 Ratzeburg, 531	Grundbuch Band 48, Blatt 1801-1826	o. J.
LAS 324 Ratzeburg, 532	Grundbuch Band 33, Blatt 1351-1375	o. J.
LAS 324 Ratzeburg, 533	Grundbuch Band 32, Blatt 1326-1349 Grundbuch Band 33, Blatt 1350	o. J.
LAS 324 Ratzeburg, 534	Grundbuch Band 38, Blatt 1526-1529 Grundbuch Band 39, Blatt 1530-1548, 1550	o. J.
LAS 324 Ratzeburg, 535	Grundbuch Band 39, Blatt 1551-1559 Grundbuch Band 40, Blatt 1560-1575	o. J.
LAS 324 Ratzeburg, 536	Grundbuch Band 40, Blatt 1576-1589 Grundbuch Band 41, Blatt 1590-1600	o. J.
LAS 324 Ratzeburg, 537	Grundbuch Band 36, Blatt 1451-1469 Grundbuch Band 37, Blatt 1470-1475	o. J.
LAS 324 Ratzeburg, 538	Grundbuch Band 37, Blatt 1476-1499 Grundbuch Band 38, Blatt 1500	o. J.
LAS 324 Ratzeburg, 539	Grundbuch Band 38, Blatt 1501-1525	o. J.
LAS 324 Ratzeburg, 540	Grundbuch Band 21, Blatt 1001-1025	o. J.
LAS 324 Ratzeburg, 541	Grundbuch Band 14, Blatt 55, 673 Grundbuch Band 15, Blatt 716, 717 Grundbuch Band 15, Blatt 720, 721, 739 Grundbuch Band 16, Blatt 766-768, 772-775 Grundbuch Band 19, Blatt 941 Grundbuch Band 20, Blatt 987, 990, 991 Grundbuch Band 21, Blatt 995-998, 1000	o. J.
LAS 324 Ratzeburg, 542	Grundbuch Band 33, Blatt 1376-1379 Grundbuch Band 34, Blatt 1380-1396, 1398-1400	o. J.
LAS 324 Ratzeburg, 543	Grundbuch Band 22, Blatt 1026-1040	o. J.
LAS 324 Ratzeburg, 544	Grundbuch Band 35, Blatt 1426-1439 Grundbuch Band 36, Blatt 1440-1450	o. J.
LAS 324 Ratzeburg, 545	Grundbuch Band 34, Blatt 1401-1409 Grundbuch Band 35, Blatt 1410-1425	o. J.
LAS 324 Ratzeburg, 546	Grundbuch Band 52, Blatt 1968-1970 Grundbuch Band 53, Blatt 1952-1953, 1955, 1956, 1962, 1964-1967, 1971-1973, 1975, 1976	o. J.
LAS 324 Ratzeburg, 547	Grundbuch Band 51, Blatt 1900, 1902-1919 Grundbuch Band 52, Blatt 1920, 1921, 1923-1925	o. J.
LAS 324 Ratzeburg, 548	Grundbuch Band 22, Blatt 1040 Grundbuch Band 23, Blatt 1050-1059	o. J.
LAS 324 Ratzeburg, 549	Grundbuch Band 52, Blatt 1927, 1929, 1931-1945, 1947-1949	o. J.

LAS 324 Ratzeburg, 550	Grundbuch Band 23, Blatt 1061-1079 Grundbuch Band 24, Blatt 1080-1090	o. J.
LAS 324 Ratzeburg, 551	Grundbuch Band 43, Blatt 1678, 1679 Grundbuch Band 44, Blatt 1680, 1682-1700	o. J.
LAS 324 Ratzeburg, 552	Grundbuch Band 44, Blatt 1701-1709 Grundbuch Band 45, Blatt 1710-1725	o. J.
LAS 324 Ratzeburg, 553	Grundbuch Band 24, Blatt 1091-1109 Grundbuch Band 25, Blatt 1110-1120	o. J.
LAS 324 Ratzeburg, 554	Grundbuch Band 45, Blatt 1728-1739 Grundbuch Band 46, Blatt 1740-1750	o. J.
LAS 324 Ratzeburg, 555	Grundbuch Band 48, Blatt 1827-1830 Grundbuch Band 49, Blatt 1831-1850	o. J.
LAS 324 Ratzeburg, 556	Grundbuch Band 49, Blatt 1855-1859 Grundbuch Band 50, Blatt 1860, 1862-1875	o. J.
LAS 324 Ratzeburg, 557	Grundbuch Band 50, Blatt 1876-1889 Grundbuch Band 51, Blatt 1890-1899	o. J.
LAS 324 Ratzeburg, 561	Grundbuch Band 28, Blatt 1211-1229 Grundbuch Band 29, Blatt 1230-1240	o. J.
LAS 324 Ratzeburg, 562	Grundbuch Band 29, Blatt 1241-1259 Grundbuch Band 30, Blatt 1260-1270	o. J.
LAS 324 Ratzeburg, 563	Grundbuch Band 30, Blatt 1271-1289 Grundbuch Band 31, Blatt 1290-1300	o. J.

StAS Bestand I, Nr. 89 — *Aufhebung der Gemeinheiten* — *1776-1778*

StaHH 415-2 II, Nr. 706, Fasc. 1-127
***** — *Zerten; Originale der Überlassungs- und Abteilungskontrakte mit den eigenhändigen Unterschriften der Parteien und Zeugen* — *1584-1852*

Hierzu bitte Findbuch StaHH Abt. 415-2 II, Amt Bergedorf II, Band 4, Seite 7-11, heranziehen!
******Dort finden Sie in der letzten Spalte die Bestellnummern!!!***

StaHH 415-1 Band 2 Vol. 382 Fasc. 11,
Inv. 1-9 — *Hypotheken- und Grundbuchwesen* — *1817-1859*

Hierzu bitte Findbuch StaHH Abt. 415-1 Band 2, Seite 180-182, heranziehen!

StaHH 415-2 II, Nr. 293 b
1 — *Hypothekenwesen, Konzepte zu den Verlassungen und Tilgungen* — *1829-1842*

StaHH 415-2 II, Nr. 293 b
3 — *Anlage des Grundbuchs* — *1843-1844*

StaHH 415-2 II, Nr. 707,
4713 — *Pachtkontrakte* — *1603-1837*

StaHH 415-2 II, Nr. 714, Fasc. 1-4
****   Öffentliche Verkäufe von Grundstücken   1746-1847*
Hierzu bitte Findbuch StaHH Abt. 415-2 II, Amt Bergedorf II, Band 4, Seite 22, heranziehen!
*****Dort finden Sie in der letzten Spalte die Bestellnummern!!!**

StaHH 415-2 II, Nr. 39 A   Regulierung und Vermessung der Feldmark
und Teilung der Gemeinweide
Act. 1-134 mit Aktenverzeichnis   1809-1867
StaHH 415-1 Band 2 Vol. 382 Fasc. 9,
Inv. 1-35   Vermessung der Feldmark   1818-1856
Hierzu bitte Findbuch StaHH Abt. 415-1 Band 2, Seite 173-179, heranziehen!
StaHH 415-1 Band 2 Vol. 382 Fasc. 8,
Inv. 1-72   Anweisung von Plätzen zur Grundmiete
oder Bebauung (mit vielen Namen)   1818-1866
Hierzu bitte Findbuch StaHH Abt. 415-1 Band 2, Seite 162-173, heranziehen!
StaHH 415-2 II, Nr. 98 III,
1-37   Verleihung von Ländereien auf Grundmiete   1827-1873
Hierzu bitte Findbuch StaHH Abt. 415-2 II, Amt Bergedorf II, Seite 239-246, heranziehen!
StaHH 415-2 II, Nr. 293 b
2   Verkoppelung der Feldmark   1839-1842
StaHH 415-2 II, Nr. 153, Fasc. 5,
1-46   Parzellierungen und Separationen   1845-1874
Hierzu bitte Findbuch StaHH Abt. 415-2 II, Amt Bergedorf II, Seite 311-313, heranziehen!
StaHH 415-2 II, Nr. 674,
Vol. 4   Protokolle der Pachtkontrakte   1849-1862
StaHH 415-3, 292   Vermessung der Dorfschaft   1874-1884

StaHH 415-1 Band 2 Vol. 382 Fasc. 15,
Inv. 1-8   Steuern und Abgaben   1815-1864
Hierzu bitte Findbuch StaHH Abt. 415-1 Band 2, Seite 189, heranziehen!

StaHH 415-2 II, Nr. 670 e
1   Kontributionsregister,
Eigentümer und Einwohner   1821-1832
StaHH 415-2 II, Nr. 670 e
2   Kontributionsregister,
Eigentümer und Einwohner   1833-1842
StaHH 415-2 II, Nr. 670 e
1   Kontributionsregister,
Eigentümer und Einwohner   1843-1852
StaHH 415-2 II, Nr. 670 e
1   Kontributionsregister,
Eigentümer und Einwohner   1853-1859
StaHH 415-2 II, Nr. 670 e
1   Kontributionsregister,
Eigentümer und Einwohner   1855-1872

StaHH 415-2 II, Nr. 672 | *Hebungsregister für Kanon, Grundheuer, Mieten und Pachtungen* | *1833-1856*

StaHH 415-2 II, Nr. 739, Fasc. 1-63
***** *Geesthachter Konkurse* *17.-19. Jh.*
Hierzu bitte Findbuch StaHH Abt. 415-2 II, Amt Bergedorf II, Band 4, Seite 98-101, heranziehen!
******Dort finden Sie in der letzten Spalte die Bestellnummern!!!***

StaHH 415-2 II, Nr. 732, Fasc. 1-5
***** *Geesthachter Nachlässe* *1712-1851*
Hierzu bitte Findbuch StaHH Abt. 415-2 II, Amt Bergedorf II, Band 4, Seite 45, heranziehen!
******Dort finden Sie in der letzten Spalte die Bestellnummern!!!***

StaHH 415-2 II, Nr. 709, Fasc. 28
1717 *Nachlassproklam Otto Carl Christian Schröder* *1814*
StaHH 415-2 II, Nr. 719, Fasc. 5
1877 *Proklam des Nachlasses des Hufners Christoph Arnold Heitmann* *1814*

StaHH 415-2 II, Nr. 318 Fasc. 1b	*Vormundschaftsordnung, einzelne Fälle*	*1807-1873*
StaHH 415-2 II, Nr. 318 Fasc. 2a	*Vormundschafts- und Kuratelprotokoll*	*1825-1832*
StaHH 415-2 II, Nr. 318 Fasc. 2b	*Vormundschafts- und Kuratelprotokoll*	*1833-1853*
StaHH 415-2 II, Nr. 318 Fasc. 2c	*Anlagen zum Vormundschafts- und Kuratelprotokoll*	*1825-1832*
StaHH 415-2 II, Nr. 318 Fasc. 2d	*Anlagen zum Vormundschafts- und Kuratelprotokoll*	*1833-1849*
StaHH 415-2 II, Nr. 318 Fasc. 3	*Chronologisches Verzeichnis der beim Amte geführten Vormundschaften*	*1826-1851*
StaHH 415-2 II, Nr. 318 Fasc. 4	*Vormünderquittungsbuch*	*1826-1846*
StaHH 415-2 II, Nr. 318 Fasc. 5	*Kuratelbestellungen*	*1840-1845*

StaHH 415-2 II, Nr. 108, Vol. 1
1-10 *Volkszählungsakten* *1791-1867*
Hierzu bitte Findbuch StaHH Abt. 415-2 II, Amt Bergedorf II, Seite 258-259, heranziehen!

StaHH 415-2 II, Nr. 108, Vol. 2 *Volkszählungslisten* *1851*

StaHH 415-2 II, Nr. 108, Vol. 3	*Volkszählungslisten*	*1857*
StaHH 415-2 II, Nr. 108, Vol. 4 Fasc. 1-7	*Einwohnerverzeichnisse*	*1832-1870*

Hierzu bitte Findbuch StaHH Abt. 415-2 II, Amt Bergedorf II, Seite 259, heranziehen!

StaHH 415-2 II, Nr. 318 Fasc. 7b	*Auszüge aus den Taufregistern*	*1855-1863*

Grünhof (siehe Amt Lauenburg, Kirchspiel Hamwarde, S. 70)

Tesperhude (siehe Amt Lauenburg, Kirchspiel Hamwarde, S. 73)

Adelige Güter

LAS 355.54, 90	SchuPfPr, Fideikommissherrschaft Schwarzenbek, Band 1	1871-1899
LAS 355.54, 91	SchuPfPr, Fideikommissherrschaft Schwarzenbek, Band 2	1884-1899
LAS 355.54, 92	SchuPfPr, Fideikommissherrschaft Schwarzenbek, Band 3	1885-1899
LAS 355.54, 93	SchuPfPr, Fideikommissherrschaft Schwarzenbek Nebenbuch, Band 1	1884-1889
LAS 355.54, 94	SchuPfPr, Fideikommissherrschaft Schwarzenbek Nebenbuch, Band 2	1889-1897
LAS 355.54, 95	SchuPfPr, Fideikommissherrschaft Schwarzenbek Nebenbuch, Band 3	1898-1899
LAS 355.45, 1328	SchuPfPr, Fol. XXIX, Domänen im Herzogtum Lauenburg, Band III und IV	1867-1899
LAS 355.45, 1329	SchuPfPr, Nebenbuch, Band I	1862-1880
LAS 355.45, 1330	SchuPfPr, Nebenbuch, Band II	1880-1888
LAS 355.45, 1331	SchuPfPr, Nebenbuch, Band III	1888-1899
LAS 210, 3451-3681	Spezielle Nachrichten und Vorkommnisse auf den adeligen Gütern und in den Dörfern derselben	16.-19. Jh.

Hierzu bitte gedrucktes Findbuch Abt. 210, S. 456-483 heranziehen!

LAS 355.45, 1273	Namensverzeichnis zu den Höfeakten	1870-1899
LAS 355.54, 175	Höfeakten: Bismarcksche Besitzungen, Fideikommissherrschaft Schwarzenbek, Band 1	1871-1885

LAS 355.54, 176	Höfeakten: Bismarcksche Besitzungen, Fideikommissherrschaft Schwarzenbek, Band 2	1884-1889
LAS 355.54, 177	Höfeakten: Bismarcksche Besitzungen, Fideikommissherrschaft Schwarzenbek, Band 3	1889-1896
LAS 355.54, 178	Höfeakten: Bismarcksche Besitzungen, Fideikommissherrschaft Schwarzenbek, Band 4	1896-1900
LAS 309, 17377	Zerteilung von Grundstücken und Gründung neuer Ansiedelungen sowie Eingehen solcher Stellen; Erbbaurecht	1868-1907
LAS 309, 7286	Eintragung von Höfen	1881-1883
LAS 309, 18001	Lehnssachen	1884-1905
LAS 309, 19401	Auflösung der Gutsbezirke	1928-1929
LAS 309, 19326	Auflösung der Gutsbezirke	1928
LAS 309, 19336	Auflösung der Gutsbezirke	1928
KAR 10, 42	*Nachrichten über die Rechte der Städte Ratzeburg und Lauenburg und einiger adeliger Güter*	*1582-1800*
KAR 10, 13	*Gutsherrliche Gerechtsame*	*1727-1746*
KAR 10, 14	*Situationsberichte über die adeligen Güter*	*1732-1733*
KAR 10, 51	*Verzeichnis aller Vorwerke, Dörfer, Schäfereien und Mühlen der adeligen Gerichte*	*1741-1747*
KAR 10, 1158	*Verzeichnisse über die Feuerstellen der Ämter, Städte und adeligen Gerichte*	*1803-1804*
KAR 10, 1567	*Verzeichnis über Feuer- und Wohnhausstellen in den adeligen Gerichten*	*1840-1846*

Gut Basthorst

LAS 355.54, 98	SchuPfPr, Nebenbuch	1862-1877
LAS 65.3, 244	Gut Basthorst	1782-1822
LAS 65.3, 245	Gut Basthorst, Belehnungen	1608-1808
LAS 65.3, 246	Gut Basthorst, Belehnungen	1819-1846
LAS 239.1, 1	Beilagen zum Hypothekenbuch bzw. SchuPfPr	1804-1864
LAS 239.1, 2	Beilagen zum Hypothekenbuch bzw. SchuPfPr	1831-1870
LAS 309, 3520	Ablösung der Abgaben	1879

LAS 415, 476.4	Ausgewählte Urkunden und Akten aus dem Gutsarchiv, z. B. Vermessungsregister, Inventar des Gutes	17.-19. Jh.
LAS 415, 5527	Volkszähllisten	1845
LAS 415, 5546	Volkszähllisten	1855
LAS 412, 1240	Volkszähllisten	1864
LAS 402 A 5 Adl. Güter, 21	Karte	1800
LAS 402 A 5 Adl. Güter, 22	Karte	1803
LAS „Andere Archive" 430,		
158	*Einnahme- und Ausgabebuch*	*1736-1761*
159-205	*Quittungen*	*1792-1854*

Hierzu bitte im Kreisarchiv Ratzeburg das Findbuch des Gutsarchivs Basthorst, Seite 16-18, heranziehen!

206	*Verzeichnis aller Einnahmen und Ausgaben*	*1793-1843*
207	*Kornbuch*	*1797-1801*
612	*Magazinsachen und Abrechnungen*	*1803-1811*
208	*Gutsrechnungs-Extrakte*	*1816*
209	*Kornregister*	*1816*
210	*Hauptrechnungsbuch*	*1819-1830*
211	*Gutsrechnung*	*1830-1831*
212	*Gutslisten über Einnahmen und Ausgaben*	*1830-1831*
213	*Gutslisten über Einnahmen und Ausgaben*	*1831-1832*
214	*Gutslisten über Einnahmen und Ausgaben*	*1832-1833*
215	*Gutslisten über Einnahmen und Ausgaben*	*1833-1834*
216	*Gutslisten über Einnahmen und Ausgaben*	*1834-1835*
217	*Gutslisten über Einnahmen und Ausgaben*	*1835-1836*
218	*Guts- und Brauereilisten über Einnahmen und Ausgaben*	*1836-1837*
219	*Gutslisten über Einnahmen und Ausgaben*	*1837-1838*
220	*Gutslisten über Einnahmen und Ausgaben*	*1838-1839*
221	*Gutslisten über Einnahmen und Ausgaben*	*1839-1840*
222	*Gutslisten über Einnahmen und Ausgaben*	*1840-1841*
223	*Gutslisten über Einnahmen und Ausgaben*	*1841-1842*
228	*Gutsrechnung*	*1842-1843*
229	*Gutsrechnung*	*1843-1844*
230	*Geldregister*	*1844-1845*
231	*Gutsrechnung*	*1845-1846*
232	*Geldregister*	*1846-1847*
233	*Geld-, Korn- und Tagelohnregister*	*1847-1848*
234	*Geldregister*	*1848-1849*
235	*Geldregister*	*1849-1850*
236	*Geldregister*	*1850-1851*

237	*Geldregister*	*1851-1852*
238	*Geldregister*	*1852-1853*
239	*Geldregister*	*1853-1854*
240	*Geld-, Korn- und Tagelohnregister*	*1854-1855*
242	*Tagelohnregister*	*1880-1884*
243	*Tagelohnregister*	*1884-1888*
244	*Tagelohnregister*	*1895-1899*
245	*Tagelohnregister*	*1899-1904*
246	*Tagelohnregister*	*1909-1914*
247	*Arbeitstagebuch*	*1939-1948*
248	*Arbeitstagebuch*	*1942-1945*
249	*Arbeitstagebuch*	*1945-1947*
250	*Arbeitstagebuch*	*1950-1952*
251	*Arbeitstagebuch*	*1952-1954*
252	*Arbeitstagebuch*	*1954-1956*
253	*Arbeitstagebuch*	*1956-1958*
254	*Arbeitstagebuch*	*1958-1960*
255	*Arbeitstagebuch*	*1960-1963*
256	*Arbeitstagebuch*	*1963-1967*
257	*Arbeitstagebuch*	*1967-1970*
258	*Arbeitstagebuch*	*1970-1974*
259	*Arbeitstagebuch*	*1974-1975*
260	*Arbeitstagebuch*	*1975-1977*
261	*Arbeitstagebuch*	*1977-1978*
320	*Verschiedene Hausbriefe*	*1671-1782*
321	*Erbenzins-Kontrakt mit Jacob Hildebrandt*	*1729-1737*
322	*Die Besetzung der Hufe des verstorbenen Franz Jochim Bubert durch Jochim Lülff Siemer auf 18 Jahre*	*1779-1781*
555	*Verkoppelung der Dorfschaften*	*1800-1801*
619	*Ernte- und Konsumtions-Tabelle*	*1809*
323	*Ehestiftungen und Erbverträge*	*1818-1853*
324	*Höfesachen*	*1850-1873*
272	*Kontributions-Quittungen und Abrechnungen der landwirtschaftlichen Gefälle*	*1780-1830*
325	*Konkurs über den Nachlass des Pensionärs Jochim Heyden*	*1730-1746*
326	*Konkurs des Kätners Johann Meyer*	*1753-1759*
328	*Konkurs über den Nachlass des Küsters Jacob Hildebrand*	*1765-1767*

329	*Convocatio sämtlicher Gläubiger des Brinksitzers und Hökers Fiedler wegen Übergabe des Gehöftes an den Rademacher Maas, der die Tochter des Fiedler zu heiraten gedenkt*	*1809*
330	*Konkurs der Gläubiger des Pächters Conrad Christian Borchert*	*1816*
331	*Konkurs des Gutspächters Conrad Christian Borchert*	*1816-1819*
551	*Akten zum Brandkassenkataster*	*1780-1877*
552	*Kataster der Calenberg-Grubenhagenschen Brand-Assecurations-Societät*	*1820-1832*
553	*Verschiedene Versicherungsanstalten*	*1872-1888*
554	*Vaterländische Feuer-Versicherungs-Actien-Gesellschaft in Elberfeld*	*1873-1891*
630	*Karte des Gutes und der Dörfer*	*1800*
LHAS 2.11-2/1, 3351	*Einzug des verschuldeten Lehngutes Basthorst nach Ableben des Hellmuth Schack durch Herzog Franz Albrecht von Lauenburg; enthält u. a. Rechnungen, Geldregister, Viehregister*	*1638-1640*

Basthorst

LAS 355.54, 96	SchuPfPr, Fol. 1-24	1861-1899
LAS 355.45, 29	Höfeakte, Grundstück	1891-1899
LAS 355.54, 238-262	Höfeakten	18.-19. Jh.

Hierzu bitte Findbuch Abt. 355.54, Seite 48-51 heranziehen!

LAS 210, 2098	Verkoppelung	1799-1848
LAS 309 Flur (21), 7	Flurbuch	1877
LAS 309 Geb. St. Hzt. Lauenburg, Nr. 10	Gebäudesteuer	1877-1878
LAS 324 Ratzeburg, 5	Gebäudebücher	1910 ff.
LAS 324 Ratzeburg, 149	Gebäudebestandsblätter	1950 ff.
LAS 324 Ratzeburg, 461	Feldplan der Gemarkung	1935
KAR 6, 267	*Rezess über die Verkoppelung der Feldmark*	*1801*
KAR 6, 275	*Rezess über die Verkoppelung der Feldmark*	*1801*

Basthorst (Hof)

LAS 355.54, 89	SchuPfPr, Fol. I	1861-1899
LAS 309 Flur (21), 8	Flurbuch	1877
LAS 309 Geb. St. Hzt. Lauenburg, Nr. 11	Gebäudesteuer (Gutsbezirk)	1877-1878
LAS 324 Ratzeburg, 462	Feldplan der Gemarkung	1935

Dahmker

LAS 355.54, 43	SchuPfPr, Fol. 18, 22	1883-1899
LAS 355.54, 97	SchuPfPr, Fol. 18-27	1861-1899
LAS 355.54, 428-436	Höfeakten	18.-19. Jh.

Hierzu bitte Findbuch Abt. 355.54, Seite 74-75 heranziehen!

LAS 210, 2098	Verkoppelung	1799-1848
LAS 309 Flur (21), 25	Flurbuch	1877
LAS 309 Geb. St. Hzt. Lauenburg, Nr. 28	Gebäudesteuer	1877-1878
LAS 324 Ratzeburg, 21	Gebäudebücher	1910 ff.
LAS 324 Ratzeburg, 163	Gebäudebestandsblätter	1950 ff.
KAR 6, 267	*Rezess über die Verkoppelung der Feldmark*	*1801*
KAR 6, 275	*Rezess über die Verkoppelung der Feldmark*	*1801*

Hamfelde

LAS 355.54, 41	SchuPfPr, Fol. 43-60	1877-1899
LAS 355.54, 97	SchuPfPr, Fol. 26-42	1861-1899
LAS 355.54, 623-651	Höfeakten	18.-19. Jh.

Hierzu bitte Findbuch Abt. 355.54, Seite 100-104 heranziehen!

LAS 210, 2098	Verkoppelung	1799-1848
LAS 239.1, 3	Amortisierung einer in der Willers'schen Halbhufe ingrossierten, auf den Namen der Erben des Hufners Hans Heinrich Püst zu Mühlenrade lautenden Obligation	1867
LAS 309 Flur (21), 66	Flurbuch	1877
LAS 309 Geb. St. Hzt. Lauenburg, Nr. 64	Gebäudesteuer	1877-1878
LAS 324 Ratzeburg, 51	Gebäudebücher	1910 ff.
LAS 324 Ratzeburg, 195	Gebäudebestandsblätter	1950 ff.

LAS „Andere Archive" 430, 629	*Karte von der Feldmark*	*1748*
KAR 6, 267	*Rezess über die Verkoppelung der Feldmark*	*1801*
KAR 6, 275	*Rezess über die Verkoppelung der Feldmark*	*1801*
KAR 9, 500	*Erteilung von Hausbriefen an Meierhöfe (Franz Heinrich Christian Willers)*	*1873*
KAR 6, 269	*Teilungsrezess*	*1925*
KAR, Kartensammlung, 1115	*Flurkarte der Feldmark*	*1748*

Gut Bliestorf

LAS 355.57, 942	SchuPfPr, Band 1	1861-1899
LAS 355.57, 943	SchuPfPr, Nebenbuch, Band 1	1861-1895
LAS 355.57, 941	SchuPfPr, Fol. II	1862-1899
LAS 239.3, 1	Depositenbuch	1817-1867
LAS 239.3, 2	Hypothekenbuch	1815-1860
LAS 239.3, 3	Hypothekenbuch	1817-1859
LAS 239.3, 4	Beilagen zum Hypothekenbuch (Obligationen)	1815-1858
LAS 239.3, 5	Beilagen zum Hypothekenbuch (Obligationen)	1815-1853
LAS 239.3, 6	Beilagen zum Hypothekenbuch (Obligationen)	1816-1848
LAS 239.3, 7	Beilagen zum Hypothekenbuch und zum SchuPfPr (Obligationen)	1849-1870
LAS 239.3, 8	Beilagen zum SchuPfPr	1861
LAS 355.57, 931	Abschriften von Obligationen Anlage zum Bliestorfer Nebenbuch Band I	1882-1899
LAS 239.3, 17	Konkurs des Bauervogtes Haack, Vol. I	1826-1827
LAS 239.3, 18	Verkauf der in Konkurs geratenen Stelle des Bauervogtes Haack, Vol. II	1826
LAS 239.3, 19	Konkurs des Bauervogtes Haack, Vol. III	1826-1827
LAS 239.3, 21	Vergleich zwischen dem Kätner Asmus und dessen Altenteiler Tretau über den Altenteil	1843
LAS 239.3, 26	Dienstknecht Johann Dürkop wider den Bauervogt und Halbhufner Johann Krieger wegen Dienstlohnes, Kost etc.	1856-1857
LAS 239.3, 29	Die kleinen Hauswirte wider die großen Hauswirte wegen Bullengelder	1864-1865
LAS 239.3, 31	Altenteiler Claus Dürkop wider den Halbhufner Jochen Nupnau wegen Altenteilsleistung	1869

LAS 239.3, 11	Nachlassregulierung der Altenteilerin Witwe Catharina Dorothea Groth geb. Nuppenau	1845-1846
LAS 239.3, 13	Kleinere Nachlassregulierungen	1858
LAS 239.3, 14	Nachlass der Witwe Löding	1860
LAS 239.3, 15	Vormundschaft über den minderjährigen Anerben Wilhelm Groth	1859-1861
LAS 415, 5527	Volkszähllisten	1845
LAS 415, 5546	Volkszähllisten	1855
LAS 412, 1242	Volkszähllisten	1864
KAR GA Rondeshagen, 173	*Einnahmen und Ausgaben des Gutes*	*1859-1862*

Bliestorf

LAS 355.57, 692-722	Höfeakten	18./19. Jh.

Hierzu bitte Findbuch Abt. 355.57, Seite 109-113 heranziehen!

LAS 355.57, 839	Ehestiftungen und Häuslingsbriefe	1821
LAS 355.57, 856	Ablösung des Meierrechts	1875-1878
LAS 309 Flur (21), 14	Flurbuch	1877
LAS 309 Geb. St. Hzt. Lauenburg, Nr. 16	Gebäudesteuer (Gutsbezirk)	1877-1878
LAS 309 Geb. St. Hzt. Lauenburg, Nr. 17	Gebäudesteuer	1877-1878
LAS 324 Ratzeburg, 11	Gebäudebücher	1910 ff.
LAS 324 Ratzeburg, 153	Gebäudebestandsblätter	1950 ff.
LAS 355.57, 965	Einzelne Aktenstücke aus Vormundschafts-, Nachlass- und anderen Akten der freiwilligen Gerichtsbarkeit	1825-1874
LAS 355.57, 903	Nachlassakte: Ahlers, Sophia Margarethe Dorothea, geb. Berend	1873
LAS 324 Ratzeburg, 467	Feldplan der Gemarkung	1934
AHL, 01.1-01(4), 19842	*Joachim Dürkops Erbe*	*1576*

Gut Dalldorf

LAS 355.27, 569	SchuPfPr, Fol. V	1861-1900
LAS 355.27, 517	SchuPfPr, Fol. V, Nebenbuch I	1870-1897
LAS 355.45, 1326	SchuPfPr, Fol. V	1862-1878
LAS 239.4, 1	Gutsrechnung	1846-1847
LAS 239.4, 2	Gutsrechnung, Beilagen	1846-1847
LAS 239.4, 3	Gutsrechnung	1847-1848
LAS 239.4, 4	Beilagen zur fehlenden Gutsrechnung	1848-1849
LAS 239.4, 5	Gutsrechnung	1849-1850
LAS 239.4, 6	Gutsrechnung, Beilagen	1849-1850
LAS 239.4, 7	Gutsrechnung	1850-1851
LAS 239.4, 8	Gutsrechnung, Beilagen	1850-1851
LAS 239.4, 9	Gutsrechnung	1851-1852
LAS 239.4, 10	Gutsrechnung, Beilagen	1851-1852
LAS 239.4, 11	Gutsrechnung	1852-1853
LAS 239.4, 12	Gutsrechnung, Beilagen	1852-1853
LAS 239.4, 13	Gutsrechnung	1853-1854
LAS 239.4, 14	Gutsrechnung, Beilagen	1853-1854
LAS 239.4, 15	Beilagen zur fehlenden Gutsrechnung	1854-1855
LAS 65.3, 251	Gut Dalldorf	1770-1848
LAS 210, 2105	Verkoppelung des Gutes	1805-1809
LAS 239.4, 17	Ehe-, Überlassungs- und Abnahmekontrakte	1840-1867
LAS 231, 670	Ablösung des Meierrechts seitens der Stellbesitzer	1873-1883
LAS 355.27, 742	Verzeichnisse über deponierte Testamente und Depositen	1789-1870
LAS 239.4, 16	Vormundschaft über Anne Catharine Sophie Jenckel	1812-1831
LAS 415, 5527	Volkszähllisten	1845
LAS 415, 5546	Volkszähllisten	1855
LAS 412, 1243	Volkszähllisten	1864
LAS „Andere Archive“ 430, 158	*Einnahme- und Ausgabebuch*	*1736-1761*
KAR 10, 1573	*Nebenanlageremission für die Eingesessenen des Gutes*	*1846-1847*

Dalldorf

LAS 355.27, 573	SchuPfPr, Band I	1861-1900
LAS 355.27, 574	SchuPfPr, Band II	1880-1900
LAS 355.27, 575	SchuPfPr, Nebenbuch, Band I	1860-1900
LAS 355.27, 683	Erbhöfeakten	o. J.
LAS 309 Flur (21), 26	Flurbuch	1877
LAS 309 Geb. St. Hzt. Lauenburg, Nr. 30	Gebäudesteuer	1877-1878
LAS 309 Geb. St. Hzt. Lauenburg, Nr. 29	Gebäudesteuer (Gutsbezirk)	1877-1878
LAS 324 Ratzeburg, 22	Gebäudebücher	1910 ff.
LAS 324 Ratzeburg, 164	Gebäudebestandsblätter	1950 ff.
LAS 324 Ratzeburg, 478	Feldplan der Gemarkung	1935-1936
KAR 6, 270	*Verkoppelung der Feldmark*	*1805-1808*

Gut Grinau

LAS 65.3, 252	Gut Grinau	1755-1795
LAS 239.5, 1	Beilagen zum Hypothekenbuch	1815-1860
LAS 239.5, 3	Altenteiler David Krieger wider den Kätner Koops wegen Altenteilsleistung	1870
LAS 355.57, 932	Abschriften von Obligationen Anlage zum Grinauer Nebenbuch Band I	1882-1899
LAS 415, 5527	Volkszähllisten	1845
LAS 415, 5546	Volkszähllisten	1855
LAS 412, 1246	Volkszähllisten	1864

Grinau

LAS 355.57, 723-743	Höfeakten	18./19. Jh.

Hierzu bitte Findbuch Abt. 355.57, Seite 113-115 heranziehen!

LAS 355.57, 841	Ehestiftungen und Häuslingsbriefe	1824
LAS 355.57, 860	Ablösung des Meierrechts	1875
LAS 309 Flur (21), 46	Flurbuch	1877
LAS 309 Geb. St. Hzt. Lauenburg, Nr. 43	Gebäudesteuer	1877-1878
LAS 324 Ratzeburg, 39	Gebäudebücher	1910 ff.

LAS 324 Ratzeburg, 184	Gebäudebestandsblätter	1950 ff.
LAS 355.57, 969	Einzelne Aktenstücke aus Vormundschafts-, Nachlass- und anderen Akten der freiwilligen Gerichtsbarkeit	1822-1874
LAS 324 Ratzeburg, 393	Feldplan der Gemarkung	1934

Gut Groß Schenkenberg

LAS 355.57, 946	SchuPfPr, Band 1	1861-1899
LAS 355.57, 947	SchuPfPr, Nebenbuch, Band 1	1862-1886
LAS 355.57, 941	SchuPfPr, Fol. XVI	1862-1899
LAS 355.57, 908	Hypothekenwesen	1871-1893
LAS 239.15, 1	Depositenbuch	1816-1866
LAS 239.15, 2	Hypothekenbuch	1802-1860
LAS 239.15, 3	Beilagen zum Hypothekenbuch	1800-1862
LAS 239.15, 4	Beilagen zum Hypothekenbuch	1792-1860
LAS 239.15, 5	Beilagen zum Hypothekenbuch	1832-1870
LAS 239.15, 6	Beilagen zum Hypothekenbuch und zum SchuPfPr	1841-1865
LAS 239.15, 7	Betr. Hypotheken	1838-1852
LAS 65.3, 269	Gut Schenkenberg	1695-1727
LAS 415, 5528	Volkszähllisten	1845
LAS 415, 5546	Volkszähllisten	1855
LAS 412, 1255	Volkszählungslisten	1864

Fräuleinberg (Stelle)

LAS 309 Geb. St. Hzt. Lauenburg, Nr. 51	Gebäudesteuer	1877-1878

Groß Schenkenberg

LAS 355.57, 813-837	Höfeakten	18./19. Jh.

Hierzu bitte Findbuch Abt. 355.57, Seite 125-128 heranziehen!

LAS 239.15, 42	Erbpachtsbrief für den Interimswirt auf der Landau'schen Stelle Schmied Hans Friedrich Haack	1821-1832
LAS 355.57, 869	Ablösung des Meierrechts	1877

LAS 309 Flur (21), 53	Flurbuch	1877
LAS 309 Geb. St. Hzt. Lauenburg, Nr. 51	Gebäudesteuer	1877-1878
LAS 324 Ratzeburg, 43	Gebäudebücher	1910 ff.
LAS 324 Ratzeburg, 190	Gebäudebestandsblätter	1950 ff.
LAS 239.15, 9	Nachlass des Hufners Thomas Hinrich Nuppnau	1799-1803
LAS 355.57, 979	Einzelne Aktenstücke aus Vormundschafts-, Nachlass- und anderen Akten der freiwilligen Gerichtsbarkeit	1819-1881
LAS 239.15, 10	Nachlass des Erbpächters C. F. Thörenberg	1823-1828
LAS 239.15, 11	Nachlass des Junggesellen Andreas Christoph Heinrich Spiering	1860-1861
LAS 239.15, 12	Nachlass des Holländereipächters Friedrich Jessen	1861
LAS 239.15, 13	Nachlass des Böttchers Friedrich Dürkop	1865-1866
LAS 355.57, 901	Nachlassakte: Groth, Hans, Altenteiler	1872
LAS 402 A 47, 243	Coupon aus der Grundsteuergemarkungskarte	1879
LAS 402 A 47, 244	Auszug aus der Grundsteuergemarkungskarte	1879-1881
LAS 402 A 47, 284	Absteckungscoupon 1	1881
LAS 402 A 47, 245	Absteckungscoupon 2	1881
LAS 402 A 47, 282	Aufmessungscoupon	1881
LAS 402 A 47, 283	Aufmessungscoupon 2	1881
LAS 324 Ratzeburg, 400	Feldplan der Gemarkung	1934

Groß Schenkenberg (Hof)

LAS 309 Flur (21), 53	Flurbuch	1877
LAS 309 Geb. St. Hzt. Lauenburg, Nr. 50	Gebäudesteuer [Gutsbezirk]	1877-1878

Rothenhausen

LAS 355.57, 787-812	Höfeakten	18./19. Jh.

Hierzu bitte Findbuch Abt. 355.57, Seite 121-125 heranziehen!

LAS 355.57, 867	Ablösung des Meierrechts	1876-1883
LAS 355.57, 915	Aufgebot einer auf dem Folium der Hildebrandschen Katenstelle protokollierten Obligation	1879-1882

LAS 309 Geb. St. Hzt. Lauenburg, Nr. 50	Gebäudesteuer	1877-1878
LAS 309 Geb. St. Hzt. Lauenburg, Nr. 137	Gebäudesteuer	1877-1878
LAS 355.57, 975	Einzelne Aktenstücke aus Vormundschafts-, Nachlass- und anderen Akten der freiwilligen Gerichtsbarkeit	1826-1872
LAS 239.15, 11	Nachlass des Junggesellen Andreas Christoph Heinrich Spiering	1860-1861
LAS 239.15, 14	Nachlass der Witwe Junge geb. Spiering	1866-1867
LAS 324 Ratzeburg, 493	Feldplan der Gemarkung	1934

Gut Gudow

LAS 355.33, 13	SchuPfPr, Fol. VII	1861-1899
LAS 355.33, 17	SchuPfPr, Nebenbuch	1861-1873
LAS 239.6, 1	Depositenbuch	1815-1870
LAS 239.6, 2	Hypothekenbuch	1815-1861
LAS 239.6, 3	Beilagen zum Hypothekenbuch	1814-1862
LAS 239.6, 4	Beilagen zum Hypothekenbuch	1839-1863
LAS 239.6, 8	Beilagen zum SchuPfPr: Obligationen, Cessionen, Delierungskonsense etc.	1863-1870
LAS 355.33, 953	Hypothekenwesen	1870-1898
LAS 239.6, 145	Administrations-Korn-Register	1795-1796
LAS 65.3, 255	Gut Gudow	1470-1568
LAS 65.3, 257	Gut Gudow	1575-1798
LAS 65.3, 254	Gut Gudow	1670-1845
LAS 65.3, 256	Gut Gudow	1699-1702
LAS 65.3, 253	Gut Gudow	1702-1707
LAS 65.3, 258	Gut Gudow	1717-1823
LAS 210, 2107	Verkoppelung des Gutes	1797-1800
LAS 210, 2109a	Verkoppelung des Gutes	1798-1844
LAS 210, 2108	Verkoppelung des Gutes	1800-1825
LAS 210, 2109	Verkoppelung des Gutes	1823-1844
LAS 231, 670	Ablösung des Meierrechts seitens der Stellbesitzer	1873-1883
LAS 239.6, 146	General-Geld-Register der von Bülow-Gudower Vormundschaft	1845-1846

LAS 239.6, 147	Deponierte Testamente, Ehestiftungen, Erb- und Alimentationsverträge, Pachtkontrakte, Atteste und sonstige Akten	1850-1870
LAS 239.6, 144	Tutel- und Kuratelsachen	1856-1870
LAS 415, 5527	Volkszähllisten	1845
LAS 415, 5546	Volkszähllisten	1855
LAS 412, 1244	Volkszähllisten	1864
LAS 402 A 5 Adl. Güter, 1	Karte	1823
LAS 66, 11031	Karte des Landmarschallats und des südlichen Teils des Schaalsees	1832

LAS „Andere Archive" 620 (= Gutsarchiv Gudow):
Es gibt ein maschinenschriftliches Findbuch. Darin empfehle ich folgende Kapitel:
Grundstücks- und Grundbuchsachen, Seite 3
Spezielle Ablösungssachen, Seite 11
Nachlass- und Vormundschaftssachen, Seite 14
Zivilprozesssachen, Seite 15-17
Steuern und Abgaben, Seite 39
Kontribution, Seite 40-42
Volkszählsachen, Seite 46
Rechnungen und Rechnungssachen, Seite 48-53
Hypothekensachen, Seite 53
Brandversicherungssachen, Seite 56
sowie die Akten
LAS „Andere Archive" 620, Nr.

1016	*Bericht betr. die Verkoppelung*	*1799*
1017	*Anlagen zum Bericht betr. die Verkoppelung*	*1799*
826	*Verkoppelung der Gudowischen Dörfer*	*1800-1811*
817	*Verkoppelung der Gudowischen Dörfer*	*1823*
823	*Verzeichnis abgegebener Vermessungs-register und Verkoppelungsrezesse*	*1907*
KAR, Kartensammlung, 86	*Topographische Landesaufnahme 62 Gudow*	*1777*
KAR, Kartensammlung, 236	*Kartenausfertigung zur Ablösungssache*	*1909*

Bergholz (Hof)

LAS 355.33, 918	Höfeakte	1883-1897
LAS 309 Flur (21), 9	Flurbuch	1877
LAS 309 Geb. St. Hzt. Lauenburg, Nr.		
58	Gebäudesteuer	1877-1878

LAS 402 A 5 Adl. Güter, 2	Karte	1822-1823
LAS 324 Ratzeburg, 464	Feldplan der Gemarkung	1935

LAS „Andere Archive“ 620

Siehe die Seiten 68-69 im Findbuch!

KAR, Kartensammlung, 138	*Flurkarte vom Vorwerk*	*1822-1823*

Besenthal

LAS 355.33, 15	SchuPfPr, Band II	1861-1899
LAS 355.33, 379	Erbhöfeakten mit Sammelakten	o. J.
LAS 355.33, 741-750	Höfeakten	o. J.

Hierzu bitte Findbuch Abt. 355.33, Seite 121-122 heranziehen!

LAS 210, 5306	Meierhöfe des Dorfes	1865-1866
LAS 309 Flur (21), 13	Flurbuch	1877
LAS 309 Geb. St. Hzt. Lauenburg, Nr. 15	Gebäudesteuer	1877-1878
LAS 324 Ratzeburg, 10	Gebäudebücher	1910 ff.
LAS 324 Ratzeburg, 152	Gebäudebestandsblätter	1950 ff.
LAS 239.6, 28	Nachlass des Einliegers Franz Jochen Müthel	1832
LAS 239.6, 35	Nachlass der Catharina Sophia Schippmann	1855
LAS 239.6, 19	Nachlass des Schäfers Andreas Carl Christoph Gothmann sowie Vormundschaft über dessen Kinder	1857-1870
LAS 239.6, 17	Nachlass des Dienstknechts Johann Franck	1859
LAS 239.6, 26	Nachlass der Ehefrau Catharina Dorothea Hagen geb. Möller	1860
LAS 239.6, 138	Vormundschaft über die Kinder des verstorbenen Bauervogts Müthel sowie Wiederbesetzung der Stelle durch Bestellung des Kätners Schippmann zum Interimswirt	1824-1848
LAS 239.6, 130	Vormundschaft über die Kinder des verstorbenen Hauswirts Drude sowie Anordnung einer Interimswirtschaft auf der Drude'schen Stelle	1831
LAS 402 A 5 Adl. Güter, 3	Karte von der Feldmark	1800
LAS 324 Ratzeburg, 466	Feldplan der Gemarkung	1935

LAS „Andere Archive“ 620, Nr.		
992	*Vermessungsregister der Feldmark*	*1801*
991	*Feldregister*	*1802*
989	*Rezess über die Teilung der gemeinschaftlichen Hut- und Weideflächen*	*1875*
KAR, Kartensammlung, 139	*Karte der Feldmark*	*1800*

Bröthen

LAS 355.27, 587	SchuPfPr, Band III	1861-1900
LAS 239.6, 18	Nachlass des Dreiviertelhufners und Bauervogtes Johann Jochen Nicolaus Frank sowie Vormundschaft über dessen Tochter Anna Margaretha Auguste Frank	1848-1849
LAS 239.6, 140	Vormundschaft über den Sohn des verstorbenen Altenteilers Johann Hinrich Siemers	1862-1865
LAS 402 A 5 Adl. Güter, 4	Plan von der Feldmark	1801-1802
LAS „Andere Archive“ 620, Nr.		
532	*Obligationen der Einwohner*	*1849*
998	*Vermessungsregister der Feldmark*	*1802*
825	*Streit um die Verkoppelung*	*1802-1810*
995	*Feldregister*	*1809*
996	*Feldregister*	*1809*
997	*Verkoppelungsrezess*	*1809*
815	*Verkoppelung*	*1809-1822*
994	*Verkoppelungsrezess über die Feldmark, Vermessungsregister über den Besitz der Lauenburger Amts- und Gudower Gutsuntertanen*	*1809-1823*
993	*Rezess über die Teilung der gemeinschaftlichen Hut- und Weideflächen und Einteilungsregister*	*1872*
534	*Aufteilung von Gemeindeland*	*1873-1874*
KAR 6, 139	*Verkoppelung*	*1801*
KAR 6, 271	*Verkoppelungsrezess über die Feldmark*	*1824-1874*
KAR, Kartensammlung, 106	*Flurkarte von der Feldmark*	*1801-1802*

Göttin

LAS 355.33, 15	SchuPfPr, Band II	1861-1899
LAS 355.33, 383	Erbhöfeakten mit Sammelakten	o. J.

LAS 355.33, 751-7156	Höfeakten	o. J.

Hierzu bitte Findbuch Abt. 355.33, Seite 122-123 heranziehen!

LAS 210, 3745	Verkoppelung der Feldmark	1862-1868
LAS 309 Flur (21), 41	Flurbuch	1877
LAS 309 Geb. St. Hzt. Lauenburg, Nr. 39	Gebäudesteuer	1877-1878
LAS 324 Ratzeburg, 36	Gebäudebücher	1910 ff.
LAS 324 Ratzeburg, 181	Gebäudebestandsblätter	1950 ff.
LAS 239.6, 137	Betr. die Mahnke'sche Stelle, insbesondere Annahme derselben von Franz Hinrich Mahnke, Bestimmung der Abfindung des Altenteils sowie Vormundschaft über die Kinder des Vollhufners Hinrich Christopher Mahncke	1822-1841
LAS 239.6, 9	Nachlass des Altenteilers Heinrich Bahr; Vormundschaft über seine Tochter Catharina Bahr	1865
LAS 402 A 5 Adl. Güter, 5	Karte von der Feldmark	1800-1801
LAS 324 Ratzeburg, 388	Feldplan der Gemarkung	1935
LAS „Andere Archive" 620, Nr. 999	*Vermessungsregister der Feldmark*	*1801*
816	*Verkoppelung, darin 2 Pläne*	*1853*
819	*Verkoppelung*	*1868-1869*
LAS „Andere Archive" 620, Karten, Nr. 5	*Karte der Feldmark*	*1864-1865*
KAR 6, 272	*Verkoppelungsrezess*	*1925*
KAR, Kartensammlung, 137	*Karte der Feldmark*	*1800-1801*

Grambek

LAS 355.33, 15	SchuPfPr, Band II	1861-1899
LAS 355.33, 384	Erbhöfeakten mit Sammelakten	o. J.
LAS 355.33, 757-782	Höfeakten	o. J.

Hierzu bitte Findbuch Abt. 355.33, Seite 123-127 heranziehen!

LAS 309 Flur (21), 44	Flurbuch	1877
LAS 309 Geb. St. Hzt. Lauenburg, Nr. 41	Gebäudesteuer	1877-1878
LAS 324 Ratzeburg, 38	Gebäudebücher	1910 ff.
LAS 324 Ratzeburg, 183	Gebäudebestandsblätter	1950 ff.

LAS 239.6, 142	Vormundschaft über die Kinder des verstorbenen Vollhufners Otto Johann Scharnweber	1823-1829
LAS 239.6, 15	Nachlass der unverehelichten Friederike Forthmann	1862
LAS 239.6, 30	Nachlass des Junggesellen Friedrich Rehmeyer	1869
LAS 402 A 5 Adl. Güter, 6	Karte von der Feldmark	1798-1800
LAS 324 Ratzeburg, 391	Feldplan der Gemarkung	1935
LAS „Andere Archive" 620, Nr.		
507	*Verschiedene Angelegenheiten der Einwohner*	*1654-1718*
550	*Anlegung einer neuen Hofstelle*	*1718*
1006	*Vermessungsregister der Feldmark*	*1798*
1004	*Verkoppelung*	*1800*
1005	*Verkoppelung*	*1800*
812	*Kostenrechnung der Verkoppelung*	*1800*
1001	*Verkoppelungsrezess und Verkoppelungsregister*	*1800-1808*
528	*Konkurs des Kätners Knoop*	*1833-1837*
513	*Quittungsbuch des Anbauers Christian Eggert*	*1854-1895*
KAR 6, 273	*Verkoppelungsrezess über die Feldmark*	*1800*
KAR, Kartensammlung, 123	*Verkoppelungskarte von der Feldmark*	*1798-1800*

Gudow

LAS 355.33, 14	SchuPfPr, Band I	1861-1899
LAS 355.33, 385	Erbhöfeakten mit Sammelakten	o. J.
LAS 355.33, 386	Erbhöfeakten mit Sammelakten	o. J.
LAS 355.33, 783-833	Höfeakten	o. J.

Hierzu bitte Findbuch Abt. 355.33, Seite 127-134 heranziehen!

LAS 309 Flur (21), 60	Flurbuch	1877
LAS 309 Geb. St. Hzt. Lauenburg, Nr.		
59	Gebäudesteuer	1877-1878
LAS 324 Ratzeburg, 47	Gebäudebücher	1910 ff.
LAS 324 Ratzeburg, 192	Gebäudebestandsblätter	1950 ff.
LAS 239.6, 34	Nachlass des Halbhufners Hans Jochen Scharnweber und dessen Ehefrau Maria Wilhelmine Scharnweber geb. Edler	1811-1853

LAS 239.6, 25	Nachlass des Mühlenmeisters Ernst Christoph Meyer	1850
LAS 239.6, 37	Nachlass des Schäferknechts Franz Schuppenhauer	1864-1865
LAS 239.6, 20	Nachlass der Ehefrau des Arbeitsmannes Johann Christoph Detlef Haack, Maria Haack geb. Franck	1868-1879
LAS 239.6, 27	Nachlass des Altenteilers Johann Ernst Christian Müthel und seiner zweiten Ehefrau Sophia Müthel geb. Koch	1869
LAS 239.6, 132	Vormundschaft über die Kinder des verstorbenen Bäckers Ernst Gottfried Albrecht Kähler	1840-1853
LAS 239.6, 134	Vormundschaft der Kinder des verstorbenen Böttchermeisters Lauenroth	1847-1872
LAS 239.6, 128	Vormundschaft über die Kinder des Tagelöhners Jochen Böhlcke und dessen Ehefrau Christina Böhlcke geb. Lange	1851-1861
LAS 239.6, 143	Vormundschaft über die Kinder des Halbhufners Joh. Hinrich Christoph Schuldt	1853-1871
LAS 239.6, 139	Vormundschaft über die Tochter des verstorbenen Halbhufners Johann Seemann	1860-1861
LAS 239.6, 131	Vormundschaft über das Kind des verstorbenen Viertelhufners Joh. Hinrich Christoph Hammann	1864-1866
LAS 402 A 5 Adl. Güter, 8	Karte der Dorfsfeldmark	1798-1800
LAS 402 A 47, 246	Urkarte der Ablösungssache	1906
LAS 324 Ratzeburg, 423	Feldplan der Gemarkung	1935

LAS „Andere Archive“ 620, Nr.

311	*Landvermessungsregister*	*1725*
1015	*Vermessungsregister*	*1798*
1014	*Verkoppelung*	*1800-1809*
1012	*Feldregister nach der Verkoppelung*	*1800*
1013	*Feldregister der Feldmark nach der Verkoppelung*	*1800*
1011	*Verkoppelungsabrechnung*	*1800*
1010	*Rezess über die Verkoppelung der Feldmark*	*1809*
697	*Teilung der Gemeinschaftsländereien*	*1873*
1008	*Rezess über die Teilung der gemeinschaftlichen Hut- und Weideflächen*	*1875*
1009	*Rezess über die Teilung der gemeinschaftlichen Hut- und Weideflächen*	*1875*

1249	*Verzeichnis des Flächengehalts des Gerichts Gudow*	*19. Jh.*
LAS „Andere Archive" 620, Karten, Nr. 16	*Gemarkungskarte*	*1878*
KAR 6, 274	*Verkoppelungsrezess über die Feldmark*	*1870-1909*
KAR 6, 276	*Verkoppelungsrezess über die Feldmark*	*1870-1909*
KAR 6, 277	*Verkoppelungsrezess über die Feldmark*	*1870-1909*
KAR, Kartensammlung, 119	*Karte der Feldmark*	*1704*
KAR, Kartensammlung, 107	*Karte der Feldmark*	*1800*

Gudow (Hof)

LAS 309 Flur (21), 60	Flurbuch	1877
LAS 309 Geb. St. Hzt. Lauenburg, Nr. 58	Gebäudesteuer [Gutsbezirk]	1877-1878
LAS 402 A 5 Adl. Güter, 7	Karte von den Acker- und Wiesenländereien	1821
LAS „Andere Archive" 620, Karten, Nr. 18	*Karte*	*1827*
KAR, Kartensammlung, 135	*Flurkarte von Acker- und Wiesenländereien*	*1821*
KAR, Kartensammlung, 133	*Flurkarte*	*1823*

Kehrsen (Meierhof)

LAS 355.33, 16	SchuPfPr, Band III	1861-1899
LAS 355.33, 834	Höfeakte	o. J.
LAS 309 Flur (21), 82	Flurbuch	1877
LAS 309 Geb. St. Hzt. Lauenburg, Nr. 58	Gebäudesteuer	1877-1878
LAS 239.6, 10	Nachlass des Tagelöhners Hartwig Hinrich Bartels	1868-1869
LAS 239.6, 33	Nachlass des Johann Friedrich Schaper	1858
LAS 402 A 5 Adl. Güter, 9	Karte	1822
LAS 324 Ratzeburg, 428	Feldplan der Gemarkung	1935

LAS „Andere Archive" 620 (= Gutsarchiv Gudow)

Siehe im Findbuch, Seite 65-67, sowie Nr.

313	*Protokoll über Landeinteilung*	*1716*

314	*Landvermessungsregister*	*1718*
311	*Landvermessungsregister*	*725*

LAS „Andere Archive" 620, Karten, Nr.

14	*Gemarkungskarte*	*1881*

KAR, Kartensammlung, 134	*Flurkarte vom Hof und Dorf*	*1822*

Langenlehsten

LAS 355.33, 16	SchuPfPr, Band III	1861-1899
LAS 355.33, 391	Erbhöfeakten mit Sammelakten	o. J.
LAS 355.33, 835-843	Höfeakten	o. J.

Hierzu bitte Findbuch Abt. 355.33, Seite 134-135 heranziehen!

LAS 309 Geb. St. Hzt. Lauenburg, Nr.

107	Gebäudesteuer	1877-1878
LAS 324 Ratzeburg, 86	Gebäudebücher	1910 ff.
LAS 324 Ratzeburg, 222	Gebäudebestandsblätter	1950 ff.

LAS 239.6, 11	Nachlass des Tagelöhners Hans August Buck sowie Vormundschaft über dessen Tochter Catharina Maria Dorothea Buck	1859-1860
LAS 239.6, 23	Nachlass der Altenteilerin Witwe Maria Langhans geb. Reimers	1858-1860

LAS 402 A 5 Adl. Güter, 10	Karte von der Feldmark	1802
LAS 324 Ratzeburg, 452	Feldplan der Gemarkung	1935

LAS „Andere Archive" 620, Nr.

1022	*Vermessungsregister*	*1802*
1021	*Feldregister*	*1808*
1020	*Verkoppelungsrezess*	*1824*
1019	*Rezess über die Teilung der gemeinschaftlichen Besitzungen*	*1870*

LAS „Andere Archive" 620, Karten, Nr.

6	*Karte der Gemeindeländereien*	*1867-1868*

KAR 6, 278	*Teilungsrezess über die gemeinschaftlichen Besitzungen*	*1866-1870*
KAR, Kartensammlung, 105	*Karte von der Feldmark*	*1802*
KAR, Kartensammlung, 131	*Flurkarte der Feldmark*	*1802*

Rauhenhorst (Stelle)

LAS 309 Geb. St. Hzt. Lauenburg, Nr.
58 Gebäudesteuer 1877-1878

Sarnekow
- Wasserkrug

LAS 355.33, 16 SchuPfPr, Band III 1861-1899
LAS 355.33, 844-848 Höfeakten o. J.
Hierzu bitte Findbuch Abt. 355.33, Seite 135-136 heranziehen!

LAS 309 Flur (21), 148 Flurbuch 1877
LAS 309 Geb. St. Hzt. Lauenburg, Nr.
142 Gebäudesteuer 1877-1878
LAS 324 Ratzeburg, 117 Gebäudebücher 1910 ff.

LAS 239.6, 13 Nachlass des Tagelöhners Joh. Heinrich Burmester 1868-1869

LAS 402 A 5 Adl. Güter, 12 Karte von der Feldmark 1800-1802
LAS 324 Ratzeburg, 500 Feldplan der Gemarkung 1935

LAS „Andere Archive" 620, Nr.
549 Angelegenheiten der Einwohner; enthält Landmessungsregister 1692-1716
1024 Verkoppelung 1800-1808
1023 Verkoppelung 1801
1025 Vermessungsregister 1801
1026 Rezess und Feldregister der Verkoppelung 1808
1027 Rezess und Feldregister der Verkoppelung 1808
818 Schaf-Trift über das Feld nach der Verkoppelung 1808
LAS „Andere Archive" 620, Karten, Nr.
13 Gemarkungskarte 1878

KAR, Kartensammlung, 130 Verkoppelungskarte von der Feldmark 1802

Segrahn

LAS 355.33, 16 SchuPfPr, Band III 1861-1899
LAS 355.33, 849-852 Höfeakten o. J.
Hierzu bitte Findbuch Abt. 355.33, Seite 136-137 heranziehen!

LAS 309 Geb. St. Hzt. Lauenburg, Nr.
58 Gebäudesteuer 1877-1878

LAS 239.6, 14	Nachlass des Amtsvogts Carl August Coß, Testament	1834-1836
LAS 239.6, 141	Vormundschaft über die Kinder des Tagelöhners Johann Detlev Scharnweber	1847-1868
LAS 324 Ratzeburg, 301	Feldplan der Gemarkung	1935
LAS „Andere Archive“ 620, Nr.		
1033	*Feldregister*	*1800-1801*
1031	*Verkoppelung*	*1821-1836*
824	*Verkoppelung*	*1832*
814	*Verkoppelung*	*1843-1844*
1029	*Rezess über die Verkoppelung*	*1846*
1030	*Rezess über die Verkoppelung*	*1846*
1028	*Rezess über die Gemeinheitsteilung und Teilverkoppelung sowie Weideabstellung*	*1906*
LAS „Andere Archive“ 620, Karten, Nr.		
17	*Gemarkungskarte*	*1878*
KAR 6, 279	*Verkoppelungsrezess über die Feldmark*	*1800-1906*
KAR 6, 280	*Verkoppelungsrezess über die Feldmark*	*1800-1906*
KAR, Kartensammlung, 131	*Flurkarte der Feldmark*	*1822*
KAR, Kartensammlung, 238	*Verkoppelungskarte der Feldmark*	*1906*

Segrahn (Meierhof)

LAS 309 Flur (21), 158	Flurbuch	1877
LAS 402 A 5 Adl. Güter, 13	Karte vom Pachthof	1822
LAS „Andere Archive“ 620, Nr.		
*****	*Akten betr. den Meierhof Segrahn*	
****** Bestellnummern siehe im Findbuch, Seite 63-64.***		
LAS „Andere Archive“ 620, Karten, Nr.		
15	*Gemarkungskarte*	*1878*
KAR, Kartensammlung, 128	*Flurkarte vom Pachthof*	*1802*

Sophiental (Meierhof)

LAS 309 Flur (21), 162	Flurbuch	1877
LAS 309 Geb. St. Hzt. Lauenburg, Nr.		
58	Gebäudesteuer	1877-1878
LAS 324 Ratzeburg, 306	Feldplan der Gemarkung	1935
LAS 402 A 5 Adl. Güter, 14	Karte	1821

LAS „Andere Archive" 620, Nr.		
*****	*Akten betr. den Meierhof Sophiental*	

******Bestellnummern siehe im Findbuch Seite 65-67.***

KAR, Kartensammlung, 132	*Flurkarte*	*1821*

Wendisch-Lieps (Meierhof)

LAS „Andere Archive" 620, Nr.		
*****	*Akten betr. den Meierhof Wendisch-Lieps*	

******Bestellnummern siehe im Findbuch Seite 68-69.***

Gut Gülzow

LAS 355.45, 1326	SchuPfPr, Fol. VIII	1862-1870
LAS 355.27, 570	SchuPfPr, Fol. VIII	1861-1900
LAS 355.27, 518	SchuPfPr, Anlagebuch	1882-1892
LAS 355.27, 571	SchuPfPr, Nebenbuch I	1861-1883
LAS 355.27, 572	SchuPfPr, Nebenbuch II	1883-1900
LAS 355.27, 581	SchuPfPr, Nebenbuch, Band I	1861-1874
LAS 355.27, 582	SchuPfPr, Nebenbuch, Band II	1874-1880
LAS 355.27, 583	SchuPfPr, Nebenbuch, Band III	1880-1885
LAS 355.27, 584	SchuPfPr, Nebenbuch, Band IV	1885-1891
LAS 355.27, 585	SchuPfPr, Nebenbuch, Band V	1891-1896
LAS 355.27, 586	SchuPfPr, Nebenbuch, Band VI	1896-1900
LAS 239.7, 29	Hypothekenbuch	1815-1861
LAS 239.7, 30	Errichtung eines Hypothekenbuches bzw. SchuPfPr	1834-1861
LAS 239.7, 31	Kontraktenbuch I	1838-1856
LAS 239.7, 32	Kontraktenbuch II	1856-1862
LAS 239.7, 33	Haupt-Geld-Register	1753-1754
LAS 65.3, 259	Gut Gülzow	1647-1806
LAS 65.3, 260	Gut Gülzow	1822-1847
LAS 309, 3735	Ablösung der Abgaben und Leistungen	1878
LAS 355.27, 742	Verzeichnisse über deponierte Testamente und Depositen	1789-1870
LAS 415, 5528	Volkszähllisten	1845
LAS 415, 5546	Volkszähllisten	1855
LAS 412, 1245	Volkszähllisten	1864

KAR, GA Gülzow, 1	*Haupt-Geldregister*	*1734-1735*
KAR, GA Gülzow, 2	*Haupt-Geldregister*	*1737-1738*
KAR, GA Gülzow, 3	*Haupt-Geldregister*	*1738-1739*
KAR, GA Gülzow, 4	*Haupt-Geldregister*	*1739-1740*
KAR, GA Gülzow, 5	*Haupt-Geldregister*	*1741-1742*
KAR, GA Gülzow, 6	*Haupt-Geldregister*	*1742-1743*
KAR, GA Gülzow, 7	*Haupt-Geldregister*	*1743-1744*
KAR, GA Gülzow, 8	*Haupt-Geldregister*	*1744-1745*
KAR, GA Gülzow, 9	*Haupt-Geldregister*	*1745-1746*
KAR, GA Gülzow, 10	*Haupt-Geldregister*	*1746-1747*
KAR, GA Gülzow, 11	*Haupt-Geldregister*	*1747-1748*
KAR, GA Gülzow, 12	*Haupt-Geldregister*	*1751-1752*
KAR, GA Gülzow, 13	*Haupt-Geldregister*	*1752-1753*
KAR, GA Gülzow, 14	*Haupt-Geldregister*	*1754-1755*
KAR, GA Gülzow, 15	*Haupt-Geldregister*	*1755-1756*
KAR, GA Gülzow, 16	*Haupt-Geldregister*	*1756-1757*
KAR, GA Gülzow, 17	*Haupt-Geldregister*	*1757-1758*
KAR, GA Gülzow, 18	*Haupt-Geldregister*	*1758-1759*
KAR, GA Gülzow, 19	*Haupt-Geldregister*	*1759-1760*
KAR, GA Gülzow, 20	*Haupt-Geldregister*	*1761-1762*
KAR, GA Gülzow, 21	*Haupt-Geldregister*	*1762-1763*
KAR, GA Gülzow, 22	*Haupt-Geldregister*	*1763-1764*
KAR, GA Gülzow, 23	*Haupt-Geldregister*	*1764-1765*
KAR, GA Gülzow, 24	*Haupt-Geldregister*	*1765-1766*
KAR, GA Gülzow, 25	*Haupt-Geldregister*	*1766-1767*
KAR, GA Gülzow, 26	*Haupt-Geldregister*	*1767-1768*
KAR, GA Gülzow, 27	*Haupt-Geldregister*	*1768-1769*
KAR, GA Gülzow, 28	*Haupt-Geldregister*	*1769-1770*
KAR, GA Gülzow, 29	*Haupt-Geldregister*	*1771-1772*
KAR, GA Gülzow, 30	*Haupt-Geldregister*	*1772-1773*
KAR, GA Gülzow, 31	*Haupt-Geldregister*	*1773-1774*
KAR, GA Gülzow, 32	*Haupt-Geldregister*	*1774-1775*
KAR, GA Gülzow, 33	*Haupt-Geldregister*	*1775-1776*
KAR, GA Gülzow, 34	*Haupt-Geldregister*	*1776-1777*
KAR, GA Gülzow, 35	*Haupt-Geldregister*	*1777-1778*
KAR, GA Gülzow, 36	*Haupt-Geldregister*	*1778-1779*
KAR, GA Gülzow, 37	*Haupt-Geldregister*	*1779-1780*
KAR, GA Gülzow, 38	*Haupt-Geldregister*	*1781-1782*
KAR, GA Gülzow, 39	*Haupt-Geldregister*	*1782-1783*
KAR, GA Gülzow, 40	*Haupt-Geldregister*	*1783-1784*
KAR, GA Gülzow, 41	*Haupt-Geldregister*	*1784-1785*
KAR, GA Gülzow, 42	*Haupt-Geldregister*	*1785-1786*
KAR, GA Gülzow, 43	*Haupt-Geldregister*	*1786-1787*
KAR, GA Gülzow, 44	*Haupt-Geldregister*	*1787-1788*
KAR, GA Gülzow, 45	*Haupt-Geldregister*	*1788-1789*

KAR, GA Gülzow, 46	*Haupt-Geldregister*	*1789-1790*
KAR, GA Gülzow, 47	*Haupt-Geldregister*	*1790-1791*
KAR, GA Gülzow, 48	*Haupt-Geldregister*	*1791-1792*
KAR, GA Gülzow, 49	*Haupt-Geldregister*	*1792-1793*
KAR, GA Gülzow, 50	*Haupt-Geldregister*	*1794-1795*
KAR, GA Gülzow, 51	*Haupt-Geldregister*	*1795-1796*
KAR, GA Gülzow, 52	*Haupt-Geldregister*	*1796-1797*
KAR, GA Gülzow, 53	*Haupt-Geldregister*	*1797-1798*
KAR, GA Gülzow, 54	*Haupt-Geldregister*	*1798-1799*
KAR, GA Gülzow, 55	*Haupt-Geldregister*	*1799-1800*
KAR, GA Gülzow, 56	*Haupt-Geldregister*	*1801-1802*
KAR, GA Gülzow, 57	*Haupt-Geldregister*	*1802-1803*
KAR, GA Gülzow, 58	*Haupt-Geldregister*	*1803-1804*
KAR, GA Gülzow, 59	*Haupt-Geldregister*	*1804-1805*
KAR, GA Gülzow, 60	*Haupt-Geldregister*	*1805-1806*
KAR, GA Gülzow, 61	*Haupt-Geldregister*	*1806-1807*
KAR, GA Gülzow, 62	*Haupt-Geldregister*	*1807-1808*
KAR, GA Gülzow, 63	*Haupt-Geldregister*	*1808-1809*
KAR, GA Gülzow, 64	*Haupt-Geldregister*	*1809-1810*
KAR, GA Gülzow, 65	*Haupt-Geldregister*	*1811-1812*
KAR, GA Gülzow, 66	*Haupt-Geldregister*	*1812-1813*
KAR, GA Gülzow, 67	*Haupt-Geldregister*	*1813-1814*
KAR, GA Gülzow, 68	*Haupt-Geldregister*	*1815-1816*
KAR, GA Gülzow, 69	*Haupt-Geldregister*	*1817-1818*
KAR, GA Gülzow, 70	*Haupt-Geldregister*	*1818-1819*
KAR, GA Gülzow, 71	*Haupt-Geldregister*	*1820-1821*
KAR, GA Gülzow, 72	*Haupt-Geldregister*	*1821-1822*
KAR, GA Gülzow, 73	*Haupt-Geldregister*	*1822-1823*
KAR, GA Gülzow, 74	*Haupt-Geldregister*	*1823-1824*
KAR, GA Gülzow, 75	*Haupt-Geldregister*	*1825-1826*
KAR, GA Gülzow, 76	*Haupt-Geldregister*	*1826-1827*
KAR, GA Gülzow, 77	*Haupt-Geldregister*	*1827-1828*
KAR, GA Gülzow, 78	*Haupt-Geldregister*	*1828-1829*
KAR, GA Gülzow, 79	*Haupt-Geldregister*	*1829-1830*
KAR, GA Gülzow, 117	*Belege zum Haupt-Geldregister*	*1829-1830*
KAR, GA Gülzow, 80	*Haupt-Geldregister*	*1830-1831*
KAR, GA Gülzow, 118	*Belege zum Haupt-Geldregister*	*1830-1831*
KAR, GA Gülzow, 81	*Haupt-Geldregister*	*1831-1832*
KAR, GA Gülzow, 119	*Belege zum Haupt-Geldregister, darin Kontributions-Register*	*1831-1832*
KAR, GA Gülzow, 82	*Haupt-Geldregister*	*1832-1833*
KAR, GA Gülzow, 120	*Belege zum Haupt-Geldregister*	*1832-1833*
KAR, GA Gülzow, 83	*Haupt-Geldregister*	*1833-1834*
KAR, GA Gülzow, 121	*Belege zum Haupt-Geldregister*	*1833-1834*
KAR, GA Gülzow, 122	*Belege zum Haupt-Geldregister*	*1834-1835*

KAR, GA Gülzow, 84	*Haupt-Geldregister*	*1835-1836*
KAR, GA Gülzow, 123	*Belege zum Haupt-Geldregister*	*1835-1836*
KAR, GA Gülzow, 85	*Haupt-Geldregister*	*1836-1837*
KAR, GA Gülzow, 124	*Belege zum Haupt-Geldregister*	*1836-1837*
KAR, GA Gülzow, 86	*Haupt-Geldregister*	*1837-1838*
KAR, GA Gülzow, 125	*Belege zum Haupt-Geldregister*	*1837-1838*
KAR, GA Gülzow, 87	*Haupt-Geldregister*	*1838-1839*
KAR, GA Gülzow, 126	*Belege zum Haupt-Geldregister*	*1838-1839*
KAR, GA Gülzow, 88	*Haupt-Geldregister*	*1839-1840*
KAR, GA Gülzow, 127	*Belege zum Haupt-Geldregister*	*1839-1840*
KAR, GA Gülzow, 91	*Haupt-Geldregister*	*1840-1841*
KAR, GA Gülzow, 128	*Belege zum Haupt-Geldregister*	*1840-1841*
KAR, GA Gülzow, 94	*Haupt-Geldregister*	*1841-1842*
KAR, GA Gülzow, 129	*Belege zum Haupt-Geldregister*	*1841-1842*
KAR, GA Gülzow, 97	*Haupt-Geldregister*	*1842-1843*
KAR, GA Gülzow, 130	*Belege zum Haupt-Geldregister*	*1842-1843*
KAR, GA Gülzow, 100	*Haupt-Geldregister*	*1843-1844*
KAR, GA Gülzow, 131	*Belege zum Haupt-Geldregister*	*1843-1844*
KAR, GA Gülzow, 103	*Haupt-Geldregister*	*1844-1845*
KAR, GA Gülzow, 132	*Belege zum Haupt-Geldregister*	*1844-1845*
KAR, GA Gülzow, 105	*Haupt-Geldregister*	*1845-1846*
KAR, GA Gülzow, 133	*Belege zum Haupt-Geldregister*	*1845-1846*
KAR, GA Gülzow, 113	*Haupt-Geldregister* *Anlage: Kontributions-Register*	*1846-1847*
KAR, GA Gülzow, 136	*Belege zum Haupt-Geldregister*	*1846-1847*
KAR, GA Gülzow, 106	*Haupt-Geldregister*	*1855-1856*
KAR, GA Gülzow, 137	*Belege zum Haupt-Geldregister*	*1856-1857*
KAR, GA Gülzow, 138	*Belege zum Haupt-Geldregister*	*1863-1864*
KAR, GA Gülzow, 139	*Belege zum Haupt-Geldregister*	*1878-1879*
KAR, GA Gülzow, 107	*Haupt-Geldregister*	*1882-1883*
KAR, GA Gülzow, 108	*Haupt-Geldregister* *Anlage: Rechnung der privaten Kätnerstelle*	*1882-1883*
KAR, GA Gülzow, 140	*Belege zum Haupt-Geldregister*	*1899-1900*
KAR, GA Gülzow, 141	*Belege zum Haupt-Geldregister*	*1900-1901*
KAR, GA Gülzow, 109	*Haupt-Geldregister*	*1903-1904*
KAR, GA Gülzow, 110	*Haupt-Geldregister*	*1906-1907*
KAR, GA Gülzow, 112	*Belege und Quittungen beim Geld-Register*	*1736-1737*
KAR, GA Gülzow, 153-190	*Private Anschreibebücher*	*1760-1823*
KAR, GA Gülzow, 153	*Rechnung über Einnahmen und Ausgaben*	*1760*
KAR, GA Gülzow, 154	*Rechnung über Einnahmen und Ausgaben*	*1761-1762*
KAR, GA Gülzow, 155	*Rechnung über Einnahmen und Ausgaben*	*1763-1764*
KAR, GA Gülzow, 156	*Rechnung über Einnahmen und Ausgaben*	*1765*
KAR, GA Gülzow, 157	*Rechnung über Einnahmen und Ausgaben*	*1767*

KAR, GA Gülzow, 158	*Rechnung über Einnahmen und Ausgaben*	*1768*
KAR, GA Gülzow, 159	*Rechnung über Einnahmen und Ausgaben*	*1769*
KAR, GA Gülzow, 160	*Rechnung über Einnahmen und Ausgaben*	*1770*
KAR, GA Gülzow, 161	*Rechnung über Einnahmen und Ausgaben*	*1771*
KAR, GA Gülzow, 162	*Rechnung über Einnahmen und Ausgaben*	*1772*
KAR, GA Gülzow, 163	*Rechnung über Einnahmen und Ausgaben*	*1773*
KAR, GA Gülzow, 164	*Rechnung über Einnahmen und Ausgaben*	*1774*
KAR, GA Gülzow, 165	*Rechnung über Einnahmen und Ausgaben*	*1775*
KAR, GA Gülzow, 166	*Rechnung über Einnahmen und Ausgaben*	*1777*
KAR, GA Gülzow, 167	*Rechnung über Einnahmen und Ausgaben*	*1778*
KAR, GA Gülzow, 168	*Rechnung über Einnahmen und Ausgaben*	*1779*
KAR, GA Gülzow, 169	*Rechnung über Einnahmen und Ausgaben*	*1780*
KAR, GA Gülzow, 170	*Rechnung über Einnahmen und Ausgaben*	*1781*
KAR, GA Gülzow, 171	*Rechnung über Einnahmen und Ausgaben*	*1782*
KAR, GA Gülzow, 172	*Rechnung über Einnahmen und Ausgaben*	*1783-1784*
KAR, GA Gülzow, 173	*Rechnung über Einnahmen und Ausgaben*	*1784-1785*
KAR, GA Gülzow, 174	*Rechnung über Einnahmen und Ausgaben*	*1787-1788*
KAR, GA Gülzow, 175	*Rechnung über Einnahmen und Ausgaben*	*1788-1789*
KAR, GA Gülzow, 176	*Rechnung über Einnahmen und Ausgaben*	*1790*
KAR, GA Gülzow, 177	*Rechnung über Einnahmen und Ausgaben*	*1790-1791*
KAR, GA Gülzow, 178	*Rechnung über Einnahmen und Ausgaben*	*1791-1792*
KAR, GA Gülzow, 179	*Rechnung über Einnahmen und Ausgaben*	*1793*
KAR, GA Gülzow, 180	*Rechnung über Einnahmen und Ausgaben*	*1793-1794*
KAR, GA Gülzow, 181	*Rechnung über Einnahmen und Ausgaben*	*1794-1795*
KAR, GA Gülzow, 182	*Rechnung über Einnahmen und Ausgaben*	*1796*
KAR, GA Gülzow, 183	*Rechnung über Einnahmen und Ausgaben*	*1798*
KAR, GA Gülzow, 184	*Rechnung über Einnahmen und Ausgaben*	*1809*
KAR, GA Gülzow, 185	*Rechnung über Einnahmen und Ausgaben*	*1816-1817*
KAR, GA Gülzow, 186	*Rechnung über Einnahmen und Ausgaben*	*1817-1818*
KAR, GA Gülzow, 187	*Rechnung über Einnahmen und Ausgaben*	*1818-1819*
KAR, GA Gülzow, 188	*Rechnung über Einnahmen und Ausgaben*	*1819-1820*
KAR, GA Gülzow, 189	*Rechnung über Einnahmen und Ausgaben*	*1821-1822*
KAR, GA Gülzow, 190	*Rechnung über Einnahmen und Ausgaben*	*1822-1823*

Grüner Jäger (Stelle)

LAS 309 Geb. St. Hzt. Lauenburg, Nr. 60	Gebäudesteuer	1877-1878
KAR, Kartensammlung, 531	*Flurkarte*	*1803*

Gülzow

LAS 355.27, 576	SchuPfPr, Band I	1861-1900
LAS 355.27, 577	SchuPfPr, Band II	1861-1900

LAS 355.27, 578	SchuPfPr, Band III	1870-1900
LAS 355.27, 580	SchuPfPr, Band V	1887-1900

LAS 309 Flur (21), 61	Flurbuch	1877
LAS 309 Geb. St. Hzt. Lauenburg, Nr. 61	Gebäudesteuer	1877-1878
LAS 324 Ratzeburg, 48	Gebäudebücher	1910 ff.
LAS 324 Ratzeburg, 193	Gebäudebestandsblätter	1950 ff.

LAS 239.7, 3	Kauf-, Tausch-, Altenteils- und Eheverträge, Hausbriefe sowie einzelne Protokolle	1652-1875
LAS 239.7, 16	Familie Schnakenbek und ihre Höfe	1742-1873
LAS 239.7, 10	Sämtliche Hufner gegen die Kätner Peter Burmeister, Werner Niemann, Johannsen, Mathias Koop und Georg Herbst wegen der Hut und Weide	1776-1785
LAS 239.7, 5	Konkurs des Hufners Hans Joachim Frück	1780-1781
LAS 239.7, 4	Letztwillige Verfügungen und Testamente	1785-1860
LAS 239.7, 6	Abtretung der Heidmann'schen Hufe vom Interimswirt Christoph Möller an den zeitigen Wirt Hinrich Peemöller	1804-1806
LAS 239.7, 7	Verkauf der Koop'schen Brinksetzerstelle von der Witwe Catharina Maria Koop an den Schneider Joachim Heinrich Möller; auch Schuldklagen gegen diesen	1806-1809
LAS 355.27, 735	Schenkungsvertrag zwischen dem Müller Johann Friedrich Detlef Ohff und seiner Tochter Anna Marg. Ernestine Ohff	1859

LAS 324 Ratzeburg, 424	Feldplan der Gemarkung	1935

Gülzow (Hof)
- Heidkaten (Stellen)

LAS 309 Flur (21), 62	Flurbuch	1877
LAS 309 Geb. St. Hzt. Lauenburg, Nr. 60	Gebäudesteuer [Gutsbezirk]	1877-1878
LAS 324 Ratzeburg, 425	Feldplan der Gemarkung	1935

Hamwarde
- Kirchenkate

LAS 239.7, 12	Anbauer auf dem Kirchenland; Familie Kneese	1800-1859
LAS 309 Flur (21), 68	Flurbuch	1877

LAS 309 Geb. St. Hzt. Lauenburg, Nr.
66 Gebäudesteuer 1877-1878
LAS 324 Ratzeburg, 53 Gebäudebücher 1910 ff.

LAS 324 Ratzeburg, 408 Feldplan der Gemarkung 1935

KAR, Kartensammlung, 461 Verkoppelungskarte 1777
KAR, Kartensammlung, 120 Karte von der Gemarkung 1878
KAR, Kartensammlung, 257 Auszug aus der Grundsteuer-Gemarkungs-karte 1879
KAR, Kartensammlung, 260 Auszug aus der Gemarkungskarte 1886

Hasental (Meierhof)

LAS 239.7, 13 Kaufverträge über Katen und Ländereien; Ehekontrakte 1760-1856
LAS 309 Flur (21), 69 Flurbuch 1877
LAS 309 Geb. St. Hzt. Lauenburg, Nr.
60 Gebäudesteuer 1877-1878
LAS 324 Ratzeburg, 410 Feldplan der Gemarkung 1935-1936

KAR, GA Gülzow, 116 Hauptbuch 1917-1918

Juliusburg

LAS 355.27, 532 SchuPfPr, Band III A 1861-1900
LAS 355.27, 533 SchuPfPr, Band III A 1894-1900
LAS 231, 148 Hypothekenbuch 1836-1861

LAS 309 Flur (21), 77 Flurbuch 1877
LAS 309 Geb. St. Hzt. Lauenburg, Nr.
75 Gebäudesteuer 1877-1878
LAS 324 Ratzeburg, 62 Gebäudebücher 1910 ff.

LAS 355.27, 684 Erbhöfeakten o. J.
LAS 231, 611 Vermessungsregister 1720-1725
LAS 231, 596 Vermessungsregister 1723
LAS 231, 597 Niederlegung des Vorwerks und Verkoppelung 1775-1802
LAS 231, 598 Verkoppelungsrezess 1783
LAS 231, 692 Hufen und Katen 1804-1868
LAS 231, 599 Verkoppelung bzw. Aufteilung der Außenschläge 1817-1850

LAS 210, 4843-4845	Akten zu einzelnen Bauernstellen	1858-1871

Hierzu bitte gedrucktes Findbuch Abt. 210, Seite 247 heranziehen!

LAS 231, 691	Meierstellen	1870-1871
LAS 402 A 5 Lbg, 25	Karte, Generalriss dazu	1722
LAS 402 A 5 Lbg, 25a	Karte, Generalriss dazu	1722
LAS 402 A 5 Lbg, 26	Karte, Generalriss dazu	18. Jh.
LAS 402 A 5 Lbg, 26a	Karte, Generalriss dazu	18. Jh.
LAS 402 A 5 Lbg, 27	Karte	1778
LAS 402 A 5 Lbg, 28	Karte	19. Jh.
LAS 402 A 5 Lbg, 29	Karte	1847
LAS 324 Ratzeburg, 419	Feldplan der Gemarkung	1935
KAR 6, 125	*Verkoppelung*	*1775-1803*
KAR 6, 140	*Niederlegung des Vorwerks*	*1780-1783*
KAR 6, 171	*Verkoppelungsregister*	*1781*

Kollow

LAS 355.27, 579	SchuPfPr, Band IV	1870-1900
LAS 309 Flur (21), 99	Flurbuch	1877
LAS 309 Geb. St. Hzt. Lauenburg, Nr. 95	Gebäudesteuer	1877-1878
LAS 324 Ratzeburg, 77	Gebäudebücher	1910 ff.
LAS 324 Ratzeburg, 214	Gebäudebestandsblätter	1950 ff.
LAS 239.7, 14	Kauf-, Tausch-, Altenteils- und Eheverträge, Hausbriefe sowie einzelne Protokolle	1702-1874
LAS 239.7, 16	Familie Schnakenbek und ihre Höfe	1742-1873
LAS 239.7, 17	Das Schmidt-Hamerster'sche Gehöft	1746-1870
LAS 239.7, 18	Betr. die Hübbe'sche Stelle sowie den darüber entstandenen Streit	1794-1842
LAS 239.7, 19	Beitrag der Anbauer und Kätner zu den Dorfslasten	1831-1868
LAS 239.7, 15	Testamente I	1797-1869
LAS 324 Ratzeburg, 443	Feldplan der Gemarkung	1935
KAR 6, 281	*Verkoppelung*	*1799-1851*
KAR 6, 282	*Verkoppelung*	*1799-1851*

Krukow
- Bohnenbusch - Thömen

LAS 355.27, 534	SchuPfPr, Band IV A	1861-1900
LAS 355.27, 535	SchuPfPr, Band IV A	1878-1900
LAS 355.27, 536	SchuPfPr, Band IV B	1893-1900
LAS 231, 148	Hypothekenbuch	1836-1861
LAS 309 Flur (21), 102	Flurbuch	1877
LAS 309 Geb. St. Hzt. Lauenburg, Nr. 98	Gebäudesteuer	1877-1878
LAS 324 Ratzeburg, 80	Gebäudebücher	1910 ff.
LAS 324 Ratzeburg, 216	Gebäudebestandsblätter	1950 ff.
LAS 355.27, 685	Erbhöfeakten	o. J.
LAS 231, 694	Hufen und Katen	1709-1866
LAS 231, 605	Vermessungsregister	1723
LAS 231, 606	Verkoppelung	1775-1802
LAS 231, 607	Verkoppelungsregister	1785
LAS 210, 4847-4852	Akten zu einzelnen Bauernstellen	1856-1872

Hierzu bitte gedrucktes Findbuch Abt. 210, Seite 247-248 heranziehen!

LAS 231, 608	Aufteilung der Außenschläge und sogenannte Plaggenteile	1859-1861
LAS 231, 695	Meierstellen	1871-1872
LAS 402 A 5 Lauenburg, 30	Karte	18. Jh.
LAS 402 A 5 Lauenburg, 31	Karte	1702
LAS 402 A 5 Lauenburg, 32	Karte	1861
LAS 324 Ratzeburg, 446	Feldplan der Gemarkung	1935
KAR 6, 126	*Verkoppelung*	*1775-1797*
KAR 6, 163	*Verkoppelung*	*1775-1797*
KAR 6, 171	*Verkoppelungsregister*	*1781*
KAR, Kartensammlung, 251	*Gemarkungskarte mit Interessenten-verzeichnis*	*1882*

Krümmel (Stelle)

LAS 309 Flur (21), 101	Flurbuch	1877
LAS 309 Geb. St. Hzt. Lauenburg, Nr. 60	Gebäudesteuer	1877-1878
LAS 309 Geb. St. Hzt. Lauenburg, Nr. 100	Gebäudesteuer	1877-1878
LAS 324 Ratzeburg, 79	Gebäudebücher	1910 ff.
LAS 324 Ratzeburg, 445	Feldplan der Gemarkung	1936

KAR, Kartensammlung, 17	*Situationsplan*	*1882*

Krüzen

LAS 355.27, 576	SchuPfPr, Band I	1861-1900
LAS 355.27, 577	SchuPfPr, Band II	1861-1900
LAS 355.27, 578	SchuPfPr, Band III	1870-1900
LAS 355.27, 580	SchuPfPr, Band V	1887-1900
LAS 231, 148	Hypothekenbuch	1836-1861
LAS 355.27, 686	Erbhöfeakten	o. J.
LAS 239.7, 21	Kauf-, Tausch-, Altenteils- und Eheverträge, Hausbriefe sowie einzelne Protokolle	1700-1874
LAS 239.7, 25	Abgaben der drei Amtsbauern an das Amt	1747
LAS 231, 602	Altes und neues Vermessungsregister von den Grundstücken, welche die Amts Lauenburger Untertanen auf der zum Gute Gülzow gehörenden Feldmark Krüzen haben	1795
LAS 239.7, 23	Betr. die Lunow'sche Hufe sowie den Streit wegen Abtretung bzw. wegen Abfindung	1800-1825
LAS 231, 693	Bauervogtsstelle	1861
LAS 239.7, 22	Testamente	1848-1862
KAR 6, 136	*Verkoppelung*	*1790-1804*
KAR 6, 283	*Schlag- und Feldregister zur Karte der Feldmarken*	*o. J.*
KAR, Kartensammlung, 451	*Karte von der Feldmark*	*1738*

Melusinental (Meierhof)

LAS 309 Geb. St. Hzt. Lauenburg, 60	Gebäudesteuer	1877-1878

Wiershop

LAS 355.27, 579	SchuPfPr, Band IV	1870-1900
LAS 309 Flur (21), 176	Flurbuch	1877
LAS 309 Geb. St. Hzt. Lauenburg, Nr. 60	Gebäudesteuer	1877-1878
LAS 309 Geb. St. Hzt. Lauenburg, Nr. 168	Gebäudesteuer	1877-1878
LAS 324 Ratzeburg, 287	Gebäudebestandsblätter	1950 ff.

LAS 239.7, 27	Kauf-, Tausch-, Altenteils- und Eheverträge, Hausbriefe sowie einzelne Protokolle	1814-1871
LAS 324 Ratzeburg, 310	Feldplan der Gemarkung	1935

Gut Kastorf

LAS 355.57, 944	SchuPfPr, Band 1	1861-1899
LAS 355.57, 945	SchuPfPr, Nebenbuch, Band 1	1861-1887
LAS 355.57, 941	SchuPfPr, Fol. III	1862-1899
LAS 239.8, 1	Hypothekenbuch	1815-1860
LAS 239.8, 2	Depositenbuch	1818-1868
LAS 355.57, 933	Abschriften von Obligationen Anlage zum Kastorfer Nebenbuch Band I	1882-1897
LAS 65.3, 249	Gut Kastorf	1747-1800
LAS 239.8, 7	Einzelne Protokolle und kleinere Zivilprozesse	1834-1867
LAS 415, 5527	Volkszähllisten	1845
LAS 415, 5546	Volkszähllisten	1855
LAS 412, 1247	Volkszähllisten	1864

KAR, Adeliges Gericht Kastorf, Nr.

36	*Erbpachtverträge mit Johann Meyer, Kätner Heinrich Käselau und Jochen Nuppenau*	*1781-1829*
35	*Pachtsachen*	*1782-1832*
93	*Vermögensangelegenheiten der Gutsuntertanen*	*1807-1928*
98	*Dienstregister*	*1824-1830*
97	*Verkauf des Guts*	*1830-1840*
65-81	*Klassensteuerrollen*	*1877-1892*

Hierzu bitte Findbuch KAR, Abteilung Adeliges Gericht Kastorf, Seite 2, heranziehen!

AHL, 03.04-01, 2483	*Jurisdiktionsverhältnisse des Guts*	*1592-1675*

Christianshöhe (Meierhof)

LAS 309 Geb. St. Hzt. Lauenburg, 78	Gebäudesteuer	1877-1878

Kastorf

LAS 355.57, 744-786	Höfeakten	18./19. Jh.

Hierzu bitte Findbuch Abt. 355.57, Seite 115-121 heranziehen!

LAS 355.57, 842	Ehestiftungen und Häuslingsbriefe	1814-1901
LAS 210, 5308	Meierhöfe des Dorfes	1863-1877
LAS 355.57, 861	Ablösung des Meierrechts	1875-1879
LAS 309 Flur (21), 81	Flurbuch	1877
LAS 309 Geb. St. Hzt. Lauenburg, Nr. 79	Gebäudesteuer	1877-1878
LAS 324 Ratzeburg, 65	Gebäudebücher	1910 ff.
LAS 324 Ratzeburg, 205	Gebäudebestandsblätter	1950 ff.
LAS 355.57, 970	Einzelne Aktenstücke aus Vormundschafts-, Nachlass- und anderen Akten der freiwilligen Gerichtsbarkeit	1835-1884
LAS 239.8, 3	Nachlass des Schmiedepächters Heinrich Wilhelm Friedrich Friede	1849
LAS 239.8, 4	Proklamation des Nachlasses der Holländerwitwe Sophie Wiese geb. Wegener	1852
LAS 239.8, 5	Nachlass des Müllergesellen Ludwig Dietrich David Leverenz	1856
LAS 355.57, 904	Nachlassakte: Haeseler, Witwe	1874
LAS 239.8, 6	Vormundschaft über die Kinder des verstorbenen Großkätners Claus Heinrich Koopmann sowie Verpachtung der Großkätnerstelle	1831-1851
KAR, GA Rondeshagen, Nr. 157	*Kopien von Urkunden über Kauf-, Hypotheken- und Holzschlagsachen*	*1373-1629*
KAR 9, 499	*Erteilung von Hausbriefen an Meierhöfe (Franz Heinrich Christian Willers)*	*1875*
AHL, 02.01-3/3, 341	*Mutterrolle*	*1812*
AHL, 02.01-3/6, 167	*Mairie Kastorf: Geburtsregister*	*1811*
AHL, 02.01-3/6, 168	*Mairie Kastorf: Geburtsregister*	*1812*
AHL, 02.01-3/6, 169	*Mairie Kastorf: Beilagen zu Heiratsurkunden*	*1811*
AHL, 02.01-3/6, 170	*Mairie Kastorf: Heiratsregister*	*1812*
AHL, 02.01-3/6, 171	*Mairie Kastorf: Verstorbene*	*1811-1812*
AHL, 02.01-3/6, 172	*Mairie Kastorf: Sterberegister*	*1812*

Kastorf (Hof)

LAS 309 Flur (21), 81	Flurbuch	1877
LAS 309 Geb. St. Hzt. Lauenburg, Nr. 78	Gebäudesteuer [Gutsbezirk]	1877-1878

Gut Klein Berkenthin

LAS 355.45, 1326	SchuPfPr, Fol. IX	1862-1899
LAS 355.45, 1332	SchuPfPr, Band I	1860-1899
LAS 355.45, 1333	SchuPfPr, Band II	1871-1899
LAS 355.45, 1334	SchuPfPr, Nebenbuch, Band I	1862-1897
LAS 355.45, 1335	SchuPfPr, Nebenbuch, Band II	1897-1899
LAS 309, 3519	Ablösung der Abgaben	1879
LAS 415, 5528	Volkszähllisten	1845
LAS 415, 5546	Volkszähllisten	1855
LAS 412, 1241	Volkszähllisten	1864
KAR, GA Rondeshagen, Nr. 94	*Gutsangelegenheiten: Lehnssachen, Kaufbriefe usw.*	*1636-1785*
KAR, GA Klein Berkenthin, Nr.		
7	*Verkoppelungssachen, vor allem Vertauschung einiger Ländereien auf den Feldmarken Klein Berkenthin und Göldenitz*	*1766-1803*
19	*Kontributionszahlungen*	*1798-1810*
11	*Namensverzeichnis der Hauswirte*	*1828*

Klein Berkenthin

LAS 355.45, 115	Obligationen	1795-1857
LAS 355.45, 1453	Namensregister der Höfeakten	o. J.
LAS 355.45, 63-113	Höfeakten	18.-19. Jh.

Hierzu bitte Findbuch Abt. 355.45, Seite 76-82 heranziehen!

LAS 309 Geb. St. Hzt. Lauenburg, Nr. 84	Gebäudesteuer	1877-1878
LAS 65.3, 248	Gut Berkenthin	1681-1843
LAS 210, 2099	Aufhebung der Gemeinheit und Verkoppelung	1778-1797

LAS 210, 2099a	Regulierung der Verkoppelung	1778-1780
LAS 355.45, 114	Häuslingssachen	1830
KAR, Kartensammlung, 463	*Flurkarte vom Vorwerk*	*1780*

Gut Kogel

LAS 355.33, 13	SchuPfPr, Fol. VII	1861-1899
LAS 355.33, 20	SchuPfPr, Nebenbuch	1861-1873
LAS 239.9, 1	Hypothekenbuch	1813-1861
LAS 239.9, 2	Depositenbuch	1820-1869
LAS 355.33, 954	Hypothekenwesen	1871-1896
LAS 65.3, 262	Gut Kogel	1608-1848
LAS 309, 3734	Das Lehnsgut Kogel	1878
LAS 309, 3524	Ablösung der Abgaben	1879
LAS 415, 5528	Volkszähllisten	1845
LAS 415, 5546	Volkszähllisten	1855
LAS 412, 1248	Volkszähllisten	1864

Kogel

LAS 355.33, 853-858	Höfeakten	o. J.

Hierzu bitte Findbuch Abt. 355.33, Seite 137-138 heranziehen!

LAS 355.33, 919	Höfeakten, Ablösung der Meierverhältnisse	1886-1890
LAS 309 Geb. St. Hzt. Lauenburg, Nr. 94	Gebäudesteuer	1877-1878
LAS 324 Ratzeburg, 442	Feldplan der Gemarkung	1935

Neu Kogel (Stelle)

LAS 309 Geb. St. Hzt. Lauenburg, Nr. 94	Gebäudesteuer	1877-1878

Salem

LAS 355.33, 19	SchuPfPr, Band II	1861-1899
LAS 355.45, 1309	SchuPfPr, Band XIX, Band 1	1860-1899
LAS 355.45, 1310	SchuPfPr, Band XIX, Band 2	1890-1899
LAS 355.45, 1379	SchuPfPr, Nebenbuch	1864-1870
LAS 355.45, 638-657	Höfeakten	18.-19. Jh.

Hierzu bitte Findbuch Abt. 355.45, Seite 156-159 heranziehen!

LAS 210, 5311	Meierhöfe des Dorfes	1830-1871
LAS 232, 1008	Abgelegte, inErbenzins verliehene Gärten von 2 Morgen 2 Quadratruten	1849

Söhren (Stelle)

LAS 309 Geb. St. Hzt. Lauenburg, 94	Gebäudesteuer	1877-1878

Sterley

LAS 355.33, 18	SchuPfPr, Band I	1861-1899
LAS 355.33, 19	SchuPfPr, Band II	1861-1899
LAS 355.33, 859-882	Höfeakten	o. J.

Hierzu bitte Findbuch Abt. 355.33, Seite 138-142 heranziehen!

LAS 210, 5312	Meierhöfe des Dorfes	1864-1867
KAR 6, 284	*Verteilungsregister von der Feldmark*	*1789*
KAR, Kartensammlung, 455	*Flurkarte*	*1789*

Gut Kulpin

LAS 355.45, 1326	SchuPfPr, Fol. IV, Band I	1862-1899
LAS 355.45, 1338	SchuPfPr, Nebenbuch, Band I	1846-1894
LAS 355.45, 1339	SchuPfPr, Nebenbuch, Band II	1894-1899
LAS 239.10, 1	Hypothekenbuch	1824-1870
LAS 355.45, 19	Hypothekenwesen	1874-1904
LAS 65.3, 250	Gut Kulpin	1695-1842
LAS 210, 2102	Verkoppelung des Gutes	1771-1773
LAS 309, 3522	Ablösung der Abgaben	1879
LAS 415, 5527	Volkszähllisten	1845
LAS 415, 5546	Volkszähllisten	1855
LAS 412, 1249	Volkszähllisten	1864
KAR, GA Rondeshagen, Nr. 93	*Gutsangelegenheiten: Lehnssachen, Testamente usw.*	*1587-1831*
169	*Bausachen*	*1697-1707*
162	*Dienst- und Führungszeugnisse*	*1750-1769*

107	*Kontributionsberechnungen, Anzahl der Feuer- und Wohnstellen, Personen, Übersicht über Höfe, bebautes Land, Viehbestand u. a.*	*1740-1814*
231	*Kontributionsberechnungen, Anzahl der Feuer- und Wohnstellen, Personen, Übersicht über Höfe, bebautes Land, Viehbestand u. a.*	*1740-1814*

Göldenitz

- Brückenkate
- Fliegenberg

LAS 355.45, 1337	SchuPfPr, Band II	1860-1899
LAS 355.45, 1453	Namensregister der Höfeakten	o. J.
LAS 355.45, 269-294	Höfeakten	18.-19. Jh.

Hierzu bitte Findbuch Abt. 355.45, Seite 103-106 heranziehen!

LAS 415, 275.6	Hofdienste der Untertanen in Kulpin und Göldenitz	18. Jh.
LAS 210, 5307	Meierhöfe des Dorfes	1870-1872
LAS 309 Flur (21), 40	Flurbuch	1877
LAS 309 Geb. St. Hzt. Lauenburg, Nr. 38	Gebäudesteuer	1877-1878
LAS 309 Geb. St. Hzt. Lauenburg, Nr. 103	Gebäudesteuer [Brückenkate und Fliegenberg]	1877-1878
LAS 324 Ratzeburg, 180	Gebäudebestandsblätter	1950 ff.
LAS 324 Ratzeburg, 387	Feldplan der Gemarkung	1935
KAR, GA Rondeshagen, Nr. 166	*Erbschaftssachen des Flögelschen Gehöfts*	*1686-1703*
KAR, GA Klein Berkenthin, Nr. 7	*Verkoppelungssachen, vor allem Vertauschung einiger Ländereien auf den Feldmarken Klein Berkenthin und Göldenitz*	*1773-1793*
KAR, Kartensammlung, 96	*Lageplan*	*o. J.*

Klein Weeden (Meierhof)

LAS 309 Geb. St. Hzt. Lauenburg, 103	Gebäudesteuer	1877-1878
LAS 324 Ratzeburg, 435	Feldplan der Gemarkung	1934
KAR, Kartensammlung, 458	*Flurkarte mit dazugehörigen Ländereien*	*1750*

Kulpin

LAS 355.45, 1336	SchuPfPr, Band I	1860-1899
LAS 309 Flur (21), 107	Flurbuch	1877
LAS 309 Geb. St. Hzt. Lauenburg, Nr. 104	Gebäudesteuer	1877-1878
LAS 324 Ratzeburg, 84	Gebäudebücher	1910 ff.
LAS 324 Ratzeburg, 220	Gebäudebestandsblätter	1950 ff.
LAS 355.45, 1453	Namensregister der Höfeakten	o. J.
LAS 355.45, 506-514	Höfeakten	18.-19. Jh.

Hierzu bitte Findbuch Abt. 355.45, Seite 134-135 heranziehen!

LAS 415, 275.6	Hofdienste der Untertanen in Kulpin und Göldenitz	18. Jh.
LAS 355.45, 505	Ehestiftungen und Hausbriefe	1816-1860
LAS 210, 5309	Meierhöfe des Dorfes	1863
LAS 324 Ratzeburg, 450	Feldplan der Gemarkung	1934
KAR, GA Rondeshagen, Nr. 247	*Übertragung der Kätnerstelle Hans Jochen Heinrich Haack auf seinen Sohn*	*1865-1907*

Kulpin (Hof)

LAS 309 Flur (21), 107	Flurbuch	1877
LAS 309 Geb. St. Hzt. Lauenburg, Nr. 103	Gebäudesteuer [Gutsbezirk]	1877-1878

Gut Lanken

LAS 239.20, 7	SchuPfPr	1815-1860
LAS 239.20, 9	Beilagen zum Hypothekenbuch bzw. zum SchuPfPr	1824-1869
LAS 239.20, 10	Beilagen zum Hypothekenbuch (Obligationen)	1833-1859
LAS 355.54, 103	SchuPfPr, Nebenbuch	1863-1878
LAS 415, 6011	Registrant des Gerichtes Lanken	19. Jh.
LAS 355.54, 117	Depositenbuch	1816-1823
LAS 355.54, 119	Depositenbuch	1830-1870

LAS 65.3, 263	Gut Lanken	1719-1824
LAS 309, 3525	Ablösung der Abgaben	1879
LAS 415, 5528	Volkszähllisten	1845
LAS 415, 5546	Volkszähllisten	1855
LAS 412, 1250	Volkszähllisten	1864

Elmenhorst

LAS 355.54, 101	SchuPfPr, Fol. 1-19	1861-1899
LAS 355.54, 469-487	Höfeakten	18.-19. Jh.

Hierzu bitte Findbuch Abt. 355.54, Seite 79-82 heranziehen!

LAS 309 Flur (21), 32	Flurbuch	1877
LAS 324 Ratzeburg, 28	Gebäudebücher	1910 ff.
LAS 324 Ratzeburg, 170	Gebäudebestandsblätter	1950 ff.
LAS 402 A 5 Adl. Güter, 23	Karte	1720
LAS 324 Ratzeburg, 378	Feldplan der Gemarkung	1935
KAR 6, 286	*Verkoppelung*	*1835-1876*

Groß Pampau

LAS 355.54, 101	SchuPfPr, Fol. 16-29	1861-1899
LAS 355.54, 901-914	Höfeakten	18.-19. Jh.

Hierzu bitte Findbuch Abt. 355.54, Seite 137-139 heranziehen!

LAS 210, 2115b	Verkoppelung	1805-1808
LAS 309 Flur (21), 51	Flurbuch	1877
LAS 309 Geb. St. Hzt. Lauenburg, Nr. 48	Gebäudesteuer	1877-1878
LAS 324 Ratzeburg, 41	Gebäudebücher	1910 ff.
LAS 324 Ratzeburg, 188	Gebäudebestandsblätter	1950 ff.
LAS 324 Ratzeburg, 398	Feldplan der Gemarkung	1935
KAR 6, 289	*Verkoppelung der Feldmark*	*o. J.*

Lanken (Hof)

LAS 355.54, 89	SchuPfPr, Fol. XI	1861-1899
LAS 309 Flur (21), 112	Flurbuch	1877
LAS 309 Geb. St. Hzt. Lauenburg, Nr. 109	Gebäudesteuer	1877-1878
LAS 324 Ratzeburg, 88	Gebäudebücher	1910 ff.
LAS 324 Ratzeburg, 324	Feldplan der Gemarkung	1935

Sahms

LAS 355.54, 102	SchuPfPr, Fol. 29-53	1861-1899
LAS 355.54, 44	SchuPfPr, Fol. 31, 54	1887-1899
LAS 355.54, 962-987	Höfeakten	18.-19. Jh.

Hierzu bitte Findbuch Abt. 355.54, Seite 145-148 heranziehen!

LAS 210, 2115c	Verkoppelung	1814-1820
LAS 309 Flur (21), 144	Flurbuch	1877
LAS 309 Geb. St. Hzt. Lauenburg, Nr. 138	Gebäudesteuer	1877-1878
LAS 324 Ratzeburg, 338	Gebäudebücher	1910 ff.
LAS 324 Ratzeburg, 259	Gebäudebestandsblätter	1950 ff.
LAS 324 Ratzeburg, 338	Gebäudebuch, Karteikarten	1910 ff.
LAS 402 A 5 Adl. Güter, 20	Karte	1720
LAS 324 Ratzeburg, 496	Feldplan der Gemarkung	1935
KAR 6, 287	*Verkoppelung und Vermessungsregister*	*1814-1820*
KAR 6, 288	*Verkoppelung und Vermessungsregister*	*1814-1820*

Gut Müssen

LAS 355.54, 100	SchuPfPr, Nebenbuch	1862-1878
LAS 239.11, 1	Hypothekenbuch mit Register	1837-1861
LAS 239.11, 2	Beilagen zum Hypothekenbuch	1807-1861
LAS 65.3, 264	Gut Müssen	1568-1736
LAS 65.3, 265	Gut Müssen	1637-1844
LAS 210, 2113	Verkoppelung	1828-1829
LAS 309, 3523	Ablösung der Abgaben	1879
LAS 324 Ratzeburg, 337	Gebäudebuch, Karteikarten	1910 ff.
LAS 415, 5528	Volkszähllisten	1845
LAS 415, 5546	Volkszähllisten	1855
LAS 412, 1251	Volkszähllisten	1864
LAS „Andere Archive" 620, Nr.		
408	*Gezahlte Kontribution*	*1735-1736*
1252	*Gebäude auf Gut Müssen*	*1770*
359	*Administrationsrechnung*	*1821-1822*
360	*Administrationsrechnung*	*1877-1878*
KAR, GA Müssen, 108	*Angaben über Gemeinheitsteilungen und Verkoppelungen*	*1806*

KAR, GA Müssen, 206	*Saatverzeichnis mit Angaben über Mengenumfang von gekauftem und ausgesätem Saatgut*	*1818-1819*
KAR, GA Müssen, 179	*Pachtangelegenheiten*	*o. J.*
KAR, GA Müssen, 63	*Arbeitslohn und Renten*	*1877*
KAR, GA Müssen, 240	*Statistik: Gemeindesteuerlisten, Geburtslisten, Einkommen- und Klassensteuerlisten*	*1783-1920*
KAR, GA Müssen, 5	*Verzeichnis der Gefälle*	*1787-1887*
KAR, GA Müssen, 104	*Erhebung einer außerordentlichen Kriegssteuer*	*1808*
KAR, GA Müssen, 193	*Verzeichnis der zu zahlenden Kontributionen der Eingesessenen*	*1814*
KAR, GA Müssen, 321	*Steuersachen; u. a. Berechnungen über einzelne Anwohnergehöfte*	*1870-1876*
KAR, GA Müssen, 311	*Steuerveranlagung einzelner Orte*	*1870*
KAR, GA Müssen, 270	*Steuersachen; u. a. Gebäude-Steuer, Klassen-Steuer, Grundsteuer*	*1877-1878*
KAR, GA Müssen, 243	*Klassensteuerrollen und Einkommensnachweisungen*	*1877-1895*
KAR, GA Müssen, 198	*Personenverzeichnis und Gemeindesteuerliste*	*1910-1911*
KAR, GA Müssen, 26	*Verzeichnis sämtlicher Gebäude, die in der Calenbergischen Brandkasse versichert sind*	*1806-1807*
KAR, GA Müssen, 236	*Wählerlisten*	*1875*
KAR, Kartensammlung, 1245	*Flurkarte mit Feldmarken*	*1753*
KAR, Kartensammlung, 523	*Karte des Gutes*	*1823*

Louisenhof (Meierhof)
- Zur Rülau

LAS 309 Flur (21), 142	Flurbuch	1877
LAS 309 Geb. St. Hzt. Lauenburg, Nr. 122	Gebäudesteuer	1877-1878
LAS 324 Ratzeburg, 346	Gebäudebücher [Rülau]	1910 ff.
LAS 324 Ratzeburg, 346	Gebäudesteuerrolle [Rülau]	1910 ff.
LAS 324 Ratzeburg, 494	Feldplan der Gemarkung [Rülau]	1934

Müssen
- Auf dem Berge

LAS 355.54, 99	SchuPfPr, Fol. 1-49	1861-1899
LAS 355.54, 42	SchuPfPr, Fol. 50-62	1878-1899
LAS 355.54, 841-890	Höfeakten	18.-19. Jh.

Hierzu bitte Findbuch Abt. 355.54, Seite 130-136 heranziehen!

LAS 309 Flur (21), 125	Flurbuch	1877
LAS 309 Geb. St. Hzt. Lauenburg, Nr. 123	Gebäudesteuer	1877-1878
LAS 324 Ratzeburg, 97	Gebäudebücher	1910 ff.
LAS 324 Ratzeburg, 337	Gebäudebücher	1910 ff.
LAS 324 Ratzeburg, 243	Gebäudebestandsblätter	1950 ff.
LAS 402 A 5 Adl. Güter, 18	Karte	1804
LAS 324 Ratzeburg, 367	Feldplan der Gemarkung	1935
KAR 6, 290	*Verkoppelung und Vermessungsregister*	*1804-1829*
KAR 6, 291	*Verkoppelung und Vermessungsregister*	*1804-1829*
KAR, GA Müssen, 280	*Ehestiftung zwischen Brinksitzer Franz Jochen Jacobsen und Catharina Elisabeth Burmester*	*1804*
KAR, GA Müssen, 164	*Nachlass und Erbschaft des ehemaligen Kutschers Christoph Behrens*	*1806*
KAR, GA Müssen, 14	*Auflistung der Gläubiger und der Schulden des Hufners Claus Hogetop*	*1826*
KAR, GA Müssen, 4	*Inventarien über Nachlässe verstorbener Hufner*	*1826-1869*
KAR, GA Müssen, 247	*Nachlass des vor ca. 25 Jahren verstorbenen Einwohners Franz Jochen Wohlke*	*1852*
KAR, GA Müssen, 35	*Konkursverfahren: Bäcker Brunn, Zimmermann Schmidt*	*1860-1877*
KAR, Kartensammlung, 439	*Verkoppelungskarte*	*1804*
KAR, Kartensammlung, 147	*Verkoppelungskarte*	*1804*

Müssen (Hof)

LAS 355.54, 89	SchuPfPr, Fol. XII	1861-1899
LAS 309 Flur (21), 126	Flurbuch	1877
LAS 309 Geb. St. Hzt. Lauenburg, Nr. 122	Gebäudesteuer [Gutsbezirk]	1877-1878
LAS 324 Ratzeburg, 368	Feldplan der Gemarkung	1935

Nüssau
- Neu Nüssau - Steinkrug

LAS 355.54, 891-900	Höfeakten	18.-19. Jh.

Hierzu bitte Findbuch Abt. 355.54, Seite 136-137 heranziehen!

LAS 355.54, 1168-1169	Höfeakten [Steinkrug]	18.-19. Jh.

Hierzu bitte Findbuch Abt. 355.54, Seite 170-171 heranziehen!

LAS 210, 2114	Verkoppelung	1797-1857
LAS 309 Flur (21), 135	Flurbuch	1877
LAS 309 Geb. St. Hzt. Lauenburg, Nr. 130	Gebäudesteuer	1877-1878
LAS 309 Geb. St. Hzt. Lauenburg, Nr. 122	Gebäudesteuer [Neu Nüssau und Steinkrug]	1877-1878
LAS 324 Ratzeburg, 341	Gebäudebücher	1910 ff.
LAS 324 Ratzeburg, 484	Feldplan der Gemarkung	1935
KAR, GA Müssen, 199	*Hausbrief des Hufners Jürgen Heinrich Schwab*	*1742*
KAR, GA Müssen, 46	*Hausbrief Johann Schwarken*	*1742*
KAR, GA Müssen, 33	*Verkoppelung*	*1822*
KAR 6, 292	*Teilungsrezess*	*1924*
KAR, Kartensammlung, 523	*Flurkarte*	*1823*

Gut Niendorf (Schaalsee)

LAS 355.45, 1326	SchuPfPr, Fol. XIII	1862-1899
LAS 355.45, 20	Hypothekenwesen	1872-1888
LAS 65.3, 266	Gut Niendorf	1737-1796
LAS 355.33, 396	Erbhöfeakten mit Sammelakten	o. J.
LAS 355.33, 707-715	Höfeakten	o. J.

Hierzu bitte Findbuch Abt. 355.33, Seite 118-119 heranziehen!

LAS 355.33, 739	Höfeakten, Häuslingssachen	o. J.
LAS 415, 5528	Volkszähllisten	1845
LAS 415, 5546	Volkszähllisten	1855
LAS 412, 1253	Volkszähllisten	1864
KAR, GA Niendorf/G., 265	*Schuldverschreibungen*	*1796-1830*
KAR, GA Niendorf/G., 292	*Schuldforderungen und Abrechnungen*	*1800-1830*

KAR, GA Niendorf/G., 261	*Schuldverschreibungen*	*1804-1829*
KAR, GA Niendorf/G., 232	*Schuldenbuch*	*1827-1832*
KAR, GA Niendorf/G., 234	*Übersicht über 30 Jahre Einnahmen aus dem Kornverkauf*	*1788-1829*
KAR, GA Niendorf/G., 169	*Gutswirtschaft*	*1790-1792*
KAR, GA Niendorf/G., 168	*Gutswirtschaft*	*um 1800*
KAR, GA Niendorf/G., 135	*Gutswirtschaft, u. a. Vieh, Felder, Kornvorräte*	*1830*
KAR, GA Niendorf/G., 150	*Gutswirtschaft, u. a. Lohnkosten für Tagelöhner*	*1848-1858*
KAR, GA Niendorf/G., 233	*Hauptrechnung über Einnahmen und Ausgaben für Korn*	*1799-1807*
KAR, GA Niendorf/G., 36	*Ausgabenbuch*	*1803-1815*
KAR, GA Niendorf/G., 33	*Haushaltsbuch*	*1810-1814*
KAR, GA Niendorf/G., 32	*Ausgabenbuch*	*1815-1816*
KAR, GA Niendorf/G., 35	*Ausgabenbuch*	*1817-1818*
KAR, GA Niendorf/G., 31	*Ausgabenbuch*	*1820*
KAR, GA Niendorf/G., 34	*Ausgabenbuch*	*1848-1851*
KAR, GA Niendorf/G., 231	*Journal über Einnahmen und Ausgaben*	*1826-1827*
KAR, GA Niendorf/G., 235	*Einnahmentabellen*	*1827-1830*
KAR, GA Niendorf/G., 171	*Verzeichnis der zum Haushalt gehörenden Sachen*	*1798*
KAR, GA Niendorf/G., 263	*Abrechnungen mit Dienstboten und Tagelöhnern*	*1820-1830*
KAR, GA Niendorf/G., 291	*Konkursberichte*	*1841-1842*
KAR, GA Niendorf/G., 149	*Verträge mit Tagelöhnern*	*1848*
KAR, GA Niendorf/G., 280	*Beschreibung und Zahlung der Klassensteuer*	*1810-1811*
KAR, GA Niendorf/G., 270	*Beschreibung der ausgeschriebenen Personalklassensteuer; Quittungen*	*1810-1811*
KAR, GA Niendorf/G., 269	*Ab- und Zugangsverzeichnis der Personalklassensteuer Januar bis März*	*1811*
KAR, GA Niendorf/G., 268	*Ab- und Zugangsverzeichnis der Personalklassensteuer für Monat Mai*	*1811*
KAR, GA Niendorf/G., 279	*Steuererhebung für das Gut*	*1811*
KAR, GA Niendorf/G., 274	*Erhebung der Exemtensteuer*	*1818*
KAR, GA Niendorf/G., 273	*Erhebung der Exemtensteuer; Übersicht über die Steuerverhältnisse*	*1819-1849*
KAR, GA Niendorf/G., 272	*Grund- und Gebäudesteuerveranlagung*	*1878-1907*

KAR, Kartensammlung, 117	*Karte von der Gemarkung*	*1878*
KAR, Kartensammlung, 494	*Flurkarte*	*1724*

Goldensee (Meierhof)

LAS 309 Flur (21), 42	Flurbuch	1877
LAS 309 Geb. St. Hzt. Lauenburg, Nr. 127	Gebäudesteuer	1877-1878
LAS 324 Ratzeburg, 389	Feldplan der Gemarkung	1935
KAR, GA Niendorf/G., 308	*Acker- und Wiesenberechnung; Vermessungsregister*	*1795-1808*
KAR, GA Niendorf/G., 237	*Viehstandsbuch*	*1807-1808*
KAR, Kartensammlung, 474	*Flurkarte*	*1795*
KAR, Kartensammlung, 464	*Auszug aus der Verkoppelungskarte*	*1795*
KAR, Kartensammlung, 459	*Auszug aus der Verkoppelungskarte*	*1795*

Niendorf (Hof)

LAS 309 Flur (21), 132	Flurbuch	1877
LAS 309 Geb. St. Hzt. Lauenburg, Nr. 127	Gebäudesteuer	1877-1878
LAS 324 Ratzeburg, 374	Feldplan der Gemarkung	1935

Gut Niendorf (Stecknitz)

LAS 355.33, 13	SchuPfPr, Fol. VII	1861-1899
LAS 355.33, 21	SchuPfPr, Band I	1861-1899
LAS 355.33, 22	SchuPfPr, Band II	1861-1899
LAS 355.33, 23	SchuPfPr, Nebenbuch	1861-1873
LAS 239.13, 1	Hypothekenbuch	1810-1860
LAS 355.33, 397	Erbhöfeakten mit Sammelakten	o. J.
LAS 65.3, 267	Gut Niendorf	1559-1842
LAS 210, 2115	Verkoppelung des Gutes	1787-1798
LAS 239.13, 4	einzelne Protokolle, Mandate etc.	1866-1869
LAS 210, 4732	Freiweide	1868
LAS 415, 5528	Volkszähllisten	1845
LAS 415, 5546	Volkszähllisten	1855
LAS 412, 1252	Volkszähllisten	1864
LAS 324 Ratzeburg, 376	Feldplan der Gemarkung	1935

KAR, GA Niendorf/St., 343	*Schuldbuch der Untertanen*	*1679-1685*
KAR, GA Niendorf/St., 335	*Gepachtete Dienste*	*1708-1744*
KAR, GA Niendorf/St., 480	*Melioration des Gutes, Vermessung*	*1718-1762*
KAR, GA Niendorf/St., 481	*Tausch von Ländereien im Rahmen der Melioration, Feldschlagregister, Koppelbeschreibungen, Vermessungen*	*1731-1741*
KAR, GA Niendorf/St., 453	*Pachtverträge*	*1739-1792*
KAR, GA Niendorf/St., 351	*Gepachtete Dienste*	*1739-1740*
KAR, GA Niendorf/St., 391	*Kornan- und -verkauf*	*1739-1745*
KAR, GA Niendorf/St., 341	*Vermessungsregister zu einer Karte*	*1742-1743*
KAR, GA Niendorf/St., 348	*Lagerbuch über Ländereien, Wiesen, Weiden und Holzungen der Untertanen*	*1753*
KAR, GA Niendorf/St., 519	*Lebensverhältnisse der lauenburgischen Untertanen*	*1756-1763*
KAR, GA Niendorf/St., 345	*Feldregister*	*1786*
KAR, GA Niendorf/St., 352	*Verzeichnis der Gutsuntertanen und Eingesessenen*	*1795*
KAR, GA Niendorf/St., 349	*Verkoppelung, Namen der Fluren und der Eigentümer der Stücke*	*o. J.*
KAR, GA Niendorf/St., 350	*Vermessungsregister*	*o. J.*
KAR, GA Niendorf/St., 520	*Ernteberichte*	*1801-1810*
KAR, GA Niendorf/St., 331	*Mastsachen, Namensliste der Besitzer der in die Mast gebrachten Schweine*	*1801-1868*
KAR 10, 52	*Hufenstand des Gerichtes Niendorf/St.*	*1807*
KAR, GA Niendorf/St., 340	*Register über Hof- und Nebenarbeiten*	*1824-1827*
KAR, GA Niendorf/St., 347	*Vermessungsregister*	*1827*
KAR, GA Niendorf/St., 336	*Verzeichnis der auf Grund und Boden haftenden Abgaben und Leistungen*	*1849*
KAR, GA Niendorf/St., 357	*Vermessungssachen*	*1858-1876*
KAR, GA Niendorf/St., 332	*Mastsachen*	*1872-1882*
KAR, GA Niendorf/St., 429	*Quittungen über geleistete Kontributions-zahlungen*	*1817-1847*
KAR, GA Niendorf/St., 427	*Quittungen über landschaftliche Steuern*	*1848-1858*
KAR, GA Niendorf/St., 428	*Quittungen über landschaftliche Steuern*	*1858-1871*
KAR, GA Niendorf/St., 426	*Steuersachen*	*1870-1886*
KAR, GA Niendorf/St.	*Testamente, Nachlässe*	*18.-19. Jh.*

Hierzu bitte im Kreisarchiv Ratzeburg das Findbuch „Gutsarchiv Niendorf/St.", Seite 14-15 heranziehen.

KAR, Kartensammlung, 469	*Flurkarte*	*1730*
KAR, Kartensammlung, 528	*Flurkarte*	*1743*
KAR, Kartensammlung, 525	*Plan vom Falkenberg*	*1800*

KAR, Kartensammlung, 527	*Flurkarte von den Gemarkungen „Eichberg", „Weitenseek", „Röden"*	*1800*
KAR, Kartensammlung, 372	*Flurkarte*	*1805*
KAR, Kartensammlung, 490	*Generalkarte*	*1826*
KAR, Kartensammlung, 534	*Flurkarte von den Gemarkungen „Horstkoppel" und „Ziegenberg"*	*1830*
KAR, Kartensammlung, 661	*Flurkarte*	*1910*

Neuenkrug (Stelle)

LAS 309 Geb. St. Hzt. Lauenburg, Nr. 14	Gebäudesteuer	1877-1878

Niendorf (Stecknitz)

LAS 232, 292	Beilagen zum Hypothekenbuch	1843-1850
LAS 355.33, 887-914	Höfeakten	o. J.

Hierzu bitte Findbuch Abt. 355.33, Seite 142-147 heranziehen!

LAS 355.33, 915	Höfeakten, diverse Neuanbauerstellen	1882-1893
LAS 355.33, 916	Höfeakten, verschiedene Ehestiftungen	1832-1864
LAS 355.33, 917	Höfeakten, Lehnssachen	1871-1912
LAS 232, 899	Verkoppelung	1772-1807
LAS 210, 2115a	Verkoppelung	1796-1816
LAS 210, 5310	Meierhöfe des Dorfes	1859-1860
LAS 309 Flur (21), 133	Flurbuch	1877
LAS 309 Geb. St. Hzt. Lauenburg, Nr. 129	Gebäudesteuer	1877-1878
LAS 324 Ratzeburg, 102	Gebäudebücher	1910 ff.
LAS 324 Ratzeburg, 246	Gebäudebestandsblätter	1950 ff.
LAS 355.33, 937	Testamente	1839-1864
LAS 239.13, 3	Vormundschaft über die Kinder des verstorbenen Tischlers Kramp	1856-1859
LAS 239.13, 2	Nachlass der Altenteilerin Maria Benthien geb. Schütt	1858-1859
LAS 324 Ratzeburg, 375	Feldplan der Gemarkung	1935
LAS „Andere Archive" 4, Nr. II H, 50	*Hypothekensachen*	*o. J.*

KAR 6, 302	*Verkoppelung*	*1796-1798*
KAR, GA Niendorf/St., 342	*Plan zur Verkoppelung*	*1796*
KAR, GA Niendorf/St., 507	*Vermessungsregister*	*1796-1801*
KAR, GA Niendorf/St., 353	*Verkoppelungsrezess*	*1798*
KAR, GA Niendorf/St., 508	*Vermessungsregister*	*1801-1803*
KAR, GA Niendorf/St., 509	*Vermessungsregister*	*1804-1810*
KAR, GA Niendorf/St., 346	*Vermessungsregister*	*1881*

Niendorf (Hof)

LAS 309 Flur (21), 134	Flurbuch	1877
LAS 309 Geb. St. Hzt. Lauenburg, Nr. 128	Gebäudesteuer [Gutsbezirk]	1877-1878
LAS 324 Ratzeburg, 103	Gebäudebücher	1910 ff.

Gut Rondeshagen

LAS 239.14, 1	Einzelne Protokolle und sonstige Gutspapiere	1748-1859
LAS 239.14, 2	Gerichtsprotokolle, SchuPfPr	1786-1860
LAS 239.14, 3	Beilagen zum Hypothekenbuch	1805-1861
LAS 239.14, 5	Depositenbuch	1819-1869
LAS 65.3, 268	Gut Rondeshagen	1806-1832
LAS 239.14, 9	Kleinere Erbschafts- und Vormundschaftssachen	1824-1861
LAS 239.14, 23	Einzelne Protokolle und kleinere Zivilprozesssachen	1837-1856
LAS 239.14, 24	Einzelne Protokolle und kleinere Zivilprozesssachen	1837-1869
LAS 239.14, 25	Einzelne Protokolle und kleinere Zivilprozesssachen	1856-1862
LAS 415, 5528	Volkszähllisten	1845
LAS 415, 5546	Volkszähllisten	1855
LAS 412, 1254	Volkszähllisten	1864

KAR, GA Rondeshagen, Nr.

150	*Übersichten über Ernteerträge*	*1708-1872*
116	*Kauf-, Pacht- und Holländerverträge*	*1711-1818*
162	*Dienst- und Führungszeugnisse*	*1750-1769*
82	*Bebauung wüster Höfe*	*1763*
165	*Gutsbedienstete, Ernte, Arbeitslohn*	*1772-1964*
171	*Gutsbedienstete, Ernte, Arbeitslohn*	*1772-1964*

238	*Hofdienstregister*	*1773-1787*
111	*Dienstreglement der Untertanen*	*1786*
417	*Vergleich mit den 4 Viertelhufnern über die Niederlegung der Hofdienste*	*1798*
7	*Vergleich mit den 14 Kätnern über die Errichtung von Dienstgeld als Ersatz für eingeschränkte Dienstleistungen*	*1803*
415	*Erbpachtvertrag mit Johann Peter Vorrath*	*1803-1880*
412	*Erbpachtvertrag mit dem Kleinkätner Hermann Grote*	*1807-1817*
262	*Schulden des Hauswirts Johann Heinrich Möller; Verkauf der Kätnerstelle*	*1810-1811*
263	*Schulden des Anbauers Uter und des Hauswirts Möller*	*1810-1811*
8	*Anschlag über die Wirtschaftlichkeit des Gutes. Enthält: Beschreibung des Gutes mit Zubehör*	*1816*
5	*Vermessung der Feldmark*	*1819*
275	*Konkurs des Schmieds Borgstedt*	*1819*
413	*Kauf- und Erbzinsvertrag mit Johann Joachim Heinrich Strunk über dessen Anbauerstelle, Obligationen u. a.*	*1820-1855*
267	*Konkursmeldungen*	*1825-1828*
159	*Tagelöhnerakkord*	*1830-1834*
247	*Übertragung der Kätnerstelle Hans Jochen Heinrich Haack auf seinen Sohn in Kulpin*	*1865-1907*
78	*Kontributionen, Syndikats- und Nezessariengelder*	*1592-1820*
102	*Kontributionen*	*1688-1824*
104	*Kontributionen*	*1688-1824*
126	*Kontributionen*	*1688-1824*
130	*Kontributionen*	*1688-1824*
131	*Kontributionen*	*1688-1824*
132	*Kontributionen*	*1688-1824*
133	*Kontributionen*	*1688-1824*
233	*Kontributionen*	*1688-1824*
249	*Kontributionen*	*1688-1824*
135	*Steuerverteilung*	*1811*
137	*Öffentliche Abgaben und Kontributionsregister*	*1819-1833*
138	*Öffentliche Abgaben und Kontributionsregister*	*1819-1833*
139	*Öffentliche Abgaben und Kontributionsregister*	*1819-1833*

140	*Öffentliche Abgaben und Kontributions-register*	*1819-1833*
141	*Öffentliche Abgaben und Kontributions-register*	*1819-1833*
142	*Öffentliche Abgaben und Kontributions-register*	*1819-1833*
143	*Öffentliche Abgaben und Kontributions-register*	*1819-1833*
144	*Öffentliche Abgaben und Kontributions-register*	*1819-1833*
145	*Öffentliche Abgaben und Kontributions-register*	*1819-1833*
146	*Öffentliche Abgaben und Kontributions-register*	*1819-1833*
147	*Öffentliche Abgaben und Kontributions-register*	*1819-1833*
268	*Eintreibung rückständiger herrschaftlicher Gefälle*	*1819-1820*
269	*Klage gegen die Bauern wegen rückfälliger Gefälle*	*1824-1827*
10	*Entrichtung landschaftlicher Steuern*	*1874*
317	*Nachlassregulierung des verstorbenen Schäfers Hinrich Köhler*	*1763*
343	*Vormundschaften*	*1805-1811*
250	*Nachlassregulierung des verstorbenen Schmids Jürgen Hinrich Roloff*	*1805-1811*
251	*Nachlassregulierung des verstorbenen Schmids Jürgen Hinrich Roloff*	*1805-1811*
291	*Nachlass des Kuhhirten Fick*	*1821-1822*
396	*Nachlassregulierung des verstorbenen Kuhhirten Jürgen Hinrich Roth*	*1821-1822*
400	*Nachlassregulierung des verstorbenen Krügers Christian Ludwig Bosselmann*	*1835*
352	*Nachlass- und Vormundschaften*	*1847-1863*
318	*Nachlassregulierungen*	*o. J.*
121	*Brandversicherungssteuer und Taxierung der Gebäude*	*1771-1804*
122	*Calenbergische Brandversicherungsscheine*	*1785-1807*
119	*Calenbergsche Brandkasse*	*1806-1824*
117	*Calenberg-Grubenhagensche Brandver-sicherungssozietät. Enthält: Verzeichnis der versicherten Gebäude*	*1817-1819*

Drögemühle (Stellen)

LAS 309 Geb. St. Hzt. Lauenburg, Nr.

134	Gebäudesteuer	1877-1878

KAR, GA Rondeshagen, Nr.

221	*Ankauf der Drögemühle und ihre Verpachtung*	*1818-1861*

Groß Weeden (Hof)
- Schäferkaten

LAS 355.45, 1327	SchuPfPr, Fol. XXII	1862-1899
LAS 355.45, 26	Hypothekenwesen	1802-1880
LAS 355.45, 27	Hypothekenwesen	1802-1880
LAS 355.45, 25	Hypothekenwesen	1870-1899
LAS 239.14, 4	Hypothekensachen mit Abschriften älterer Verträge	1819-1839
LAS 309 Flur (21), 55	Flurbuch	1877
LAS 309 Geb. St. Hzt. Lauenburg, Nr.		
53	Gebäudesteuer	1877-1878
LAS 309 Geb. St. Hzt. Lauenburg, Nr.		
53	Gebäudesteuer [Gutsbezirk]	1877-1878
LAS 239.14, 20	Vormundschaft über die beiden Töchter des Kuhhirten Derlien	1833
LAS 324 Ratzeburg, 402	Feldplan der Gemarkung	1934
KAR, GA Rondeshagen, Nr.		
192	*Kuratelsachen*	*1768-1818*
410	*Kaufvertrag*	*1802-1835*
KAR, Kartensammlung, 458	*Flurkarte mit dazugehörigen Ländereien*	*1750*

Rondeshagen

LAS 355.45, 1434	SchuPfPr, Band I	1861-1899
LAS 355.45, 1435	SchuPfPr, Nebenbuch, Band I	1861-1899
LAS 355.45, 1436	SchuPfPr, Nebenbuch, Band II	1883-1891
LAS 355.45, 1388-1428	Höfeakten	18.-19. Jh.

Hierzu bitte Findbuch Abt. 355.45, Seite 148-154 heranziehen!

LAS 239.14, 36	Hausbrief des Erbpächters Johann Heinrich Hohrmann auf der vorher Jochen Heinrich Fick'schen Stelle	1816

LAS 309 Flur (21), 139	Flurbuch	1877
LAS 309 Geb. St. Hzt. Lauenburg, Nr. 134	Gebäudesteuer	1877-1878
LAS 324 Ratzeburg, 111	Gebäudebücher	1910 ff.
LAS 324 Ratzeburg, 257	Gebäudebestandsblätter	1950 ff.
LAS 239.14, 10	Nachlass des Zimmergesellen Hans Jochen Ziethen	1838-1839
LAS 239.14, 11	Nachlass des Arbeitsmanns Heinrich Beeck	1849
LAS 239.14, 14	Nachlass des Maurers Hein	1863
LAS 239.14, 33	Diverse wider den Anbauer Strunck anhängige Klagen sowie dessen Konkurs	1865-1867
LAS 239.14, 18	Vormundschaftsrechnung für die Kinder des verstorbenen Kleinkätners Thomas Junge	1816
LAS 239.14, 19	Vormundschaft über die Kinder des Kätners Hans Jürgen Seemann	1826
LAS 239.14, 21	Vormundschaft über das uneheliche Kind der Margaretha Kock	1836
LAS 239.14, 16	Kuratel über den alten Rademacher Jochen Matthias Schwartz	1852-1857
LAS 239.14, 17	Kuratel über den Schuster Hans Grube sowie dessen Nachlass	1857-1867
LAS 324 Ratzeburg, 491	Feldplan der Gemarkung	1934
KAR, GA Rondeshagen, Nr. 157	*Kopien von Urkunden über Kauf-, Hypotheken- und Holzschlagsachen*	*1373-1629*
5	*Vermessung der Feldmark*	*1819*
AHL, 02.01-3/6, 210	*Mairie Rondeshagen: Geburtsregister*	*1811*
AHL, 02.01-3/6, 211	*Mairie Rondeshagen: Geburtsregister*	*1811*
AHL, 02.01-3/6, 212	*Mairie Rondeshagen: Beilage zu den Heiratsurkunden*	*1811*
AHL, 02.01-3/6, 213	*Mairie Rondeshagen: Verstorbene*	*1811*

Rondeshagen (Hof)

LAS 309 Flur (21), 139	Flurbuch	1877
LAS 309 Geb. St. Hzt. Lauenburg, Nr. 133	Gebäudesteuer [Gutsbezirk]	1877-1878

Gut Seedorf

LAS 355.45, 1327	SchuPfPr, Fol. XVII, Band I	1862-1899
LAS 355.45, 1340	SchuPfPr	1861-1899
LAS 355.45, 1341	SchuPfPr, Nebenbuch, Band I	1863-1890
LAS 355.45, 1342	SchuPfPr, Nebenbuch, Band II	1890-1899
LAS 355.45, 21	Hypothekenwesen	1873-1895
LAS 65.3, 270	Gut Seedorf	1674-1787
LAS 210, 2116b	Verkoppelung des Gutes	1823-1849
LAS 309 Geb. St. Hzt. Lauenburg, Nr. 151	Gebäudesteuer [Gutsbezirk]	1877-1878
LAS 415, 5528	Volkszähllisten	1845
LAS 415, 5546	Volkszähllisten	1855
LAS 412, 1256	Volkszähllisten	1864
KAR GA Seedorf, 412-425	*Gutswirtschaftsbücher*	*1671-1759*
Hierzu bitte das Findbuch KAR, Gutsarchiv Seedorf, Seite 61-63 heranziehen!		
KAR GA Seedorf, 436-500	*Gutswirtschaftsbücher*	*1862-1936*
Hierzu bitte das Findbuch KAR, Gutsarchiv Seedorf, Seite 64-67 heranziehen!		
KAR GA Seedorf, 426 -429	*Korn-Register*	*1681-1756*
KAR GA Seedorf, 95	*Hypothekenbuch*	*1811-1820*
KAR GA Seedorf, 140	*Rechnungen*	*1894-1907*
KAR GA Seedorf, 317	*Dienstregister*	*1690-1711*
KAR GA Seedorf, 74	*Verpachtung, Inventar*	*1699-1745*
KAR GA Seedorf, 77	*Inventarien*	*1700-1740*
KAR GA Seedorf, 318	*Hofdienste*	*1706-1790*
KAR GA Seedorf, 76	*Wüste Stellen*	*1723*
KAR GA Seedorf, 79	*Verpachtung, Inventar*	*1745-1752*
KAR GA Seedorf, 327	*Verkoppelung*	*1798-1864*
KAR GA Seedorf, 326	*Verkoppelung*	*1799-1818*
KAR GA Seedorf, 328	*Gemeinheits-Teilung und Dienstabstellung*	*1827-1834*
KAR GA Seedorf, 311	*Einziehung kontributionspflichtiger Bauerstellen und unrichtige Steuer-verteilung*	*1697-1845*
KAR GA Seedorf, 296	*Erhebung der Landesabgaben von dem kontributionspflichtigen Hufenstande*	*1720-1741*
KAR GA Seedorf, 291	*Kontributions-Register*	*1730-1738*

KAR GA Seedorf, 306	*Einziehung kontributionspflichtiger Bauerstellen und Steuerverteilung*	*1734-1845*
KAR GA Seedorf, 292	*Kontributions-Rollen*	*1778-1881*
KAR GA Seedorf, 305	*Kontributionslisten*	*1781-1790*
KAR GA Seedorf, 279	*Kriegssteuersachen*	*1795-1807*
KAR GA Seedorf, 283	*Quittungen über die bezahlte Kontribution*	*1797-1840*
KAR GA Seedorf, 277	*Kontribution und Kriegssteuer*	*1797-1811*
KAR GA Seedorf, 280	*Kontribution und Kriegssteuer*	*1803-1810*
KAR GA Seedorf, 278	*Kriegssteuer-Repartition nach Hufen*	*1803*
KAR GA Seedorf, 282	*Steuersachen*	*1810*
KAR GA Seedorf, 284	*Steuersachen*	*1813-1818*
KAR GA Seedorf, 299	*Verzeichnis der Kontributionspflichtigen*	*1843-1852*
KAR GA Seedorf, 300	*Steuer-Verhältnisse*	*1844*
KAR GA Seedorf, 301	*Darstellung der Steuer-Verhältnisse*	*1844*
KAR GA Seedorf, 304	*Einziehung kontributions- und reisepflichtiger Bauerstellen und unrichtige Steuerverteilung*	*1844-1845*
KAR GA Seedorf, 298	*Verzeichnis über acht Konvolute, Belege zur Darstellung der Steuerverhältnisse*	*1844*
KAR GA Seedorf, 309	*Einziehung kontributionspflichtiger Bauerstellen und unrichtige Steuerverteilung*	*1845*
KAR GA Seedorf, 295	*Hebungstabellen der Hufner*	*1848-1878*
KAR 10, 1625	*Veränderung des kontributionspflichtigen Hufenstandes der Güter Zecher und Seedorf*	*1854*
KAR GA Seedorf, 141	*Klassen-, Einkommen-, Gebäudesteuer*	*1871-1880*
KAR GA Seedorf, 142	*Grundsteuerbücher*	*1879*
KAR GA Seedorf, 143	*Klassensteuer-Rollen*	*1886-1892*
KAR GA Seedorf, 144	*Einnahme-Bücher und Hebelisten, Personenverzeichnis und Gemeindesteuerliste*	*1895-1917*
KAR GA Seedorf, 356	*Feuerversicherung*	*1886*

Bresahn (Meierhof)

LAS 309 Geb. St. Hzt. Lauenburg, Nr. 151	Gebäudesteuer	1877-1878
LAS 324 Ratzeburg, 471	Feldplan der Gemarkung	1935
KAR GA Seedorf, 331	*Messungs-Register von der Hoffeldmark*	*1842-1843*
KAR GA Seedorf, 357	*Versicherungen, Lagerverzeichnis mit Situationsplänen der Diemen*	*1885-1891*
KAR GA Seedorf, 358	*Versicherungen, Lagerverzeichnis mit Situationsplänen der Diemen*	*1901-1911*
KAR, Kartensammlung, 524	*Situationsplan der Gemarkung*	*o. J.*

Butz (Stellen)

LAS 309 Geb. St. Hzt. Lauenburg, Nr.
151 Gebäudesteuer 1877-1878

Dargow

LAS 355.45, 1453 Namensregister der Höfeakten o. J.
LAS 355.45, 146-157 Höfeakten 18.-19. Jh.
Hierzu bitte Findbuch Abt. 355.45, Seite 86-88 heranziehen!

LAS 309 Flur (21), 27 Flurbuch 1877
LAS 309 Geb. St. Hzt. Lauenburg, Nr.
31 Gebäudesteuer 1877-1878
LAS 324 Ratzeburg, 479 Feldplan der Gemarkung 1938

KAR GA Seedorf, 324 Ackertabellen 1823
KAR 6, 293 Ablösung von Servituten 1879-1882
KAR GA Seedorf, 335 Ablösung des Meierrechts 1879
KAR GA Seedorf, 336 Meierrechts-Ablösung 1880-1882

Hakendorf (Meierhof)

LAS 355.45, 1453 Namensregister der Höfeakten o. J.
LAS 355.45, 369-376 Höfeakten 18.-19. Jh.
Hierzu bitte Findbuch Abt. 355.45, Seite 116-117 heranziehen!

LAS 355.45, 378 Obligationen 1833-1862

LAS 355.45, 377 Häuslingssachen 1840-1867

LAS 309 Flur (21), 64 Flurbuch (Dorf) 1877
LAS 309 Flur (21), 65 Flurbuch 1877
LAS 309 Geb. St. Hzt. Lauenburg, Nr.
63 Gebäudesteuer 1877-1878
LAS 324 Ratzeburg, 50 Gebäudebücher 1910 ff.
LAS 324 Ratzeburg, 406 Feldplan der Gemarkung 1935-1938

KAR GA Seedorf, 502-550 Gutswirtschaftsbücher 1863-1923
Hierzu bitte das Findbuch KAR, Gutsarchiv Seedorf, Seite 67-69 heranziehen!

KAR GA Seedorf, 426 Korn-Register 1737-1738
KAR GA Seedorf, 80 Verpachtung 1812-1863
KAR GA Seedorf, 331 Messungs-Register 1842-1843
KAR GA Seedorf, 357 Versicherungen, Lagerverzeichnis mit
Situationsplänen der Diemen 1885-1891

KAR GA Seedorf, 358	*Versicherungen, Lagerverzeichnis mit Situationsplänen der Diemen*	*1901-1911*
KAR, Kartensammlung, 375	*Karte von der Gemarkung*	*o. J.*

Seedorf

LAS 355.45, 699-714	Höfeakten	18.-19. Jh.

Hierzu bitte Findbuch Abt. 355.45, Seite 163-165 heranziehen!

LAS 309 Flur (21), 157	Flurbuch	1877
LAS 309 Geb. St. Hzt. Lauenburg, Nr. 152	Gebäudesteuer	1877-1878
LAS 324 Ratzeburg, 126	Gebäudebücher	1910 ff.
LAS 324 Ratzeburg, 271	Gebäudebestandsblätter	1950 ff.
LAS 324 Ratzeburg, 300	Feldplan der Gemarkung	1935

KAR 6, 294	*Verkoppelungsrezess*	*1823-1834*
KAR GA Seedorf, 324	*Ackertabellen*	*1823*
KAR GA Seedorf, 335	*Ablösung des Meierrechts*	*1879*
KAR GA Seedorf, 336	*Meierrechts-Ablösung*	*1880-1882*
KAR GA Seedorf, 357	*Versicherungen, Lagerverzeichnis mit Situationsplänen der Diemen*	*1885-1891*
KAR GA Seedorf, 358	*Versicherungen, Lagerverzeichnis mit Situationsplänen der Diemen*	*1901-1911*
KAR, Kartensammlung, 457	*Flurkarte der Ländereien*	*1822*

Seedorf (Hof)

LAS 309 Flur (21), 157	Flurbuch	1877
LAS 309 Geb. St. Hzt. Lauenburg, Nr. 151	Gebäudesteuer [Gutsbezirk]	1877-1878

KAR, Kartensammlung, 457	*Flurkarte der Ländereien*	*1822*

Sterley

LAS 355.33, 24	SchuPfPr	1861-1899
LAS 355.33, 883-886	Höfeakten	1880-1899

Hierzu bitte Findbuch Abt. 355.33, Seite 142 heranziehen!

LAS 309 Flur (21), 164	Flurbuch	1877
LAS 309 Geb. St. Hzt. Lauenburg, Nr. 158	Gebäudesteuer	1877-1878

KAR GA Seedorf, 100	*Höfe-Sachen*	*1770-1839*
KAR GA Seedorf, 330	*Verkoppelung der Bauern Buck und Tiek*	*1788-1838*
KAR, Kartensammlung, 457	*Flurkarte der Ländereien*	*1822*

Gut Tüschenbek

LAS 355.45, 1327	SchuPfPr, Fol. XX	1862-1899
LAS 355.45, 1352	SchuPfPr, Nebenbuch, Band I	1861-1883
LAS 355.45, 1353	SchuPfPr, Nebenbuch, Band II	1884-1899
LAS 355.45, 24	Hypothekenwesen	1828-1898
LAS 65.3, 276	Gut Tüschenbek	1685-1829
LAS 309 Flur (21), 171	Flurbuch	1877
LAS 309 Geb. St. Hzt. Lauenburg, Nr. 164	Gebäudesteuer	1877-1878
LAS 415, 5528	Volkszähllisten	1845
LAS 415, 5546	Volkszähllisten	1855
LAS 412, 1259	Volkszähllisten	1864
LAS 324 Ratzeburg, 313	Feldplan der Gemarkung	1935
KAR, GA Tüschenbek, 3	*Wochenzettel über Einnahmen und Ausgaben*	*1748-1750*
KAR, GA Tüschenbek, 30	*Klassen- und Gewerbesteuerveranlagungen, Wählerverzeichnis*	*1870-1890*
KAR, GA Tüschenbek, 27	*Klassensteuerveranlagungen, Verzeichnisse des Pferde- und Rindviehbestandes*	*1874-1890*
KAR, GA Tüschenbek, 23	*Klassensteuerrollen (Namenslisten)*	*1887-1897*
KAR, GA Tüschenbek, 29	*Viehzählungen*	*1878-1881*
KAR, GA Tüschenbek, 26	*Statistik zur Bevölkerung, Hufen-, Katen- und Anbauerstellen*	*1883-1896*

Groß Sarau

LAS 355.45, 1350	SchuPfPr, Band I	1860-1899
LAS 355.45, 671-683	Höfeakten	18.-19. Jh.

Hierzu bitte Findbuch Abt. 355.45, Seite 160-161 heranziehen!

LAS 355.45, 684	Obligationen	1798-1862
KAR 6, 297	*Verkoppelung*	*1874-1877*

Hornstorf

LAS 355.45, 1351	SchuPfPr, Band II	1860-1899
LAS 355.45, 1453	Namensregister der Höfeakten	o. J.
LAS 355.45, 388-400	Höfeakten	18.-19. Jh.

Hierzu bitte Findbuch Abt. 355.45, Seite 118-120 heranziehen!

LAS 355.45, 401	Häuslingssachen	1790-1855
LAS 210, 2121	Aufteilung der Gemeinweide	1854-1865
LAS 309 Flur (21), 75	Flurbuch	1877
LAS 309 Geb. St. Hzt. Lauenburg, Nr. 73	Gebäudesteuer	1877-1878
LAS 324 Ratzeburg, 417	Feldplan der Gemarkung	1934

Seekrug (Stelle)

LAS 309 Geb. St. Hzt. Lauenburg, Nr. 73	Gebäudesteuer	1877-1878

Gut Wotersen

LAS 355.54, 106	SchuPfPr, Nebenbuch	1862-1878
LAS 239.20, 6	Beilagen zum Hypothekenbuch	1816-1847
LAS 239.20, 5	Depositenbücher	1801-1870
LAS 355.54, 118	Depositenbuch	1819-1830
LAS 355.54, 119	Depositenbuch	1830-1870
LAS 415, 6011	Registrant des Gerichtes Wotersen	19. Jh.
LAS 65.3, 277	Gut Wotersen	1630-1694
LAS 65.3, 278	Gut Wotersen	1702-1731
LAS 65.3, 279	Gut Wotersen	1734-1843
LAS 239.20, 1	Hausbriefe und Ehestiftungen, Vol. 1	1807-1840
LAS 239.20, 2	Hausbriefe und Ehestiftungen, Vol. 2	1842-1852
LAS 239.20, 3	Hausbriefe und Ehestiftungen, Vol. 3	1853-1865
LAS 239.20, 4	Hausbriefe und Ehestiftungen, Vol. 4	1865-1870
LAS 309, 3525	Ablösung der Abgaben	1879
LAS 415, 5528	Volkszähllisten	1845
LAS 415, 5546	Volkszähllisten	1855
LAS 412, 1260	Volkszähllisten	1864

LAS „Andere Archive“ 620, Nr.

411	*Kontribution des Gutes Wotersen*	*1733-1734*

Güster

LAS 355.54, 104	SchuPfPr, Fol. 1-25	1861-1899
LAS 355.54, 601-620	Höfeakten	18.-19. Jh.

Hierzu bitte Findbuch Abt. 355.54, Seite 97-100 heranziehen!

LAS 210, 2124	Verkoppelung	1838-1852
LAS 66, 11034	Einsendung und Rückgabe von Verkoppelungskarten	1841-1843

LAS 309 Geb. St. Hzt. Lauenburg, Nr.

LAS 309 Flur (21), 63	Flurbuch	1877
62	Gebäudesteuer	1877-1878
LAS 324 Ratzeburg, 49	Gebäudebücher	1910 ff.
LAS 324 Ratzeburg, 194	Gebäudebestandsblätter	1950 ff.
LAS 402 A 5 Adl. Güter, 15	Karte	1821
LAS 324 Ratzeburg, 426	Feldplan der Gemarkung	1935
KAR 6, 300	*Ablösung der Schaafhude*	*1791*
KAR, Kartensammlung, 136	*Flurkarte*	*1821*

Kankelau

LAS 355.54, 105	SchuPfPr, Fol. 24-53	1861-1899
LAS 355.54, 693-700	Höfeakten	18.-19. Jh.

Hierzu bitte Findbuch Abt. 355.54, Seite 109-110 heranziehen!

LAS 210, 2122	Verkoppelung	1781-1788
LAS 309 Flur (21), 79	Flurbuch	1877

LAS 309 Geb. St. Hzt. Lauenburg, Nr.

76	Gebäudesteuer	1877-1878
LAS 324 Ratzeburg, 63	Gebäudebücher	1910 ff.
LAS 324 Ratzeburg, 203	Gebäudebestandsblätter	1950 ff.
LAS 324 Ratzeburg, 421	Feldplan der Gemarkung	1935
KAR 6, 298	*Verkoppelungsplan*	*o. J.*

Klein Pampau

LAS 355.54, 105	SchuPfPr, Fol. 24-53	1861-1899
LAS 355.54, 915-919	Höfeakten	18.-19. Jh.

Hierzu bitte Findbuch Abt. 355.54, Seite 139 heranziehen!

LAS 210, 2124	Verkoppelung	1838-1852
LAS 402 A 5, 17	Flurkarte	1821
LAS 309 Geb. St. Hzt. Lauenburg, Nr.		
87	Gebäudesteuer	1877-1878
LAS 324 Ratzeburg, 69	Gebäudebücher	1910 ff.
LAS 324 Ratzeburg, 345	Gebäudesteuerrolle	1910 ff.
LAS 324 Ratzeburg, 208	Gebäudebestandsblätter	1950 ff.
LAS 402 A 5 Adl. Güter, 17	Karte	1821
LAS 324 Ratzeburg, 432	Feldplan der Gemarkung	1935
KAR 9, 501	*Erteilung von Hausbriefen an Meierhöfe (Nicolaus Hümpel, Anton Ludwig Burmester)*	*1874*
KAR, Kartensammlung, 140	*Flurkarte*	*1821*

Neu Güster (Meierhof)

LAS 355.54, 621-622	Höfeakten	18.-19. Jh.

Hierzu bitte Findbuch Abt. 355.54, Seite 100 heranziehen!

LAS 309 Flur (21), 129	Flurbuch	1877
LAS 309 Geb. St. Hzt. Lauenburg, Nr.		
174	Gebäudesteuer	1877-1878
LAS 324 Ratzeburg, 99	Gebäudebücher	1910 ff.
LAS 402 A 5 Adl. Güter, 16	Karte	1795
LAS 324 Ratzeburg, 371	Feldplan der Gemarkung	1935
KAR, Kartensammlung, 129	*Flurkarte*	*1795*

Roseburg

LAS 355.54, 104	SchuPfPr, Fol. 1-25	1861-1899
LAS 355.54, 920-931	Höfeakten	18.-19. Jh.

Hierzu bitte Findbuch Abt. 355.54, Seite 139-141 heranziehen!

LAS 210, 2123	Verkoppelung	1824-1852
LAS 309 Flur (21), 140	Flurbuch	1877
LAS 309 Geb. St. Hzt. Lauenburg, Nr. 135	Gebäudesteuer	1877-1878
LAS 324 Ratzeburg, 112	Gebäudebücher	1910 ff.
LAS 324 Ratzeburg, 254	Gebäudebestandsblätter	1950 ff.
LAS 324 Ratzeburg, 492	Feldplan der Gemarkung	1935
KAR 6, 300	*Ablösung der Schaafhude*	*1791*
KAR 6, 299	*Verkoppelungsrezess*	*1912-1929*
KAR, Kartensammlung, 141	*Übersichtskarte in der Teilungssache*	*1925*

Siebeneichen

LAS 355.54, 105	SchuPfPr, Fol. 24-53	1861-1899
LAS 355.54, 1149-1167	Höfeakten	18.-19. Jh.

Hierzu bitte Findbuch Abt. 355.54, Seite 168-170 heranziehen!

LAS 210, 2124	Verkoppelung	1838-1852
LAS 309 Flur (21), 160	Flurbuch	1877
LAS 309 Geb. St. Hzt. Lauenburg, Nr. 154	Gebäudesteuer	1877-1878
LAS 324 Ratzeburg, 128	Gebäudebücher	1910 ff.
LAS 324 Ratzeburg, 273	Gebäudebestandsblätter	1950 ff.
LAS 324 Ratzeburg, 302	Feldplan der Gemarkung	1935

Wotersen (Hof)

LAS 355.54, 89	SchuPfPr, Fol. XXI	1861-1899
LAS 355.54, 104	SchuPfPr, Fol. 1-25	1861-1899
LAS 355.54, 1377-1380	Höfeakten	18.-19. Jh.

Hierzu bitte Findbuch Abt. 355.54, Seite 198 heranziehen!

LAS 309 Flur (21), 181	Flurbuch	1877
LAS 309 Geb. St. Hzt. Lauenburg, Nr. 174	Gebäudesteuer	1877-1878
LAS 324 Ratzeburg, 142	Gebäudebücher	1910 ff.
LAS 324 Ratzeburg, 322	Feldplan der Gemarkung	1935

Gut Zecher

LAS 355.45, 1327	SchuPfPr, Fol. XXIII	1862-1899
LAS 355.45, 1354	SchuPfPr	1861-1899
LAS 355.45, 1355	SchuPfPr, Nebenbuch, Band I	1863-1889
LAS 355.45, 1356	SchuPfPr, Nebenbuch, Band II	1889-1899
LAS 355.45, 28	Hypothekenwesen	1873-1890
LAS 65.3, 280	Gut Zecher	1680-1845
LAS 210, 2116b	Verkoppelung des Gutes	1823-1849
LAS 415, 5528	Volkszähllisten	1845
LAS 415, 5546	Volkszähllisten	1855
LAS 412, 1261	Volkszähllisten	1864
KAR GA Seedorf, 436-500	*Gutswirtschaftsbücher*	*1862-1936*
Hierzu bitte das Findbuch KAR, Gutsarchiv Seedorf, Seite 64-67 heranziehen!		
KAR GA Seedorf, 426 -429	*Korn-Register*	*1681-1756*
KAR GA Seedorf, 95	*Hypothekenbuch*	*1811-1820*
KAR GA Seedorf, 74	*Verpachtung, Inventar*	*1699-1745*
KAR GA Seedorf, 318	*Hofdienste*	*1706-1790*
KAR GA Seedorf, 79	*Verpachtung, Inventar*	*1745-1752*
KAR GA Seedorf, 296	*Erhebung der Landesabgaben von dem kontributionspflichtigen Hufenstande*	*1720-1741*
KAR GA Seedorf, 292	*Kontributions-Rollen*	*1778-1881*
KAR GA Seedorf, 283	*Quittungen über die bezahlte Kontribution*	*1797-1840*
KAR GA Seedorf, 299	*Verzeichnis der Kontributionspflichtigen*	*1843-1852*
KAR GA Seedorf, 298	*Verzeichnis über acht Konvolute, Belege zur Darstellung der Steuerverhältnisse*	*1844*
KAR GA Seedorf, 300	*Steuer-Verhältnisse*	*1844*
KAR GA Seedorf, 301	*Darstellung der Steuer-Verhältnisse*	*1844*
KAR GA Seedorf, 295	*Hebungstabellen der Hufner*	*1848-1878*
KAR 10, 1625	*Veränderung des kontributionspflichtigen Hufenstandes der Güter Zecher und Seedorf*	*1854*
KAR GA Seedorf, 143	*Klassensteuer-Rollen*	*1886-1892*
KAR GA Seedorf, 356	*Feuerversicherung*	*1886*

Groß Zecher

LAS 355.45, 791-793	Höfeakten	18.-19. Jh.

Hierzu bitte Findbuch Abt. 355.45, Seite 174 heranziehen!

LAS 210, 4725	Versetzung und Verkoppelung der Eingesessenen	1849-1872
LAS 309 Flur (21), 56	Flurbuch	1877
LAS 309 Geb. St. Hzt. Lauenburg, Nr. 54	Gebäudesteuer	1877-1878
LAS 324 Ratzeburg, 44	Gebäudebücher	1910 ff.
LAS 324 Ratzeburg, 403	Feldplan der Gemarkung	1935-1936
LAS „Andere Archive“ 4, Nr. II H, 50	*Hypothekensachen*	*o. J.*
KAR GA Seedorf, 324	*Ackertabellen*	*1823*
KAR GA Seedorf, 98	*Ankauf der Masch'schen Vollhufe in Klein Zecher*	*1845*
KAR 6, 301	*Verkoppelung und Versetzung der Eingesessenen*	*1849-1859*

Klein Zecher
- Collinghof
- Hinterkoppel

LAS 355.45, 794-807	Höfeakten	18.-19. Jh.

Hierzu bitte Findbuch Abt. 355.45, Seite 174-176 heranziehen!

LAS 309 Geb. St. Hzt. Lauenburg, Nr. 89	Gebäudesteuer	1877-1878
LAS 324 Ratzeburg, 209a	Gebäudebestandsblätter	1950 ff.
KAR GA Seedorf, 96	*Höfe-Sachen*	*1802-1846*
KAR GA Seedorf, 324	*Ackertabellen*	*1823*
KAR GA Seedorf, 97	*Verkauf einer Hufnerstelle*	*1836*
KAR GA Seedorf, 98	*Ankauf der Masch'schen Vollhufe*	*1845*
KAR GA Seedorf, 336	*Meierrechts-Ablösung*	*1880-1882*

Marienstedt (Meierhof)

LAS 309 Flur (21), 120	Flurbuch	1877
LAS 309 Geb. St. Hzt. Lauenburg, Nr. 54	Gebäudesteuer	1877-1878
LAS 324 Ratzeburg, 361	Feldplan der Gemarkung	1935

Ratzeburger Domkapitel, nach der Reformation Hochstift Ratzeburg, ab 1648 Fürstentum Ratzeburg, ab 1701 Amt Ratzeburg

LAS 355.33, 65 TX	Grundbücher der Mecklenburgischen Enklaven, z. T. als Fortführung älterer Hypothekenbücher	o. J.
LAS 355.33, 135 TX	Grundbücher der Lübeckischen Enklaven, z. T. als Fortführung älterer Hypothekenbücher	o. J.

KAR, Kartensammlung,

1412	*Bistum Ratzeburg mit den zehntpflichtigen Bauerndörfern im Jahr 1231*	*1831*
1410	*Fürstentum Ratzeburg*	*1856, 1873*
1409	*Lauenburg-Ratzeburg, Teil des Herzogtums Lauenburg mit lübschen und mecklenburgischen Enklaven*	*1860*

LHAS 2.12-3/1, Teilbestand II, Nr.

919	*Rechnungsbuch*	*1523-1524*
351	*Register des Domkapitels*	*1571*
224	*Rechnungsbelege*	*1599-1695*
352	*Rechnungsregister des Domkapitels*	*1600-1613*
53	*Rechnungsregister des Domkapitels*	*1613-1623*
354	*Rechnungsregister des Domkapitels*	*1623-1638*
355	*Rechnungsregister des Domkapitels*	*1639-1646*
195	*Amtsrechnungen des Domkapitels*	*1646-1651*
196	*Amtsrechnungen des Domkapitels*	*1651-1655*
197	*Amtsrechnungen des Fürstentums*	*1651-1662*
198	*Amtsrechnungen des Fürstentums*	*1651-1662*
200	*Amtsregister des Fürstentums*	*1669-1671*
199	*Belege zu den Amtsrechnungen*	*1669-1671*
201	*Belege zu den Amtsrechnungen*	*1671-1674*
202	*Ratzeburgische Amtsregister*	*1672-1676*
203	*Belege zu den Amtsrechnungen*	*1674-1678*
204	*Ratzeburgische Amtsregister*	*1676-1680*
205	*Belege zu den Amtsrechnungen*	*1678-1680*
206	*Ratzeburgische Amtsregister*	*1680-1683*
207	*Belege zu den Amtsrechnungen*	*1681-1682*
208	*Amtsrechnungen des Fürstentums*	*1682-1684*
209	*Belege zu den Amtsrechnungen*	*1682-1684*

211	*Amtsrechnungen des Fürstentums*	*1684-1687*
210	*Belege zu den Amtsrechnungen*	*1684-1686*
212	*Belege zu den Amtsrechnungen*	*1686-1688*
213	*Amtsrechnungen des Fürstentums*	*1687-1689*
214	*Belege zu den Amtsrechnungen*	*1688-1690*
215	*Amtsrechnungen des Fürstentums*	*1689-1692*
216	*Amtsrechnungen des Fürstentums*	*1692-1696*
217	*Amtsrechnungen des Fürstentums*	*1696-1700*
LHAS 4.2-1, 94	*Ratzeburgische Amtsrechnungen*	*1700-1704*
LHAS 4.2-1, 96	*Rechnungsbelege*	*1702*
LHAS 4.2-1, 95	*Ratzeburgische Amtsrechnungen*	*1705-1712*
LHAS 4.2-1, 55	*Amtsrechnungen*	*1712-1716*
LHAS 4.2-1, 65	*Rechnungsbelege*	*1714-1717*
LHAS 4.2-1, 81	*Amtsrechnungen*	*1716-1720*
LHAS 4.2-1, 63	*Beilagen zur Amtsrechnung*	*1718-1719*
LHAS 4.2-1, 66	*Amtsrechnungen*	*1720-1724*
LHAS 4.2-1, 114	*Rechnungsbelege*	*1720-1722*
LHAS 4.2-1, 97	*Rechnungsbelege*	*1722-1724*

LHAS 2.12-3/1, Teilbestand II, Nr.

796	*Kornregister des Amts Schönberg*	*1549*
614	*Kornregister des Amts Schönberg*	*1569*
318	*Kornregister des Amts Schönberg*	*1629-1678*
328	*Kornregister des Amts Schönberg*	*1678-1697*

LHAS 2.12-3/1, Teilbestand II, Nr.

371	*Amtsregister des Amtes Schönberg*	*1525*
738	*Berechnung der Einnahmen und Ausgaben*	*1595-1596*
618	*Amtsrechnung des Amts Schönberg*	*1599-1600*
619	*Amtsrechnung des Amts Schönberg*	*1601-1602*
626	*Amtsregister des Amtes Schönberg*	*1617-1642*
627	*Amtsrechnung des Amts Schönberg*	*1636-1637*
623	*Amtsregister des Amtes Schönberg*	*1638-1639*
625	*Amtsrechnungen des Amts Schönberg*	*1642-1646*
624	*Amtsregister des Amtes Schönberg*	*1646-1648*
621	*Amtsregister des Amtes Schönberg*	*1648-1649*
306	*Register des Amts Schönberg, Band 1*	*1648-1651*
508	*Amtsbuch des Amtes Schönberg*	*1649-1651*
LHAS 4.2-7, 689	*Amtsbuch des Amtes Schönberg*	*1649-1651*
LHAS 4.2-7, 690	*Amtsbuch des Amtes Schönberg*	*1652-1654*
LHAS 2.12-3/1, Teilbestand II, Nr.		
509	*Amtsbuch des Amtes Schönberg*	*1652-1654*
LHAS 4.2-7, 699	*Amtsbuch des Amtes Schönberg*	*1655*
LHAS 2.12-3/1, Teilbestand II, Nr.		
510	*Amtsbuch des Amtes Schönberg*	*1655*

LHAS 4.2-7, 700	*Amtsbuch des Amtes Schönberg*	*1656-1657*
LHAS 2.12-3/1, Teilbestand II, Nr. 511	*Amtsbuch des Amtes Schönberg*	*1656-1657*
LHAS 4.2-7, 701	*Amtsbuch des Amtes Schönberg*	*1658-1662*
LHAS 2.12-3/1, Teilbestand II, Nr. 512	*Amtsbuch des Amtes Schönberg*	*1658-1662*
LHAS 4.2-7, 697	*Amtsbuch des Amtes Schönberg*	*1663-1665*
LHAS 2.12-3/1, Teilbestand II, Nr. 513	*Amtsbuch des Amtes Schönberg*	*1663-1665*
LHAS 4.2-7, 698	*Amtsbuch des Amtes Schönberg*	*1666-1667*
LHAS 2.12-3/1, Teilbestand II, Nr. 514	*Amtsbuch des Amtes Schönberg*	*1666-1667*
LHAS 4.2-7, 695	*Amtsbuch des Amtes Schönberg*	*1668-1671*
LHAS 2.12-3/1, Teilbestand II, Nr. 515	*Amtsbuch des Amtes Schönberg*	*1668-1671*
LHAS 4.2-7, 696	*Auszug aus dem Amtsbuch des Amtes Schönberg*	*1703*
LHAS 4.2-1, 784	*Amtsrechnungen des Amts Schönberg*	*1724-1726*
LHAS 4.2-1, 785	*Amtsrechnungen des Amts Schönberg*	*1726-1728*
LHAS 4.2-1, 793	*Belege zu den Amtsrechnungen, Band 1*	*1724-1731*
LHAS 4.2-1, 794	*Belege zu den Amtsrechnungen, Band 2*	*1732-1735*
LHAS 4.2-1, 795	*Belege zu den Amtsrechnungen, Band 3*	*1748-1759*

LHAS 2.12-3/1, Teilbestand II, Nr.

307	*Register des Amts Schönberg, Band 2*	*1651-1654*
308	*Register des Amts Schönberg, Band 3*	*1654-1657*
793	*Register des Amts Schönberg*	*1649-1650*
794	*Register des Amts Schönberg*	*1655-1656*
312	*Register des Amts Schönberg*	*1657-1660*
795	*Register des Amts Schönberg*	*1659-1661*
313	*Register des Amts Schönberg*	*1660-1664*
314	*Register des Amts Schönberg*	*1664-1674*
315	*Register des Amts Schönberg*	*1677-1689*
316	*Register des Amts Schönberg*	*1691-1700*

LHAS 4.2-1, 765	*Register des Amts Schönberg mit Nebenregistern, Band 1*	*1728-1730*
LHAS 4.2-1, 766	*Register des Amts Schönberg mit Nebenregistern, Band 2*	*1730-1732*
LHAS 4.2-1, 767	*Register des Amts Schönberg mit Nebenregistern, Band 3*	*1732-1733*
LHAS 4.2-1, 768	*Register des Amts Schönberg mit Nebenregistern, Band 4*	*1733-1735*
LHAS 4.2-1, 781	*Amtsregister des Amts Schönberg mit Nebenregistern*	*1733-1735*

LHAS 4.2-1, 783	*Amtsregister mit Quittungen*	*1735-1736*
LHAS 4.2-1, 782	*Amtsregister*	*1748-1759*
LHAS 4.11-1, 21/30	*Berechnungen verschiedener Einnahmen und Ausgaben im Amt Schönberg, Band 1*	*1724-1728*
LHAS 4.11-1, 21/31	*Berechnungen verschiedener Einnahmen und Ausgaben im Amt Schönberg, Band 2*	*1742*
LHAS 4.11-1, 21/32	*Berechnungen verschiedener Einnahmen und Ausgaben im Amt Schönberg, Band 3*	*1766-1767*
LHAS 4.11-1, 21/33	*Berechnungen verschiedener Einnahmen und Ausgaben im Amt Schönberg, Band 4*	*1777-1782*
LHAS 4.11-1, 21/34	*Berechnungen verschiedener Einnahmen und Ausgaben im Amt Schönberg, Band 5*	*1787-1788*
LHAS 4.11-1, 21/35	*Berechnungen verschiedener Einnahmen und Ausgaben im Amt Schönberg, Band 6*	*1791-1792*
LHAS 4.11-1, 21/36	*Berechnungen verschiedener Einnahmen und Ausgaben im Amt Schönberg, Band 7*	*1799-1801*
LHAS 4.11-1, 21/37	*Berechnungen verschiedener Einnahmen und Ausgaben im Amt Schönberg, Band 8*	*1804*
LHAS 4.11-1, 21/38	*Berechnungen verschiedener Einnahmen und Ausgaben im Amt Schönberg, Band 9*	*1807-1808*
LHAS 4.11-1, 21/39	*Berechnungen verschiedener Einnahmen und Ausgaben im Amt Schönberg, Band 10*	*1811-1812*
LHAS 4.2-1, 430	*Reklamierung auswärtiger leibeigener Untertanen*	*1633-1727*
LHAS 2.12-3/1, Teilbestand II, Nr. 310	*Hofdienstregister*	*1651-1652*
LHAS 4.2-1, 755	*Spezifikation der im Amt Schönberg ausgestellten Verträge, Haus- und Kaufbriefe*	*1662-1710*
LHAS 4.2-1, 733	*Feststellung der im Lande gehaltenen Schafe und Ziegen*	*1678-1722*
LHAS 4.2-1, 11	*Spezifikation der Hufen im Fürstentum*	*1700*
LHAS 4.2-1, 84	*Allgemeine Untersuchungen zu den Untertanen*	*1703-1705*
LHAS 4.2-1, 807	*Untersuchung zu den Untertanen in den Ratzeburgischen Stiftsdörfern*	*1704-1705*
LHAS 4.2-1, 716	*Vermessung des Ackers im Fürstentum*	*1706-1707*
LHAS 4.2-1, 205	*Spezifikation der Hufen im Fürstentum*	*1714*
LHAS 4.2-1, 116	*Regulierung von Acker- und Weideverhältnissen*	*1718*
LHAS 4.2-1, 715	*Durchführung der Landesvermessung*	*1721-1762*
LHAS 4.2-1, 895	*Angelegenheiten der sog. Brinck- und anderen neuen Anbauern*	*1729-1771*
LHAS 4.11-1, 21/75	*Verpachtung der Meiereien*	*1801-1802*

LHAS 4.2-7, 335	*Ablösung der Dienste*	*1838-1918*
LHAS 4.2-7, 721	*Namentliche Liste über erteilte Hausbriefe im Fürstentum*	*1839-1873*
LHAS 4.11-1, 7/91	*Wiederverpachtung von Meiereien und Bauernhufen*	*1848-1877*
LHAS 4.11-1, 21/60	*Verpachtung von Ackerland an die Büdner, Handwerker und Tagelöhner*	*1848-1852*
LHAS 4.2-7, 1105	*Aufstellung über den Acker- und Wiesenbesitz der Hauswirte in den Vogteien*	*1849*
LHAS 4.2-7, 482	*Anträge auf Ablösung des Zehnten und Zahlschillings von Ackerstücken*	*1870-1926*
LHAS 4.2-7, 1202	*Nummerierung der Hauswirts- und Büdnerstellen; enth. namentliches Verzeichnis*	*1875-1876*
LHAS 4.2-7, 18	*Nummerierung der Hauswirts- und Büdnerstellen; enth. namentliches Verzeichnis*	*1876-1879*
LHAS 4.11-1, 7/96	*Verpachtungslisten der Meiereien*	*1888-1903*
LHAS 4.2-7, 845	*Ländereien des Amtsgebiets Schönberg*	*1920*
LHAS 4.2-7, 1113	*Aufstellung über Pachtgrundstücke und Einliegeracker*	*o. J.*

LHAS 2.12-3/1, Teilbestand II, Nr.

293	*Steuerregister, Band 1*	*1630-1642*
294	*Steuerregister, Band 2*	*1642-1649*
295	*Steuerregister, Band 3*	*1650-1663*
288	*Steuerregister, Band 4*	*1662-1672*
289	*Steuerregister, Band 5*	*1673-1690*

LHAS 4.2-1, 678	*Steuerregister*	*1711-1723*
LHAS 4.2-1, 692a/b	*Steuerregister und -rechnungen*	*1735-1761*
LHAS 4.11-1, 21/638	*Steuerregister, Band 1*	*1793*
LHAS 4.11-1, 21/639	*Steuerregister, Band 2*	*1794*
LHAS 4.11-1, 21/640	*Steuerregister, Band 3*	*1795*
LHAS 4.11-1, 21/641	*Steuerregister, Band 4*	*1796*
LHAS 4.11-1, 21/642	*Steuerregister, Band 5*	*1797*
LHAS 4.11-1, 21/643	*Steuerregister, Band 6*	*1797*
LHAS 4.11-1, 21/644	*Steuerregister, Band 7*	*1798*
LHAS 4.11-1, 21/645	*Steuerregister, Band 8*	*1798*
LHAS 4.11-1, 21/646	*Steuerregister, Band 9*	*1799*
LHAS 4.11-1, 21/647	*Steuerregister, Band 10*	*1800*
LHAS 4.11-1, 21/648	*Steuerregister, Band 11*	*1800*
LHAS 4.11-1, 21/649	*Steuerregister, Band 12*	*1801*
LHAS 4.11-1, 21/650	*Steuerregister, Band 13*	*1802*
LHAS 4.11-1, 21/651	*Steuerregister, Band 14*	*1803*
LHAS 4.11-1, 21/652	*Steuerregister, Band 15*	*1806*
LHAS 4.11-1, 21/653	*Steuerregister, Band 16*	*1808*

LHAS 4.11-1, 21/654	*Steuerregister, Band 17*	*1810*
LHAS 4.11-1, 21/655	*Steuerregister, Band 18*	*1812*
LHAS 4.11-1, 21/656	*Steuerregister, Band 19*	*1815*
LHAS 4.11-1, 21/657	*Steuerregister, Band 20*	*1815*
LHAS 4.11-1, 21/658	*Steuerregister, Band 21*	*1821*
LHAS 4.11-1, 21/659	*Steuerregister, Band 22*	*1824-1825*
LHAS 4.11-1, 21/660	*Steuerregister, Band 23*	*1829-1830*
LHAS 4.11-1, 21/661	*Steuerregister, Band 24*	*1834-1835*
LHAS 4.11-1, 21/662	*Steuerregister, Band 25*	*1839-1840*
LHAS 4.11-1, 21/663	*Steuerregister, Band 26*	*1844-1845*
LHAS 4.11-1, 21/664	*Steuerregister, Band 27*	*1849-1850*
LHAS 4.11-1, 21/665	*Steuerregister, Band 28*	*1854-1855*
LHAS 4.11-1, 21/666	*Steuerregister, Band 29*	*1859-1860*
LHAS 4.11-1, 21/667	*Steuerregister, Band 30*	*1864-1865*
LHAS 4.11-1, 21/668	*Steuerregister, Band 31*	*1869-1870*
LHAS 4.11-1, 21/669	*Steuerregister, Band 32*	*1874-1875*
LHAS 4.11-1, 21/670	*Steuerregister, Band 33*	*1879-1880*
LHAS 4.11-1, 21/671	*Steuerregister, Band 34*	*1884-1885*
LHAS 4.11-1, 21/672	*Steuerregister, Band 35*	*1885-1886*

LHAS 2.12-3/1, Teilbestand II, Nr.

291a/b	*Steuerregister des Amts Schönberg*	*1644-1677*
299	*Steuerregister des Amts Schönberg*	*1644-1677*
433	*Steuerregister des Amts Schönberg*	*1666-1689*
292a/b	*Steuerregister des Amts Schönberg*	*1687-1695*

LHAS 2.12-3/1, Teilbestand II, Nr.

638	*Kontributionsregister des Amts Schönberg*	*1626-1627*

LHAS 4.11-1, 21/67	*Veränderung der Amtsangehörigkeit verschiedener Dörfer in den Ämtern Ratzeburg und Schönberg*	*1794*

LHAS 4.11-1, 458	*Unterlagen über die Volkszählung*	*1845*
LHAS 4.11-1, 457	*Volkszählung mit Bevölkerungslisten*	*1848*
LHAS 4.11-1, 462	*Unterlagen über die Volkszählung*	*1848*
LHAS 4.11-1, 524	*Ergebnisse der Volkszählung*	*1860-1863*
LHAS 4.11-1, 474	*Unterlagen über die Volkszählung*	*1867-1868*
LHAS 4.11-1, 472	*Unterlagen über die Volkszählung*	*1870-1873*
LHAS 4.11-1, 136	*Anfertigung und Versendung von Ortschaftsverzeichnissen*	*1871-1904*
LHAS 4.11-1, 452	*Ortsverzeichnis des Großherzogtums Mecklenburg-Strelitz*	*1874-1876*
LHAS 4.11-1, 476	*Unterlagen über die Volkszählung*	*1879-1883*
LHAS 4.11-1, 450	*Volkszählung*	*1884-1888*

LHAS 4.11-1, 463	*Unterlagen über die Volkszählung*	*1890-1892*
LHAS 4.11-1, 128	*Auswertung der Volkszählung*	*1895-1896*
LHAS 4.11-1, 129	*Auswertung der Volkszählung*	*1895-1900*
LHAS 4.11-1, 475	*Unterlagen zur Volkszählung*	*1904-1906*

LHAS 4.11-1, 5/9	*Statistische Übersichten über die Zahl der Eheschließungen, Geburten und Sterbefälle Band 1*	*1872*
LHAS 4.11-1, 5/10	*Statistische Übersichten über die Zahl der Eheschließungen, Geburten und Sterbefälle Band 2*	*1873*
LHAS 4.11-1, 5/11	*Statistische Übersichten über die Zahl der Eheschließungen, Geburten und Sterbefälle Band 3*	*1874*
LHAS 4.11-1, 5/12	*Statistische Übersichten über die Zahl der Eheschließungen, Geburten und Sterbefälle Band 4*	*1875-1876*
LHAS 4.11-1, 5/7	*Übersichten über die Bevölkerungszahl der Standesamtsbezirke im Großherzogtum Mecklenburg-Strelitz und Fürstentum Ratzeburg*	*1875-1910*
LHAS 4.11-1, 848	*Statistische Mitteilungen über Eheschließungen, Geburten und Sterbefälle*	*1898-1905*

Bäk (1945 zu S-H)

LHAS 4.2-7, 597	*Büdnerei Nr. 1*	*1778-1928*
LHAS 4.2-7, 598	*Büdnerei Nr. 2*	*1869-1922*
LHAS 4.2-7, 61-85	*Büdnerstellen Nr. 3-37*	*19./20. Jh.*

Hierzu bitte Findbuch LHAS, Abt. 4.2-7, Teilbestand II, Seite 6-8 heranziehen!

LHAS 4.2-7, 83	*Büdnerstelle Nr. 6*	*1833-1926*
LHAS 4.2-7, 85	*Büdnerstelle Nr. 7*	*1831-1907*
LHAS 4.2-7, 87	*Büdnerstelle Nr. 10*	*1882-1936*
LHAS 4.2-7, 86	*Büdnerstelle Nr. 11*	*1882-1931*
LHAS 4.2-7, 88	*Büdnerstelle Nr. 12*	*1814-1914*
LHAS 4.2-7,595	*Büdnerstelle Nr. 15*	*1862-1925*
LHAS 4.2-7,594	*Büdnerstelle Nr. 16*	*1816-1919*
LHAS 4.2-7,593	*Büdnerstelle Nr. 17*	*1872-1919*
LHAS 4.2-7,592	*Büdnerstelle Nr. 18*	*1879-1918*
LHAS 4.2-7,587	*Büdnerstelle Nr. 19*	*1824-1902*
LHAS 4.2-7, 596	*Ackerkoppel*	*1909-1910*
LHAS 4.2-7, 84	*Ackerkoppel Nr. 27*	*1905-1920*
LHAS 4.2-7, 86	*Einliegeracker*	*1921-1933*

LHAS 4.11-1, 21/83	*Bearbeitung von Gesuchen, u. a. Hausverkäufe, Vererbpachtungen*	*1701-1908*
LHAS 4.12-4/1-1, 122	*Ackerstücke*	*1790-1932*
LHAS 4.12-4/1-1, 123	*Ackerstücke*	*1805-1932*
LHAS 4.12-4/1-1, 124	*Ackerstücke*	*1826-1932*
LHAS 4.12-4/1-1, 127	*Verkauf von Ländereien derBüdnerei Nr. 2*	*1845-1932*
LHAS 4.12-4/1-1, 118	*Verpachtung von Ackerstücken*	*1890-1929*
LHAS 4.12-4/1-1, 125	*Ackerstücke*	*1899-1932*
LHAS 4.12-4/1-1, 128	*Ackerkoppel des Büdners Johannes Berk*	*1909*
LHAS 4.12-4/1-1, 126	*Ackerstücke*	*1913-1932*
LHAS 4.12-4/1-1, 254	*Überlassung von Acker- und Wiesenland aus der Domäne Mechow an die Büdner*	*1919-1924*
LHAS 5.12-9/7, 2578	*Siedlungsangelegenheiten*	*1919-1934*
LHAS 5.12-9/7, 2594	*Mehrsiedlung Bäk*	*1919-1934*
LHAS 5.12-9/7, 2211	*Verpachtungsangelegenheiten*	*1921-1937*
LHAS 4.12-4/1-1, 974	*Verpachtung von Domänenland an die Büdner in Bäk*	*1927-1950*
LHAS 4.12-4/1-1, 117	*Umgemeindung einiger Flächen von Römnitz nach Bäk*	*1930*
LHAS 5.12-9/7, 2595	*Mehrsiedlung Bäk*	*1933-1936*
LHAS 5.12-4/2, 13169	*Flächenveränderungen an Grundstücken und andere Grundstücksangelegenheiten*	*1934-1948*
LHAS 5.12-9/7, 1946	*Flurbücher, Grundbuchauszüge*	*1900-1938*
LHAS 5.12-9/7, 1947	*Flurbücher*	*1939-1943*
LHAS 4.2-3, 164	*Verzeichnis der in der Domkirchengemeinde Ratzeburg eingepfarrten Einwohner*	*1767-1828*

Hammer (1937 zu S-H)

LAS 355.33, 65	Grundbuch, Blatt 2, Band I Erbpachtstellen II und IX	1870-1939
LAS 355.33, 66	Grundbuch, Blatt 2, Band II Erbpachtstellen II und IX	1876-1939
LAS 355.33, 67	Grundbuch, Blatt 3 Erbpachtstelle III	1905-1939
LAS 355.33, 68	Grundbuch, Blatt 5 Erbpachtstelle V	1877-1939
LAS 355.33, 69	Grundbuch, Blatt 6 Erbpachtstelle VI	1903-1939
LAS 355.33, 70	Grundbuch, Blatt 7 Erbpachtstelle VII	1905-1939
LAS 355.33, 71	Grundbuch, Blatt 8 Erbpachtstelle VIII	1905-1939

LAS 355.33, 72	Grundbuch, Blatt 9 Büdnerei 1	1903-1937
LAS 355.33, 73	Grundbuch, Blatt 10 Büdnerei 2	1905-1937
LAS 355.33, 74	Grundbuch, Blatt 11 Büdnerei 3	1901-1939
LAS 355.33, 75	Grundbuch, Blatt 12 Ackerstück im Hammergrund	1899-1914
LAS 257, 86	Hypothekenbuch über die Büdnerstelle des Heinrich Baetke (Bethke)	1881
LAS 257, 87	Hypothekenbuch über die der Ehefrau des Musikus Baethke (Bethke), Dorothea geb. Siemers gehörige Erbpachtstelle Nr. IV	1881-1904
LAS 257, 88	Hypothekenbuch über die Grundstücke des Ölmüllers Adolph Capell	1870-1905
LAS 257, 89	Hypothekenbuch über die zu Hammer sub. Nr. VI belegene Erbpachtstelle des Erbpächters Jochen Eckmann	1897-1903
LAS 257, 90	Hypothekenbuch über die zu Hammer sub. Nr. 1 belegene Erbpachtstelle der Geschwister Johann Joachim Rudolf, Johann Hans Heinrich und Christian Heinrich Friedrich Hammann	1885-1905
LAS 257, 91	Hypothekenbuch über die zu Hammer unter Nr. 1 belegene Büdnerstelle des Schusters Johann Koop	1902-1903
LAS 257, 92	Hypothekenbuch über das 5420 qm große Ackerstück des Mühlenbesitzers Johannes Hinrich Vest	1899
LAS 257, 93	Hypothekenbuch über die Büdnerstelle des Heinrich Willms	1876-1905
LAS 309, 35872	Erbpachtstelle Nr. VI, Reallastenablösung, Verpachtung	1792-1940
LAS 257, 47	Erbpachtstelle Nr. 9; Reallastenablösung, Verpachtung	1855-1935
LAS 257, 46	Büdnerstelle Nr. 3, Reallastenablösung	1856-1917
LAS 309, 35871	Erbpachtstelle Nr. III, Reallastenablösung, Verpachtung	1882-1940
LAS 257, 48	Ackerstück neben der Mühle; Verpachtung, Reallastenablösung	1898-1931
LAS 257, 74	Das auf der Feldmark zu Panten belegene Acker- und Wiesengrundstück des Händlers Wilhelm Steinfatt	1904-1934

LHAS 4.12-4/1-1, 197	*Vollstellen, Büdnereien, Ackerstücke*	*1777-1934*
LHAS 4.12-4/1-1, 196	*Verpachtung des „Heidberges"*	*1851-1922*
LHAS 4.12-4/1-1, 198	*Einliegerland*	*1921-1931*
LHAS 5.12-4/2, 13538	*Anerkennung der Erbpachthufen in Hammer sowie Pacht- und Grundgelder*	*1934-1937*

Adeliges Gut Horst (1937 zu S-H)

- Alt-Horst
- Neu-Horst
- Kamerun
- Oldenburg

LAS 355.33, 376	Grundbuch, Blatt 1	1872-1937
LAS 257, 82	Hypothekenbuch über die Güter Alt- und Neu-Horst	1844-1872
LAS 257, 83	Betr. das Hypothekenbuch über Alt- und Neu-Horst	1872-1902
LAS 257, 84	Beilagen zum Hypothekenbuch	1870-1905
LAS 257, 85	Entwürfe von Hypotheken-, Grund- und Rentenschuldbriefen	1905-1909
LAS 257, 5	Gerichtssachen, meist Protokolle	1687-1788
LAS 257, 6	Gerichtssachen, meist Protokolle	1794-1816
LAS 257, 7	Gerichtssachen, meist Protokolle	1818-1830
LAS 257, 28	Dienstsachen der Untertanen	1751-1830
LAS 257, 16	Holländer Friedrich Harten gegen seine Stief-Schwiegermutter Witwe Burmeister wegen Erbteilung	1799
LAS 257, 10	Nachlass- und Testamentssachen	1854-1868
LAS 257, 11	Vormundschaft der minorennen Kinder des Tagelöhners Dietrich Jarchow	1867-1868
LAS 324 Ratzeburg, 60	Gebäudebücher	1910 ff.
LAS 324 Ratzeburg, 202	Gebäudebestandsblätter	1950 ff.
KAR, GA Horst, 4	*Gutsbeschreibungen*	*etwa 1720*
KAR, GA Horst, 18	*Horster Hausbuch*	*o. J.*
KAR, GA Horst, 15	*Inventar Gut Horst*	*1740-1767*
KAR, GA Horst, 7	*Verträge mit Holländerei und Tagelöhnern*	*1742-1844*
KAR, GA Horst, 27	*Inventarium Hans Heinrich Heisler und Übernahme der Stelle durch Heinrich David Lübcke*	*1779-1800*
KAR, GA Horst, 26	*Inventarium für Christian Kühnke*	*1784-1793*
KAR, GA Horst, 22	*Die Bauern zu Horst*	*1807-1831*
KAR, GA Horst, 12	*Verpachtung an Drenckhahn*	*1816-1822*

KAR, GA Horst, 21	*Bauernlegung zu Horst*	*1821-1831*
KAR, Kartensammlung, 544	*Generalkarte vom Gut mit Meierei und dem Dorf Oldenburg*	*1780*
KAR, Kartensammlung, 545	*Generalkarte vom Gut mit Meierei und dem Dorf Oldenburg*	*1780*
LHAS 4.2-1, 940	*Verschiedene Steuerangelegenheiten*	*1707-1739*
LHAS 4.2-1, 685	*Steuern*	*1756-1812*
LHAS 4.11-1, 21/552	*Entrichtung der Reichskontribution*	*1756-1762*
LHAS 4.11-1, 21/562	*Entrichtung der Reichskriegssteuer*	*1793-1796*

Mannhagen (1937 zu S-H)

LAS 355.33, 78	Grundbuch, Blatt 1 Erbpachtstelle des Freischulzen	1875-1939
LAS 355.33, 79	Grundbuch, Blatt 2 Vollhufe II und Halbhufe X	1884-1939
LAS 355.33, 80	Grundbuch, Blatt 3 Vollhufe III	1906-1939
LAS 355.33, 81	Grundbuch, Blatt 4 Vollhufe IV	1906-1939
LAS 355.33, 82	Grundbuch, Blatt 5 Vollhufe V	1906-1939
LAS 355.33, 83	Grundbuch, Blatt 6 Vollhufe VI	1906-1939
LAS 355.33, 84	Grundbuch, Blatt 7 Vollhufe VII	1906-1939
LAS 355.33, 85	Grundbuch, Blatt 8 Vollhufe VIII	1910-1939
LAS 355.33, 86	Grundbuch, Blatt 9 Halbhufe IX	1906-1939
LAS 355.33, 87	Grundbuch, Blatt 10 Erbpachtmühle XI	1880-1939
LAS 355.33, 88	Grundbuch, Blatt 11 Büdnerei 1	1906-1937
LAS 355.33, 89	Grundbuch, Blatt 12 Büdnerei 2	1906-1939
LAS 355.33, 90	Grundbuch, Blatt 13 Büdnerei 3	1906-1939
LAS 355.33, 91	Grundbuch, Blatt 14 Büdnerei 4	1870-1937
LAS 355.33, 92	Grundbuch, Blatt 15 Büdnerei 5	1906-1937

LAS 355.33, 93	Grundbuch, Blatt 16 Büdnerei 6	1893-1937
LAS 355.33, 94	Grundbuch, Blatt 17 Büdnerei 7	1872-1937
LAS 355.33, 95	Grundbuch, Blatt 18 Büdnerei 8	1906-1937
LAS 355.33, 96	Grundbuch, Blatt 19 Eigentumsgrundstück	1907-1914
LAS 355.33, 97	Grundbuch, Blatt 20 Büdnerei 9	1911-1937
LAS 355.33, 98	Grundbuch, Blatt 21 Eigentumsgrundstück	1911-1914
LAS 355.33, 99	Grundbuch, Blatt 22 Büdnerei 10	1921-1937
LAS 355.33, 100	Grundbuch, Blatt 23 Forstort Mannhagen	1930-1937
LAS 355.33, 101	Grundbuch, Blatt 24 Eigentumsgrundstück	1930-1937
LAS 355.33, 102	Grundbuch, Blatt 25 Freies Eigentumsgrundstück	1930-1937
LAS 355.33, 103	Grundbuch, Blatt 26 Büdnerei 12	1933-1937
LAS 355.33, 104	Grundbuch, Eigentümerregister	1933-1937
LAS 257, 50	Vollhufnerstelle Nr. 2; Verkauf, Reallastenablösung	1811-1937
LAS 257, 51	Vollhufnerstelle Nr. 3; Verkauf, Reallastenablösung	1828-1937
LAS 257, 52	Vollhufnerstelle Nr. 4; Reallastenablösung	1830-1937
LAS 309, 35873	Vollhufnerstelle Nr. 6, Reallastenablösung, Überlassungsverträge	1808-1938
LAS 257, 53	Vollhufnerstelle Nr. 7; Verkauf, Reallastenablösung	1815-1937
LAS 257, 54	Halbhufnerstelle Nr. 8; Reallastenablösung	1866-1937
LAS 309, 35874	Halbhufnerstelle Nr. 9, Landverkauf, Überlassungsverträge	1812-1938
LAS 257, 55	Halbhufnerstelle Nr. 10; Verkauf, Reallastenablösung	1812-1937
LAS 309, 35875	Büdnerstelle Nr. 1, Reallastenablösung,	1841-1943
LAS 257, 56	Büdnerstelle Nr. 2; Verkauf, Reallastenablösung	1779-1937
LAS 309, 35876	Büdnerstelle Nr. 3, Reallastenablösung, Überlassungsverträge	1879-1943
LAS 257, 57	Büdnerstelle Nr. 4; Verkauf, Reallastenablösung	1869-1932

LAS 257, 95	Hypothekenbuch über die unter Nr. 6 belegene Büdnerei der Witwe Elisabeth Bruhns geb. Meiens	1903-1905
LAS 257, 58	Büdnerstelle Nr. 10; Verkäufe, Testamentsangelegenheiten	1921-1933
LAS 257, 59	Büdnerstelle Nr. 11	1933-1937
LAS 257, 60	Büdnerstelle Nr. 12; Reallastenablösung	1931-1933
LAS 257, 103	Hypothekenbücher über die Grundstücke des Müllers Carl Wigger	1844-1905
LAS 257, 97	Hypothekenbuch über die Freischulzenstelle der Dorothea Catherina Hennings geb. Solvie, Vol. I	1844-1847
LAS 257, 98	Hypothekenbuch über die Freischulzenstelle der Dorothea Catherina Hennings geb. Solvie, Vol. II	1847-1866
LAS 257, 99	Hypothekenbuch über die Freischulzenstelle der Dorothea Catherina Hennings geb. Solvie, Vol. III	1866-1905
LAS 257, 94	Hypothekenbuch über die Halbstelle des Halbhufners Hans Joachim Christian Benn	1866-1905
LAS 257, 102	Hypothekenbuch über das Wohnhaus des Krämers Johann August Wilhelm Schulze	1870-1904
LAS 257, 100	Hypothekenbuch über das vormalige Schulgehöft des Müllers Friedrich Meyn	1871-1906
LAS 257, 101	Hypothekenbuch über die Vollstelle des Vollhufners Heinrich Adolph Nehls	1877-1906
LAS 257, 96	Hypothekenbuch über die unter Nr. 2 und 10 belegenen Hauswirtsstellen der unverehelichten Margaretha Dorothea Ehlers	1884-1905
LAS 257, 1	Die Regulierung der Dorfschaft	1846-1848
LAS 257, 62	Die im „Schaar“ belegene Koppel	1906-1916
LAS 355.33, 394	Erbhöfeakten mit Sammelakten	o. J.
LHAS 4.2-1, 187	*Zehntzahlung an das Amt Schönberg*	*1593-1755*
LHAS 4.11-1, 21/109	*Bearbeitung von Gesuchen, u. a. Hausverkäufe, Vererbpachtungen*	*1701-1908*
LHAS 4.12-4/1-1, 259	*Büdnereien*	*1724-1935*
LHAS 4.12-4/1-1, 258	*Vollstellen, Halbstellen*	*1812-1935*
LHAS 4.12-4/1-1, 256	*Regulierung der Dorfschaft*	*1844-1864*
LHAS 4.12-4/1-1, 257	*Ackerkoppel*	*1906-1917*
LHAS 5.12-9/7, 656	*Erbpachtgehöft Nr. 1*	*1937*

Mechow (1945 zu S-H)

LAS 324 Ratzeburg, 234	Gebäudebestandsblätter	1950 ff.
LHAS 4.2-7, 442	*Vollhufnerstelle Nr. 1*	*1827-1934*
LHAS 5.12-9/7, 5180	*Vollhufenstelle I; Eigentumsgrundstück Nr. 1*	*1922-1942*
LHAS 5.12-9/7, 5184	*Eigentumsgrundstück Nr. 1*	*1930-1942*
LHAS 4.2-7, 512	*Vollhufnerstelle Nr. 2*	*1849-1934*
LHAS 5.12-9/7, 5181	*Vollhufenstelle II; Eigentumsgrundstück Nr. 2*	*1935-1944*
LHAS 5.12-9/7, 5185	*Eigentumsgrundstück Nr. 2*	*1936-1941*
LHAS 4.2-7, 443	*Vollhufnerstelle Nr. 3*	*1813-1933*
LHAS 5.12-9/7, 5182	*Vollhufenstelle III; Eigentumsgrundstück Nr. 3*	*1933-1943*
LHAS 5.12-9/7, 5186	*Eigentumsgrundstück Nr. 3*	*1936-1941*
LHAS 4.11-6, 10347	*Verpachtung der Hartenschen Vollhufnerstelle*	*1850-1933*
LHAS 4.11-6, 10344	*Verpachtung der Halbhufnerstelle Nr. 3*	*1849-1934*
LHAS 4.11-6, 10346	*Verkauf der Langeschen Halbhufnerstelle*	*1845-1930*
LHAS 4.2-7, 444	*Büdnerstelle Nr. 1*	*1771-1935*
LHAS 4.11-6, 10348	*Verpachtung der Büdnerei Nr. 1*	*1737-1935*
LHAS 4.12-4/1-1, 640	*Flächenabtrennung aus der Büdnerei Nr. 1*	*1919-1920*
LHAS 4.12-4/1-1, 624	*Landabtrennungen von den Bauernstellen I und III sowie der Büdnerei 1*	*1922-1933*
LHAS 4.2-7, 77	*Büdnerstelle Nr. 2*	*1845-1930*
LHAS 4.2-7, 445	*Büdnerstelle Nr. 3*	*1901-1931*
LHAS 4.11-6, 10345	*Verkauf der Büdnerei Nr. 3*	*1901-1935*
LHAS 4.11-1, 21/110	*Bearbeitung von Gesuchen, u. a. Hausverkäufe, Vererbpachtungen*	*1701-1908*
LHAS 4.11-1, 7a/205	*Domaniale Verhältnisse der Einwohner*	*1791-1866*
LHAS 4.11-6, 10183	*Aufhebung der Hofdienste, des Kornzehnten und der Schafabtriften*	*1792*
LHAS 4.11-1, 21/156	*Verpachtung der Meierei*	*1863-1901*
LHAS 4.11-1, 7a/204	*Pachtverhältnisse der Bauern*	*1904*
LHAS 4.2-7, 861	*Verpachtung von Wiesenland aus der Domäne Mechow an die Büdner*	*1909-1932*
LHAS 4.12-4/1-1, 261	*Regulierung der Dorfschaft*	*1911-1913*
LHAS 4.2-7, 441	*Regulierung der Dorfschaft*	*1911-1938*
LHAS 5.12-9/7, 2300	*Verpachtungsangelegenheiten*	*1912-1938*
LHAS 5.12-9/7, 2578	*Siedlungsangelegenheiten*	*1919-1934*
LHAS 5.12-9/7, 2613	*Siedlung Hof Mechow*	*1919-1932*
LHAS 5.12-9/7, 2594	*Verpachtung von Siedlungsflächen*	*1919-1934*

LHAS 4.12-4/1-1, 198	*Anträge auf Überlassung von Acker- und Wiesenland*	*1919-1928*
LHAS 4.12-4/1-1, 254	*Überlassung von Acker- und Wiesenland aus der Domäne an die Büdner in Bäk*	*1919-1924*
LHAS 4.12-4/1-1, 600	*Gutachten über die Leistungsfähigkeit einzelner Domänen im Land Ratzeburg nach der Abgabe von Siedlungsland*	*1920-1924*
LHAS 5.12-9/7, 2204	*Verpachtung von Siedlungsland am Ihlensee an die Büdner von Ziethen*	*1920-1936*
LHAS 4.2-7, 1416	*Austausch von Flächen zwischen der Gemeinde und dem Hof Mechow*	*1921-1927*
LHAS 4.12-4/1-1, 638	*Verkauf eines Grundstücks aus der Domäne Hof Mechow*	*1924*
LHAS 4.12-4/1-1, 262	*Übereignung von Einliegerland*	*1926-1927*
LHAS 5.12-9/7, 2595	*Dorf Mechow*	*1933-1936*
LHAS 5.12-9/7, 2301	*Verpachtungsangelegenheiten*	*1934-1941*
LHAS 5.12-4/2, 13674	*Verpachtung von Ländereien*	*1935-1936*
LHAS 5.12-4/3, 2085	*Pachthof Mechow*	*1935-1938*
LHAS 5.12-9/7, 5183	*Holländergehöft*	*1936-1946*
LHAS 5.12-4/2, 13673	*Regulierungen auf den Feldmarken*	*1936-1942*
LHAS 5.12-9/7, 2144	*Vererbpachtung*	*1938-1944*
LHAS 5.12-9/7, 2009	*Flurbuchangelegenheiten*	*1900-1935*
LHAS 5.12-9/7, 2010	*Flurbuchangelegenheiten, Hof Mechow*	*1906-1937*

Panten (1937 zu S-H)

LAS 355.33, 105	Grundbuch, Blatt 1 Vollhufe I	1906-1939
LAS 355.33, 106	Grundbuch, Blatt 2 Vollhufe II	1906-1939
LAS 355.33, 107	Grundbuch, Blatt 3 Vollhufe III	1886-1939
LAS 355.33, 108	Grundbuch, Blatt 4 Vollhufe IV, Band 1	1881-1939
LAS 355.33, 109	Grundbuch, Blatt 4 Vollhufe IV, Band 2	1914-1939
LAS 355.33, 110	Grundbuch, Blatt 6 Vollhufe VI	1906-1939
LAS 355.33, 111	Grundbuch, Blatt 7 Vollhufe VII	1906-1939
LAS 355.33, 112	Grundbuch, Blatt 8 Vollhufe VIII, Band 1	1877-1939
LAS 355.33, 113	Grundbuch, Blatt 8 Vollhufe VIII, Band 2	1931-1939

LAS 355.33, 114	Grundbuch, Blatt 9 Vollhufe IX	1890-1939
LAS 355.33, 115	Grundbuch, Blatt 10 Vollhufe X	1896-1939
LAS 355.33, 116	Grundbuch, Blatt 11 Büdnerei 1	1894-1937
LAS 355.33, 117	Grundbuch, Blatt 12 Büdnerei 2	1906-1937
LAS 355.33, 118	Grundbuch, Blatt 13 Büdnerei 3	1897-1937
LAS 355.33, 119	Grundbuch, Blatt 14 Eigentumsparzelle	1906-1937
LAS 355.33, 120	Grundbuch, Blatt 15 Eigentumsgrundstück	1906-1936
LAS 355.33, 121	Grundbuch, Blatt 16 Eigentumsgrundstück	1906-1937
LAS 355.33, 123	Grundbuch, Blatt 18 Eigentumsgrundstück	1921-1937
LAS 355.33, 124	Grundbuch, Blatt 19 Eigentumsgrundstück	1924-1937
LAS 355.33, 125	Grundbuch, Eigentümerregister	1924-1937
LAS 257, 108	Hypothekenbuch über die Viertelstelle des Müllers Karl Wiggers	1844-1906
LAS 257, 106	Hypothekenbuch über die Vollstelle der Ehefrau des Dreiviertelhufners Koch zu Nusse, Johanna Dorothea Magdalena Koch geb. Plate	1876-1905
LAS 257, 104	Hypothekenbuch über die unter Nr. 4 belegene Vollstelle des Hauswirts Friedrich Ehlers	1881-1904
LAS 257, 107	Hypothekenbuch über die unter Nr. 3 belegene Vollstelle des Herrmann Lübbers	1886-1904
LAS 257, 105	Hypothekenbuch über die unter Nr. 9 belegene Viertelstelle der Bertha Hillers	1890-1905
LAS 257, 66	Vollhufnerstelle Nr. 4; Reallastenablösung	1776-1935
LAS 257, 67	Vollhufnerstelle Nr. 6; Reallastenablösung	1808-1936
LAS 309, 35878	Vollhufnerstelle Nr. V, Reallastenablösung	1817-1940
LAS 257, 69	Kätnerstelle Nr. 9; Verkauf, Reallasten-ablösung	1818-1937
LAS 257, 68	Vollhufnerstelle Nr. 8; Reallastenablösung	1831-1935
LAS 309, 35877	Vollhufnerstelle Nr. III, Reallastenablösung	1841-1938
LAS 257, 70	Viertelhufenstelle Nr. 10; Reallastenablösung	1843-1906

LAS 257, 2	Die Regulierung der Dorfschaft; Feldregister, Risse	1853-1874
LAS 257, 3	Verpachtung der Ackerparzellen auf dem herrschaftlichen Reservate	1856-1936
LAS 257, 65	Regulierung der Feldmark	1864-1927
LAS 309, 35879	Vollhufnerstelle Nr. VII, Reallastenablösung	1867-1938
LAS 257, 73	Fiskalisches Grundstück Nr. 5; Verkauf, Reallastenablösung	1901-1933
LAS 257, 74	Acker- und Wiesengrundstück des Händlers Wilhelm Steinfatt aus Hammer	1904-1934
LAS 257, 71	Eigentumsgrundstück Nr. 19	1921-1922
LAS 257, 72	Eigentumsgrundstück Nr. 20	1922-1924
LAS 355.33, 398	Erbhöfeakten mit Sammelakten	o. J.
LAS 324 Ratzeburg, 105	Gebäudebücher	1910 ff.
LAS 324 Ratzeburg, 248	Gebäudebestandsblätter	1950 ff.
LHAS 4.11-1, 21/115	*Bearbeitung von Gesuchen, u. a. Hausverkäufe, Vererbpachtungen*	*1701-1908*
LHAS 4.12-4/1-1, 298	*Vollstellen, Viertelstellen*	*1753-1933*
LHAS 4.12-4/1-1, 299	*Büdnereien*	*1823-1935*
LHAS 4.11-6, 3511	*Vermessung*	*1833-1894*
LHAS 4.12-4/1-1, 297	*Ackerstücke*	*1901-1934*
LHAS 5.12-4/2, 13748	*Büdnerei Nr. 1*	*1935-1936*

Römnitz (1945 zu S-H)

LAS 324 Ratzeburg, 256	Gebäudebestandsblätter	1950 ff.
LHAS 4.11-1, 21/123	*Bearbeitung von Gesuchen, u. a. Hausverkäufe, Vererbpachtungen*	*1701-1908*
LHAS 4.2-7, 1099	*Kopie eines Pachtvertrags mit dem Pensionär Dethloff Heinrich Diestel*	*1811-1816*
LHAS 4.11-1, 21/163	*Verpachtung der Meierei*	*1850-1908*
LHAS 5.12-9/7, 4879	*Vermessung und Aufteilung der Feldmarken, Flur- und Flächenregister*	*1900-1938*
LHAS 4.12-4/1-1, 838	*Verpachtung der Domäne Römnitz*	*1912-1929*
LHAS 5.12-9/7, 2578	*Siedlungsangelegenheiten*	*1919-1934*
LHAS 5.12-9/7, 2594	*Verpachtung von Siedlungsflächen*	*1919-1934*
LHAS 4.12-4/1-1, 600	*Gutachten über die Leistungsfähigkeit einzelner Domänen im Land Ratzeburg nach der Abgabe von Siedlungsland*	*1920-1924*
LHAS 5.12-9/7, 2345	*Verpachtungsangelegenheiten*	*1923-1937*
LHAS 5.12-9/7, 4880	*Vermessung und Aufteilung der Feldmarken, Flur- und Flächenregister*	*1926-1937*

LHAS 4.12-4/1-1, 974	*Verpachtung von Domänenland an die Büdner in Bäk*	*1927-1950*
LHAS 5.12-9/7, 2346	*Verpachtungsangelegenheiten*	*1927-1931*
LHAS 5.12-9/7, 2347	*Verpachtungsangelegenheiten*	*1927-1944*
LHAS 5.12-9/7, 4169	*Pachtverträge der Domäne Römnitz*	*1927-1944*
LHAS 5.12-9/7, 4170	*Versicherungsunterlagen, Beschreibung und Taxe der Gebäude auf der Domäne Römnitz*	*1927-1932*
LHAS 4.12-4/1-1, 117	*Umgemeindung einiger Flächen nach Bäk*	*1930*
LHAS 5.12-9/7, 2348	*Verpachtungsangelegenheiten*	*1934*
LHAS 5.12-9/7, 2349	*Verpachtungsangelegenheiten*	*1934-1935*
LHAS 5.12-9/7, 2350	*Verpachtungsangelegenheiten*	*1935-1943*
LHAS 5.12-9/7, 4171	*Ausgefüllte Fragebögen von Bewerbern der Altenteilwohnungen auf der Domäne*	*1935*
LHAS 5.12-9/7, 2351	*Verpachtungsangelegenheiten*	*1937*
LHAS 5.12-9/7, 4172	*Bauten auf der Büdnerei Nr. 1 des Herrn O. Crasemann*	*1938-1939*
LHAS 5.12-9/7, 2352	*Verpachtungsangelegenheiten*	*1943-1947*
LHAS 4.2-3, 164	*Verzeichnis der in der Domkirchengemeinde Ratzeburg eingepfarrten Einwohner*	*1767-1828*

Walksfelde (1938 zu S-H)

LAS 355.33, 126	Grundbuch, Blatt 1 Vollhufe und Schulzenstelle I, Band 1	1888-1939
LAS 355.33, 127	Grundbuch, Blatt 2 Vollhufe und Schulzenstelle I, Band 2	1927-1939
LAS 355.33, 128	Grundbuch, Blatt 3 Vollhufe III	1907-1939
LAS 355.33, 129	Grundbuch, Blatt 4 Vollhufe IV	1907-1939
LAS 355.33, 130	Grundbuch, Blatt 5 Vollhufe V	1883-1939
LAS 355.33, 131	Grundbuch, Blatt 6 Büdnerei 1	1894-1937
LAS 355.33, 132	Grundbuch, Blatt 8 Büdnerei 3	1907-1937
LAS 355.33, 133	Grundbuch, Blatt 9 Büdnerei 4	1883-1937
LAS 257, 112	Hypothekenbuch über die unter Nr. 4 belegene Büdnerstelle des Büdners Heinrich Schwäncke	1882-1902

LAS 257, 111	Hypothekenbuch über die unter Nr. 5 belegene Vollstelle der Ehefrau des Hauswirts Groth, Margaretha Groth geb. Möller	1883-1905
LAS 257, 113	Hypothekenbuch über die unter Nr. 2 belegene Büdnerei des Büdners Franz Tiedemann	1883-1903
LAS 257, 110	Hypothekenbuch über die unter Nr. 1 belegene Vollstelle des Schulzen Johann Brüggemann	1888-1892
LAS 257, 109	Hypothekenbuch über die unter Nr. 1 belegene Kätnerstelle des Krämers Hans Joachim Brüggemann	1894
LAS 257, 114	Hypothekenbuch über die unter Nr. 2 belegene Vollhufnerstelle des Hauswirts August Willhoeft	1894-1905
LAS 309, 35882	Vollhufnerstelle Nr. 5, Reallastenablösung	1738-1942
LAS 309, 35880	Schulzenstelle, Reallastenablösung	1790-1942
LAS 309, 35881	Vollhufnerstelle Nr. 3, Reallastenablösung	1790-1942
LAS 355.33, 400	Erbhöfeakten mit Sammelakten	o. J.
LAS 324 Ratzeburg, 333	Gebäudebücher	1910 ff.
LAS 324 Ratzeburg, 282	Gebäudebestandsblätter	1950 ff.
LAS 324 Ratzeburg, 333	Gebäudebuch, Karteikarten	1910 ff.
LHAS 4.11-1, 21/139	*Bearbeitung von Gesuchen, u. a. Hausverkäufe, Vererbpachtungen*	*1701-1908*
LHAS 4.12-4/1-1, 404	*Vollstellen, Büdnereien*	*1812-1935*
LHAS 5.12-9/7, 2612	*Siedlungsanträge; enthält u. a. Berichte über die persönlichen und finanziellen Verhältnisse der Antragsteller*	*1920-1931*
LHAS 5.12-4/2, 14167	*Flächenveränderungen an Grundstücken*	*1936*

Ziethen (1945 zu S-H)

LAS 324 Ratzeburg, 292	Gebäudebestandsblätter	1950 ff.
LHAS 4.11-1, 21/950	*Bearbeitung von Gesuchen, u. a. Hausverkäufe, Vererbpachtungen*	*1796-1905*
LHAS 4.2-7, 862	*Regulierung der Dorfschaft*	*1802-1931*
LHAS 4.12-4/1-1, 413	*Vollstellen, Halbstellen*	*1815-1933*
LHAS 4.2-7, 863	*Zwei Vermessungsregister der Dorffeldmark*	*1883-1884*
LHAS 4.2-7, 864	*Flächenregister der Feldmark*	*1884*
LHAS 4.2-7, 861	*Verpachtung von Wiesenland aus der Domäne Mechow an die Büdner*	*1909-1932*

LHAS 4.2-7, 865	*Vollhufnerstelle Nr. 1*	*1818-1933*
LHAS 4.2-7, 388	*Vollhufnerstelle Nr. 2*	*1823-1934*
LHAS 4.2-7, 389	*Vollhufnerstelle Nr. 3*	*1804-1933*
LHAS 4.2-7, 387	*Vollhufnerstelle Nr. 4*	*1834-1932*
LHAS 4.2-7, 866	*Vollhufnerstelle Nr. 5*	*1814-1925*
LHAS 4.2-7, 867	*Vollhufnerstelle Nr. 6*	*1828-1933*
LHAS 4.2-7, 450	*Großkätnerstelle Nr. 7*	*1832-1933*
LHAS 4.2-7, 868	*Vollhufnerstelle Nr. 8*	*1836-1944*
LHAS 4.2-7, 869	*Vollhufnerstelle Nr. 9*	*1814-1933*
LHAS 4.2-7, 547	*Kätnerstelle Nr. 10*	*1812-1932*
LHAS 4.12-4/1-1, 416/1	*Kätnerstelle Nr. 10*	*1882-1933*
LHAS 4.2-7, 546	*Kätnerstelle Nr. 11*	*1829-1932*
LHAS 4.12-4/1-1, 416/2	*Kätnerstelle Nr. 11*	*1861-1933*
LHAS 4.2-7, 538	*Kätnerstelle Nr. 12*	*1772-1933*
LHAS 4.2-7, 539	*Kätnerstelle Nr. 13*	*1817-1917*
LHAS 4.2-7, 545	*Kätnerstelle Nr. 14*	*1815-1926*
LHAS 4.12-4/1-1, 416/3	*Kätnerstelle Nr. 14*	*1840-1933*
LHAS 4.12-4/1-1, 415	*Kätnerstellen, Ackerstücke*	*1825-1936*
LHAS 4.12-4/1-1, 416	*Kätnerstellen*	*1840-1933*
LHAS 4.12-4/1-1, 414/1	*Büdnereien Nr. 1-10*	*1830-1935*
LHAS 4.2-7, 450	*Büdnerstelle Nr. 1*	*1838-1933*
LHAS 4.2-7, 449	*Büdnerstelle Nr. 2*	*1840-1913*
LHAS 5.12-9/7, 5188	*Büdnerei Nr. 2*	*1935-1939*
LHAS 4.2-7, 458	*Büdnerstelle Nr. 3*	*1862-1919*
LHAS 4.2-7, 457	*Büdnerstelle Nr. 4*	*1865*
LHAS 4.2-7, 456	*Büdnerstelle Nr. 5*	*1878-1928*
LHAS 5.12-9/7, 5189	*Büdnerei Nr. 5 und Nr. 8*	*1928-1951*
LHAS 4.2-7, 455	*Büdnerstelle Nr. 6*	*1832-1929*
LHAS 5.12-9/7, 5190	*Büdnerei Nr. 6*	*1933-1940*
LHAS 4.2-7, 454	*Büdnerstelle Nr. 7*	*1832-1909*
LHAS 5.12-9/7, 5191	*Büdnerei Nr. 7*	*o. J.*
LHAS 4.2-7, 453	*Büdnerstelle Nr. 8*	*1870-1929*
LHAS 5.12-9/7, 5189	*Büdnerei Nr. 5 und Nr. 8*	*1928-1951*
LHAS 4.2-7, 353	*Büdnerstelle Nr. 9*	*1834-1927*
LHAS 5.12-9/7, 5192	*Büdnerei Nr. 9*	*1932-1939*
LHAS 4.2-7, 354	*Büdnerstelle Nr. 10*	*1829-1928*
LHAS 5.12-9/7, 5193	*Büdnerei Nr. 10*	*1931-1939*
LHAS 4.12-4/1-1, 414/2	*Büdnereien Nr. 11-24*	*1822-1935*
LHAS 4.2-7, 452	*Büdnerstelle Nr. 11*	*1847-1920*
LHAS 5.12-9/7, 5194	*Büdnerei Nr. 11*	*1930-1943*
LHAS 4.2-7, 451	*Büdnerstelle Nr. 12*	*1846-1926*
LHAS 5.12-9/7, 5195	*Büdnerei Nr. 12*	*1926-1939*
LHAS 5.12-9/7, 5196	*Büdnerei Nr. 13*	*1882-1933*

LHAS 4.2-7, 870-888	*Büdnerstellen Nr. 14-32*	*19./20. Jh.*

Hierzu bitte Findbuch LHAS, Abt. 4.2-7, Teilbestand II, Seite 77-78 heranziehen!

LHAS 5.12-9/7, 5197	*Büdnerei Nr. 14*	*1928-1939*
LHAS 5.12-9/7, 5198	*Büdnerei Nr. 15*	*1893-1942*
LHAS 5.12-9/7, 5199	*Büdnerei Nr. 16*	*1919-1939*
LHAS 5.12-9/7, 5200	*Büdnerei Nr. 17*	*1927-1943*
LHAS 5.12-9/7, 5201	*Büdnerei Nr. 18*	*1920-1939*
LHAS 4.12-4/1-1, 414/3	*Büdnereien Nr. 25-31*	*1903-1935*
LHAS 5.12-9/7, 5202	*Büdnerei Nr. 25*	*1907-1940*
LHAS 5.12-9/7, 5203	*Büdnerei Nr. 26*	*1909-1939*
LHAS 5.12-9/7, 5204	*Büdnerei Nr. 27*	*1934-1939*
LHAS 5.12-9/7, 5205	*Büdnerei Nr. 28*	*1921-1939*
LHAS 5.12-9/7, 5206	*Büdnerei Nr. 29*	*1914-1939*
LHAS 5.12-9/7, 5207	*Büdnerei Nr. 30*	*1933-1939*
LHAS 5.12-9/7, 5208	*Büdnerei Nr. 31*	*1928-1946*
LHAS 5.12-9/7, 5209	*Büdnerei Nr. 32*	*1928-1941*
LHAS 5.12-9/7, 5210	*Büdnerei Nr. 33*	*1930-1936*
LHAS 4.2-7, 379	*Pachtverträge über Siedlungsländereien für die Büdner*	*1921-1933*
LHAS 4.2-7, 889	*Eigentumsgrundstück Nr. 20*	*1930-1936*
LHAS 4.2-7, 890	*Eigentumsgrundstück Nr. 21*	*1932*
LHAS 4.11-6, 10183	*Aufhebung der Hofdienste, des Kornzehnten und der Schafabtriften*	*1792*
LHAS 4.11-6, 3523	*Vermessung*	*1804-1863*
LHAS 5.12-4/2, 14284	*Flächenveränderungen an Grundstücken*	*1872-1919*
LHAS 4.12-4/1-1, 412	*Regulierung der Dorfschaft*	*1881-1930*
LHAS 5.12-9/7, 1938	*Regulierung der Hauswirtschaftsstellen (Erbhöfe)*	*1883-1943*
LHAS 4.11-6, 10957	*Verkauf bzw. Verpachtung von Grundstücken*	*1884-1925*
LHAS 5.12-9/7, 2101	*Berichtigung der Grundbuchblätter 14, 16 und 17*	*1907-1933*
LHAS 5.12-9/7, 2203	*Verpachtung von Acker- und Weideland an die Büdner*	*1919-1936*
LHAS 5.12-9/7, 2204	*Verpachtung von Siedlungsland am Ihlensee bei Hof Mechow an die Büdner*	*1920-1936*
LHAS 4.12-4/1-1, 417	*Verpachtung einer Fläche von 9390 qm an die Büdner und Häusler in Ziethen zur Anlegung einer gemeinsamen Kiesgrube*	*1920-1926*
LHAS 5.12-9/7, 2551	*Überlassung des Einliegerlandes an die Gemeinde*	*1921-1932*

LHAS 4.12-4/1-1, 418	*Übereignung von Einliegerland an die Gemeinde*	*1923-1924*
LHAS 5.12-9/7, 2595	*Mehrsiedlung Ziethen*	*1933-1936*
LHAS 5.12-4/3, 2191	*Siedlungen*	*1937-1938*
LHAS 5.12-9/7, 2098	*Flurbuchangelegenheiten*	*1900-1938*

Teil IV: Literaturverzeichnis

Geschichte, Landeskunde, Topografie, Übersichts- und Nachschlagewerke

Walter ASMUS, Andreas KUNZ und Ingwer E. MOMSEN (Hrsg.): Atlas zur Verkehrsgeschichte Schleswig-Holsteins im 19. Jahrhundert, Neumünster 1995.

Hans BEYER: Zur Eingliederung des Herzogtums Lauenburg in Preußen. In: LbgH 59 (1967), S. 1–3.

Günther BOCK: Quellen und Methoden – Perspektiven der historischen Landeskunde. In: Natur- und Landeskunde 113 (2006), S. 43–54.

William BOEHART (Hrsg.): Zwischen Stillstand und Wandel. Kreis Herzogtum Lauenburg – Der besondere Weg in die Moderne, Schwarzenbek 2001.

Heinz BOHLMANN (Bearb.): Die Ämter und ihre Gemeinden im Kreis Herzogtum Lauenburg – ein Porträt des ländlichen Raumes im südlichen Schleswig-Holstein, Büchen 2000.

Helmold von BOSAU: Slawenchronik. Neu übertragen und erläutert von Heinz Stoob, Darmstadt 1963.

Franz BÖTTGER und Emil WASCHINSKI: Alte schleswig-holsteinische Maße und Gewichte, Neumünster 1952.

Otto BRANDT: Geschichte Schleswig-Holsteins, 8. Aufl. überarbeitet von Wilhelm Klüver, Kiel 1981.

Werner BUDESHEIM (Hrsg.): Zur slawischen Besiedlung zwischen Elbe und Oder, Neumünster 1994.

Michael BUSCH: Das Herzogtum Lauenburg und seine dänischen Landesherren 1815–1848. In: Eckardt Opitz (Hrsg.): Das Revolutionsjahr 1848 im Herzogtum Lauenburg und in den benachbarten Territorien, Mölln 1999, S. 35–53.

Otto CLAUSEN: Flurnamen in Schleswig-Holstein, Rendsburg 1952.

Christian DEGN: Schleswig-Holstein – eine Landesgeschichte. Historischer Atlas, Neumünster 1994.

Christian DEGN und Uwe MUUSS: Topographischer Atlas Schleswig-Holsteins, 4. Aufl., Neumünster 1979.

Paul DOHM: Holsteinische Ortsnamen, die ältesten urkundlichen Belege gesammelt und erklärt, Kiel 1908.

J. U. FOLKERS: Zur Frage nach Ausdehnung und Verbleib der slavischen Bevölkerung von Holstein und Lauenburg. In: ZSHG 58 (1929), S. 339–448.

Hanswilhelm HAEFS: Ortsnamen und Ortsgeschichten in Schleswig-Holstein – zunebst dem reichhaltigen slawischen Ortsnamenmaterial und den dänischen Einflüssen auf Fehmarn und Lauenburg, Helgoland und Nordfriesland; woraus sich Anmerkungen zur Landesgeschichte ergeben, Norderstedt 2004.

Hermann HARMS: Das Kreis-Herzogtum-Lauenburg-Buch – eine Landeskunde in Text und Bild, Neumünster 1987.

Oswald HAUSER: Provinz im Königreich Preußen, Neumünster 1966 (Geschichte Schleswig-Holsteins, Band 8, 1. Lieferung).

Ludwig HELLWIG: Grundriß der Lauenburgischen Geschichte, Ratzeburg 1927.
Ernst HOMANN (Hrsg.): Provinzial-Handbuch für Schleswig-Holstein und das Herzogthum Lauenburg, Kiel 1868.
Michael HUNDT: Das Herzogtum Lauenburg im Zeitalter Napoleons I. In: Eckardt Opitz (Hrsg.): Herrscherwechsel im Herzogtum Lauenburg, Mölln 1998, S. 105–130.
Jürgen H. IBS, Eckart DEGE und Henning UNVERHAU (Hrsg.): Historischer Atlas Schleswig-Holstein, Bd. I–III, Neumünster 1999.
Hans-Georg KAACK: Preußen, Schleswig-Holstein und Lauenburg. In: LbgH 86 (1976), S. 19–41.
Hans-Georg KAACK: Das Herzogtum Lauenburg als Territorium. In: Kurt Jürgensen (Hrsg.): Ländliche Siedlungs- und Verfassungsgeschichte des Kreises Herzogtum Lauenburg, Neumünster 1990, S. 13–44.
Hans-Georg KAACK: Burg und Stadt Lauenburg. Geschichtliches und geographisches Umfeld, Entstehung, Wirtschaft, Recht und Verfassung. In: LbgH 131 (1991), S. 3–71.
Hans-Georg KAACK: 700 Jahre Herzogtum Lauenburg 1296–1996. Vom Fürstentum zur Kommunalen Gebietskörperschaft – ein Überblick. In: LbgH 145 (1996), S. 3–26.
Jürgen KAWALEK: Schleswig-Holsteinische Familienkunde. Methodischer Führer zum genealogischen Schrifttum Schleswig-Holsteins, Teil 2: Orts- und Regionalteil, Landesbibliothek Kiel o. J.
Olaf KLOSE und Christian DEGN: Geschichte Schleswig-Holsteins. 6. Band: Die Herzogtümer im Gesamtstaat 1721–1830, Neumünster 1960.
Peter von KOBBE: Geschichte und Landesbeschreibung des Herzogthums Lauenburg, Dritter Teil, Altona 1837.
Kersten KRÜGER und Eckardt OPITZ: Der Streit um das askanische Erbe im Herzogtum Sachsen-Lauenburg 1689. Teil 1: Erhobene Ansprüche; Teil 2: Andreas Gottlieb v. Bernstorff (1649–1726) und der Griff der Welfen nach dem Herzogtum Sachsen-Lauenburg. In: Eckardt Opitz (Hrsg.): Herrscherwechsel im Herzogtum Lauenburg, Mölln 1998, S. 81–104.
Walther LAMMERS: Germanen und Slawen in Nordalbingien. In: ZSHG 79 (1955), S. 17–81.
LANDESVERMESSUNGSAMT Schleswig-Holstein (Hrsg.): Topographischer Atlas Schleswig-Holstein, 4. Aufl., Neumünster 1979.
Ulrich LANGE (Hrsg.): Geschichte Schleswig-Holsteins. Von den Anfängen bis zur Gegenwart, Neumünster 1996.
Ulrich LANGE (Hrsg.): Geschichte Schleswig-Holsteins, Neumünster 2003.
Wolfgang LAUR: Historisches Ortsnamenlexikon von Schleswig-Holstein, Neumünster 1992.
Klaus-Joachim LORENZEN-SCHMIDT: Kleines Lexikon alter schleswig-holsteinischer Gewichte, Maße und Währungseinheiten, Neumünster 1990.
Christian MADAUS: Die Zentralverwaltung in Mecklenburg-Strelitz 1701–1918. In: Mecklenburg 36 (1994), Heft 3, S. 3–5.
Urban Friedrich Christoph MANECKE: Topographisch-historische Beschreibung der Städte, Ämter und adeligen Gerichte des Herzogtums Lauenburg, des Fürstentums Ratzeburg und des Landes Hadeln, hrsg. und erg. von Walter Dührsen, Mölln 1884. Nachdruck Hannover 1975.

Jörg MEYN: Die Schlacht bei Bornhöved (1227) und ihre Folgen – das askanische Herzogtum Sachsen bis zum Ende des 13. Jahrhunderts. In: Eckardt Opitz (Hrsg.): Herrscherwechsel im Herzogtum Lauenburg, Mölln 1998. - S. 7–24.
Henning OLDEKOP: Topographie des Herzogtums Holstein einschließlich Kreis Herzogtum Lauenburg, Fürstentum Lübeck, Enklaven der freien und Hansestadt Lübeck, Enklaven der freien und Hansestadt Hamburg. Bd. 1.2. Kiel 1908.
Eckardt OPITZ: Schleswig-Holstein. Das Land und seine Geschichte, Hamburg 1997.
Eckardt OPITZ (Hrsg.): Herzogtum Lauenburg – das Land und seine Geschichte. Ein Handbuch, Neumünster 2003.
Wolfgang PRANGE: Siedlungsgeschichte des Landes Lauenburg im Mittelalter, Neumünster 1960.
Alexander SCHARFF: Schleswig-Holstein und die Auflösung des dänischen Gesamtstaates 1830–1864/67, Neumünster 1975 u. 1980 (Geschichte Schleswig-Holsteins, Band 7, 1. u. 2. Lieferung).
Alexander SCHARFF: Schleswig-Holsteinische Geschichte. Ein Überblick. 5. Aufl. bearbeitet von Manfred Jessen-Klingenberg, Freiburg/Würzburg 1991.
Antje SCHMITZ: Die Ortsnamen des Kreises Herzogtum Lauenburg und der Stadt Lübeck, Neumünster 1990.
Johannes v. SCHRÖDER und Hermann BIERNATZKI: Topographie der Herzogthümer Holstein und Lauenburg, des Fürstenthums Lübeck und des Gebiets der freien und Hanse-Städte Hamburg und Lübeck, 2. Aufl., Oldenburg (in Holstein) 1855.
Johann SIEBMACHERs Großes Wappenbuch. Herausgegeben ab 1605. Band 19: Die Wappen des niederdeutschen Adels, Nachdruck der Ausgaben des 19. Jahrhunderts, Neustadt/Aisch 1977.
Reinhold TRAUTMANN: Die wendischen Ortsnamen Ostholsteins, Lübecks, Lauenburgs und Mecklenburgs, Neumünster 1950.
Emil WASCHINSKI: Währung, Preisentwicklung und Kaufkraft des Geldes in Schleswig-Holstein 1226–1864, Band 1, Neumünster 1952; Band 2 (Anhänge mit Materialien zu einem Schleswig-Holsteinischen Münzarchiv und zur Geschichte der Preise und Löhne in Schleswig-Holstein), Neumünster 1959 (= QuFGSH 26).
Walter WIEDEMANN: Domland Ratzeburg, 2., überarbeitete Aufl., Schönberg 1994.
Jann Markus WITT und Heiko VOSGERAU (Hrsg.): Schleswig-Holstein von den Ursprüngen bis zur Gegenwart. Eine Landesgeschichte, Hamburg 2002.
Hans WURMS: Sprachliche Anmerkungen zu den slavischen Ortsnamen des Kreises Herzogtum Lauenburg. In: LgbH 84 (1975), S. 1-71.
Hansjörg ZIMMERMANN: Einige Grundzüge der lauenburgischen Sondernetwicklung im 19. Jahrhundert. In: Die Heimat 84 (1977), S. 237–243.

Landwirtschafts-, Guts-, Familien- und Sozialgeschichte

(nach Ortschaften sortiert siehe ab Seite 330)

Wilhelm ABEL: Agrarkrisen und Agrarkonjunktur. Eine Geschichte der Land- und Ernährungswirtschaft Mitteleuropas seit dem hohen Mittelalter, 3., neu bearbeitete und erweiterte Auflage, Hamburg/Berlin 1978.

Wilhelm ABEL: Geschichte der deutschen Landwirtschaft vom frühen Mittelalter bis zum 19. Jahrhundert, 3., neu bearbeitete Auflage, Stuttgart 1978.

Volker v. ARNIM: Krisen und Konjunkturen der Landwirtschaft in Schleswig-Holstein vom 16. bis 18. Jahrhundert, Neumünster 1957.

Walter ASMUS: Zum Wandel der dörflichen Bevölkerungs- und Siedlungsstruktur im 19. Jahrhundert. In: Steinburger Jahrbuch 1979, S. 59–64.

Siegfried BANDHOLT: Bandholt – aus Bliestorf im Kreis Herzogtum Lauenburg, bis 1989 Herzogtum Lauenburg. In: Deutsches Geschlechterbuch 211 (2000), S. 53–132.

Konrad BEDAL: Doppelkaten. Zu einer Hausform im gutswirtschaftlichen Bereich. In: KBlV 5 (1973), S. 93–112.

Konrad BEDAL: Bäuerliche und herrschaftliche Bauten im Gutswirtschaftsbereich. In: KBlV 6 (1974), S. 153–179.

Harald BEHREND: Die Aufhebung der Feldgemeinschaften, Neumünster 1964.

Hans BEYER: Zur Entwicklung des Bauernstandes in Schleswig-Holstein zwischen 1768 und 1848. In: Zeitschrift für Agrargeschichte und Agrarsoziologie 5 (1957), S. 50–69.

Louis BOBÉ: Die Ritterschaft in Schleswig und Holstein von der ältesten Zeit bis zum Ausgange des Römischen Reiches 1806, Glückstadt 1918.

Cordula BORNEFELD: Rentengüter auf der Domäne Steinhorst. In: Zwischen Stillstand und Wandel, Schwarzenbek 2001, S. 157–158.

Stefan BRAKENSIEK: Agrarreform und ländliche Gesellschaft. Die Privatisierung der Marken in Nordwestdeutschland 1750–1850, Paderborn 1991.

Frank BRAUN: Der Hof Thies in Wohltorf. In: LbgH 122 (1988), S. 35–47.

Gisela BRAUNER: Bauernvögte der Kirchspiele Hohenhorn und Brunstorf des Herzogtums Lauenburg. In: Zeitschrift für Niederdeutsche Familienkunde 72 (1997), S. 317–332 und 73 (1998), S. 17–26.

Jürgen BROCKSTEDT (Hrsg.): Wirtschaftliche Wechsellagen in Schleswig-Holstein vom Mittelalter bis zur Gegenwart, Neumünster 1991.

Werner BUDESHEIM: Die Wendfelder im Kreis Herzogtum Lauenburg. In: Lauenburgische Akademie für Wissenschaft und Kultur, Jahrbuch 1 (1988), S. 9–30.

Hans CARSTENSEN: Die ländliche Siedlung in Schleswig-Holstein. In: Die Heimat 61 (1954), S. 181–186.

Barbara CZERANNOWSKI: Das bäuerliche Altenteil in Holstein, Lauenburg und Angeln 1650–1850. Eine Studie anhand archivalischer und literarischer Quellen, Neumünster 1988 (= Studien zur Volkskunde und Kulturgeschichte Schleswig-Holsteins 20).

Herbert DAU: Die Daus's, ihr Weg durch die Jahrhunderte. In: LbgH 72 (1971), S. 1–35.

Herbert DAU: Nachtrag zu „Die Dau's, ihr Weg durch die Jahrhunderte“. In: LbgH 77 (1973), S. 64–68.

Georg DAVIDS: Holländer und Holländereien, Köln 1993.

Christian DEGN: Die Stellungnahmen schleswig-holsteinischer Gutsbesitzer zur Bauernbefreiung. In: Christian Degn und Dieter Lohmeier (Hrsg.): Staatsdienst und Menschlichkeit, Neumünster 1980, S. 77–87.
Nicolaus DETLEFSEN: Rittergut – Adliges Gut – Kanzleigut. In: Die Heimat 79 (1972), S. 237–238.
Albert DIETRICH: 150 Jahre Bauernbefreiung in Schleswig-Holstein. In: Zeitschrift für das gesamte Siedlungswesen 4 (1955), S. 35–37.
Richard ECKERMANN: Die Eckermanns in Hohenhorn, Mecklenburg und Australien. In: Hohenhorn 1230–1980, Hohenhorn 1980, S. 85–89.
Richard EHRICH: Maßnahmen zur Förderung der Landwirtschaft im 19. Jahrhundert. In: LbgH 112 (1985), S. 56–60.
Richard EHRICH: Die Fortentwicklung unserer Landwirtschaft bis in die Neuzeit. In: LbgH 113 (1985), S. 25–32.
EINKOPPELUNGEN und Verkoppelungen. Zweifache Agrarreform im 18. Jahrhundert. In: Blätter für Heimatkunde (Eutin) 3 (1957), S. 90.
Nikolaus FALCK: Beiträge zur Geschichte der schleswig-holsteinischen Landwirtschaft, Kiel 1847.
Dr. FUCHS: Die Entwicklung der schleswig-holsteinischen Landwirtschaft im 19. Jahrhundert. In: Die Heimat 17 (1907), S. 249–256.
Hans FUNCK: Art und Wandel des Bauernaltenteils im Amte Steinhorst. In: Die Heimat 75 (1968), S. 137–141.
Silke GÖTTSCH: Beiträge zum Gesindewesen in Schleswig-Holstein zwischen 1740 und 1840, Neumünster 1978 (= Studien zur Volkskunde und Kulturgeschichte Schleswig-Holsteins 3).
Silke GÖTTSCH: „Alle für einen Mann ..." Leibeigene und Widerständigkeit in Schleswig-Holstein im 18. Jahrhundert, Neumünster 1991.
Fred GROCHOWSKY: Die Landarbeiterdynastie von Behlendorf. Reinhold Schiwitzkyi ist auf dem Lauenburger Gut eine Institution. In: Bauernblatt 2008, Heft 35, S. 84.
Helmut GUMMERT und Ulrich WERSCHNITZKY: Wirtschaftliche Auswirkungen von Maßnahmen zur Verbesserung der Agrarstruktur im Zusammenhang mit der Flurbereinigung in Schleswig-Holstein und den nördlichen Teilen Niedersachsens und Nordrhein-Westfalens, Stuttgart 1965.
Theodor HÄBICH: Deutsche Latifundien. Bericht und Meinung, Stuttgart 1947.
Ernst HACKEMANN: Die Entwicklung der Landwirtschaft in Nordschleswig seit dem Ausgang des 18. Jahrhunderts, Rostock 1928.
Wilhelm HADELER: Eine alte Familie [Fischer] in der Stadt Lauenburg. In: LbgH 75 (1972), S. 10–27.
Georg HANSSEN: Agrarhistorische Abhandlungen, Leipzig 1884.
Paul von HEDEMANN-HEESPEN: Der Inhalt einer großen Auswahl schleswig-holsteinischer Orts- und Personengeschichten. In: ZSHG 49 (1919), S. 1–25.
Günter HEISCH: Geschichte der schleswig-holsteinischen Ritterschaft 4: Privilegien und Recht von 1775 bis zur Gegenwart, Neumünster 1966.
Friedrich HESS: Bauervogt-Bestallung in Niendorf a. d. Stecknitz Juli 1753. In: LbgH 53 (1966), S. 37–48.

Dietrich HILL: Milch- und Meiereiwirtschaft in Schleswig-Holstein im Wandel der Zeit. In: ZSHG 108 (1983), S. 207–223.

G. E. HOFFMANN: Von alten Hof- und Hausmarken. In: Schleswig-Holsteinischer Bauernkalender 1938, S. 109–110.

Hans HÜBNER: Das Ende der Leibeigenschaft in Schleswig-Holstein. In: Die Heimat 65 (1958), S. 82–85.

Friedrich Christoph JENSEN und Dietrich Hermann HEGEWISCH: Privilegien der Schleswig-Holsteinischen Ritterschaft, Kiel 1797.

Manfred JESSEN-KLINGENBERG: Gutsherrschaft, Gutswirtschaft und Leibeigenschaft. Zwischen gutsherrlichem Zwang und bäuerlicher Eigenverantwortung, Kiel 2005 (= Materialien für den Geschichtsunterricht 2).

Hans-Georg KAACK: Chronik der Familie Klempau zu Krummesse. 250 Jahre Klempau's Gasthof 1736–1986, Krummesse 1986.

Otto KÄHLER: Zur Geschichte des Erbhöferechts in Schleswig-Holstein. In: NE 9 (1932), S. 246–265.

Hans-Helmuth KIEHN: Die Kiehns in Hohenhorn. In: Hohenhorn 1230–1980, Hohenhorn 1980, S. 91–95.

Robert-Dieter KLEE: Zur rechtlichen Lage des Gesindes im Herzogtum Lauenburg vom 18. bis zum 20. Jahrhundert. In: LbgH 173 (2006), S. 26–49.

Jan KLUSSMANN: „Wo sie frey seyn, und einen besseren Dienst haben solte“: Flucht aus der Leibeigenschaft in Schleswig-Holstein in der zweiten Hälfte des 18. Jahrhunderts. In: Jan Peters (Hrsg.): Konflikt und Kontrolle in Gutsherrschaftsgesellschaften. Über Resistenz- und Herrschaftsverhalten in ländlichen Sozialgebilden der Frühen Neuzeit, Göttingen 1995, S. 118–152.

Karl-Sigismund KRAMER: Nachrichten zum Komplex „Haus und Hof im Volksleben“, vorwiegend aus Holstein. In: KBlV 2 (1970), S. 53–103.

Kurt LANGENHEIM: Der Familienname Langenheim in Lauenburgischen Kirchenbüchern. In: LbgH 107 (1983), S. 29–32.

Bernd LANGMAACK: Die Rekonstruktion der Landvermessung und Landreform vor 200 Jahren. In: Die Heimat 104 (1997), S. 226–236.

Klaus-Joachim LORENZEN-SCHMIDT: Die Sozial- und Wirtschaftsstruktur schleswig-holsteinischer Landstädte zwischen 1500 und 1550, Neumünster 1980 (= QuFGSH 76).

Klaus-Joachim LORENZEN-SCHMIDT: Eine Zeittafel für den schleswig-holsteinischen Wirtschafts- und Sozialhistoriker. In: Rundbr. 23 (1983), S. 2–22.

Klaus-Joachim LORENZEN-SCHMIDT: Zur Statistik der schleswig-holsteinischen Landwirtschaft um 1825; die vom Segeberger Amtmann v. Rosen gesammelten Daten aus den Jahren um 1825/1828. In: Rundbr. 34 (1985), S. 13–20.

Klaus-Joachim LORENZEN-SCHMIDT: Die von Rosenschen Erhebungen aus dem Jahre 1825 als Quelle für die Landwirtschaftsgeschichte. In: Klaus Greve (Hrsg.): Quellenkundliche Beiträge zur Wirtschafts- und Sozialgeschichte Schleswig-Holsteins, Kiel 1985.

Klaus-Joachim LORENZEN-SCHMIDT: Schleswig-Holsteinische Märkte im Jahr 1796. In: Rundbr. 50 (1990), S. 26–28.

Klaus-Joachim LORENZEN-SCHMIDT: Die große Agrarkrise in den Herzogtümern 1819–1829. In: Jürgen Brockstedt (Hrsg.): Wirtschaftliche Wechsellagen in Schleswig-Holstein vom Mittelalter bis zur Gegenwart, Neumünster 1991, S. 175–197.

Klaus-Joachim LORENZEN-SCHMIDT: Aufschlüsse über ländliche Kredite des 17. und 18. Jahrhunderts aus Schuld- und Pfandprotokoll-Renovaturen. In: Rundbr. 69 (1997), S. 23–31.
J. J. H. LÜTGENS: Kurzgefaßte Charakteristik der Bauernwirtschaften in den Herzogthümern Schleswig und Holstein etc., Hamburg 1847.
Hans MEIER: Als unsere Bauern wieder frei wurden. In: Schleswig-Holsteinischer Bauernkalender 1942, S. 55–58.
Gerhard MEYER: Die Verkoppelung im Herzogtum Lauenburg unter hannoverscher Herrschaft, Hildesheim 1965.
Gerhard MEYER: Die Verkoppelung im Herzogtum Lauenburg. In: Kurt Jürgensen (Hrsg.): Ländliche Siedlungs- und Verfassungsgeschichte des Kreises Herzogtum Lauenburg, Neumünster 1990, S. 59–72.
Jörg MEYN: Landesherr und Ritterschaft im Herzogtum Sachsen-Lauenburg im Spätmittelalter. In: Eckardt Opitz (Hrsg.): Herrschaft und Stände in ausgewählten Territorien Norddeutschlands vom Mittelalter bis ins 20. Jahrhundert, Bochum 2001, S. 33–53.
Jörn MEYN: Landesherr und Landwirtschaft im Herzogtum Sachsen-Lauenburg. Ein Längsschnitt vom Mittelalter bis zum Vorabend der Agrarreformen des Aufklärungszeitalters. In: ZSHG 133 (2008), S. 57–89.
Paul NIEKAMMER (Hrsg.): Band XXI: Landwirtschaftliches Adreßbuch der Güter und größeren Höfe der Provinz Schleswig-Holstein, Leipzig 1927.
Elisabeth PAATZ (Hrsg.): Lebensbilder aus der Familie Valentiner zwischen 1830 und 1970. Verfaßt von nahen Verwandten, gesammelt und herausgegeben von Elisabeth Paatz geb. Valentiner, Heidelberg 1976.
Jan PETERS (Hrsg.): Gutsherrschaft als soziales Modell – vergleichende Betrachtungen zur Funktionsweise frühneuzeitlicher Agrargesellschaften, München 1995.
Wolfgang PRANGE: Die Anfänge der großen Agrarreformen in Schleswig-Holstein bis 1771, Neumünster 1971 (= QuFGSH 60).
Wolfgang PRANGE: Flucht aus der Leibeigenschaft. In: Das Recht der kleinen Leute, Berlin 1976, S. 166–178.
Wolfgang PRANGE: Die Entwicklung der adligen Eigenwirtschaft in Schleswig-Holstein. In: Die Grundherrschaft im späten Mittelalter, Band I, Sigmaringen 1983, S. 519–553.
Wolfgang PRANGE: Bauer und Herrschaft in Lauenburg. In: Kurt Jürgensen (Hrsg.): Ländliche Siedlungs- und Verfassungsgeschichte des Kreises Herzogtum Lauenburg, Neumünster 1990, S. 45–58.
Wolfgang PRANGE: Nun ist in Stintenburg alles aus. Gerichtliche Auseinandersetzungen um die Hofdienste 1780–1790. In: Wolfgang Prange: Beiträge zur schleswig-holsteinischen Geschichte, Neumünster 2002, S. 341–357.
Klaus-Dieter RABE: Die Zabel oder Zobel in Lauenburg an der Elbe und ihr Verwandtenkreis. In: LbgH 170 (2005), S. 42–61.
Bruno RAUTE: Die Neubürger der Stadt Ratzeburg von 1601 bis 1871, Ratzeburg 1933.
Magda REMUS: Die Verkoppelung der Dorfschaft Kuddewörde 1781–1805. In: Gemeinde Kuddewörde-Rotenbek (Hrsg.): Kuthenworden-Rodenbeke 1230 – Kuddewörde-Rotenbek 1980, Kuddewörde-Rotenbek 1980, S. 84–89.

Ernst REVENTLOW und Hans Adolf von WARNSTEDT: Daten zum Viehbestand und dem Ertrag des Ackerbaus der Herzogtümer in den 1840er Jahren. In: Rundbrief des Arbeitskreises für Wirtschafts- und Sozialgeschichte Schleswig-Holsteins, 22 (1983), S. 5–13.
Martin RHEINHEIMER (Bearb.): Bibliographie zur Wirtschafts- und Sozialgeschichte Schleswig-Holsteins, Neumünster 1997 (= Studien zur Wirtschafts- und Sozialgeschichte Schleswig-Holsteins 27).
Erwin RICKERT: Die Verkoppelung des „Amts Ratzeburgischen Dorfes Kühsen". In: LbgH 54 (1966), S. 37–48.
Erwin RICKERT: Hand- und Spanndienste in der Gemeinde Kühsen. In: LbgH 116 (1986), S. 88–96.
Brar C. ROELOFFS: Die schleswig-holsteinische Landwirtschaft in der vorpreußischen Zeit – die Agrarreformen um 1800, ein markantes Ereignis. In: Bauernblatt für Schleswig-Holstein 42/138 (1988), S. 4747–4748.
Hans-Cord SARNIGHAUSEN: Zur Familie von Wickede auf Bliestorf bei Lübeck-Krummesse. In: Genealogie 29 (2008), S. 297–304.
Heinrich SCHEELE: Die Lauenburgische Bauernschaft in der ersten Hälfte des 16. Jahrhunderts nach den Geldheberegistern im Kieler Staatsarchiv, Ratzeburg 1935.
Karl Hermann SCHRADER: Die Familie (von) Tode auf Rondeshagen und Klein Berkenthin. In: LbgH 116 (1986), S. 3–41.
Percy E. SCHRAMM und Ascan W. LUTTEROTH: Verzeichnis gedruckter Quellen zur Geschichte Hamburgischer Familien mit Berücksichtigung der näheren Umgebung Holsteins. Herausgegeben von der Zentralstelle für Niedersächsische Familiengeschichte e. V., Hamburg 1921.
August-Wilhelm SEEHUSEN: Über die Aufhebung der Feldgemeinschaft und die Teilung der Gemeinheiten in Schleswig-Holstein. In: Schleswig-Holsteinische Anzeigen 1961, S. 40–43.
Eberhard SPECHT: Die Herren von Grönau (1196/1200–1434+). Ein lauenburgisches Adelsgeschlecht. In: LbgH 155 (2000), S. 60–70.
Hans Hermann STORM: So war es damals. Das Leben auf dem Lande, 5 Bände, Rendsburg 1989–1992.
Claudia TANCK: Strukturwandel in der Landwirtschaft. In: William Boehart (Hrsg.): Zwischen Stillstand und Wandel. Kreis Herzogtum Lauenburg – Der besondere Weg in die Moderne, Schwarzenbek 2001, S. 223–238.
Erich THIESEN: Die Verkoppelung – Flurbereinigung vor 200 Jahren in Schleswig-Holstein. In: Minister für Ernährung, Landwirtschaft und Forsten des Landes Schleswig-Holstein (Hrsg.): 25 Jahre Flurbereinigung: Schleswig-Holstein, Kiel 1980, S. 52–56.
Thyge THYSSEN: Bauer und Standesvertretung. Werden und Wirken des Bauerntums, Neumünster 1958.
Marie-Luise TOCKHORN: Landwirtschaftlicher Strukturwandel des Kreises Herzogtum Lauenburg und seine Bedeutung für die Entwicklung der ländlichen Räume. In: Die Heimat 101 (1994), S. 41–52.
Werner URBAN: Neue Erkenntnisse über die Rittersitze der Daldorffs auf Wotersen aus alten Karten und Akten im Gutsarchiv Gartow. In: LbgH 123 (1989), S. 80–109.
Dr. VOIGT: Die Aufteilung von 52 Staatsgütern in Schleswig-Holstein in den Jahren 1765–1782. In: Die Heimat 29 (1919), S. 189–190.

J. Volkert VOLQUARDSEN: Zur Agrarreform in Schleswig-Holstein nach 1945. In: ZSHG 102/103 (1977/78), S. 187–344.
Ingeborg WEBER-KELLERMANN: Landleben im 19. Jahrhundert, München 1987.
Guido WEINBERGER: Die erste Verkoppelung im Herzogtum Lauenburg. In: LbgH 189 (2011), S. 68–76.
Heiner WULFERT: Die Agrarreformen in Schleswig-Holstein von 1765 bis zum Ende des 19. Jahrhunderts. In: Zeitschrift für Geschichtswissenschaft 34 (1986), S. 40–46.

Recht, Verwaltung, Jurisdiktion

Gadi ALGAZI: Herrengewalt und Gewalt der Herren im späten Mittelalter. Herrschaft, Gegenseitigkeit und Sprachgebrauch, Frankfurt/New York 1996.
Manfred BENGEL und Franz SIMMERDING: Grundbuch, Grundstücke, Grenze, 3. Aufl., Neuwied/Frankfurt a. M. 1989.
Reinhold BERANEK: Das Birgittenkloster Marienwohlde im Norden von Mölln. In: LbgH 146 (1997), S. 3–52.
Friedrich BERTHEAU: Über die Franzosenzeit in Lauenburg. In: Archiv des Vereins für die Geschichte des Herzogtums Lauenburg, Band I, Heft 3 (1896), S. 237 ff.
Friedrich BERTHEAU: Zur Geschichte der lübschen Enklaven in Lauenburg. In: LgbH (1907), S. 54-59.
Friedrich BERTHEAU: Die geschichtliche Entwicklung der ländlichen Rechtsverhältnisse im Fürstentum Ratzeburg. In: Jahrbücher des Vereins für mecklenburgische Geschichte und Altertumskunde, Band 79 (1914), S. 71-170.
Heinz BOHLMANN: Bemerkungen zur Verwaltungsgeschichte im Kreis Herzogtum Lauenburg seit dem 13. Jahrhundert. In: ders. (Bearb.): Die Ämter und ihre Gemeinden im Kreis Herzogtum Lauenburg – ein Porträt des ländlichen Raumes im südlichen Schleswig-Holstein, Büchen 2000, S. 11–26.
Detlev Werner von BÜLOW: Die Entwicklung der Ritter- und Landschaft und ihre Stellung in der Staatsverwaltung des Herzogtums Lauenburg bis zum Jahre 1848. In: Lauenburgische Akademie für Wissenschaft und Kultur, Jahrbuch 1 (1988), S. 69–80.
Detlev Werner von BÜLOW: Zur Geschichte der lauenburgischen Ritterschaft, insbesondere in dänischer und preußischer Zeit mit besonderer Berücksichtigung der Agrarverfassung. In: Kurt Jürgensen (Hrsg.): Ländliche Siedlungs- und Verfassungsgeschichte des Kreises Herzogtum Lauenburg, Neumünster 1990, S. 79–88.
Michael BUSCH: Das Herzogtum Lauenburg und seine dänischen Landesherren 1815–1848. In: Eckardt Opitz (Hrsg): Das Revolutionsjahr 1848 im Herzogtum Lauenburg und in den benachbarten Territorien, Mölln 1999, S. 35–53.
Christian CLEMENT: Die Geschichte des Amtes Büchen und seiner zehn Gemeinden. Die politische und wirtschaftliche Entwicklung vom Mittelalter bis zur Gegenwart, Hamburg 1998.
Curt DAVIDS: Wentorf als Reinbeker Klosterbesitz. In: LbgH 57 (1967), S. 53–58.
Nikolaus FALCK: Handbuch des schleswig-holsteinischen Privatrechts, Band I–V, Altona 1825–1848.
Hans FUNCK: Das ehemalige Amt Steinhorst, Neumünster 1985.

Theodor GÖTZE: Das Steinhorster Amt. Versunkenes und Verklungenes aus seiner Geschichte, Ratzeburg 1924.
Antjekathrin GRASSMANN: Zu Verfassung, Verwaltung und Agrarzustand der Lübeckischen Enklaven im Herzogtum Lauenburg. In: Kurt Jürgensen (Hrsg.): Ländliche Siedlungs- und Verfassungsgeschichte des Kreises Herzogtum Lauenburg, Neumünster 1990, S. 73–78.
Antjekathrin GRASSMANN: Vom Ritzerauer Landgericht. In: Geschichtliche Beiträge zur Rechtspflege im Herzogtum Lauenburg und in umliegenden Territorien, Mölln 1996, S. 34–43.
Antjekathrin GRASSMANN: Eine Reichsstadt kauft sich ein Herzogtum. Die „Verpfändung" der Stadt Mölln an Lübeck. In: Der Wagen – Lübecker Beiträge zur Kultur und Gesellschaft 1992, S. 234–237.
Klaus von der GROEBEN: Verwaltung und rechtliche Fragen zum mecklenburgischen Domänenbesitz im Kreis Herzogtum Lauenburg. In: Kurt Jürgensen (Hrsg.): Ländliche Siedlungs- und Verfassungsgeschichte des Kreises Herzogtum Lauenburg, Neumünster 1990, S. 109–118.
Oswald HAUSER: Staatliche Einheit und regionale Vielfalt in Preußen, Neumünster 1967.
Kurt HECTOR: Zur Verwaltung und Rechtspflege in Schleswig-Holstein vor 1864. In: Peter Ingwersen (Hrsg.): Methodisches Handbuch für Heimatforschung, Schleswig 1954, S. 119–135.
Traugott Freiherr von HEINTZE: Lauenburgisches Sonderrecht. Die Sonderstellung des Kreises Herzogtum Lauenburg auf dem Gebiet des öffentlichen Rechts unter spezieller Berücksichtigung der geschichtlichen Entwicklung, Ratzeburg 1909.
Georg v. HOBE-GELTING: Die rechtliche Stellung der adligen Güter und Gutsbezirke in Schleswig-Holstein in der Zeit von 1805 bis 1928, Diss., Kiel 1974.
Dirk JACHOMOWSKI: Uetersen. In: Die Männer- und Frauenklöster der Zisterzienser in Niedersachsen, Schleswig-Holstein und Hamburg, St. Ottilien 1994, S. 664–677.
Reimut JOCHIMSEN, Peter KNOBLOCH und Peter TREUNER: Gebietsreform und regionale Strukturpolitik – Das Beispiel Schleswig-Holstein, Opladen 1971.
Kurt JÜRGENSEN (Hrsg.): Ländliche Siedlungs- und Verfassungsgeschichte des Kreises Herzogtum Lauenburg, Neumünster 1990.
Kurt JÜRGENSEN (Hrsg.): Geschichtliche Beiträge zur Rechtspflege im Herzogtum Lauenburg und in umliegenden Territorien, Mölln 1996.
Hans-Georg KAACK: Die Entwicklung der Gemeindeverfassung im (Kreis) Herzogtum Lauenburg unter besonderer Berücksichtigung der Gemeinde Wentorf bei Hamburg. In: LbgH 136 (1993), S. 3–56.
Christiane KENZLER: Die Ritter- und Landschaft im Herzogtum Sachsen-Lauenburg in der frühen Neuzeit, Hamburg 1997.
Robert-Dieter KLEE: Konsistorialgerichtsbarkeit im Herzogtum Lauenburg. In: Geschichtliche Beiträge zur Rechtspflege im Herzogtum Lauenburg und in umliegenden Territorien, Mölln 1996, S. 27–33.
Robert-Dieter KLEE: Zur Eingliederung der „mecklenburgischen" Gemeinden in den Kreis Herzogtum Lauenburg. In: LbgH 153 (1999), S. 41–56.

Robert-Dieter KLEE: Zur rechtlichen Lage des Gesindes im Herzogtum Lauenburg vom 18. bis zum 20. Jahrhundert. In: LbgH 173 (2006), S. 26–49.

Heinrich KOCHENDÖRFFER: Das adelige Landgericht in Schleswig-Holstein. In: NE 3 (1924), S. 325–340.

Georg KRAUS: Das Recht der Familienfideikommisse und der Familienstiftungen in Schleswig-Holstein. In: Schleswig-Holsteinische Anzeigen 81 (1917), S. 1–46.

Wichmann von MEDING: Gründung und Verwaltung der Stadt Lauenburg – bemerkenswert ansteigend. In: LbgH 166 (2004), S. 81–113.

Christiane OBERLÄNDER: Die Verfassungs- und Verwaltungsgeschichte des Kreises Herzogtum Lauenburg vom Mittelalter bis zur Ämterreform 1948. In: LbgH 156 (2000), S. 20–83.

Eckardt OPITZ (Hrsg.): Herrscherwechsel im Herzogtum Lauenburg, Mölln 1998.

Eckardt OPITZ: Die Bedeutung der Ritter- und Landschaft im Herzogtum Lauenburg. In: Matthias Manke (Hrsg.): Verfassung und Lebenswirklichkeit – der Landesgrundgesetzliche Erbvergleich von 1755 in seiner Zeit, Lübeck 2006, S. 351–365.

Walter PAATSCH: Alte Gerichtsakten als Quellen der Heimatgeschichte. In: HJbS 39 (1993), S. 29–32.

Paul Detlev Christian PAULSEN: Lehrbuch des Privat-Rechts der Herzogthümer Schleswig und Holstein, wie auch des Herzogthums Lauenburg, 2. Aufl., verbessert, und mit dem lauenburgischen Rechte vermehrt, Kiel 1842.

Julius PELTZER: Die Begründung von Rentengütern und das Grundbuch im Gebiete des Preußischen Allgemeinen Landrechts, Berlin 1895.

Markus POSSELT: Die Schleswig-Holsteinischen Klöster nach der Reformation, Itzehoe 1894.

Wolfgang PRANGE: Einige Bemerkungen über Leibeigenschaftsprozesse. In: ZSHG 95 (1970), S. 237–240.

Wolfgang PRANGE: Das Adlige Gut in Schleswig-Holstein im 18. Jahrhundert. In: Christian Degn und Dieter Lohmeier (Hrsg.): Staatsdienst und Menschlichkeit. Studien zur Adelskultur des späten 18. Jahrhunderts in Schleswig-Holstein und Dänemark, Neumünster 1980, S. 57–75.

Wolfgang PRANGE: Landesherrschaft, Adel und Kirche in Schleswig-Holstein 1523 und 1581. Die Zahl der Bauern am Ende des Mittelalters und nach der Reformation. In: ZSHG 108 (1983), S. 51–90.

Wolfgang PRANGE: Das Ratzeburger Hufenregister von 1292. Landesherrliche Rechte in den Ländern Ratzeburg und Boitin. In: ZSHG 111 (1986), S. 39-92.

Wolfgang PRANGE: Vom Rittersitz des Mittelalters zum Adligen Gericht der Neuzeit im Herzogtum Lauenburg. In: Kurt Jürgensen (Hrsg.): Herrensitz und Herzogliche Residenz in Lauenburg und in Mecklenburg, Mölln 1995, S. 33–46.

Wolfgang PRANGE: Die Organisation der Rechtspflege im Herzogtum Lauenburg bis 1879. In: Geschichtliche Beiträge zur Rechtspflege im Herzogtum Lauenburg und in umliegenden Territorien, Mölln 1996, S. 13–26.

Wolfgang PRANGE: Die Möllner Pfandschaft und das Amt Steinhorst. In: Eckardt Opitz (Hrsg.): Herrscherwechsel im Herzogtum Lauenburg, Mölln 1998, S. 25–46.

Wolfgang PRANGE: Die Organisation der Rechtspflege im Herzogtum Lauenburg bis 1789. In: Wolfgang Prange: Beiträge zur schleswig-holsteinischen Geschichte, Neumünster 2002, S. 399–414.

Horst RALF: Der Pflug als Rechtssymbol und Maß für Abgaben. In: HJbS 45 (1999), S. 46–52.
Armgard von REDEN: Landständische Verfassung und fürstliches Regiment in Sachsen-Lauenburg (1543-1689), Göttingen 1974.
Georg Alfred RUNGE: Gerichtsverfassung und Rechtsordnung in Schleswig und Holstein bis 1867. In: Schleswig-Holsteinische Anzeigen 1989, S. 149–152.
Heinrich SCHEELE: Rückblicke auf die bäuerlichen Rechtszustände im Lande Lauenburg. In: LbgH AF, Heft 3/4 (1937), S. 41 ff.
Gerret SCHLABER: Rechtsprechung und Verwaltung in den Herzogtümern Schleswig, Holstein und Lauenburg 1850-1864. Wandel oder Beharrung? In: ZSHG 124 (1999), S. 109-133.
Max SERING: Erbrecht und Agrarverfassung in Schleswig-Holstein auf geschichtlicher Grundlage, Berlin 1908.
Karl v. WARNSTEDT: Zur Kunde der Verfassung und Vertretung der Landcommünen in den Herzogthümern Schleswig und Holstein. In: Neues Staatsbürgerliches Magazin 5 (1837), S. 504–594.
Hansjörg ZIMMERMANN: Kontinuität und Tradition. Die Bedeutung der drei slawischen Dörfer [Farchau, Horst, Panten] in der Dotationsurkunde für das Bistum Ratzeburg. In: LbgH 78 (1973), S. 1–22.

Steuerwesen

Heinrich CLAUSEN: Pflug = Hufe? In: JbSG 37 (1989), S. 61–68.
Franz EHLERS: Zoll- und Steuergeschichte Schleswig-Holsteins, o. O. o. J.
Albert HÄNEL und Wilhelm SEELIG: Zur Frage der „stehenden Gefälle“ in Schleswig-Holstein, Kiel 1871.
Heinz HARTEN: Die beiden Pötrauer Kirchenkaten und die Abgaben ihrer Bewohner. In: LbgH 100 (1981), S. 48–56.
Jan HEYDE: Die Steuern in Schleswig-Holstein im 17. und 18. Jahrhundert. In: JbSG 29 (1981), S. 204–207.
C. HORST: Das Hebungs- und Steuerwesen, Kiel 1857.
Werner PFEIFFER: Geschichte des Geldes in Schleswig-Holstein, Heide/Holstein 1977.
Horst RALF: Der Pflug als Rechtssymbol und Maß für Abgaben. In: HJbS 45 (1999), S. 46–52.
Johann Christian RAVIT: Die Steuern in Schleswig-Holstein und das preußische Steuersystem, Hamburg 1867.
Harald RICHERT: Steuern und Abgaben in den zu Hamburg und Lübeck gehörenden Vierlanden und Geesthacht in früherer Zeit. In: Die Heimat 104 (1997), S. 143–149.
Friedrich SAEFTEL: Pflug-Gespann, Fach-Haus, Grund-Steuer. Das Haus als Maßstab für Rechte und Pflichten sowie als Grundlage für den Aufbau der Münzrechnung, Eckernförde 1957.
Franz SCHUBERT: Herzogtum Lauenburg – Bevölkerung des Amtes Neuhaus 1704, Geldregister der Ämter Schwarzenbek, Ratzeburg und Lauenburg 1704, Neubürgerliste der Stadt Ratzeburg 1601–1705, Eigenverlag 1985.
Adolf Theodor THOMSEN-OLDENSWORTH: Die Steuern der Herzogthümer Schleswig-Holstein und des Preußischen Staats, Kiel 1867.

Gedruckte Quellen, Quellenkunde, Statistiken, Archive und sonstige Hilfsmittel

Gadi ALGAZI: Ein gelehrter Blick ins lebendige Archiv. Umgangsweisen mit der Vergangenheit im 15. Jahrhundert. In: Historische Zeitschrift 266 (1998), S. 317–357.
Erwin BERGENER: Urkunden zur Familienforschung. In: JbPi 1984, S. 177–178.
William BOEHART: Überblick über die Bestände der Archive der Archivgemeinschaft der Städte Schwarzenbek, Geesthacht, Lauenburg/Elbe sowie der Gemeinde Wentorf bei Hamburg und des Amtes Büchen. In: LbgH 120 (1988), S. 48–78.
Cordula BORNEFELD, Hartmut HAASE: Findbuch der Archivbestände Kreis Herzogtum Lauenburg 1876–1950 in Ratzeburg und Schleswig. Veröffentlichungen des Schleswig-Holsteinischen Landesarchivs, Band 61, Schleswig 2001.
Michael BRÜCHMANN und Annette GÖHRES: Das Nordelbische Kirchenarchiv. In: Steinburger Jahrbuch 2003, S. 43–53.
H. CARSTENS: Die Volkszählung 15. August 1769 in Schleswig-Holstein. In: Zeitschrift für Niedersächsische Familienkunde 19 (1937), S. 180–184.
CHRONIKEN in Schleswig-Holstein. In: JbSG 41 (1993), S. 248–260.
Otto CLAUSEN: Die Bedeutung der Schuld- und Pfandprotokolle für die Hof- und Familienforschung. In: Busdorfer Hefte 1 (1988), S. 42–48.
Rainer DEMSKI: Die Flurkarte als historische Quelle. In. JbEut 29 (1995), S. 57–61.
Bruno DORFMANN: Das Münz- und Geldwesen des Herzogtums Lauenburg und die Medaillen des Hauses Sachsen-Lauenburg, Lübeck 1969.
Veronika EISERMANN und Hans Wilhelm SCHWARZ (Bearb.): Archive in Schleswig-Holstein, Schleswig 1996 (= Veröffentlichungen des Schleswig-Holsteinischen Landesarchivs, Band 43).
Hannelies ETTRICH: ...von den Freuden und Leiden, eine Chronik zu schreiben. In: JbSt 8 (1990), S. 103–113.
Hans FUNCK: Das Erdbuch des Amtes Steinhorst von Anno 1667. In: LbgH 60 (1968), S. 4–13.
Rolf GEHRMANN: Die Volkszählungslisten als Spiegel der Sozialstruktur Schleswig-Holsteins im 19. Jahrhundert. In: Die Heimat 91 (1984), S. 111–118.
Silke GÖTTSCH: Ländliche Tage- und Anschreibebücher. In: KBlV XIV (1982), S. 153–159.
Silke GÖTTSCH: Möglichkeiten der Erfassung und Auswertung von Amtsrechnungen. In: KBlV XV (1983), S. 163–172.
Hans GRÜTZNER: Das Archiv des Kirchenkreises Ratzeburg. Was findet der Familienforscher wo? In: Zeitschrift für Niederdeutsche Familienkunde 74 (1999), S. 298–300.
Heinz HARTEN: Das Leineweberheft mit Färbereinlage aus dem Pötrauer Kirchenkaten. In: LbgH 100 (1981), S. 57–64.
Kurt HECTOR: Das Schleswig-Holsteinische Landesarchiv, Schleswig 1973.
Rainer HERING: Öffentliches Gedächtnis Schleswig-Holsteins – das Landesarchiv am Beginn des 21. Jahrhunderts. In: Beiträge zur Schleswiger Stadtgeschichte, Schleswig 2007, S. 111–128.
Gottfried Ernst HOFFMANN: Der Weg zu den archivalischen Quellen der Heimat- und Landesforschung. In: Peter Ingwersen (Hrsg.): Methodisches Handbuch für Heimatforschung, Schleswig 1954, S. 24–40.

Marie-Luise HOPF-DROSTE (Hrsg.): Katalog ländlicher Anschreibebücher aus Nordwestdeutschland, Münster 1989.
Heinrich Freiherr von HOYNINGEN und Robert KNULL: Landesarchiv Schleswig-Holstein. In: Steinburger Jahrbuch 2003, S. 31–42.
Peter INGWERSEN (Hrsg.): Methodisches Handbuch für Heimatforschung, Schleswig 1954.
Peter JÜRS: Zur Neuordnung des Stadtarchivs Mölln. In: LbgH 186 (2010), S. 69–77.
Hans-Jürgen KAHLFUSS: Landesaufnahme und Flurvermessung in den Herzogtümern Schleswig, Holstein und Lauenburg vor 1864, Neumünster 1969.
Johannes Hugo KOCH: Vom Gildewesen im Hinblick auf die Brandgilden. In: Die Heimat 98 (1991), S. 72–85.
Heinrich KOCHENDÖRFFER: Das Archivwesen Schleswig-Holsteins, Kiel 1924.
KÖNIGLICH Preußisches Statistisches Landesamt (Hrsg.): Gemeindelexikon für die Provinz Schleswig-Holstein, Berlin 1908.
Uwe KRÖGER: Vom Pfund zum Kilogramm in Schleswig-Holstein. In: Natur- und Landeskunde 112 (2005), S. 28–33.
Kurt KROLL: Was die Wotersener Geldregister von 1721–1763 erzählen können. In: LbgH 124 (1989), S. 22–43.
Stefan KROLL: Findbuch der St. Salvatoris-Kirchengemeinde Geesthacht, Geesthacht, 1991 (= Schriftenreihe des Stadtarchivs Geesthacht, 5).
Stefan KROLL: Das Archiv der St. Salvatoriskirche in Geesthacht. In: LbgH 129 (1991), S. 101–105.
Jürgen KÜHL: Zwei Recheneinschreibebücher aus dem 18. Jahrhundert. In: HJbS 45 (1999), S. 61–71.
Jürgen KÜHL: Recheneinschreibebücher in Schleswig-Holstein. In: Rainer Gebhardt (Hrsg.): Visier- und Rechenbücher der frühen Neuzeit. Tagungsband zum Wissenschaftlichen Kolloquium „Visier- und Rechenbücher der Frühen Neuzeit“, Annaberg-Buchholz 2008, S. 427–440.
Karl Heinz KUHLEMANN: Findbuch. Archiv der Vereinigung für Familienkunde Elmshorn, 4., ergänzte Aufl., Stand Juli 1998, Elmshorn 1998.
LANDESARCHIV SCHLESWIG-HOLSTEIN u. a. (Hrsg.): Archivführer Schleswig-Holstein. Archive und ihre Bestände, Hamburg 2011.
LANDESVERMESSUNGSAMT Schleswig-Holstein (Hrsg.): Entstehen und Wert der Katasterkarten in der Provinz Schleswig-Holstein, Kiel 1952.
LANDESVERMESSUNGSAMT Schleswig-Holstein (Hrsg.): Topographische Charte des Herzogtums Holstein (1789–1796) 1:25 000, aufgenommen unter Gustav Adolf von Varendorf durch Offiziere des Schleswigschen Infanterieregiments, Kiel 1991.
Klaus-Joachim LORENZEN-SCHMIDT: Getreidepreise in Schleswig-Holstein, Hamburg und Lübeck 1734 bis 1841. In: Rundbr. 11 (1981), S. 6–18.
Klaus-Joachim LORENZEN-SCHMIDT: Bäuerliche Anschreibe- und Tagebücher – ein bisher vernachlässigter Quellenbereich der Landwirtschaftsgeschichte. In: Rundbr. 12 (1981), S. 9–14.
Klaus-Joachim LORENZEN-SCHMIDT: Eine Zeittafel für den schleswig-holsteinischen Wirtschafts- und Sozialhistoriker. In: Rundbr. 23 (1983), S. 2–22.

Klaus-Joachim LORENZEN-SCHMIDT: Anschreibebücher als Quellen zur Wirtschaftsgeschichte bäuerlicher Betriebe in Schleswig-Holstein. In: ZSHG 109 (1984), S 151–165.
Klaus-Joachim LORENZEN-SCHMIDT und Bjørn POULSEN (Hrsg.): Bäuerliche Anschreibebücher als Quellen zur Wirtschaftsgeschichte, Neumünster 1992 (= Studien zur Wirtschafts- und Sozialgeschichte Schleswig-Holsteins, Band 21).
Klaus-Joachim LORENZEN-SCHMIDT: Quellenkundliche Überlegungen bei der Auswertung bäuerlicher Schreibebücher. In: Research on Peasant Diaries, Newsletter 8 (1993), S. 7–14.
Klaus-Joachim LORENZEN-SCHMIDT: Warum schrieben Bauern? In: KBlV 27 (1995), S. 109–126.
Klaus-Joachim LORENZEN-SCHMIDT: Arbeitsschritte und Arbeitsmaterialien für das Schreiben einer Ortsgeschichte. In: Steinburger Jahrbuch 1995, S. 53–61.
Ronald LUCHT: Das Landesarchiv Schleswig-Holstein. Eine Betrachtung aus archivtechnischer Sicht, Schleswig 2006 (= Veröffentlichungen des Landesarchivs Schleswig-Holstein, 89).
Andreas Ludwig Jacob MICHELSEN und Jacob ASMUSSEN: Archiv für Staats- und Kirchengeschichte der Herzogthümer Schleswig, Holstein, Lauenburg und der angrenzenden Länder und Städte, 5 Bände, Altona 1833–43.
Ingwer Ernst MOMSEN: Die allgemeinen Volkszählungen in Schleswig-Holstein in dänischer Zeit (1769–1860), Neumünster 1974 (= QuFGSH 66).
Ute NEUHAUS-SCHRÖDER: Dorfchroniken in Schleswig-Holstein. In: Die Heimat 101 (1994), S. 57–64.
Ute NEUHAUS-SCHRÖDER: Dorfchroniken in Schleswig-Holstein. In: Steinburger Jahrbuch 1995, S. 298–308.
Ute NEUHAUS-SCHRÖDER (Hrsg.): Heimatforschung in Schleswig-Holstein. Handbuch für Chronisten, Regionalforscher und Historiker, Husum 2001.
Ute NEUHAUS-SCHRÖDER: Konzepte für eine konkrete Chronikarbeit. In: HJbS 47 (2001), S. 179–187.
Manfred Otto NIENDORF: Chronikarbeit voll im Trend? In: Steinburger Jahrbuch 1995, S. 11–32.
OBER-POSTDIREKTION Kiel (Hrsg.): Verzeichnis sämtlicher Ortschaften der Provinz Schleswig-Holstein, Berlin 1922.
Wilhelm PETERSEN: Was besagen die Endungen „thorp“, „borstel“ und „wurt“? Chronik schleswig-holsteinischer Ortsnamen. In: Jahrbuch für Schleswig-Holstein 53 (1991), S. 58–63.
Wolfgang PRANGE: Geschäftsgang und Registratur der Rentekammer zu Kopenhagen 1720–1799, beschrieben als Anleitung zur Benutzung ihres Schleswig-Holstein betreffenden Archivs. In: ZSHG 93 (1968), S. 181–203.
Wilhelm PRILLWITZ: Steuerliste der Stadt Lauenburg de ao 1691/92 – eine Ergänzung zur Kirchenbuchlücke. In: LbgH 51 (1965), S. 57–68.
Johann Christian RAVIT: Actenstücke zur Geschichte der Pflugzahl und insonderheit der reducierten Pflugzahl. In: Jahrbücher für die Landeskunde 9 (1867), S. 285–353.
Ernst REINSTORF: Landbederegister des Herzogtums Lauenburg 1517, Hamburg o. J.
Percy E. SCHRAMM und Ascan W. LUTTEROTH: Verzeichnis gedruckter Quellen zur Geschichte Hamburgischer Familien mit Berücksichtigung der näheren Umgebung

Holsteins. Herausgegeben von der Zentralstelle für Niedersächsische Familiengeschichte e. V., Hamburg 1921.
Franz SCHUBERT: Herzogtum Lauenburg – Bevölkerung des Amtes Neuhaus 1704, Geldregister der Ämter Schwarzenbek, Ratzeburg und Lauenburg 1704, Neubürgerliste der Stadt Ratzeburg 1601–1705, Eigenverlag 1985.
Otto SCHULZ: Maß und Gewicht im Fürstentum Ratzeburg. In: Mecklenburg 37 (1995); Heft 5, S. 12–13.
Hugo SCHÜNEMANN: Alte Längenmaße und Meßgeräte. In: Steinburger Jahrbuch 1974, S. 83–98.
STATISTISCHES Landesamt Schleswig-Holstein (Hrsg.): Verzeichnis der Gemeinden, Ortschaften und Wohnplätze in Schleswig-Holstein, Kiel 1953.
STATISTISCHES Landesamt Schleswig-Holstein (Hrsg.): Die schleswig-holsteinischen Kreise und Verzeichnis der Gemeinden nach der Gebietsreform vom 26.4.1970, Kiel 1970.
STATISTISCHES Landesamt Schleswig-Holstein (Hrsg.): Die Bevölkerung der Gemeinden in Schleswig-Holstein 1867–1970, Kiel 1972.
Gerd STEINWASCHER: Heimatforschung und mittelalterliche Quellen. Eine Einführung, Hildesheim 1992.
Gerd STOLZ: Mit den Brandgilden fing es an. Schleswig-Holstein – die „Wiege" der deutschen Feuerversicherung. In: Natur- und Landeskunde 115 (2008), S. 182–191.
Claudia TANCK: Die Kirchbücher des Kreises Herzogtum Lauenburg – zeitlicher Umfang und Aufbewahrungsort. In: LbgH 177 (2007), S. 96–101.
Otto THIESSEN: Das Schuld- und Pfandprotokoll als Quelle der Familienforschung. In: JbAng 3 (1933), S. 48–54.
Hans WURMS (Hrsg.): Das Ratzeburger Zehntregister von 1230. In: Hans-Georg Kaack und Hans Wurms: Slawen und Deutsche im Lande Lauenburg, Ratzeburg 1983, S. 184 ff.
Adolf USINGER: Das Gräflich Schauenburgische Archiv. In: Jahrbücher für die Landeskunde der Herzogtümer Schleswig, Holstein und Lauenburg 10 (1869), S. 255–261.

Haus- und Gutsgeschichte, Ortschroniken

(Alphabetisch nach Orten geordnet)

GEMEINDE Aumühle (Hrsg.): **Aumühle** im Sachsenwald, Aumühle 1976.
Wolf GÜTSCHOW und Michael ZAPF: Reinbek und der Sachsenwald im Wandel, mit Wentorf, Wohltorf, **Aumühle** und Friedrichsruh, Hamburg 1997.
Fritz W. HASENCLEVER: **Aumühle** im Sachsenwald, Schwarzenbek 1976.
Otto PRUESS: **Aumühle** – Geschichtliches über Aumühle, Friedrichsruh und den Sachsenwald, Schwarzenbek 2002.
Alfred SCHLAK: Das Vorwerk **Aumühle** 1641–1745 (1747). In: LbgH 67 (1969), S. 41–50.
Alfred SCHLAK: Anbauern und Brinkkätner in **Aumühle** und Billenkamp. In: LbgH 69 (1970), S. 34–41.
Friedrich Wilhelm KOCK: Beiträge zu einer Chronik der Gemeinde **Bäk**, 2. Aufl., Bäk 1987.

GEMEINDE Bälau (Hrsg.): **Bälau** – unser Dorf von den Anfängen bis heute, Bälau 2009.
Elisabeth DÄHN: **Basedow**, Kreis Herzogtum Lauenburg – Geschichte eines Dorfes, Schwarzenbek 2009.
GEMEINDE Basedow (Hrsg.): **Basedow**, Kreis Herzogtum Lauenburg – Geschichte eines Dorfes, Schwarzenbek 2009.
Hans-Georg KAACK: Studien zur Geschichte des adligen Lehngutes **Basthorst** in askanischer Zeit. In: LbgH 94 (1979), S. 22–49.
Franz von RUFFIN: Das Adelich Gericht Basthorst im Herzogthum Lauenburg – Geschichte der Dörfer **Basthorst**, Dahmker und Hamfelde, Lütjensee 1988.
Jochen DÜRING: 800 Jahre **Behlendorf** 1194–1994 – Behlendorfer Zeittafel, Behlendorf 1994.
GEMEINDE Berkenthin (Hrsg.): 750 Jahre **Berkenthin,** Berkenthin 1980.
Theodor GÖTZE: Im Stecknitztal – **Berkenthin**-Krummesse, Ratzeburg 1925.
William BOEHART (Red.): **Besenhorst**/Düneberg – eine Stadtteilgeschichte. Beiträge zur Entwicklung eines lauenburgischen Dorfes zum Geesthachter Stadtteil, Schwarzenbek 1997.
GEMEINDE Besenthal (Hrsg.): **Besenthal** und Sarnekow vor und nach dem 19. Jahrhundert, Besenthal 2009.
Siegfried BANDHOLT: Bandholt – aus **Bliestorf** im Kreis Herzogtum Lauenburg, bis 1989 Herzogtum Lauenburg. In: Deutsches Geschlechterbuch 211 (2000), S. 53–132.
GEMEINDE Bliestorf (Hrsg.): 600 Jahre **Bliestorf** 1380–1980, Bliestorf 1980.
Carl Friedrich WEHRMANN: Die Lübschen Landgüter; 7. Schenkenberg. Castorf. **Bliestorf**. In: Zeitschrift des Vereins für Lübeckische Geschichte und Alterthumskunde, Band 7 (1898), S. 223 ff.
Guido WEINBERGER: Höfefolgen **Bliestorf**/Lbg. In: Lübecker Beiträge zur Familien- und Wappenkunde Heft 50 (2002), S. 7–30.
Gemeinde Börnsen (Hrsg.): **Börnsen**. Eine Heimatchronik, Börnsen 2000.
Hermann HARMS: 800 Jahre **Breitenfelde** 1194–1994. Vom Bauerndorf zur Erwerbs- und Wohngemeinde, Ratzeburg 1994.
Christian LOPAU: 700 Jahre **Brunstorf** 1299–1999, Schwarzenbek 1999.
Heinrich STAMER: Aus dem Dorfbuch **Brunstorf**. In: LbgH 39 (1962), S. 46-48.
Heinrich STAMER: Aus dem Dorfbuch **Brunstorf**. In: LbgH 44 (1964), S. 50.
Jens-Peter ANDRESEN u. a.: Land und Leute einst und heute. Geschichte und Geschichten aus **Büchen** und Umgebung, erweiterte Neuauflage, Büchen 1997.
Otto BERLING: Die Bauerngeschlechter und Bauernhöfe in den Kirchengemeinden **Büchen** und Pötrau, 2. Aufl., Lauenburg 1949.
Heinz BOHLMANN: **Büchen** im 19. und 20. Jahrhundert. Aus der Geschichte einer Gemeinde am Schienenstrang, Büchen 2009.
Paul GOEDEKE: **Büchen** – mit der Vergangenheit und Gegenwart in die Zukunft, Büchen 1980.
Gemeinde Buchholz (Hrsg.): Chronik von **Buchholz**, o. O. o. J. (2014).
Franz von RUFFIN: Das Adelich Gericht Basthorst im Herzogthum Lauenburg – Geschichte der Dörfer Basthorst, **Dahmker** und Hamfelde, Lütjensee 1988.
William BOEHART (Red.): **Dassendorf** – eine Heimatchronik, Dassendorf 2002.

GEMEINDE Dassendorf (Hrsg.): 650 Jahre **Dassendorf** 1334–1984, Dassendorf 1984.
Hans FUNCK: Ortsgeschichte von **Duvensee**, Duvensee 1962.
Heinz und Annegret WITTE: **Duvensee** 750 Jahre. 1230–1980, Duvensee 1980.
William BOEHART und Helmut KNUST: Heimatchronik Kröppelshagen-**Fahrendorf** 1334–2012, Kröppelshagen-Fahrendorf 2012.
GEMEINDE Kröppelshagen-Fahrendorf: 650 Jahre Kröppelshagen-**Fahrendorf** 1334–1984, Kröppelshagen-Fahrendorf 1984.
William BOEHART (Red.): **Geesthacht** – Eine Stadtgeschichte. Beiträge zur Landschaftsentwicklung, Regionalgeschichte und zu kulturellen Perspektiven einer Elbesiedlung, 2. Aufl., Schwarzenbek 1997 (= Schriftenreihe des Stadtarchivs Geesthacht, 7).
Wolf-Rüdiger BUSCH: **Geesthacht** unter beiderstädtischer Verwaltung, Manuskript, Geesthacht o. J. (= Schriftenreihe des Stadtarchivs Geesthacht, 1).
Wolf-Rüdiger BUSCH: **Geesthacht** unter beiderstädtischer Verwaltung 1420–1967. Zweites Auswahlverzeichnis Hamburger Senatsakten bis 1867 nebst einem Kartenverzeichnis, Geesthacht 1988 (= Schriftenreihe des Stadtarchivs Geesthacht, 3).
STADT Geesthacht (Hrsg.): **Geesthacht** 775 Jahre. Werden und Wandel einer Elbesiedlung, Geesthacht 1991.
Hansjörg ZIMMERMANN: **Geesthacht**, liebenswerte Stadt an der Elbe, Geesthacht 1979.
Jochen DÜRING: **Giesensdorf**er Chronik 1194–1994, Giesensdorf 1994.
GEMEINDE Göttin (Hrsg.): **Göttin** 1194–1994. Vom Lehngut zum Dorf. Eine Chronik, Göttin 1995.
GEMEINDE Grabau (Hrsg.): Grabowe 1230 – Grabau 1980. 750 Jahre **Grabau**, Grabau 1980.
Eckhard und Doris MOSSNER: Blick in die Vergangenheit – Beiträge zur Dorfchronik **Grabau**, Grabau 1994.
Richard EHRICH: Der Rezeß über die Verkoppelung der Feldmark **Grambek** im Jahre 1800. In: LbgH 84 (1975), S. 73–81.
Anne-Dore JOHANNSSEN (Bearb.): 800 Jahre **Grambek** 1194–1994, Grambek 1994.
Hilde WULF: **Grinau**, Bach und Dorf im Laufe der Jahrhunderte, Mölln 1988.
Irmgard KELLER: Ausführungen über die Situation der **Grönau**er Einwohner gegen Ende des 18. Jahrhunderts, Grönauer Verkoppelung und Mühlengeschichte. In: LbgH 105 (1982), S. 21–54.
Otto Mundt: **Groß Boden** / Rykenhagen 1310–1985, Groß Boden 1985.
Julius KRAH: 750 Jahre **Groß Disnack** (Klosterberg) 1229–1979, Groß Disnack 1979.
Helmut MEININGHAUS: **Groß Grönau**. Von den Anfängen bis zur Gegenwart 1230–2007, Horb am Neckar 2007.
Joachim WESSEL: **Groß Grönau** – Bilder und Geschichten aus alter Zeit, Horb am Neckar 1989.
Beate van BEEK und Gabriele JOHN: Geschichte und Geschichten aus **Groß Pampau** – eine historische Zeitreise durch die letzten hundert Jahre unserer Gemeinde, Groß Pampau 2005.
GEMEINDE Groß Sarau (Hrsg.): Bilderchronik der Gemeinde **Groß Sarau**, Groß Sarau 2007.

GEMEINDE Groß Schenkenberg (Hrsg.): 750 Jahre **Groß Schenkenberg**, Groß Schenkenberg 1981.
Carl Friedrich WEHRMANN: Die Lübschen Landgüter; 7. [**Groß**] **Schenkenberg**. Castorf. Bliestorf. In: Zeitschrift des Vereins für Lübeckische Geschichte und Alterthumskunde, Band 7 (1898), S. 223 ff.
GEMEINDE Grove (Hrsg.): Dorfbuch von **Grove**, Grove o. J.
Helmut SZONN: **Grünhof**-Tesperhude. Heimatchronik eines Ortsteils der Stadt Geesthacht, Ratzeburg 1993 (= Sonderschrift des Heimatbundes und Geschichtsvereins Herzogtum Lauenburg, 28).
Karl BEHRENDS: 250 Jahre Geschichte des Gutes **Gudow** von 1470 bis 1724. In: LbgH 70 (1970), S. 1–68.
Karl BEHRENDS: Die Rittersitze und Herrenhäuser von **Gudow**. In: LbgH 70 (1970), S. 69–80.
Karl BEHRENDS: Die Stellung der Gutsbauern im adligen Gut **Gudow** um 1700. In: LbgH 76 (1972), S. 10–73.
Karl BEHRENDS: **Gudow** – Kirchdorf im Landschaftsschutzgebiet Naturpark Lauenburgische Seen. Beiträge zur Geschichte des Dorfes und seiner Ortsteile, Eigenverlag 1981.
Detlev Werner von BÜLOW: 800 Jahre Gemeinde **Gudow** 1194–1994, Gudow 1994.
Rudolf KOHSIEK: **Gudow** – vom adeligen Gut zum Fremdenverkehrsort der Gegenwart. In: Kurt Jürgensen (Hrsg.): Geschichtliche Beiträge zu Gewerbe, Handel und Verkehr im Herzogtum Lauenburg und in umliegenden Territorien, Mölln 1997, S. 184–191.
Waldemar MERKER: 750 Jahre **Gülzow**, Gülzow 1980.
GEMEINDE Gülzow (Hrsg.): Gülzower Geschichte(n) – 775 Jahre **Gülzow**, Geesthacht 2005.
Wolfgang PRANGE: Das Adlige Gericht **Gülzow** 1753. Aufbau, Betrieb und Ertrag eines lauenburgischen Gutes. In: Kurt Jürgensen (Hrsg.): Geschichtliche Beiträge zu Gewerbe, Handel und Verkehr im Herzogtum Lauenburg und in umliegenden Territorien, Mölln 1997, S. 76–87.
Friedrich SCHNAAK: Chronik des Dorfes **Güster**, Güster 1981.
Wolfgang BUCHWALD: Das Dorf **Hamfelde** im Lauenburgischen – eine Heimatgeschichte, Schwarzenbek 2001.
Franz von RUFFIN: Das Adelich Gericht Basthorst im Herzogthum Lauenburg – Geschichte der Dörfer Basthorst, Dahmker und **Hamfelde**, Lütjensee 1988.
Hermann von MERHAGEN: Zur Chronik von **Hammer** – Enklave und fremder Besitz im Herzogtum Lauenburg, 1992.
William BOEHART und Helmut KNUST: 777 Jahre **Hamwarde** 1230–2007 – eine Heimatchronik; Hamwarde 2007.
Jochen BAHRS: 750 Jahre **Harmsdorf** 1230–1980, Harmsdorf 1980.
Uwe STOCK: **Harmsdorf** – Texte und Bilder zur Geschichte, Harmsdorf o. J. (ca. 2008).
Helmut RITZDORF: **Havekost**. 700 Jahre Bauerndorf am Sachsenwald, Büchen 1978.
Klaus-Peter JÜRGENS: 777 Jahre **Hohenhorn** – Chronik 1230 bis 2007, Hohenhorn 2007.
Ev.-luth. KIRCHENGEMEINDE Hohenhorn (Hrsg.): **Hohenhorn** 1230–1980. Die Geschichte des Kirchdorfes Hohenhorn und seiner Kirchspieldörfer anläßlich der 750-Jahrfeier am 15. Juni 1980, Hohenhorn 1980.

Katharina LE PRINCE: 750 Jahre **Hollenbek**, Hollenbek 1980.
Siegfried SEELER: **Hollenbek**. Flurgeschichte eines herzoglichen Lehngutes. In: LbgH 52 (1966), S. 28–35.
Frank BRAUN: Die Kate Müthel in **Hornbek**. In: LbgH 109 (1984), S. 64–79.
Herbert RICHERT: **Horst**. Das Gut und seine Dörfer Klotesfelde, Kehrwieder und Oldenburg, 1956. Unveröffentlichtes Manuskript im Kreisarchiv Ratzeburg.
Jürgen BORCHARDT: 1230 Cerseborch – **Kasseburg** 1980. Festschrift anlässlich des 750-jährigen Dorfgeburtstages, Reinbek 1980.
Otto BÜNDER: Chronik des Dorfes **Kastorf** Kreis Herzogtum Lauenburg, Neustadt/Holst. 1955.
Jochen DÜRING: **Kastorf**er Chronik 1286–1986, Kastorf 1986.
Carl Friedrich WEHRMANN: Die Lübschen Landgüter; 7. Schenkenberg. **Castorf.** Bliestorf. In: Zeitschrift des Vereins für Lübeckische Geschichte und Alterthumskunde, Band 7 (1898), S. 223 ff.
Guido WEINBERGER: Höfefolgen **Kastorf**/Lbg. In: Lübecker Beiträge zur Familien- und Wappenkunde, Heft 52 (2003), S. 8–55.
Eberhard SPECHT: **Kittlitz**. Ein Beitrag zur Geschichte seiner Höfe. In: LbgH 114 (1986), S. 70–93.
Otto STOCK: Gemeinde **Kittlitz** – 750 Jahre, Kittlitz 1980.
Jürgen HAGEN: **Klein Grönau** – eine geschichtliche Betrachtung, Groß Grönau 2004.
Brigitte Hildebrandt: Ein kleiner historischer Überblick von der Gemeinde **Klein Zecher**, Klein Zecher 1996.
GEMEINDE Klempau (Hrsg.): 800 Jahre **Klempau**. Ein Dorf stellt sich vor, Klempau 1994.
Hans FUNCK: Voßlock. Aus der Geschichte eines **Klinkrade**r Katens. In: LbgH 56 (1967), S. 48–53.
GEMEINDE Klinkrade (Hrsg.): „Wenn ik dor noch an denk …“ Geschichten und Geschichte von **Klinkrade**, Klinkrade 2007.
Heidrun REIMERS: Geschichten und Bilder aus dem alten **Klinkrade**, o. O. o. J.
GEMEINDE Kollow (Hrsg.): 750 Jahre Coledowe / 100 Jahre Freiwillige Feuerwehr **Kollow**, Kollow 1988.
Uwe SCHÖNING: **Kollow** ein l(i)ebenswertes Dorf. Das Kollower Lese- und Bilderbuch, Kollow 2012.
GEMEINDE Kollow (Hrsg.): **Kollow.** Unser Dorf, Kollow 2013.
Wolfgang BUCHWALD: **Köthel**. Kreis Stormarn – Kreis Herzogtum Lauenburg, Schwarzenbek 2008.
William BOEHART und Helmut KNUST: Heimatchronik **Kröppelshagen**-Fahrendorf 1334–2012, Kröppelshagen-Fahrendorf 2012.
GEMEINDE Kröppelshagen-Fahrendorf (Hrsg.): 650 Jahre **Kröppelshagen**-Fahrendorf 1334–1984, Kröppelshagen-Fahrendorf 1984.
Theodor GÖTZE: Im Stecknitztal – Berkenthin-**Krummesse**, Ratzeburg 1925.
VEREIN Dorfschaft Krummesse: Bi uns to Hus in **Krummesse** – eine chronologische Erzählung unserer Dorfgeschichte, Krummesse 1994.
GEMEINDE Krüzen (Hrsg.): Unser Dorf **Krüzen** einst und jetzt. 750 Jahrfeier, Krüzen 1980.

GEMEINDE Kuddewörde-Rotenbek (Hrsg.): Kuthenworden-Rodenbeke 1230 – **Kuddewörde**-Rotenbek 1980, Kuddewörde-Rotenbek 1980.
Walter Eugenius DÜHRSEN: Das Dorf **Kühsen** im Besitz des Klosters Loccum. In: Archiv des Vereins für die Geschichte des Herzogthums Lauenburg NF, Band 1/2 (1884), S. 171-174.
Erwin RICKERT: Die Verkoppelung des „Amts Ratzeburgischen Dorfes **Kühsen**“. In: LbgH 54 (1966), S. 37–48.
Erwin RICKERT: Aus der Bauernvogtstelle **Kühsen** 1650 bis 1800. In: LbgH 100 (1981), S. 64–69.
Erwin RICKERT: Hand- und Spanndienste in der Gemeinde **Kühsen**. In: LbgH 116 (1986), S. 88–96.
Hans FUNCK: Die Hellerfelder [**Labenz**]. In: LbgH 54 (1966), S. 14–22.
Paul NITZE: **Langenlehsten**, Kreis Herzogtum Lauenburg – Ein Dorf im Herzogtum Lauenburg wird 800 Jahre. 1194–1994, Langenlehsten 1994.
GEMEINDE Lankau (Hrsg.): **Lankau** – Chronik der Gemeinde Lankau 1208–2008, Lankau 2008.
William BOEHART: 800 Jahre Stadt **Lauenburg**/Elbe 1209–2009 – Eine Chronik, Schwarzenbek 2009.
Wilhelm HADELER: 700 Jahre **Lauenburg**. 1260–1960, Lauenburg 1960.
Wilhelm HADELER: Stadtchronik zur 725-Jahr-Feier der Stadt **Lauenburg**/Elbe, 2. Aufl., Lauenburg/Elbe 1985.
Karl JORDAN: Die Stadt **Lauenburg** im Wandel der Geschichte. In: LgbH 32 (1961), S. 1-8.
Peter JÜRS: Das Vorwerk **Lauenburg**. Eine Erwiderung auf Wichmann von Medings mutigen Versuch. In: LbgH 169 (2005), S. 63–73.
Martin KLEINFELD: Die wirtschaftliche Entwicklung der Stadt **Lauenburg**/Elbe vom 18. bis zum 20. Jahrhundert, Hamburg 2000.
Wichmann von MEDING: Das Vorwerk **Lauenburg** – einer der Meierhöfe des askanischen Herzogtums. In: LbgH 168 (2004), S. 29–60.
Wichmann von MEDING: Stadt ohne Land am Fluß. 800 Jahre europäische Kleinstadt **Lauenburg**, Frankfurt am Main 2006.
Wichmann von MEDING: **Lauenburg** – Zur Geschichte des Ortes, Amtes, Herzogtums. Rund 600 Hausgeschichten, Amtsträgerlisten, Seuchen- und Wetterdaten ab dem hohen Mittelalter, Privatbibliotheken, alle Katechismen und Gesangbücher, Frauenrechte im Alltag, gut 7 000 Personendaten vor Einsetzen der Kirchenbücher, Frankfurt am Main 2008.
Heinrich SCHLEPPER: Aus der Geschichte der Stadt **Lauenburg** a. d. Elbe, Lauenburg 1881.
Carsten WALCZOK: **Lauenburg** und die Franzosenzeit. In: LbgH 139 (1994), S. 5–22 (auch als Sonderheft erschienen).
Karl BEHRENDS und Herbert RICHERT: **Lehmrade**. Ein lauenburgisches Bauerndorf 500 Jahre im Wandel der Zeiten, Lehmrade 1982.
Ernst KOOP: Aus der Vergangenheit **Lüchows**, Kreis Herzogtum Lauenburg, Lüchow 1990.
Hans Joachim KÜHN: **Lütau**. Ein Bauerndorf im Kreis Herzogtum Lauenburg, Lütau 1980.

Siegfried SEELER: **Lütau**, ein Kirchspiel in der Sadelbande, Ratzeburg 1969.
Ursula EICHBLATT (Bearb.): 800 Jahre **Mechow**. Beiträge zu einer Chronik der Gemeinde Mechow, Mechow 1994.
GEMEINDE Möhnsen (Hrsg.): **Möhnsen** – ein Dorf am Sachsenwald. 1230–1980, Möhnsen 1980.
Wolfgang AMBERG, Christian LOPAU: Von der Muna zur **Mölln**er Waldstadt, Mölln 2007.
Klaus Rainer GOLL: 800 Jahre **Mölln**. In: Schleswig-Holstein-Kultur-Journal 4 (1988), S. 37–46.
Peter JÜRS: Die Neubürger des Städtleins **Möllen** 1548–1671. In: LbgH 171 (2005), S. 2–55.
Hans-Georg KAACK: Die Anfänge der Stadt **Mölln** und ihre Entwicklung bis zur Verpfändung an Lübeck im Jahre 1359. In: LbgH 120 (1988), S. 3–38.
Lothar OBST: **Mölln**. Handel – Handwerk – Bürgertum, Mölln 1988.
Lothar OBST: Kleine Stadtgeschichte – 800 Jahre **Mölln**. In: Schleswig-Holstein 1988, Heft 9, S. 35.
Eckardt OPITZ: 800 Jahre **Mölln**? Kritische Anmerkungen zur Stadtrechtsverleihung, Mölln 2002.
Otto RACKMANN: **Mölln**er Feldregulierungen im 18. und 19. Jahrhundert. Ein Stück Stadtgeschichte. In: LbgH 95 (1979), S. 16–47.
Otto RACKMANN: Berufliche Zusammensetzung und Kontributionszahlungen der **Möllner** Bürgerschaft im 17. und 18. Jahrhundert. In: LbgH 104 (1982), S. 40–59.
Ulrich STOCK: Wissen was **„Mölln"** bedeutet. In: Die Zeit Nr. 48 (1993), S. 2.
Hansjörg ZIMMERMANN: **Mölln**. Ein geschichtlicher Überblick, Büchen 1977.
Hansjörg ZIMMERMANN: Häuser und ihre Bewohner am **Mölln**er Markt. In: LbgH 190 (2012), S. 66–76.
Wolfgang BUCHWALD: Das Dorf **Mühlenrade**/Lbg. im Spiegelbild der Zeit – eine Heimatgeschichte, Schwarzenbek 2005.
Kurt KROLL: Rittersitz und Bauernhöfe. Eine Chronik. **Müssen**, wie es war und wuchs, Ratzeburg 1968.
Paul GOEDEKE: **Mustin** – Ein Dorf mit interessanter Geschichte, Büchen 2003.
Friedrich HESS: Untertanenhuldigung in **Niendorf** a. d. Stecknitz im Jahre 1670. In: LbgH 51 (1965), S. 51–57.
Jens ULBRICHT: **Niendorf** an der Stecknitz 1194–1994. Ein Dorfbuch, Niendorf/Stecknitz 1994.
Dietrich UTER, Horst WEIMANN: **Nusser** Kirchspielbuch, Lübeck 1958.
GEMEINDE Pogeez (Hrsg.): 750 Jahre **Pogeez** 1228–1978, Pogeez 1978.
Irmgard KELLER: Die alte Schmiede in **Pogeez** und ihre Grobschmiede Rabe und Dähn. In: LbgH 93 (1978), S. 1–17.
Otto BERLING: Die Bauerngeschlechter und Bauernhöfe in den Kirchengemeinden Büchen und **Pötrau**, 2. Aufl., Lauenburg 1949.
Heinz HARTEN: Die beiden **Pötrau**er Kirchenkaten und die Abgaben ihrer Bewohner. In: LbgH 100 (1981), S. 48–56.
Heinz HARTEN: Das Leineweberheft mit Färbereinlage aus dem **Pötrau**er Kirchenkaten. In: LbgH 100 (1981), S. 57–64.

Ludwig HELLWIG: Chronik der Stadt **Ratzeburg**, Ratzeburg 1910.
Karl HOFFMANN: Die Gründung der Stadt **Ratzeburg**. In: Jahrbücher des Vereins für Mecklenburgische Geschichte und Altertumskunde, Band 94 (1930), S. 23–28.
Hans-Georg KAACK: **Ratzeburg**. Geschichte einer Inselstadt. Regierungssitz – geistliches Zentrum – bürgerliches Gemeinwesen, Neumünster 1987.
Hans-Georg KAACK: Die Anfänge der Stadt **Ratzeburg** und ihrer Siedlungszentren. In: LbgH 111 (1985), S. 21–74.
Kurt LANGENHEIM und Wilhelm PRILLWITZ (Hrsg.): **Ratzeburg** – 900 Jahre. 1062–1962, Ratzeburg 1962.
Hans MAU: Die Straßen und Häuser der Inselstadt **Ratzeburg** von 1700 bis 1950 in Wort und Bild, Ratzeburg 1963.
Wilhelm PRILLWITZ: Aus der **Ratzeburg**er Hausgeschichte vor und nach der „Regulierung", Haus Schrangenstraße 1. In: LbgH 69 (1970), S. 10–29.
Wilhelm PRILLWITZ: Beiträge zur Chronik des Giebelhauses Domstraße 21 in **Ratzeburg**. In: LbgH 72 (1971), S. 35–50.
M. SCHMIDT: Beschreibung und Chronik der Stadt **Ratzeburg**, Ratzeburg 1882.
Franz SCHUBERT: Herzogtum Lauenburg – Bevölkerung des Amtes Neuhaus 1704, Geldregister der Ämter Schwarzenbek, Ratzeburg und Lauenburg 1704, Neubürgerliste der Stadt **Ratzeburg** 1601–1705, Eigenverlag 1985.
Antjekathrin GRASSMANN: Adelsbesitz wird städtisches Eigentum. Schloß und Vogtei **Ritzerau** 1468 in der Hand Lübecks. In: Kurt Jürgensen (Hrsg.): Herrensitz und Herzogliche Residenz in Lauenburg und in Mecklenburg, Mölln 1995, S. 108–119.
Heinrich JONAS: Vom **Ritzerau**er Hof. In: Die Heimat 78 (1971), S. 244–246.
Kurt KROLL: 750 Jahre Gemeinde **Roseburg**, Roseburg 1980.
GEMEINDE Kuddewörde-Rotenbek (Hrsg.): Kuthenworden-Rodenbeke 1230 – Kuddewörde-**Rotenbek** 1980, Kuddewörde-Rotenbek 1980.
GEMEINDE Sahms (Hrsg.): Chronik der Gemeinde **Sahms** anlässlich der 777-Jahr-Feier 2007, Sahms o. J. (2007).
Erich BÜNGER: Chronik der Gemeinde **Sandesneben**, Sandesneben 2002.
GEMEINDE Besenthal (Hrsg.): Besenthal und **Sarnekow** vor und nach dem 19. Jahrhundert, Besenthal 2009.
Wolfgang WEBER: 750 Jahre **Schiphorst** 1230–1980, Schiphorst 1980.
Jürgen URBAN: 900 Jahre **Schmilau** 1093–1993, Schmilau 1993.
Claudia TANCK: Chronik der Gemeinde **Schnakenbek**, Schnakenbek 2006.
GEMEINDE Schretstaken (Hrsg.): 600 Jahre **Schretstaken**. Chronik Schretstaken 1407–2007, Schretstaken 2007.
William BOEHART: **Schwarzenbek** 1870–1950. Ein Beitrag zur Geschichte einer lauenburgischen Landgemeinde zwischen Dorf und Stadt, Schwarzenbek 1990.
William BOEHART: Eine Chronik von **Schwarzenbek** 1950–2004, 2. Aufl., Schwarzenbek 2006.
Ernst BRANDT u. a.: **Schwarzenbek**, die Stadt am Sachsenwald, Schwarzenbek 1979.
August NIEBUHR: Chronik der Stadt **Schwarzenbek**, Hamburg 1954.
Joachim REICHSTEIN: 700 Jahre **Schwarzenbek**. Vortrag anläßlich des Festaktes am 19.1.1991 im Saal des Rathauses der Stadt Schwarzenbek. In: LbgH 132 (1992), S. 3–12.

Otto SCHARNWEBER: Das lauenburgische Dorf **Schwarzenbek** und seine Feldmark 1790–1846, Schwarzenbek 1986.
GEMEINDE Seedorf (Hrsg.): Festschrift zur 800-Jahrfeier der Gemeinde **Seedorf**, Seedorf 1994.
Karl BEHRENDS: Aus der Siedlungsgeschichte der Gemarkung **Segrahn**, ihrer Dörfer und Rittersitze. In: LbgH 65 (1969), S. 1–38.
Hans-Georg KAACK: **Siebenbäumen** – Kirchspiel, Bauerndorf, Ländliche Gemeinde, Ratzeburg 1989.
Kurt KROLL: Soveneken. Kirche und Kirchspiel **Siebeneichen**, Ratzeburg 1953.
Almut THAMS: 750 Jahre **Sirksfelde**, Sirksfelde 1981.
Detlev Werner von BÜLOW und Petra BURGHARDT: 300 Jahre **Sophienthal**. Ein Dorf mit Zukunft im Herzen Europas, Gudow 2006.
Ilka PUSBACK: **Sterley** – Aus der Chronik eines Dorfes, Laupheim 2005.
Helmut SZONN: Grünhof-**Tesperhude**. Heimatchronik eines Ortsteils der Stadt Geesthacht, Ratzeburg 1993 (= Sonderschrift des Heimatbundes und Geschichtsvereins Herzogtum Lauenburg, 28).
GEMEINDE Tramm (Hrsg.): 775 Jahre **Tramm** 1230–2005, Büchen 2005.
Hildegard BALLERSTEDT, Wolfgang BLANDOW und William BOEHART: **Wentorf** bei Hamburg, Erfurt 2011.
William BOEHART (Hrsg.): **Wentorf** – das Heimatbuch. Geschichte und Geschichten einer lauenburgischen Gemeinde vor den Toren Hamburgs, Schwarzenbek 1993.
William BOEHART (Hrsg): Vom Süden **Wentorf**s zu Wentorf-Süd. Zur Geschichte eines Orteils, Schwarzenbek 2004.
GEMEINDE Wentorf (Hrsg.): **Wentorf** – Heimatbuch zur 750-Jahrfeier, Lauenburg 1967.
Wolf GÜTSCHOW und Michael ZAPF: Reinbek und der Sachsenwald im Wandel, mit **Wentorf**, Wohltorf, Aumühle und Friedrichsruh, Hamburg 1997.
Wolfgang PRANGE: 750 Jahre **Wentorf**. In: LbgH 58 (1967), S. 1-4.
Erich STAMER: Ein altes Haus in **Wentorf** A/S. In: LbgH 161 (2002), S. 3–9.
Erich STAMER: Geschichte und Geschichten aus **Wentorf** A./S., Selbstverlag 2010.
William BOEHART und Helmut KNUST: 777 Jahre **Wiershop** 1230–2007 – eine Heimatchronik, Wiershop 2007.
GEMEINDE Witzeeze (Hrsg.): 777 Jahre **Witzeeze** – ein Streifzug durch die Geschichte unseres Dorfes 1230–2007, Schwarzenbek 2007.
Frank BRAUN: Der Hof Thies in **Wohltorf**. In: LbgH 122 (1988), S. 35–47.
GEMEINDE Wohltorf (Hrsg.): **Wohltorf**, Kreis Herzogtum Lauenburg, Schwarzenbek 1986.
Wolf GÜTSCHOW und Michael ZAPF: Reinbek und der Sachsenwald im Wandel, mit Wentorf, **Wohltorf**, Aumühle und Friedrichsruh, Hamburg 1997.
William BOEHART und Helmut KNUST: 777 Jahre **Worth**. 1230 bis 2007. Eine Heimatchronik, Worth 2007.
H. J. STRUCK: Kurze Zusammenfassung der Geschichte des Bauerndorfes **Worth**. In: Ev.-luth. Kirchengemeinde Hohenhorn (Hrsg.): Hohenhorn 1230–1980. Die Geschichte des Kirchdorfes Hohenhorn und seiner Kirchspieldörfer anläßlich der 750-Jahrfeier am 15. Juni 1980, Hohenhorn 1980, S. 105–107.

Kurt KROLL: Was die **Wotersen**er Geldregister von 1721–1763 erzählen können. In: LbgH 124 (1989), S. 22–43.
Werner URBAN: Neue Erkenntnisse über die Rittersitze der Daldorffs auf **Wotersen** aus alten Karten und Akten im Gutsarchiv Gartow. In: LbgH 123 (1989), S. 80–109.
GEMEINDE Ziethen (Hrsg.): 850 Jahre **Ziethen** – von den Anfängen bis zur Gegenwart (1158–2008), Ziethen 2008.

V. Anhang

Adressenverzeichnis

Wissenschaftliche Einrichtungen:

Nordfriisk Instituut
Projekt: Wegweiser zu den Quellen der Landwirtschaftsgeschichte Schleswig-Holsteins
Süderstr. 30
25821 Bräist/Bredstedt, NF
Tel.: 04671-601216
Fax: 04671-1333
E-Mail: kunz@nordfriiskinstituut.de
Internet: www.nordfriiskinstituut.de

Grundbuchämter:

Grundbuchamt beim Amtsgericht Ratzeburg
Herrenstr. 11
23909 Ratzeburg
Tel.: 04541-86330
Fax: 04541-863380
E-Mail: verwaltung@ag-ratzeburg.landsh.de

Grundbuchamt beim Amtsgericht Reinbek
Parkallee 6
21465 Reinbek
Tel.: 040-727590
Fax: 040-72759115
E-Mail: verwaltung@ag-reinbek.landsh.de

Grundbuchamt beim Amtsgericht Schwarzenbek
Möllner Straße 20
21493 Schwarzenbek
Tel. 04151-8020
Fax: 04151-802299
E-Mail: verwaltung@ag-schwarzenbek.landsh.de

Katasteramt:

Landesamt für Vermessung und Geoinformation Schleswig-Holstein
Abteilung 4 – Standort Lübeck
– Liegenschaftskataster –
Brolingstraße 53 b–d
23554 Lübeck
Tel.: 0451-300900
Fax: 0451-30090149
E-Mail: Poststelle-Luebeck@LVermGeo.landsh.de

Landgericht:

Landgericht Lübeck
Am Burgfeld 7
23568 Lübeck
Tel.: 0451-3710
Fax: 0451-3711519
E-Mail: verwaltung@lg-luebeck.landsh.de

Archive:
www.archive.schleswig-holstein.de

Landesarchiv Schleswig-Holstein
Prinzenpalais
Gottorfstr. 6
24837 Schleswig
Tel.: 04621-86 18 05 (Lesesaal)
Fax: 04621-86 18 01
E-Mail: landesarchiv@la.landsh.de
www.schleswig-holstein.de/archive/lash

Kreisarchiv Ratzeburg
Cordula Bornefeld
Am Markt 10
23909 Ratzeburg
Tel.: 04541-888247 oder 04541-888233
Fax: 04541-888164
E-Mail: bornefeld@kreis-rz.de

Landeshauptarchiv Schwerin
Graf-Schack-Allee 2
19053 Schwerin
Tel.: 0385-592960
E-Mail: poststelle@landeshauptarchiv-schwerin.de
www.landeshauptarchiv-schwerin.de

Staatsarchiv der Freien und Hansestadt Hamburg
Kattunbleiche 19
22041 Hamburg
Tel.: 040-428313200
E-Mail: poststelle@staatsarchiv.hamburg.de
www.hamburg.de

Archiv der Hansestadt Lübeck
Mühlendamm 1–3
23552 Lübeck
Tel.: 0451-1221517
E-Mail: archiv@luebeck.de
www.hamburg.de

Archivgemeinschaft der Städte Schwarzenbek, Geesthacht und Lauenburg sowie der Gemeinde Wentorf bei Hamburg und des Amtes Hohe Elbgeest
Tel.: 0172-4080257 oder 04151-881143
Fax: 04151-881292
E-Mail: anke.muehrenberg@schwarzenbek.de
Geschäftsadresse:
Stadtarchiv Schwarzenbek
Ritter-Wulf-Platz 1
21493 Schwarzenbek

Stadtarchiv Ratzeburg
Demolierung 2
23909 Ratzeburg
Tel.: 04541-8000350 oder 0151-55117371
Fax: 04541-80009999

Stadtarchiv Mölln
Wasserkrüger Weg 16
23879 Mölln
Tel.: 04542-803251
Fax: 04542-5986

Kirchenbücher

Nordelbisches Kirchenamt
Winterbeker Weg 51
24114 Kiel
Tel.: 0431-649860
E-Mail: archiv.nka@nordelbien.de
www.nordelbisches-kirchenarchiv.de

Landeskirchliches Archiv (der Ev.-Luth. Landeskirche Mecklenburgs)
Am Dom 2
19055 Schwerin
Tel.: 0385-20038550
E-Mail: landeskirchenarchiv@ellm.de
www.archiv.ellm.de

Kirchenkreisarchiv Alt-Hamburg
Danziger Str. 15–17
20099 Hamburg
Tel.: 040-3689295
E-Mail: archiv.kkalthh@kirnet.de

Archiv des Ev.-Luth. Kirchenkreises Lübeck-Lauenburg
Bäckerstr. 3–5
23564 Lübeck
Tel.: 0451-7902223
E-Mail: ctanck.kk-ll@nordelbien.de

Heimatverbände, -vereine:

Schleswig-Holsteinischer Heimatbund (SHHB)
Hamburger Landstr. 101
24113 Molfsee
Tel.: 0431-983840
Fax: 0431-9838423
E-Mail: info@heimatbund.de
www.heimatbund.de

Heimatbund und Geschichtsverein Herzogtum Lauenburg e. V.
1. Vorsitzender: Wolf-Rüdiger Busch
Tel.: 0172-6089839 oder 04152-835979
E-Mail: wolf-ruediger.busch@geesthacht.de

Interessengemeinschaft Bauernhaus e. V.
Kontaktstelle Kreis Herzogtum Lauenburg
Andreas Dobernowsky
Dorfstr. 11
21514 Fitzen
Tel.: 04155-2807
E-Mail: KS_lauenburg@igbauernhaus.de

Kreismuseum Herzogtum Lauenburg
Domhof 12
23909 Ratzeburg
Tel: 04541-86070
Fax: 04541-860710
E-Mail: kreismuseen-rz@t-online.de

Abkürzungen

Adl.	Adlige
AfA	Archiv für Agrargeschichte der holsteinischen Elbmarschen
AHL	Archiv der Hansestadt Lübeck
AS	Amt Sandesneben
Aufl.	Auflage
Bd.	Band
Bearb.	Bearbeitung
betr.	betreffend, betreffs
bzw.	beziehungsweise
ders.	derselbe
et al.	et altera (und andere)
etc.	et cetera
f.	folgende (Seite)
Fasz.	Faszikel (Bündel, Heft)
ff.	folgende (Seiten)
Flur	Flurbücher
Geb.St.	Gebäudesteuer
HJbS	Heimatkundliches Jahrbuch für den Kreis Segeberg
Hrsg.	Herausgeber
JbEut	Jahrbuch für Heimatkunde Eutin
JbPi	Jahrbuch für den Kreis Pinneberg
JbSG	Jahrbuch für die Schleswigsche Geest
JbSt	Jahrbuch für den Kreis Stormarn
Jh.	Jahrhundert
KAR	Kreisarchiv Ratzeburg
KBlV	Kieler Blätter zur Volkskunde
Ksp.	Kirchspiel
LAS	Landesarchiv Schleswig-Holstein
Lbg.	Lauenburg
LbgH	Lauenburgische Heimat. Zeitschrift des Heimatbunds und Geschichtsvereins Herzogtum Lauenburg
LHAS	Landeshauptarchiv Schwerin
NE	Nordelbingen. Beiträge zur Heimatforschung in Schleswig-Holstein, Hamburg und Lübeck
Nr.	Nummer
o. J.	ohne Jahresangabe
pag.	pagina (Seite)
QuFGSH	Quellen und Forschungen zur Geschichte Schleswig-Holsteins
Rbg.	Ratzeburg
Rundbr.	Rundbrief des Arbeitskreises für Wirtschafts- und Sozialgeschichte Schleswig-Holsteins
S.	Seite
Sch.	Schaalsee

SchuPfPr	Schuld- und Pfandprotokolle
Schbek.	Schwarzenbek
St.	Stecknitz
StaHH	Staatsarchiv Hamburg
StAS	Stadtarchiv Schwarzenbek
StAL	Stadtarchiv Lauenburg
Tom.	tomus (Band)
u. a.	unter anderem
usw.	und so weiter
vgl.	vergleiche
Vol.	Volumen (Schriftrolle, Band)
z. B.	zum Beispiel
ZSHG	Zeitschrift der Gesellschaft für Schleswig-Holsteinische Geschichte
z. T.	zum Teil

Die im Rahmen des von der Stiftung Schleswig-Holsteinische Landschaft geförderten Projekts bereits erschienenen Arbeiten:

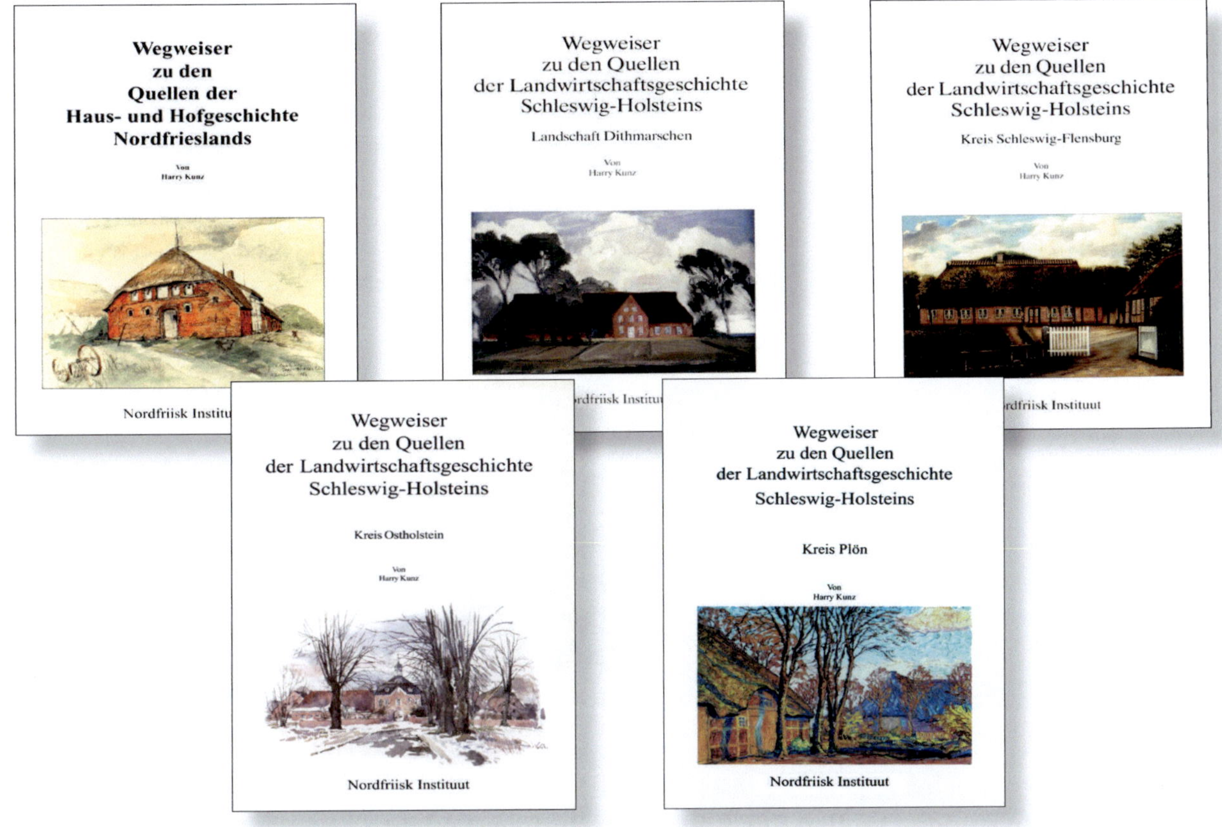

Wegweiser zu den Quellen der Haus- und Hofgeschichte Nordfrieslands
Bräist/Bredstedt 1998, 263 Seiten,
ISBN 978-3-88007-259-6, € 20,35.

Wegweiser zu den Quellen der Landwirtschaftsgeschichte Schleswig-Holsteins. Landschaft Dithmarschen
Bräist/Bredstedt 1999, 272 Seiten,
ISBN 978-3-88007-276-3, € 20,35.

Wegweiser zu den Quellen der Landwirtschaftsgeschichte Schleswig-Holsteins. Kreis Schleswig-Flensburg
Bräist/Bredstedt 2001, 332 Seiten,
ISBN 978-3-88007-289-3, € 20,35.

Wegweiser zu den Quellen der Landwirtschaftsgeschichte Schleswig-Holsteins. Kreis Ostholstein
Bräist/Bredstedt 2003, 409 Seiten,
ISBN 978-3-88007-303-6, € 19,90.

Wegweiser zu den Quellen der Landwirtschaftsgeschichte Schleswig-Holsteins. Kreis Plön
Bräist/Bredstedt 2005, 270 Seiten,
ISBN 978-3-88007-321-0, € 24,00.

Wegweiser zu den Quellen der Landwirtschaftsgeschichte Schleswig-Holsteins. Kreis Steinburg
Bräist/Bredstedt 2007, 314 Seiten,
ISBN 978-3-88007-340-1, € 29,80.

Wegweiser zu den Quellen der Landwirtschaftsgeschichte Schleswig-Holsteins. Kreis Segeberg
Bräist/Bredstedt 2009, 263 Seiten,
ISBN 978-3-88007-354-8, € 27,90.

Wegweiser zu den Quellen der Landwirtschaftsgeschichte Schleswig-Holsteins. Kreis Stormann
Bräist/Bredstedt 2011, 272 Seiten,
ISBN 978-3-88007-363-0, € 27,90.

Wegweiser zu den Quellen der Landwirtschaftsgeschichte Schleswig-Holsteins. Kreis Pinneberg
Bräist/Bredstedt 2013, 200 Seiten,
ISBN 978-3-88007-378-4, € 21,90.

Die Bücher sind im Buchhandel oder beim Nordfriisk Instituut erhältlich.
Tel.: 04671-60120; Fax: 04671-1333; E-Mail: verlag@nordfriiskinstituut.de